国家级职业教育规划教材
人力资源和社会保障部职业能力建设司推荐
高等职业技术院校数控维修专业任务驱动型教材

机床控制与 PLC

主 编 钱晓平

中国劳动社会保障出版社

图书在版编目(CIP)数据

机床控制与 PLC/钱晓平主编. —北京：中国劳动社会保障出版社，2011
高等职业技术院校数控维修专业任务驱动型教材
ISBN 978-7-5045-8814-2

Ⅰ.①机… Ⅱ.①钱… Ⅲ.①数控机床-控制系统-高等学校：技术学校-教材②可编程序控制器-高等学校：技术学校-教材 Ⅳ.①TG659②TM571.6

中国版本图书馆 CIP 数据核字(2011)第 018921 号

中国劳动社会保障出版社出版发行
(北京市惠新东街 1 号　邮政编码:100029)
出 版 人:张梦欣
*
北京市白帆印务有限公司印刷装订　新华书店经销
787 毫米×1092 毫米　16 开本　19.25 印张　455 千字
2011 年 2 月第 1 版　　2023 年 5 月第 6 次印刷
定价: 34.00 元

营销中心电话: 400-606-6496
出版社网址: http://www.class.com.cn
http://jg.class.com.cn

高等职业技术院校数控维修专业教材

编写委员会

黄　志　孙大俊　胡旭兰　王希波　钱晓平

徐　明　朱慧敏　尤东升　张棉好　焦尼南

《机床控制与 PLC》

编审人员

主　编　钱晓平

副主编　董传刚

参　编　张　俊　王　翠　张海港

主　审　张　军

内容简介

本书由五大模块构成，主要内容有：电气基本控制线路、常用金属切削机床电气控制线路、PLC 控制技术、变频器应用技术和伺服控制应用技术。本书编写采用了任务驱动的模式，加强了实践性教学内容，充实了新知识、新技术，注重对学生安全、质量、职业意识以及解决问题和创新性能力的培养。

本书为国家级职业教育规划教材，适用于高等职业技术院校数控维修专业，也可作为成人高校、本科院校举办的二级职业技术学院和民办高校的相关专业教材，或作为自学用书。

前　言

随着数控加工设备的快速发展和日益普及，企业对数控维修人才的需求日益迫切。为满足高等职业技术院校培养高素质、高技能的实用型数控机床维修人才的需要，我办在充分调研的基础上，组织了一批学术水平高、教学经验丰富、实践能力强的教师与行业、企业一线专家，开发了高等职业院校数控维修专业系列教材，包括《数控维修识图与公差测量》《机械基础》《数控专业英语》《机床控制与PLC》《数控机床机械装调》《数控机床电气装调（FANUC系统）》《数控机床电气装调（广数系统）》《数控机床故障诊断与维修》共8种。

在教材的编写过程中，我们贯彻了以下编写原则：

第一，力求体现"以职业活动为导向，以职业能力为核心"的指导思想，根据企业的工作实际，从分析数控维修岗位的要求和工作内容入手，并依据国家职业标准《数控机床装调维修工》的要求，精选教材内容。

第二，充分考虑了各个学校教学条件和设备选型的差异，所选用数控设备、数控系统都是我国通用设备和主流系统，可较好地与国内现有数控维修实训平台和数控加工及维修仿真软件衔接，从而节约了教学成本，提高了教学可操作性。

第三，采用任务驱动的编写模式，以企业典型工作任务构建教材结构，有利于激发学生的学习积极性，变被动学习为主动学习，在掌握知识和技能的同时，获得学习的成就感。同时，使抽象的知识变得简单易懂，增强了教材的亲和力。

第四，根据数控加工设备和技术的发展趋势，尽可能多地在教材中充实数控机床维修方面的新知识、新技术、新设备和新工艺，体现教材的先进性。

第五，教材版面新颖，灵活采用图、文、表等各种呈现形式，尽量做到多图少文、图中嵌文、表中插图，方便学生阅读。

为了方便教学工作的开展，我们还配套开发了相关的习题册、教辅资源（教辅资源可通过出版社网站 http://www.class.com.cn 下载），力求为教师提供更好的教学服务。

在教材的编写过程中，得到了有关省市教育部门、人力资源和社会保障部门、高等职业技术院校和相关企业的大力支持，教材的编审人员做了大量的工作，在此我们表示衷心的感谢！同时，恳切希望广大读者对教材提出宝贵的意见和建议。

人力资源和社会保障部教材办公室

2010 年 3 月

目　录

模块一　电气基本控制线路

课题一　常用电气元件

任务1　装调检修常用低压配电电器

能力目标

◇ 熟悉断路器、熔断器、转换开关等常用电气元件的工作原理与用途。
◇ 能识别常用低压配电电器及其符号。
◇ 会拆装、调整与检测断路器、熔断器及转换开关。
◇ 能判断与排除常见低压配电电器的故障。

任务引入

在工农业生产、科研和国防建设中，产品的制造需要各种先进的设备，如铸造、锻造、冲压、焊接、金属切削设备等。机械设备在电气系统的控制下，按照生产工艺要求运行。图1—1—1所示为CK6140H型数控车床及其电气控制箱的实物照片。数控机床的电气控制系统通常由断路器、接触器、继电器、按钮、各类开关、CNC装置、驱动器、检测元件、变频器、电动机、电源元件、指示灯、导线等电气元件构成。

a)

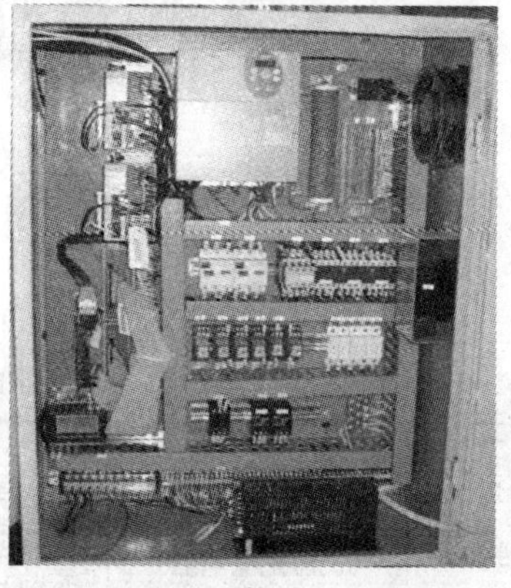
b)

图1—1—1　CK6140H型数控车床及电气控制箱
a）CK6140H型数控车床　b）CK6140H型数控车床电气控制箱

凡是采用电力驱动的生产机械，其电动机的运行都是由不同电气元件构成的控制线路所控制。断路器、熔断器、转换开关、按钮等常用低压电器是其最基本的组成元件，它们的性能与质量直接影响着电气控制系统的性能和设备的可靠性。本任务将介绍断路器、熔断器、转换开关的组成结构及工作原理，它们各自在电气控制系统中的作用，这些元件的检测和调整方法，怎样判断与排除其常见的故障。

相关知识

一、电器

所谓电器就是一种能根据外界的信号和要求，手动或自动地接通或断开电路，实现对电路或非电对象的切换、控制、保护、检测和调节的元件或设备。

根据工作电压的高低，电器可分为高压电器和低压电器。工作在交流额定电压 1 200 V 及以下、直流额定电压 1 500 V 及以下的电器称为低压电器。低压电器作为一种基本器件，广泛应用于输配电系统和电力拖动系统，在实际生产中起着非常重要的作用。

二、低压电器的分类

图 1—1—2 所示为几种常见的低压电器。低压电器的种类繁多，分类方法也很多，常见的分类方法见表 1—1—1。

图 1—1—2　常见的几种低压电器

a）低压断路器　b）转换开关　c）交流接触器　d）低压熔断器　e）热继电器　f）按钮

表 1—1—1　　低压电器常见的分类方法

分类方法	类别	说明及用途
低压电器的用途和所控制的对象	低压配电电器	包括刀开关、组合开关、熔断器和断路器等，主要用于低压配电系统及动力设备中
	低压控制电器	包括接触器、继电器、电磁铁等，主要用于电力驱动与自动控制系统中

续表

分类方法	类别	说明及用途
低压电器的动作方式	自动切换电器	依靠电器本身参数的变化或外来信号的作用，自动完成接通或分断等动作，如接触器等
	非自动切换电器	主要依靠外力（如手控）直接操作进行切换状态的电器，如按钮、低压刀开关等
低压电器的执行机构	有触点电器	具有可分离的动触点和静触点，利用触点的接触和分离来实现电路的通断控制，如接触器等
	无触点电器	没有可分离的触点，主要利用半导体器件的开关效应来实现电路的通断控制，如接近开关等

三、低压断路器

1．低压断路器的功能

低压断路器又称自动空气开关或自动空气断路器，简称断路器。它集控制和多种保护功能于一体，在正常条件下可用于不频繁接通、分断线路；当电路中发生短路、过载和失压等故障时，它能自动跳闸切断故障电路，从而保护线路和电气设备。

2．低压断路器的型号

DZ5 系列低压断路器的型号及含义如下：

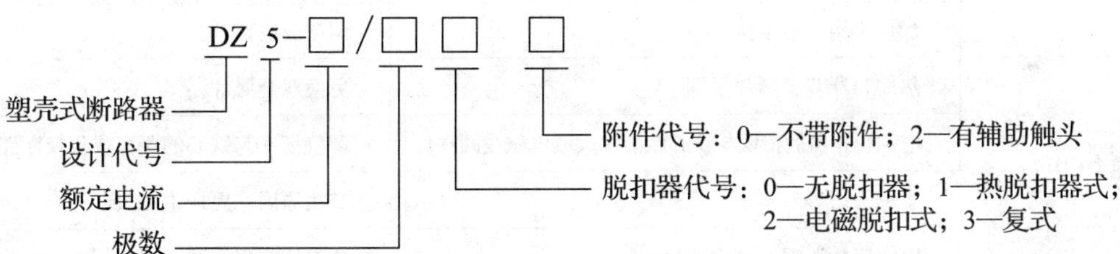

3．低压断路器的结构及工作原理

DZ5 系列低压断路器的外形与结构如图 1—1—3 所示，它由触头系统、灭弧装置、操作机构、热脱扣器、电磁脱扣器及绝缘外壳等部分组成。

DZ5 系列断路器有三对主触头，一对常开辅助触头和一对常闭辅助触头。使用时三对主触头串联在被控制的三相电路中，用以接通和分断主回路的大电流。按下绿色“合”按钮时接通电路；按下红色“分”按钮时切断电路。当电路出现短路、过载等故障时，断路器会自动跳闸而切断电路。

断路器的热脱扣器用于过载保护，整定电流的大小由电流调节装置调节。

电磁脱扣器用作短路保护，瞬时脱扣整定电流的大小由电流调节装置调节。通常产品出厂时，电磁脱扣器的瞬时脱扣整定电流一般整定为 $10I_N$（I_N为断路器的额定电流）。

欠压脱扣器用作零电压和欠电压保护。具有欠压脱扣器的断路器，在欠压脱扣器两端无电压或电压过低时不能接通电路。

低压断路器的电气图形符号和文字代号如图 1—1—3c 所示。

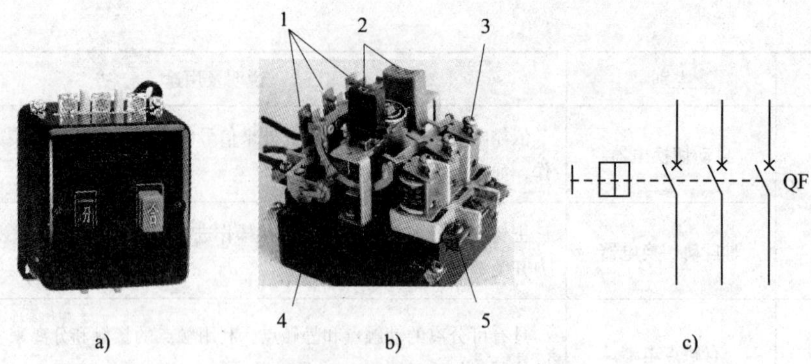

图 1—1—3　低压断路器的外形、结构和图形符号

a）外形　b）结构　c）符号

1—热脱扣器　2—按钮　3—电磁脱扣器　4—自由脱扣器　5—接线柱

4. 低压断路器的常见故障及处理方法

低压断路器的常见故障及处理方法见表 1—1—2。

表 1—1—2　　低压断路器的常见故障及处理方法

故障现象	可能原因	处理方法
不能合闸	欠压脱扣器无电压或线圈损坏	电压检测或更换线圈
	储能弹簧变形	更换储能弹簧
	反作用弹簧力过大	调整
	操作机构不能复位	调整或更换
电流达到整定值，断路器不动作	热脱扣器双金属片损坏	更换双金属片
	电磁脱扣器的衔铁与铁心距离太大或电磁线圈损坏	调整衔铁与铁心的距离或更换断路器
	主触头熔焊	查找原因并更换主触头
启动电动机时断路器立即分断	电磁脱扣器瞬时整定值过小	整定值至规定值
	电磁脱扣器的某些零件损坏	更换脱扣器
断路器闭合后一定时间会自行分断	热脱扣器整定值过小	调整整定值至规定值
断路器温升过高	触头压力过小	调整触头压力或更换弹簧
	触头表面过分磨损或接触不良	更换触头或修整接触面
	两个导电零件的连接螺钉松动	重新拧紧

四、组合开关

组合开关又称为转换开关，其特点是体积小，触头对数多，接线方式灵活，操作方便。它适用于交流频率 50 Hz、电压 380 V 及以下，或直流 2 200 V 及以下的电气线路中，用于手动不频繁地接通和分断电路、换接电源和负载；或控制 5 kW 以下小容量电动机启动、停止和正反转。

1．组合开关的型号及含义

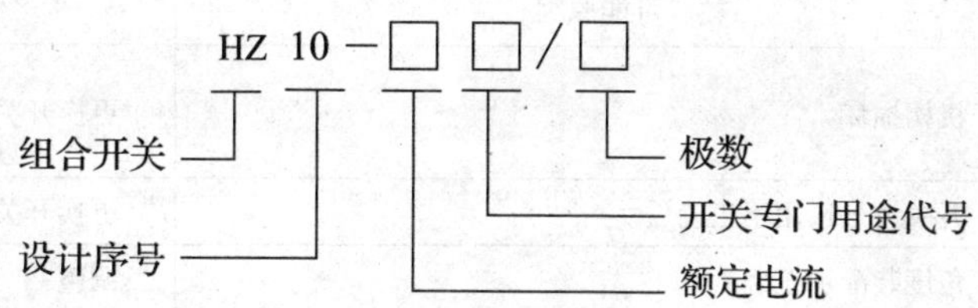

2．组合开关的结构

HZ10－10/3 型组合开关的外形与结构如图 1—1—4 所示。开关的三对静触头分别装在三层绝缘垫板上，并附有接线柱，用于与电源及负载相接。动触头是由磷铜片（或硬紫铜片）和具有良好灭弧性能的绝缘钢纸板铆合而成，并和绝缘垫板一起套在附有手柄的方形绝缘转轴上。手柄和转轴能沿顺时针或逆时针方向转动 90°，带动三个动触头分别与静触头接触或分离，实现接通和分断电路的目的。由于采用了扭簧储能结构，能快速闭合及分断开关，使开关的闭合和分断速度与手动操作无关。其图形符号和文字代号如图 1—1—4c 所示。

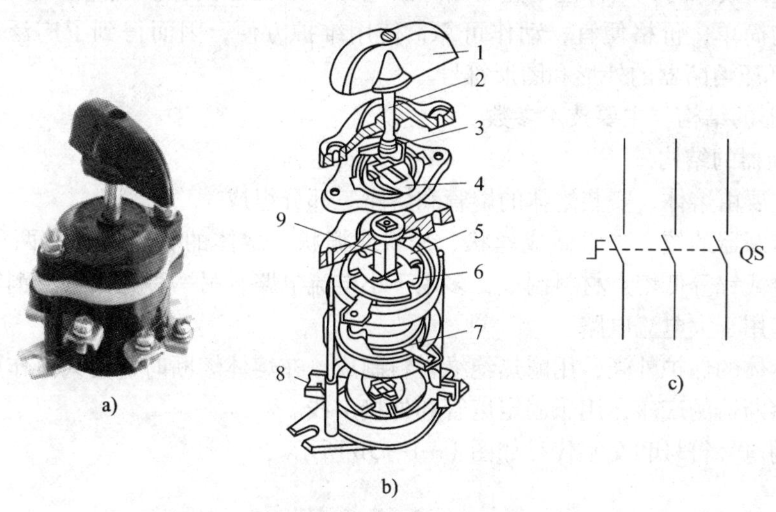

图 1—1—4 HZ10—10/3 型组合开关

a）外形 b）结构 c）符号

1—手柄 2—转轴 3—弹簧 4—凸轮 5—绝缘垫板

6—动触头 7—静触头 8—接线端子 9—绝缘方轴

3．组合开关的常见故障及处理方法

组合开关的常见故障及处理方法见表 1—1—3。

表 1—1—3 组合开关的常见故障及处理方法

故障现象	可能原因	处理方法
手柄转动后，内部触头未动	轴孔磨损变形	更换开关
	杆变形（由方形磨为圆形）	更换绝缘杆
	手柄与方轴，或轴与绝缘杆配合松动	调整

续表

故障现象	可能原因	处理方法
手柄转动后，内部触头未动	机构损坏	更换开关
手柄转动后，动静触头不能按要求动作	开关型号选用不正确	更换开关
	角度装配不正确	调整
	触头失去弹性或接触不良	更换触头或清除氧化层或尘污
接线柱间短路	因铁屑或油污附着在接线柱间，形成导电层，将胶木烧焦，绝缘损坏而形成短路	更换开关

五、低压熔断器

低压熔断器的作用是串联在线路中作短路保护，通常简称为熔断器。短路是由于电气设备或导线的绝缘损坏而导致的一种电气故障。正常情况下，熔断器的熔体相当于一段导线，当电路发生短路故障时，熔体能迅速熔断分断电路，从而起到保护线路和电气设备的作用。熔断器的结构简单，价格便宜，动作可靠，使用维护方便，因而得到了广泛应用。图1—1—5所示为低压熔断器的外形和图形符号。

1．熔断器的结构与主要技术参数

（1）熔断器的结构

熔断器主要由熔体、安装熔体的熔管和熔座三部分组成。

熔体是熔断器的核心，常做成丝状、片状或栅状。熔体的材料通常有两种，一种是由铅、铅锡合金或锌等低熔点材料制成，多用于小电流电路；另一种是由银、铜等较高熔点的金属制成，多用于大电流电路。

熔管是熔体的保护外壳，用耐热绝缘材料制成，在熔体熔断时兼有灭弧作用。

熔座是熔断器的底座，用于固定熔管和外接引线。

熔断器的电气符号和文字代号如图1—1—5b所示。

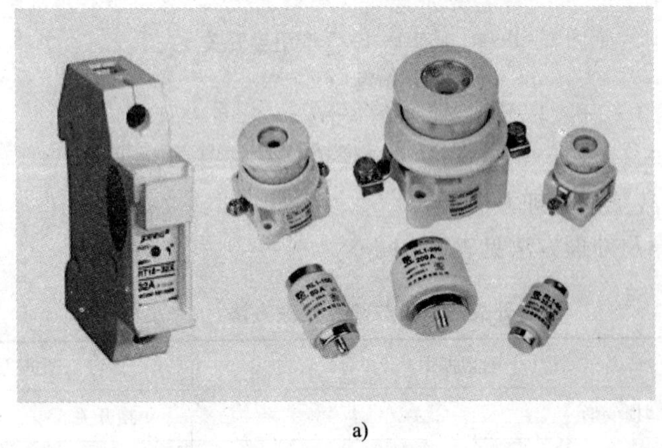

a）

b）

图1—1—5　低压熔断器的外形和图形符号

a）熔断器外形　b）符号

（2）熔断器的主要技术参数

1）额定电压。它是指能保证熔断器长期正常工作的电压。若熔断器的实际工作电压大于其额定电压，熔体熔断时可能会发生电弧不能熄灭的危险。

2）额定电流。它是指保证熔断器能长期正常工作的电流。它由熔断器各部分长期工作时允许温升决定。它与熔体的额定电流是两个不同的概念。熔体的额定电流是指在规定的工作条件下，长时间通过熔体而熔体不熔断的最大电流值。通常，一个额定电流等级的熔断器可配用若干个额定电流等级的熔体，但要保证熔体的额定电流值不能大于熔断器的额定电流值。

3）分断能力。在规定的使用和性能条件下，熔断器在规定电压下能分断的预期分断电流值。常用极限分断电流值来表示。

4）时间－电流特性。它也称为安－秒特性或保护特性，是指在规定的条件下，表征流过熔体的电流与熔体熔断时间的关系曲线，如图1—1—6所示。从特性曲线上可看出，熔断器的熔断时间随电流的增大而缩短，是反时限特性。

在时间－电流特性曲线中有一个熔断电流与不熔断电流的分界线，与此相对应的电流称为最小熔化电流或临界电流，用 I_{Rmin} 表示。往往以在1～2 h内能熔断的最小电流作为最小熔断电流。

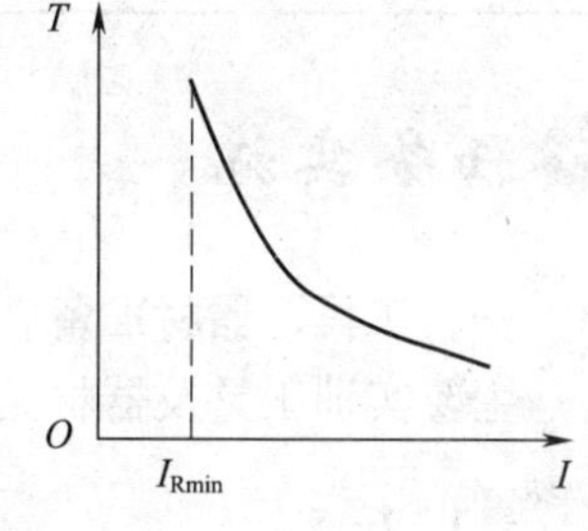

图1—1—6　熔断器的时间－电流特性

2. 常用低压熔断器

（1）型号及含义

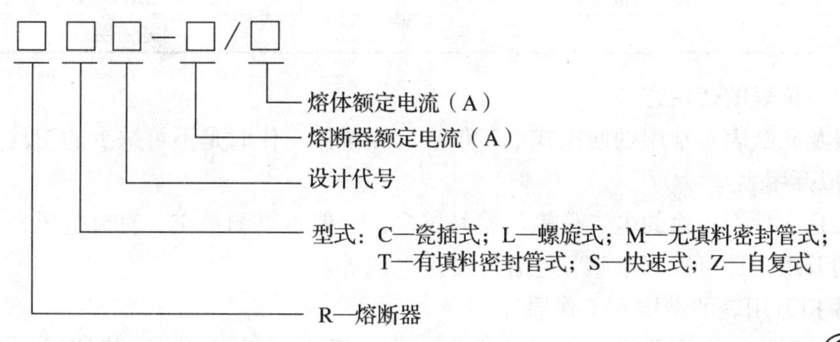

（2）RL1系列螺旋式熔断器

1）结构。RL1系列螺旋式熔断器属于有填料封闭管式，其外形和结构如图1—1—7所示。它主要由瓷帽、熔断管、瓷套、上接线座、下接线座及瓷座等部分组成。熔断管内，在熔丝的周围填充着石英砂以增强灭弧性能。熔丝焊在瓷管两端的金属盖上，其中一端有一个标有不同颜色的熔断指示器，当熔丝熔断时，熔断指示器自动脱落，此时需更换同规格的熔断管。

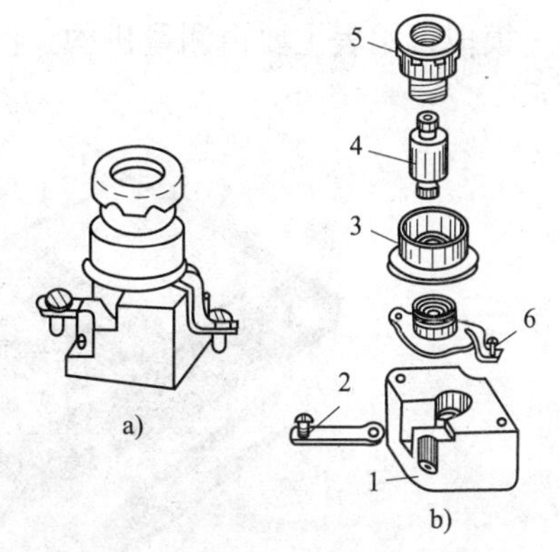

图1—1—7　螺旋式熔断器的外形和结构

a）外形　b）结构

1—瓷座　2—下接线座　3—瓷套

4—熔断管　5—瓷帽　6—上接线座

2）用途。RL1系列螺旋式熔断器的分断能力较强，结构紧凑，体积小，安装面积小，更换熔体方便，工作安全可靠，并且熔丝熔断后有明显指示，因此广泛应用于控制箱、配电屏、机床设备及振动较大的场合中。在交流额定电压500 V、额定电流200 A及以下的电路中，作为短路保护器件。

3. 熔断器的常见故障及处理方法

熔断器的常见故障及处理方法见表1—1—4。

表1—1—4　　熔断器的常见故障及处理方法

故障现象	可能原因	处理方法
电路接通瞬间，熔体熔断	电流等级选择过小	更换熔体
	短路或接地	排除负载故障
	安装时受机械损伤	更换熔断器
熔体未熔断，但电路不通	熔体或接线座接触不良	重新连接

任务实施

一、工具、器材准备

主要实训工具及器材见表1—1—5。

表1—1—5　　主要实训工具及器材

序号	名称	数量	序号	名称	数量
1	电工常用工具	1套	4	低压断路器	2只
2	万用表（数字式、模拟式）	各1块	5	熔断器	4只
3	兆欧表	1块	6	组合开关	1只

二、常用仪表的使用方法

万用表及兆欧表是常用的便携式电工仪表，在维修工作时是不可缺少的工具。

1. 模拟万用表

万用表是一种多用途的电工仪表，型号较多，一般可以测量交、直流电压，直流电流和电阻，有的万用表还可以测电感、电容、交流电流等。

（1）模拟万用表的结构和工作原理

模拟万用表主要由测量机构、测量线路、转换开关三部分组成。其外形如图1—1—8a所示。

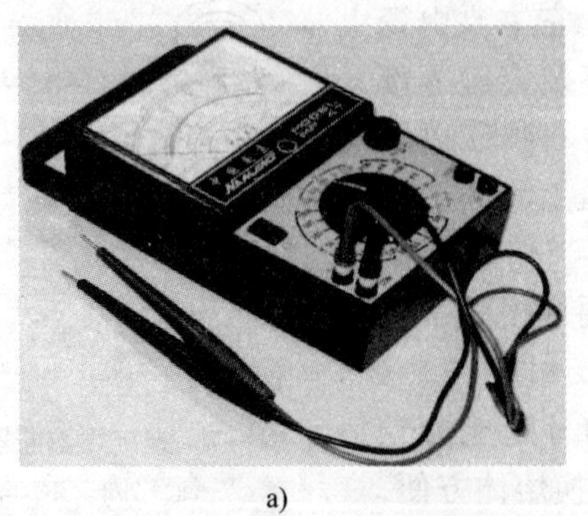

a）

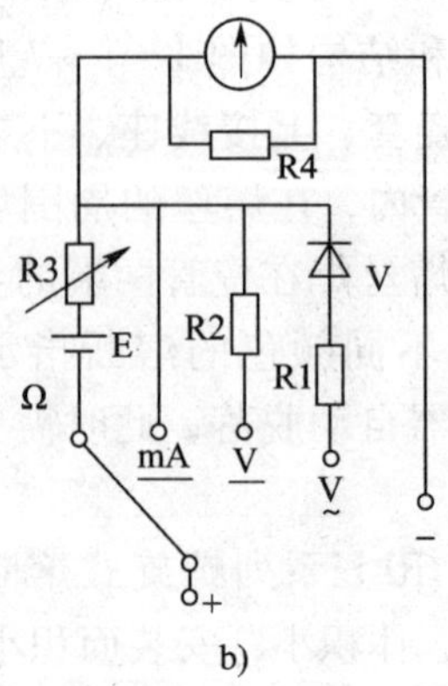

b）

图1—1—8　模拟万用表的外形及工作原理

a）MF47型万用表外形　b）工作原理简单电路

模拟万用表的基本工作原理主要是建立在欧姆定律和电阻串并联规律的基础之上。图1—1—8b 所示为万用表的工作原理简单电路。

（2）模拟万用表的正确使用方法

基本操作步骤：使用之前调零→正确接线→选择测量挡位→读数正确→维护保养。

1）使用之前调零。为了减小测量误差，在使用万用表之前应先进行机械调零。在测量电阻之前还要进行欧姆调零，如图 1—1—9 所示。

a)

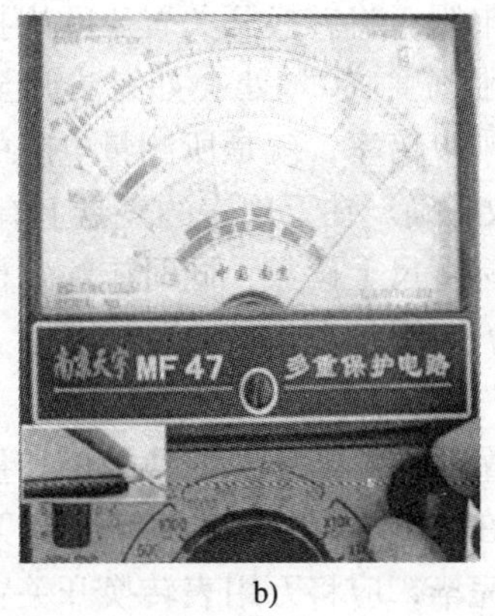

b)

图 1—1—9　模拟万用表调零操作示意图

a）机械调零　b）欧姆调零

2）正确接线。模拟万用表面板上的插孔和接线柱都有极性标记。使用时将红表笔插入“+”极性孔，黑表笔插入“-”极性孔，如图 1—1—10 所示。测量电流时，仪表串联在被测电路中；测量电压时，仪表要并联在被测电路两端。在测量半导体管时，万用表的红表笔与内部电池的负极相接，黑表笔与内部电池的正极相接。

3）正确选择测量挡位。测量挡位包括测量对象和量程。如测量电压时应将转换开关放在相应的电压挡，测量电流时应放在相应的电流挡等。选择电流或电压量程时，应使指针处在标度尺 2/3 以上的位置；选择电阻量程时，最好使指针处在标度尺的中间位置，尽量减小测量误差。测量时，如无法估计被测量电流、电压的数值范围，应先将转换开关转至对应的最大量程，然后根据指针的偏转程度逐步减小至合适量程，如图 1—1—11 所示。

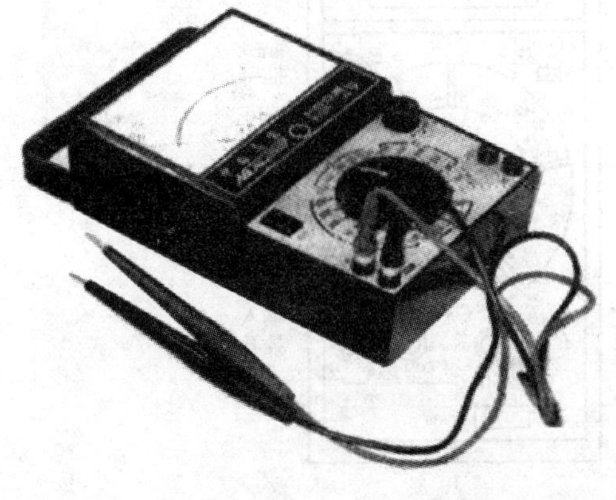

图 1—1—10　电笔接线

图 1—1—11　选择合适挡位

4）测量

①测量直流电压。测量直流电压一定要注意极性。测量时，表笔接触测量部位要准确，接触良好，不要碰触其他电路，否则将影响测量结果，甚至损坏万用表。

②测量交流电压。测量交流电压不分正、负极，所需量程由被测量电压高低确定。

③测量直流电流。将开关量程放置在直流挡，根据被测电流选择合适的量程，测量时，若指针反偏，则将表笔“+”“-”极对调。

④测量电阻。将转换开关置于欧姆挡适当位置上。先将两表笔短接，转动调零旋钮，使表针指在电阻刻度“0”处（如无法调至“0”处，必须更换电池）。然后用表笔测量电阻，表头的读数乘以倍率，就是所测量电阻的阻值。

5）读数正确。在万用表的表盘上有许多条标度尺，分别用于不同的测量对象。测量时要在对应的标度尺上读数，同时应注意标度尺读数和量程的配合，避免出错。读数时万用表应摆平放正，双眼正视指针。

6）维护保养

①在测量时，不能带电变换挡位和量程。

②严禁在被测电阻带电的情况下用万用表的欧姆挡测量电阻。

③测量完毕，应将万用表转换开关置于交流电压最高挡或空挡。长期不用应取出电池。

2. 数字式万用表

目前，数字式万用表获得广泛使用，其型号品种繁多。国内广泛使用的数字式万用表主要有 DT-800 系列的 $3\frac{1}{2}$位和 $4\frac{1}{2}$位数字式万用表，其中 DT-830 型为该系列中的一种$3\frac{1}{2}$位便携式数字式万用表。该表采用由 CC7106 型 A/D 转换器组成的数字式电压基本表作为仪表的核心，整机体积小、功耗低、使用方便。

数字式万用表主要由数字式电压基本表、测量线路、量程转换开关三部分组成。

（1）外形结构

DT-830 型数字式万用表的面板如图 1—1—12 所示，前面板包括液晶显示器、电源开关、量程开关、输入插孔、h_{FE}插口等，后面板装有电池盒。

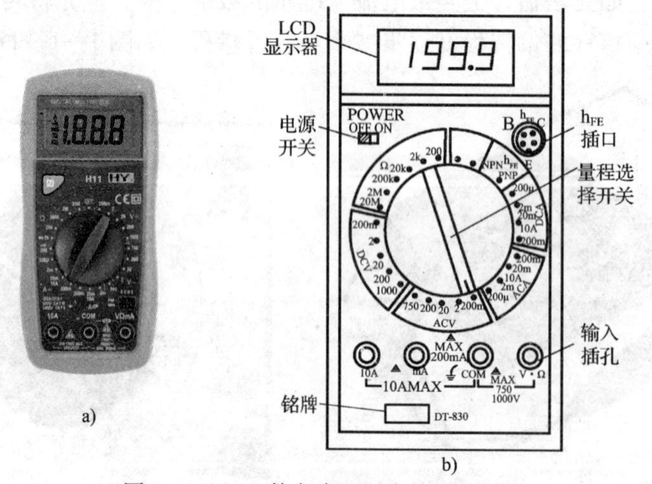

a）　b）

图 1—1—12　数字式万用表外形及面板

a）外形　b）面板

(2) 使用方法

1) 直流电压的测量。将红表笔插入 V · Ω (电压和电阻) 插孔, 黑表笔插入 COM (公共) 插孔, 量程开关置于 DCV 的适当量程。将电源开关拨至 ON 位置, 两表笔并联在被测电路两端, 显示屏上就显示出被测直流电压的数值。

2) 交流电压的测量。将量程开关拨至 ACV 范围内的适当量程, 表笔接法同上, 测量方法与测量直流电压相同。

3) 直流电流的测量。量程开关拨至 DCA 范围内的合适挡, 黑表笔插入 COM 插孔, 红表笔插入 mA 插孔 (电流值 <200 mA) 或 10 A 插孔 (电流值 >200 mA)。将电源开关拨至 ON 位置, 把仪表串联在被测电路中, 即可显示出被测直流电流的数值。

4) 交流电流的测量。将量程开关拨至 ACA 的合适挡, 表笔接法和测量方法与测量直流电流相同。

5) 电阻的测量。量程开关拨至 Ω 范围内合适挡, 红表笔插在 V · Ω 插孔。如量程开关置于 20 M 或 2 M 挡, 显示值以 MΩ 为单位; 置于 2 k 挡以 kΩ 为单位; 置于 200 挡以 Ω 为单位。

6) 线路通、断的检查。将量程开关拨至 "·))" 挡, 红表笔插入 V · Ω 插孔, 黑表笔插入 COM 插孔, 若被测线路电阻低于规定值 (20 ± 10) Ω, 蜂鸣器发出声音, 表示线路接通; 反之, 表示线路断开。

(3) 使用数字式万用表的注意事项

1) 使用数字式万用表之前, 应仔细阅读使用说明书, 熟悉面板结构及各旋钮、插孔的作用, 以免使用中发生差错。

2) 测量前, 应校对量程开关位置及两表笔所插的插孔, 无误后再进行测量。

3) 测量前, 若无法估计被测量大小, 应先用最高量程测量, 再视测量结果选择合适量程。

4) 严禁测量高压或大电流时拨动量程开关, 以防止产生电弧, 烧毁开关触点。

5) 当使用数字式万用表电阻挡测量半导体管、电解电容等元器件时, 应注意, 红表笔插 V · Ω 插孔, 带正电; 黑表笔插入 COM 插孔, 带负电。这点与模拟式万用表正好相反。

6) 严禁在被测电路带电的情况下测量电阻, 以免损坏仪表。

7) 若将电源开关拨至 ON 位置, 液晶显示器无显示, 应检查电池是否失效, 或熔丝管是否烧断。若显示欠压信号 "←", 需更换新电池。

8) 为延长电池使用寿命, 每次使用完毕应将电源开关拨至 OFF 位置。长期不用的仪表, 要取出电池, 防止因电池内电解液漏出而腐蚀表内元器件。

3. 兆欧表

兆欧表俗称 "摇表", 其外形如图 1—1—13 所示, 是专门用来测量电气设备绝缘电阻的便携式仪表, 在电气安装、检修和试验中得到广泛应用。为了保证电气设

图 1—1—13 兆欧表

备的正常运行和人身安全，必须定期对电动机、电器及供电线路的绝缘性能进行检测。兆欧表主要由磁电系比率表、手摇直流发电机、测量线路三大部分组成。

基本操作步骤：正确选择兆欧表→正确接线→使用兆欧表前的检查→测量绝缘电阻→记录测量结果→维护保养。

（1）正确选择兆欧表

选择兆欧表的原则，一是其额定电压一定要与被测电气设备或线路的工作电压相适应；二是兆欧表的测量范围也应与被测绝缘电阻的范围相符合，以免引起大的读数误差。兆欧表按电压分，通常有500 V、1 000 V、2 500 V 等几种。

（2）兆欧表的正确接线

兆欧表有三个接线端钮，分别标有 L（线路）、E（接地）和 G（屏蔽），使用时应按测量对象的不同来选用。当测量电力设备对地的绝缘电阻时，应将 L 接到被测设备上，E 可靠接地即可。其接线如图 1—1—14 所示。

（3）使用兆欧表前的检查

使用兆欧表前要先检查其是否完好。检查步骤是：在兆欧表未接通被测电阻之前，摇动手柄使发电机达到 120 r/min 的额定转速，观察指针是否指在标度尺的“∞”位置。再将端钮 L 和 E 短接，缓慢摇动手柄，观察指针是否指在标度尺的“0”位置，如图 1—1—15 所示。如果指针不能指在相应的位置，表明兆欧表有故障，必须检修后才能使用。

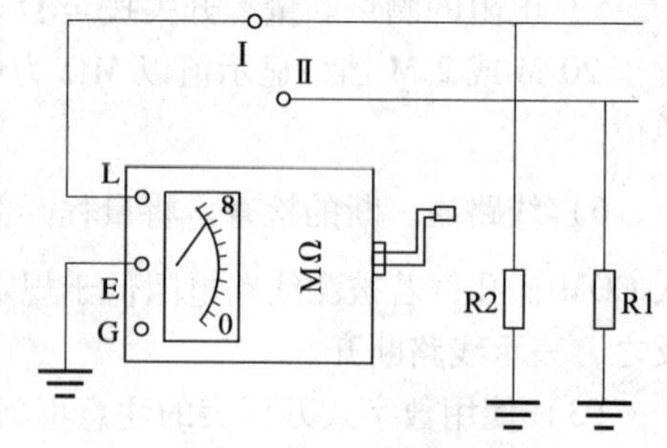

图 1—1—14　兆欧表的接线

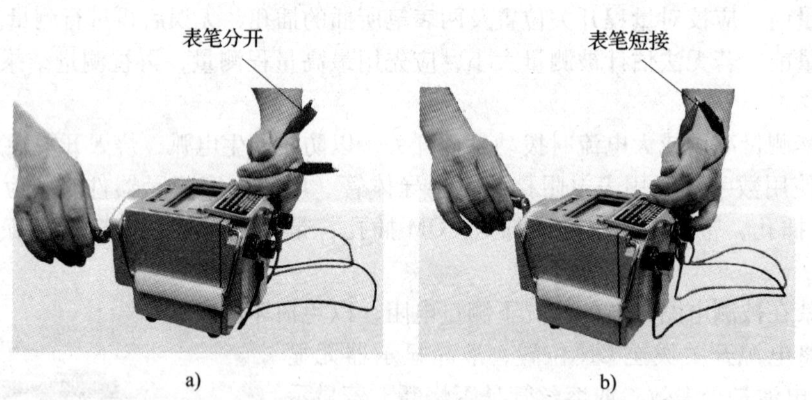

图 1—1—15　兆欧表使用前的检查

a）检查“∞”位置　b）检查“0”位置

（4）测量绝缘电阻

以测量线路对地绝缘电阻为例说明其操作方法。

将兆欧表的 E 端接地，L 端接于被测线路，如图 1—1—16 所示。摇动手柄应由慢渐快增加到 120 r/min，手摇发电机进要保持匀速。若发现指针指零，应立即停止摇动手柄。应注意，读数应匀速摇动手柄 1 min 以后进行。

（5）记录测量结果

将各测量结果记录，根据测量结果，若线路对地的绝缘电阻均大于1 MΩ，则说明该线路的绝缘电阻符合技术要求。

（6）维护保养

1）测量绝缘电阻必须在被测设备和线路断电的状态下进行。对含大电容的设备，测量前应先进行放电，测量后也应及时放电，放电时间不得小于2 min，以保证人身安全。

2）兆欧表与被测设备之间的连接导线不能用双股绝缘线或绞线，应用单股线分开单独连接，以避免线间电阻引起的误差。

3）摇动手柄应由慢变快至额定转速120 r/min。在此过程中，若发现指针指零，说明被测绝缘物发生短路事故，应立即停止摇动手柄，避免表内线圈因发热而损坏。

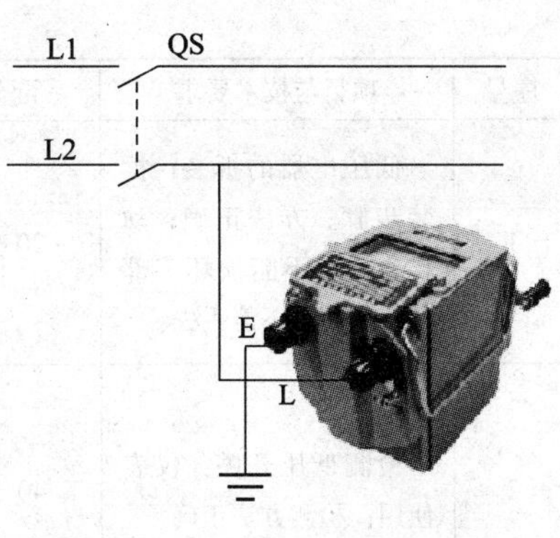

图1—1—16　兆欧表E端、L端与测量线路的接线

4）测量具有大电容设备的绝缘电阻，读数后不能立即停止摇动兆欧表，以防已充电设备放电损坏兆欧表，而应在读数后一边降低手柄转速，一边拆去接地线。在兆欧表停止转动和被测物充分放电之前，不能用手触及被测设备的导电部分。

三、拆装及测试

1．观察

仔细观察各种不同类型的低压开关和熔断器，熟悉它们的外形、型号、结构及工作原理。

2．拆装

对各类电器进行拆装。

3．检测低压开关

将低压开关的手柄扳到闭合位置，用万用表的电阻挡测量各对触头之间的接触情况，再用兆欧表测量每两相触头之间的绝缘电阻。

4．更换熔断器的熔体

（1）检查所给熔断器的熔体是否完好。对RL1系列应首先查看其熔断指示器。

（2）若熔体已熔断，应按原规格选配熔体。

（3）更换熔体。对RL1系列熔断器，熔断管不能倒装。

（4）用万用表检查更换熔体后的熔断器各部分接触是否良好。

评分标准

评分标准见表1—1—6。

表1—1—6　　常用低压配电器件拆装与检测操作技能训练评分表

序号	项目与技术要求	配分	评分标准	检测结果	得分
1	低压电器的拆装：拆装步骤、方法正确；动作要轻，不能损坏零部件；零部件不能丢失	20分	（1）拆卸步骤及方法不正确，每次扣5分 （2）拆装不熟练，扣5～10分 （3）丢失零部件，每件扣10分		

续表

序号	项目与技术要求	配分	评分标准	检测结果	得分
1	低压电器的拆装：拆装步骤、方法正确；动作要轻，不能损坏零部件；零部件不能丢失	20分	（4）拆卸后不能组装，扣15分 （5）损坏零部件，扣20分		
2	检测低压开关：仪表使用；检测方法正确	40分	（1）仪表使用方法错误，扣10分 （2）检测方法或结果有误，扣10分 （3）损坏仪表、开关，扣20分 （4）不会检测，扣40分		
3	更换熔体：正确选择熔体规格；更换过程中不能损伤熔体	30分	（1）检查方法不正确，扣10分 （2）不能正确选配熔体，扣10分 （3）更换熔体方法不正确，扣10分 （4）损伤熔体，扣20分 （5）更换熔体的熔断器断路，扣25分		
4	安全文明生产：劳动保护用品穿戴整齐，电工工具佩带齐全，遵守操作规程	10分	违反安全文明生产规程考核要求的任何1项扣1分，扣完为止		

练习题

1. 低压断路器有哪些保护功能？分别由低压断路器的哪些部件完成？
2. 如果断路器不能合闸，可能的故障原因有哪些？
3. 组合开关能否用来分断故障电流？
4. RL1系列螺旋式熔断器有何特点？适用于哪些场合？
5. 画出断路器、组合开关、熔断器的图形符号，并注明文字代号。

任务2　装调检修常用主令电器

能力目标

◇ 熟悉按钮、开关等常用主令电器的工作原理与用途。

◇ 能识别常用主令电器及其图形符号。

◇ 会拆装与检测常用主令电器。

◇ 能判断与排除常用主令电器的故障。

任务引入

打开冰箱门的时候，冰箱里面的灯就会亮起来，而关上门灯就熄灭。这是因为冰箱门框上安装了一个被称做行程开关的低压电器。关门时它被压紧，断开灯的电路；开门时它被放开，使电路闭合，将灯点亮。

图 1—1—17 所示是一台 YB6012B 型半自动花键轴铣床，右下方是控制铣床工作的各种按钮，控制着主轴的启动、停止和点动等。在靠近工作台处装有行程开关，它通过安装在工作台上的挡铁撞击而动作，以实现对工作台的自动控制。

a)

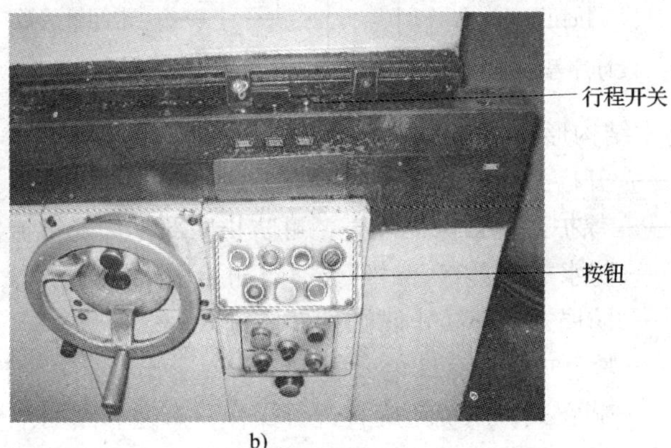

b)

图 1—1—17　YB6012B 型半自动花键轴铣床

a）铣床　b）控制部分

本任务将学习开关按钮在电气控制系统中的作用，其组成结构、类型，其故障的检测判断与排除。

相关知识

按钮、行程开关这类电器都属于主令电器。主令电器是用作接通或断开控制电路，以发出指令或用于程序控制的开关电器。常用的主令电器有按钮、行程开关、万能转换开关、接近开关等。几种主令电器的外形如图 1—1—18 所示。

图 1—1—18　几种常用主令电器

一、按钮

1. 按钮的功能

按钮是一种用人体某一部分（一般为手指或手掌）施加力而操作，并具有弹簧储能复位的控制开关，是一种最常用的主令电器。按钮的触头允许通过的电流较小，一般不超过

5 A。因此，一般情况下，它不直接控制主电路（大电流电路）的通断，而是在控制电路（小电流电路）中发出指令或信号控制接触器、继电器等电器，再由它们去控制主电路的通断、功能转换或电气联锁。

2. 按钮的型号及结构

（1）按钮型号及含义

按钮的型号及含义如下：

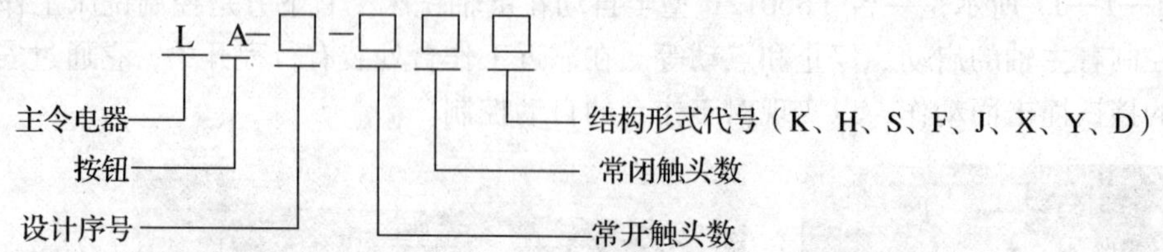

其中结构形式代号的含义如下：

K——开启式，嵌装在操作面板上。

H——保护式，带保护外壳，可防止内部零件受机械损伤或人偶然触及带电部分。

S——防水式，具有密封外壳，可防止雨水侵入。

F——防腐式，能防止腐蚀性气体进入。

J——紧急式，带有红色大蘑菇钮头（突出在外），作紧急切断电源用。

X——旋钮式，用旋钮旋转进行操作，有通和断两个位置。

Y——钥匙操作式，用钥匙插入进行操作，可防止误操作或供专人操作。

D——光标按钮，按钮内装有信号灯，兼作信号指示。

（2）按钮的结构

按钮一般由按钮帽、复位弹簧、桥式动触头、静触头、支柱连杆及外壳等部分组成，如图 1—1—19 所示。

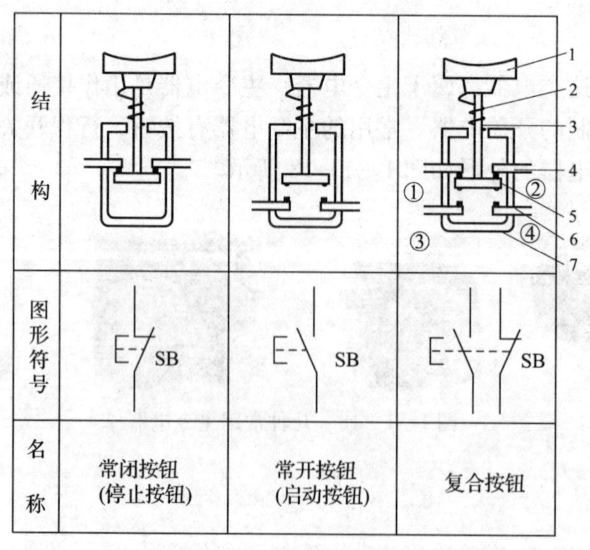

图 1—1—19　一般按钮的结构与图形符号

1—按钮帽　2—复位弹簧　3—支柱连杆　4—常闭静触头　5—桥式动触头　6—常开静触头　7—外壳

3. 按钮的工作原理及图形符号

按钮按不受外力作用（即静态）时触头的分合状态，分为启动按钮（即常开按钮）、停止按钮（即常闭按钮）和复合按钮（即常开、常闭按钮组合为一体的按钮），一般按钮的符号如图 1—1—19 所示。

（1）启动按钮

按下按钮帽时触头闭合，松开后触头自动断开复位。

（2）停止按钮

按下按钮帽时触头分断，松开后触头自动闭合复位。

（3）复合按钮

当按下按钮帽时，桥式动触头向下运动，使常闭触头先断开后，常开触头才闭合，当松开按钮帽时，常开触头先分断复位，常闭触头再闭合复位。

4. 按钮的常见故障及处理

按钮的常见故障及处理方法见表 1—1—7。

表 1—1—7　　按钮的常见故障及处理方法

故障现象	可能原因	处理方法
触头接触不良	触头烧损	修整触头或更换按钮
	触头表面有尘垢	清洁触头表面
	触头弹簧失效	重绕弹簧或更换按钮
触头间短路	塑料受热变形导致接线螺钉相碰短路	查明发热原因，更换按钮
	杂物或油污在触头间形成通路	清理按钮内部

二、行程开关

1. 行程开关的功能

行程开关是一种利用生产机械某些运动部件的碰撞来发出控制指令的主令电器，主要用于生产机械的运动方向、速度、行程大小或位置，是一种自动控制电器。

行程开关的作用原理与按钮相同，区别在于它不是靠手指的按压，而是利用生产机械运动部件的碰压使其触头动作，从而将机械信号转变为电信号，使运动机械按一定的位置或行程实现自动停止、反向运动、变速运动或自动往返运动等。

2. 行程开关的型号及含义

目前机床中常用的行程开关有 LX19 和 JLXK1 等系列，其型号及含义分别如下：

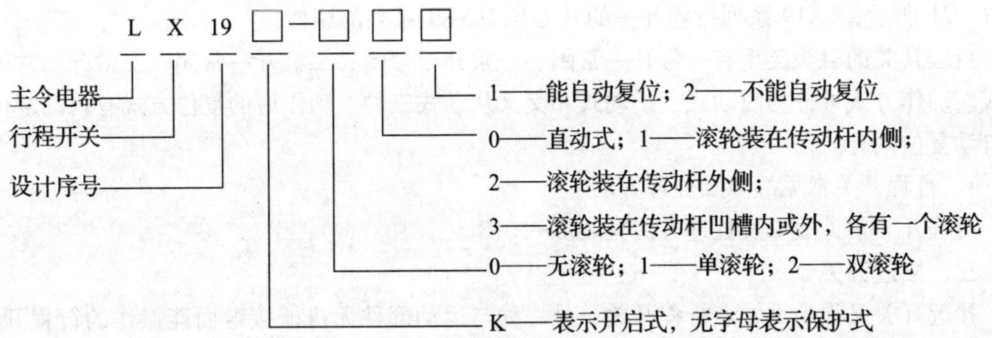

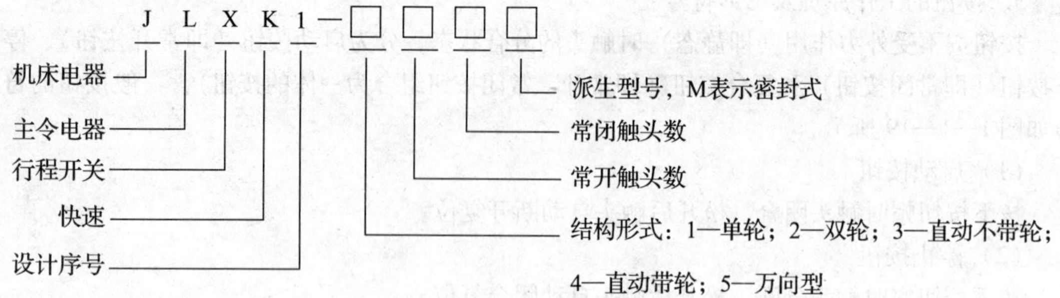

3．行程开关的结构、工作原理及图形符号

各系列行程开关的基本结构大体相同，都是由操作机构、触头系统和外壳组成，其结构如图 1—1—20a 所示，行程开关在电路图中的符号如图 1—1—20c 所示。

JLXK1 系列行程开关的动作原理如图 1—1—20b 所示。当运动部件的挡铁碰压行程开关的滚轮 1 时，杠杆 2 连同转轴 3 一起转动，使凸轮 7 推动撞块 5，当撞块被压到一定位置时，推动微动开关 6 快速动作，使其常闭触头断开，常开触头闭合。

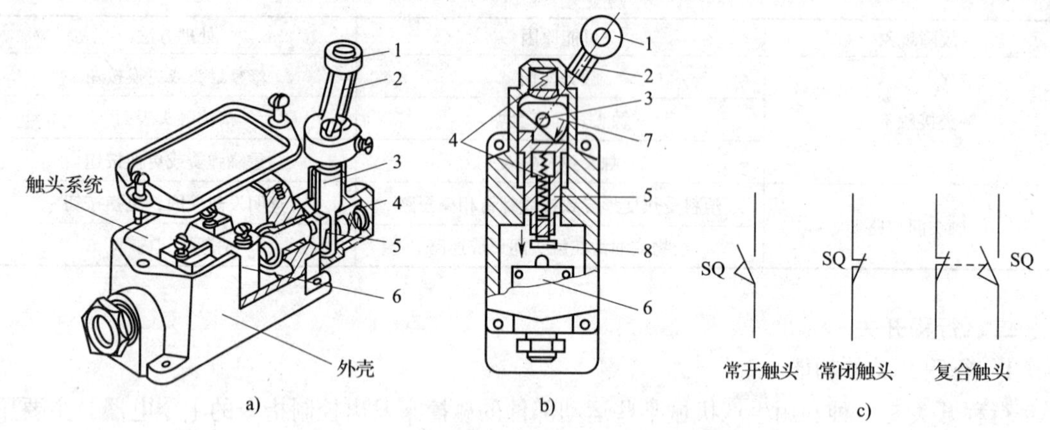

图 1—1—20　JLXK1 型号行程开关的结构和动作原理

a）结构　b）动作原理　c）图形符号

1—滚轮　2—杠杆　3—转轴　4—复位弹簧　5—撞块

6—微动开关　7—凸轮　8—调节螺钉

以某种行程开关元件为基础，装置不同的操作机构，可得到各种不同形式的行程开关，常见的是按钮式（直动式）和旋转式（滚轮式）。JLXK1 系列行程开关各形式的外形如图 1—1—21 所示，LX19 系列行程开关的外形与 JLXK1 系列的相似。

行程开关的触头类型有一常开一常闭、一常开二常闭、二常开一常闭、二常开二常闭等形式。动作方式可分为瞬动式、蠕动式和交叉从动式三种。动作后的复位方式有自动复位和非自动复位两种。

4．行程开关常见故障及处理方法

行程开关常见故障及处理方法见表 1—1—8。

三、接近开关

接近开关又称为无触点行程开关，是一种与运动部件无机械接触而能操作的行程开关。

也可以说它是一种开关型位置传感器，既有行程开关、微动开关的特性，同时又具有传感性能，且动作可靠，性能稳定，频率响应快，使用寿命长，抗干扰能力强，并具有防水、防腐、耐腐蚀等特点，目前应用范围越来越广泛。图 1—1—22 所示为接近开关的外形和圆形符号。

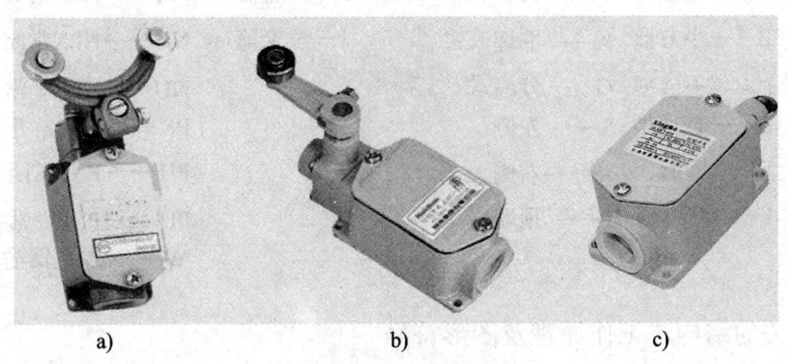

图 1—1—21　JLXK1 系列行程开关

a）双轮旋转　b）单轮旋转式　c）按钮式

表 1—1—8　　行程开关的常见故障及处理方法

故障现象	可能原因	处理方法
挡铁碰撞行程开关后，触头不动作	安装位置不准确	调整安装位置
	触头接触不良或接线松脱	清刷触头或紧固接线
	触头弹簧失效	更换弹簧
杠杆已经偏转，或无外界机械力作用，但触头不复位	复位弹簧失效	更换弹簧
	内部撞块卡阻	清扫内部杂物
	调节螺钉太长，顶住开关按钮	检查调节螺钉并更换

图 1—1—22　接近开关的外形和图形符号

a）外形　b）符号

1．接近开关的型号及含义

接近开关的型号及含义如下：

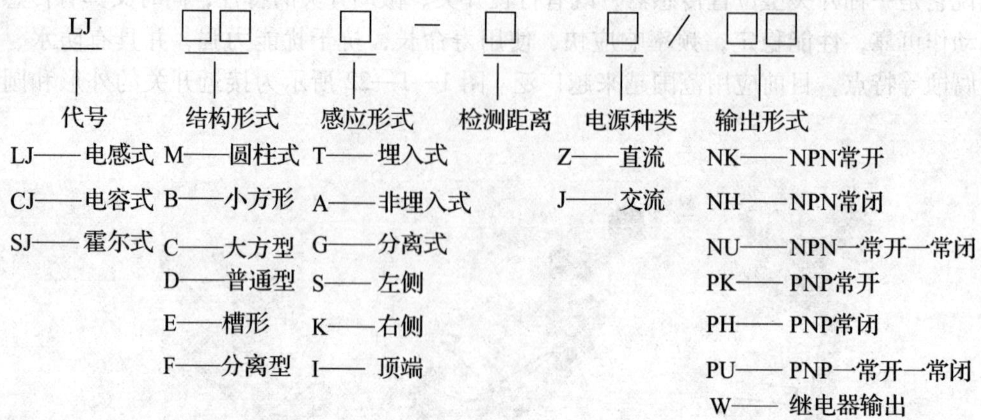

2．接近开关的结构、工作原理及图形符号

接近开关的产品有电感式、电容式、霍尔式等，电源种类有交流型和直流型，型式有圆柱型、方型、普通型、分离型、槽型等。它的用途除了行程控制和限位保护外，还可用于检测铁磁性金属的存在、高速计数、测速、定位、变换运动方向、检测零件尺寸、液面控制及用作无触点按钮等。接近开关的图形符号如图 1—1—24b 所示。

接近开关按工作原理分，有高频振荡型、感应电桥型、霍尔效应型、光电型、永磁及磁敏元件型、电容型和超声波型等多种类型，其中以高频振荡型最为常用。高频振荡型接近开关工作原理框图如图 1—1—23 所示。

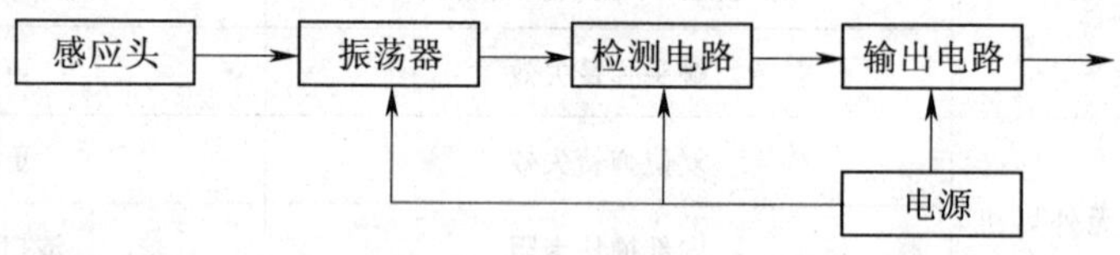

图 1—1—23　接近开关原理框图

当有金属物体接近一个以一定频率稳定振荡的高频振荡器的感应头时，由于电磁感应，该物体内部产生涡流损耗，以致振荡回路等效电阻增大，能量损耗增加，使振荡减弱直至终止。检测电路根据振荡器的工作状态控制输出电路的工作，输出信号去控制继电器或其他电器，达到控制目的。通常把接近开关刚好动作时感应头与检测体之间的距离称为检测距离。

四、万能转换开关

1．万能转换开关的功能

万能转换开关是由多组相同的触头组件叠装而成，为了控制多回路的主令电器，主要用于控制线路的转换及电气测量仪表的转换，也可用于控制小容量异步电动机的启动、换向及变速。由于触头挡数多、换接线路多、用途广泛，故称为万能转换开关。

2．万能转换开关的型号及含义

常用的万能转换开关有 LW5、LW6、LW15 等系列，其外形如图 1—1—24 所示。下面以 LW5 系列为例介绍。

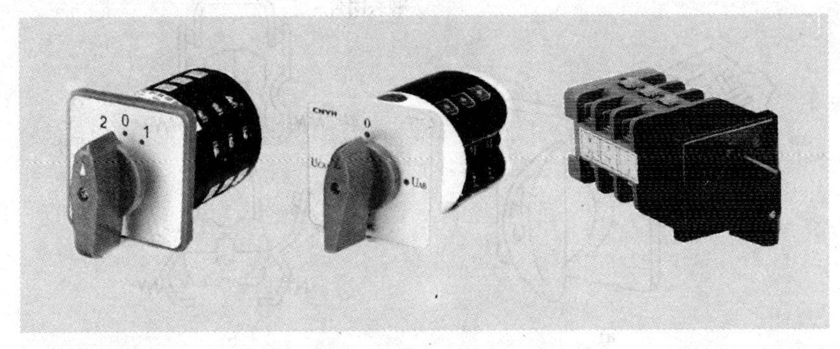

图 1—1—24　万能转换开关

作主令控制用万能转换开关的型号及含义如下：

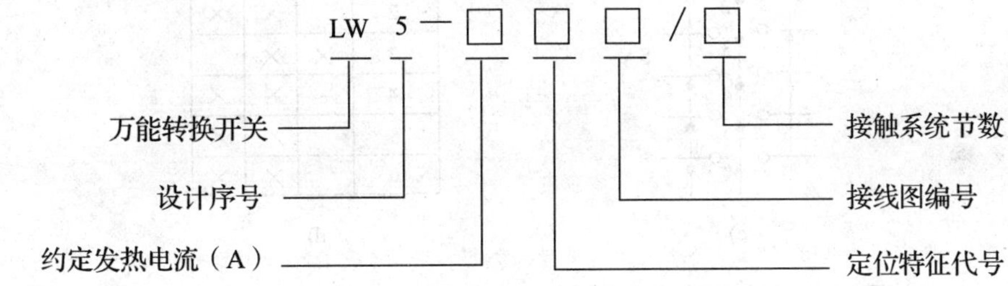

直接控制电动机用万能转换开关的型号及含义如下：

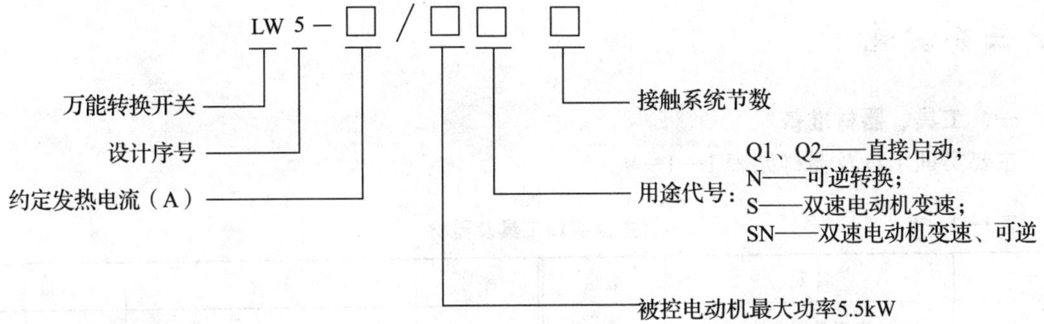

3．万能转换开关的外形、工作原理及图形符号

万能转换开关主要由接触系统、操作机构、转轴、手柄、定位机构等部件组成，用螺栓组装成一个整体。接触系统由许多接触元件组成，每一接触元件均有一胶木触头座，中间装有一对或三对触头，分别由凸轮通过支架操作。操作时，手柄带动转轴和凸轮一起旋转，凸轮即可推动触头接通或断开，如图 1—1—25b 所示。由于凸轮的形状不同，当手柄处于不同的操作位置时，触头的分合情况也不同，从而达到换接电路的目的。

万能转换开关在电路中的图形符号如图 1—1—25c 所示。图中“—o o—”代表一路触头，竖的虚线表示手柄位置。当手柄置于某一个位置上时，处于接通状态的触头下方虚线上就标注黑点“·”。例如，手柄处于 1 位时，1 和 3 触头处于接通状态，而其他触头则是处于断开状态。触头的通断也可用图 1—1—25d 所示的触头分合表来表示，表中“×”表示触头闭合，空白表示触头分断。

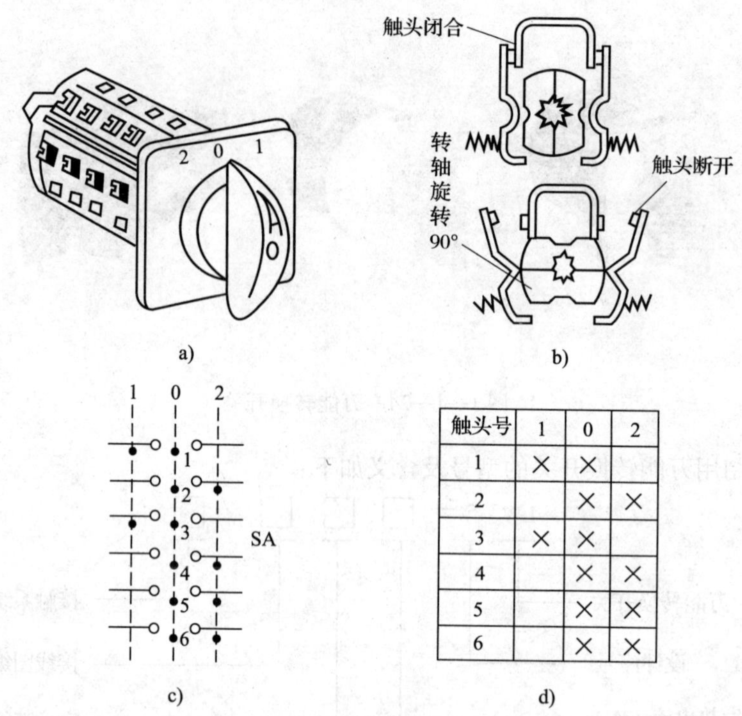

触头号	1	0	2
1	×	×	
2		×	×
3	×	×	
4		×	×
5		×	×
6		×	×

图1—1—25　LW5系列万能转换开关外形、工作原理及图形符号

a）外形　b）凸轮通断触头示意图　c）符号　d）触头分合表

任务实施

一、工具、器材准备

主要实训工具及器材见表1—1—9。

表1—1—9　　主要实训工具及器材

序号	名称	数量	序号	名称	数量
1	电工常用工具	1套	5	行程开关	2只
2	万用表	1块	6	接近开关	1只
3	兆欧表	1块	7	万能转换开关	1只
4	按钮	2只			

二、拆装及测试

1．拆装

拆开各主令电器的外壳，观察其内部结构，然后进行拆装。

2．检测按钮和行程开关

用万用表的电阻挡测量各对触头之间的接触情况，分辨常开触头和常闭触头。

3．万能转换开关的检测

（1）用兆欧表测量各触头的对地电阻，其值应不小于0.5 MΩ。

（2）用万用表依次测量手柄置于不同位置时各对触头的通断情况，根据测量结果作出其触头分合表，并与给出的分合表对比，初步判断触头的工作情况是否良好。

（3）检查各对触头的接触情况和各凸轮片的磨损情况，若触头接触不良应予以修整；若凸轮片磨损严重应予以更换。

（4）装上外壳，转动手柄检查转动是否灵活、可靠，并再次用万用表依次测量手柄置于不同位置时各触头的通断情况，看是否与给定的触头分合表相符。

评分标准

评分标准见表1—1—10。

表1—1—10　　常用主令电器拆装与检修操作技能训练评分表

序号	项目与技术要求	配分	评分标准	检测结果	得分
1	主令电器的拆装：拆装步骤、方法正确；动作要轻，不能损坏零部件；零部件不得丢失	40分	（1）拆卸步骤及方法不正确，每次扣5分 （2）拆装不熟练，扣5～10分 （3）丢失零部件，每件扣10分 （4）拆卸后不能组装，扣15分 （5）损坏零部件，扣30分		
2	主令电器校验：仪表使用正确；触头状态与分合表相符；能修复触头使其达到合理状态	50分	（1）仪表使用方法错误，扣10分 （2）测量结果有误，每次扣5分 （3）触头分合表有误，每错一处扣5分 （4）检查修整触头错误，扣10分 （5）检查更换凸轮片错误，扣10分 （6）损坏仪表、电器，扣20分 （7）不会检测，扣40分		
3	安全文明生产：劳动保护用品穿戴整齐，电工工具佩带齐全，遵守操作规程	10分	违反安全文明生产考核要求的任何1项扣1分，扣完为止		

练习题

1．主令电器的作用是什么？常用的主令电器有哪些？

2．按钮由哪几部分组成？它接在主电路还是控制电路中？画出启动按钮、停止按钮和复合按钮的图形符号并简述它们的功能。

3．什么是行程开关？它与按钮有什么异同？画出行程开关的图形符号。

4．接近开关有什么特点？画出接近开关的图形符号。

5．万能转换开关有哪些功能？能否对电路或用电设备的过载、短路、负电压等进行保护？画出它的图形符号，并指出如何识别触头的通断情况。

任务3　装调检修接触器

能力目标

◇ 熟悉交流接触器的工作原理与用途。

◇ 能识别交流接触器的型号和图形符号。

◇ 会拆装、调整与检测交流接触器。

◇ 能判断与排除交流接触器的常见故障。

任务引入

低压开关、主令电器等电器都是依靠手控直接操作来实现触头接通或断开电路，属于非自动切换电器。在电力驱动中，广泛应用一种自动切换电器—接触器来实现电路的自动控制，图 1—1—26 所示为常用的交流接触器外形。本任务将介绍交流接触器在电气控制系统中的作用，它的组成结构和类型，检测与调整方法，以及交流接触器故障的判断与排除。

图 1—1—26　常用接触器外形

相关知识

接触器是一种自动的电磁式开关，触头的通断不是由手动来控制，而是电动操作。如图 1—1—27 所示，电动机通过接触器主触头接入电源，接触器线圈与启动按钮串接后接入电源。按下启动按钮，线圈得电使静铁心被磁化产生电磁吸力，吸引动铁心带动主触头闭合接通电路；松开启动按钮，线圈失电，电磁吸力消失，动铁心在反作用弹簧（图中未画出）的作用下释放，带动主触头复位切断电路。

接触器的优点是能实现远距离自动操作，具有欠压和失压自动释放保护功能，控制容量大，工作可靠，操作频率高，使用寿命长，适用于远距离频繁地接通和断开交、直流主电路及大容量的控制电路。其主要控制对象是电动机，也可以用于控制电热设备、电焊机以及电容器组等其他负载，在电力拖动和自动控制系统中得到了广泛应用。

接触器按主触头通过电流的种类，分为交流接触器和直流接触器两类。以下介绍交流接触器。

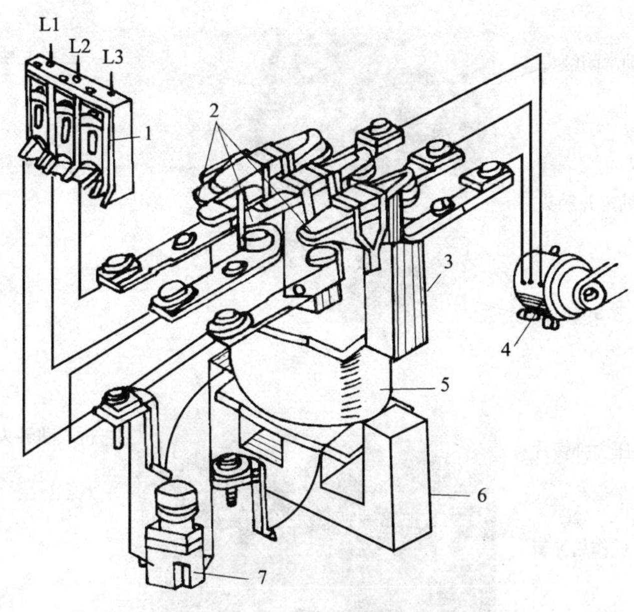

图 1—1—27　接触器控制电动机

1—熔断器　2—主触头　3—动铁心　4—电动机　5—线圈　6—静铁心　7—按钮

一、交流接触器的型号及含义

交流接触器的种类很多，空气电磁式交流接触器应用最为广泛，其产品系列、品种最多，结构和工作原理基本相同。常用的有国产的 CJ10（CJT1）、CJ20 和 CJ40 等系列，现以 CJ10 系列为例来介绍交流接触器。

交流接触器的型号及含义如下：

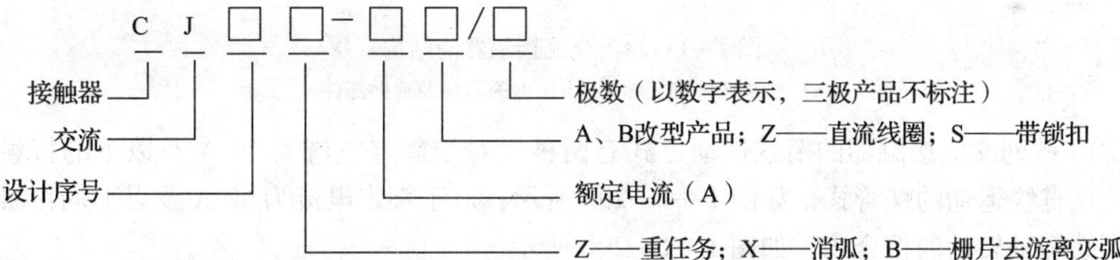

二、交流接触器的结构和符号

交流接触器主要由电磁系统、触头系统、灭弧装置和辅助部件等组成。CJ10—20 型交流接触器的结构如图 1—1—28 所示。

1. 电磁系统

电磁系统主要由线圈、静铁心和动铁心（衔铁）三部分组成。静铁心在下，动铁心在上，线圈装在静铁心上。铁心是交流接触器发热的主要部件，静、动铁心一般用 E 形硅钢片叠压而成，以减少铁心的磁滞损耗和涡流损耗，避免铁心过热。另外，在 E 形铁心的中柱端面留有 0.1～0.2 mm 的气隙，以减小剩磁影响，避免线圈断电后衔铁被吸住不能释放。铁心的两个端面上嵌有短路环，用以消除电磁系统的振动和噪声。线圈做成粗而短的圆筒形，且在线圈和铁心之间留有空隙，以增强铁心散热效果。

交流接触器利用电磁系统中线圈的通电与断电，使静铁心吸合或释放衔铁，从而带动动触头与静触头闭合或分断，实现电路的接通或断开。

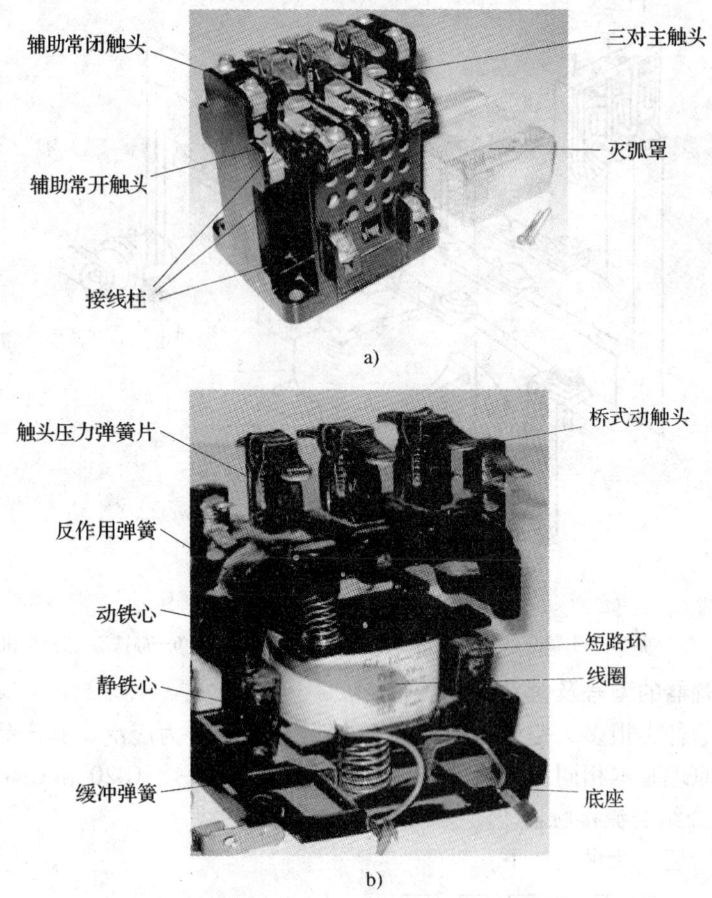

a)

b)

图 1—1—28　交流接触器的结构

a）触头系统和灭弧罩　b）电磁系统及辅助部件

CJ10 系列交流接触器的衔铁运动方式有两种，对于额定电流为 40 A 及以下的接触器，采用衔铁直线运动的螺管式，如图 1—1—29a 所示；对于额定电流为 60 A 及以上的接触器，采用衔铁绕轴转动的拍合式，如图 1—1—29b 所示。

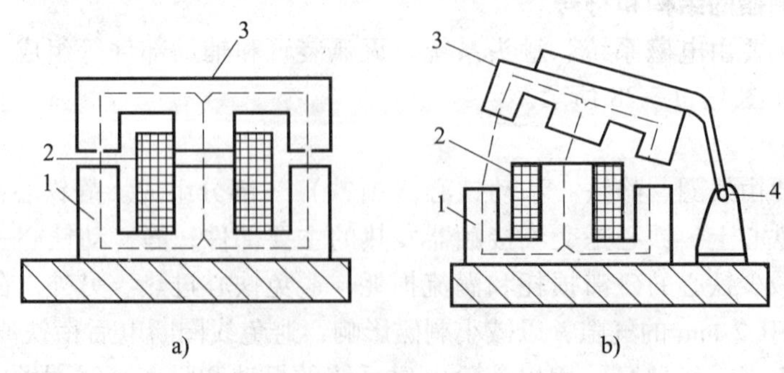

a)　　b)

图 1—1—29　交流接触器电磁系统结构图

a）衔铁直线运动的螺管式　b）衔铁绕轴转动的拍合式

1—静铁心　2—线圈　3—动铁心（衔铁）　4—转轴

2．触头系统

交流接触器的触头按通断能力可分为主触头和辅助触头，如图 1—1—28a 所示。主触头用以通断电流较大的主电路，一般由三对常开触头组成。辅助触头用以通断电流较小的控制电路，一般由两对常开触头和两对常闭触头组成。所谓触头的常开和常闭，是指电磁系统未通电动作前触头的状态。常开触头和常闭触头是联动的。当线圈通电时，常闭触头先断开，常开触头随后闭合，中间有一个很短的时间差。当线圈断电后，常开触头先恢复断开，随后常闭触头恢复闭合，中间也存在一个很短的时间差。这个时间差虽短，但对分析线路的控制原理却很重要。

交流接触器的触头按接触情况分为点接触式、线接触式和面接触式三种，如图 1—1—30 所示；按触头的结构形式可分为桥式触头和指形触头两种，如图 1—1—31 所示。CJ10 系列交流接触器的触头一般采用双断点桥式触头，其动触头用紫铜片冲压而成，在触头桥的两端镶有银基合金制成的触头块，以避免接触点由于产生氧化铜而影响其导电性能。静触头一般用黄铜板冲压而成，一端镶焊触头块，另一端为接线柱。在触头上装有压力弹簧片，用以减小接触电阻，以及消除开始接触时产生的有害振动。

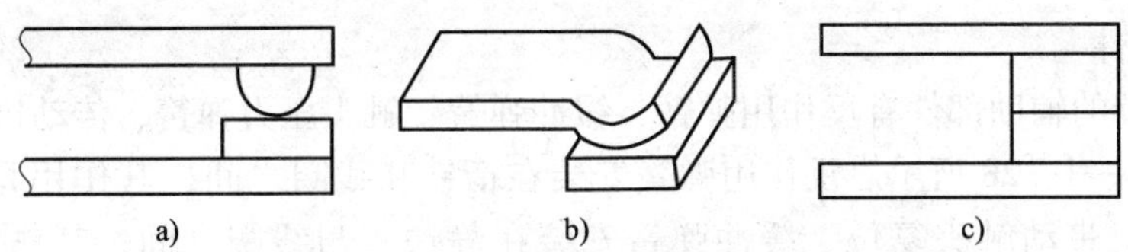

图 1—1—30　触头的三种接触形式

a）点接触　b）线接触　c）面接触

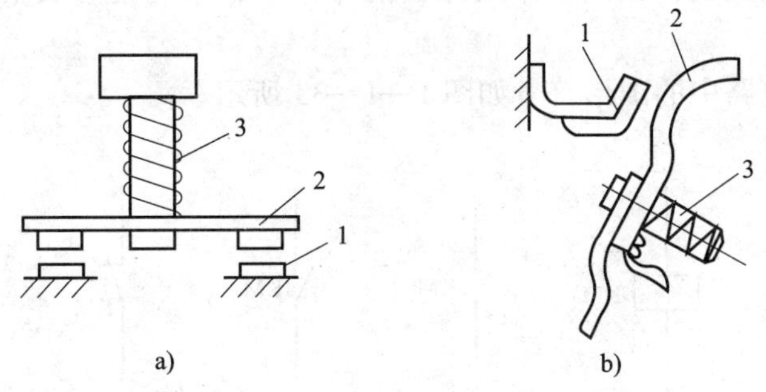

图 1—1—31　触头的结构形式

a）双断点桥式触头　b）指形触头

1—静触头　2—动触头　3—触头压力弹簧

3．灭弧装置

交流接触器在断开大电流或高电压电路时，会在动、静触头之间产生很强的电弧。电弧是触头间气体在强电场作用下产生的放电现象，它一方面会灼伤触头，减少触头的使用寿命；另一方面会使电路切断时间延长，甚至造成弧光短路或引起火灾事故，因此触头间的电弧应尽快熄灭。

灭弧装置的作用是熄灭触头分断时产生的电弧，以减轻对触头的灼伤，保护可靠的分断电路。交流接触器常采用的灭弧装置有双断口结构的电动力灭弧装置、纵缝灭弧装置和栅片灭弧装置三种，如图 1—1—32 所示。对于容量较小的交流接触器（如 CJ10—10 型），一般采用双断口结构的电动力灭弧装置。CJ10 系列交流接触器额定电流在 20 A 及以上的，常采用纵缝灭弧装置灭弧；对于容量较大的交流接触器，多采用栅片来灭弧。

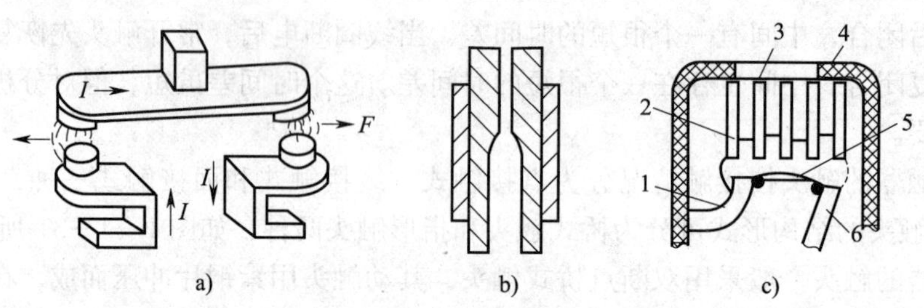

图 1—1—32　常用的灭弧装置

a）双断口结构电动力灭弧装置　b）纵缝灭弧装置　c）栅片灭弧装置

1—静触头　2—短电弧　3—灭弧栅片　4—灭弧罩　5—电弧　6—动触头

4．辅助部件

交流接触器的辅助部件有反作用弹簧、缓冲弹簧、触头压力弹簧、传动机构及底座、接线柱等，如图 1—1—28 所示。反作用弹簧安装在衔铁和线圈之间，其作用是线圈断电后，推动衔铁释放，带动触头复位；缓冲弹簧安装在静铁心与线圈之间，其作用是缓冲衔铁在吸合时对静铁心和外壳的冲击力，保护外壳；触头压力弹簧安装在动触头上面，其作用是增加动、静触头间的压力，从而增大接触面积，以减少接触电阻，防止触头过热损伤；传动机构的作用是在衔铁或反作用弹簧的作用下，带动动触头实现与静触头的接通或分断。

交流接触器在电路中的图形符号如图 1—1—33 所示。

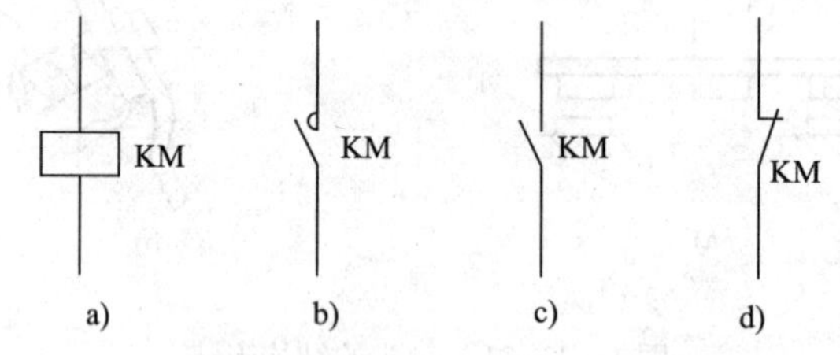

图 1—1—33　接触器的图形符号

a）线圈　b）主触头　c）辅助常开触头　d）辅助常闭触头

三、交流接触器的工作原理

当接触器的线圈通电后，线圈中流过的电流产生磁场，使静铁心磁化产生足够大的磁吸力，克服反作用弹簧的反作用力，将衔铁吸合，衔铁通过传动机构带动辅助常闭触头先断开，三对常开主触头和辅助常开触头后闭合。当接触器线圈断电或电压显著下降时，由于铁心的电磁吸力消失或过小，衔铁在反作用弹簧力的作用下复位，并带动各触头恢复到原始状态。

四、交流接触器的主要技术参数

交流接触器的主要技术参数有额定电压、额定电流、额定操作频率、接通与分断能力等。

1. 额定电压

接触器铭牌上标注的额定电压是指接触器主触头的额定电压。交流接触器的额定电压，一般为500 V、380 V、220 V。

2. 额定电流

(1) 主触头额定工作电流

接触器铭牌上标注的额定电流是指主触头的额定电流，有5 A，10 A，20 A，40 A，60 A，150 A等几种。由制造厂根据额定工作电压、额定功率、额定工作方式、使用类别以及外壳防护型式规定电流值。例如，一台接触器所控制的电动机的最大额定功率与其额定工作电压有关，因此需给出其额定工作电流以指明与功率之间的关系。

(2) 辅助触头额定工作电流

考虑到额定工作电压、额定操作频率、使用类别以及电寿命而规定的辅助触头的电流值，一般不大于5 A。

3. 线圈的额定电压

通常用的电压等级为36 V、110 V、220 V、380 V。

4. 额定操作频率

接触器每小时内可能实现的最高循环操作次数。交流接触器最高为600次/h。

5. 电寿命

电寿命是指在规定的正常工作条件下，接触器（开关）不需修理或更换零件的负载操作循环次数。

6. 机械寿命

机械寿命是指接触器（开关）需要修理或更换零件前所能承受的无载操作循环次数。

7. 接通和分断能力

接触器的接通和分断能力是指主触头在规定条件下，能可靠地接通和分断的电流值。在此电流值下，接通时主触点不应发生熔焊；分断时应能可靠灭弧。

五、接触器的常见故障及处理方法

接触器常见故障及处理方法见表1—1—11。

表1—1—11　　接触器的常见故障及处理方法

故障现象	可能原因	处理方法
吸不上或吸不足（即触头已闭合而铁心尚未完全吸合）	电源电压太低或波动过大	调高电源电压
	操作回路电源容量不足或发生断线、配线错误及触头接触不良	增加电源容量，更换线路，修理控制触头
	线圈技术参数与使用条件不符	更换线圈
	产品本身受损	更换接触器
	触头弹簧压力过大	按要求调整触头参数

续表

故障现象	可能原因	处理方法
不释放或释放缓慢	触头弹簧压力过小	调整触头参数
	触头熔焊	排除熔焊故障，更换触头
	机械可动部分被卡住，转轴生锈或歪斜	排除卡阻现象，修理受损零件
	反力弹簧损坏	更换反力弹簧
	铁心极面沾有油垢或尘埃	清理铁心极面
	铁心磨损过大	更换铁心
电磁铁（交流）噪声大	电源电压过低	提高操作回路电压
	触头弹簧压力过大	调整触头弹簧压力
	短路环断裂	更换短路环
	铁心极面有污垢	清理铁心极面
	磁系统歪斜或机械上卡住，使铁心不能吸合到位	排除机械卡住的故障
	铁心极面过度磨损而不平	更换铁心
线圈过热或烧坏	电源电压过高或过低	调整电源电压
	线圈技术参数与实际使用条件不符	调换线圈或接触器
	操作频率过高	选择其他合适的接触器
	线圈匝间短路	排除短路故障，更换线圈
触头灼伤或熔焊	触头压力过小	调高触头弹簧压力
	触头表面有金属颗粒异物	清理触头表面
	操作频率过高，或工作电流过大，断开容量不够	调换容量较大的接触器
	长期过载使用	调换合适的接触器
	负载侧短路	排除短路故障，更换触头

任务实施

一、工具、器材准备

主要实训工具及器材见表1—1—12。

表1—1—12　　主要实训工具及器材

序号	名称	数量	序号	名称	数量
1	电工常用工具	1套	8	交流接触器	1个
2	镊子	1个	9	开启式负荷开关	1个
3	万用表	1块	10	指示灯	1只
4	兆欧表	1台	11	控制板	1块
5	电流表	1块	12	连接导线	若干
6	电压表	1块	13	紧固件及编码套管	若干
7	调压变压器	1台			

二、交流接触器的拆装及检修

交流接触器的拆卸、检修、装配及检测流程分别如图 1—1—34 所示。

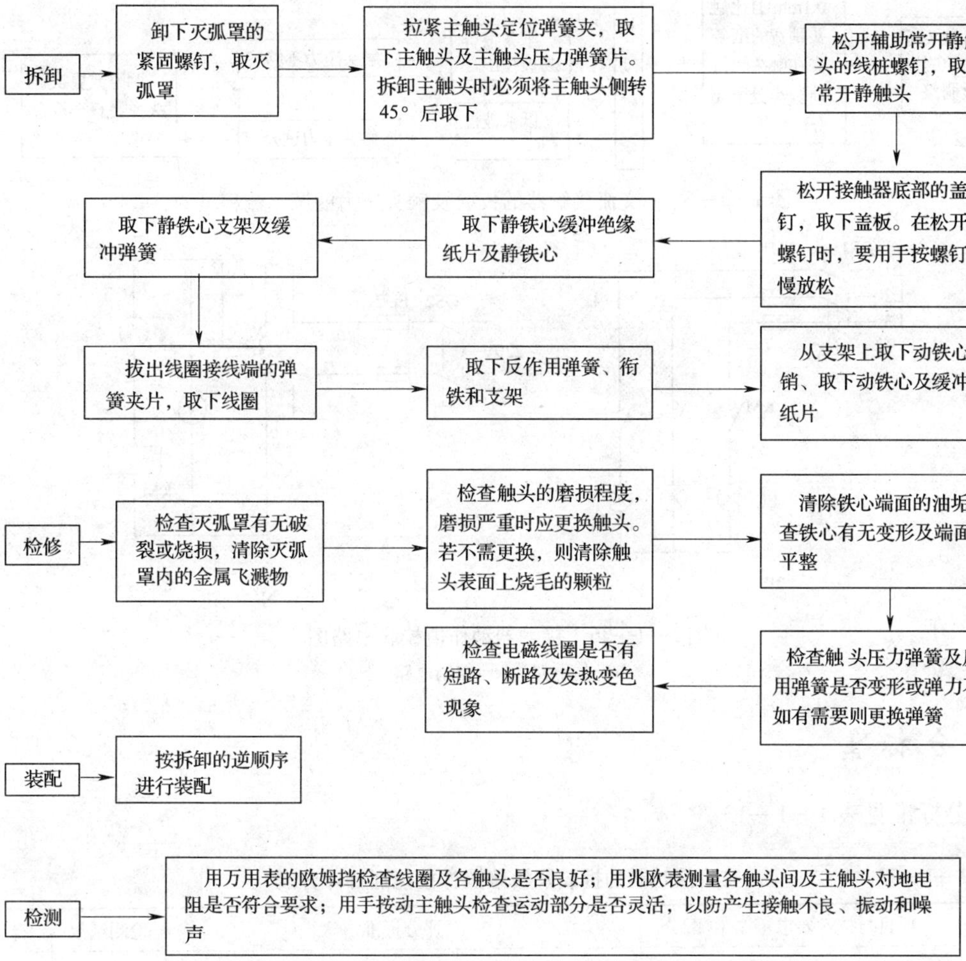

拆卸
卸下灭弧罩的紧固螺钉，取灭弧罩
拉紧主触头定位弹簧夹，取下主触头及主触头压力弹簧片。拆卸主触头时必须将主触头侧转45° 后取下
松开辅助常开静触头的线桩螺钉，取下常开静触头
松开接触器底部的盖板螺钉，取下盖板。在松开盖板螺钉时，要用手按螺钉并慢慢放松
取下静铁心缓冲绝缘纸片及静铁心
取下静铁心支架及缓冲弹簧
拔出线圈接线端的弹簧夹片，取下线圈
取下反作用弹簧、衔铁和支架
从支架上取下动铁心定位销、取下动铁心及缓冲绝缘纸片
检修
检查灭弧罩有无破裂或烧损，清除灭弧罩内的金属飞溅物
检查触头的磨损程度，磨损严重时应更换触头。若不需更换，则清除触头表面上烧毛的颗粒
清除铁心端面的油垢，检查铁心有无变形及端面是否平整
检查触头压力弹簧及反作用弹簧是否变形或弹力不足。如有需要则更换弹簧
检查电磁线圈是否有短路、断路及发热变色现象
装配
按拆卸的逆顺序进行装配
检测
用万用表的欧姆挡检查线圈及各触头是否良好；用兆欧表测量各触头间及主触头对地电阻是否符合要求；用手按动主触头检查运动部分是否灵活，以防产生接触不良、振动和噪声

图 1—1—34　交流接触器的拆卸、检修、装配及检测流程

三、交流接触器的校验及触头压力的调整

交流接触器的校验及触头压力的调整流程分别如图 1—1—35 所示。

校验
将装配好的接触器按图1—1—36 接入校验电路
选好电流表、电压表量程并调零；将调压变压器输出置于零位
合上QS1和 QS2，均匀调节调压变压器，使电压上升到接触器铁心吸合为止，此时电压表的指示值即为接触器的动作电压值。该电压应小于或等于 85%U_N（U_N 为吸引线圈的额定电压）
保持吸合电压值，分合开关 QS2，做两次冲击合闸试验，以校验动作的可靠性
均匀地降低调压变压器的输出电压直至衔铁分离，此时电压表的指示值即为接触器的释放电压，释放电压值应大于50%U_N
将调压变压器的输出电压调至接触器线圈的额定电压，观察铁心有无振动及噪声，从指示灯的明暗可判断主触头的接触情况

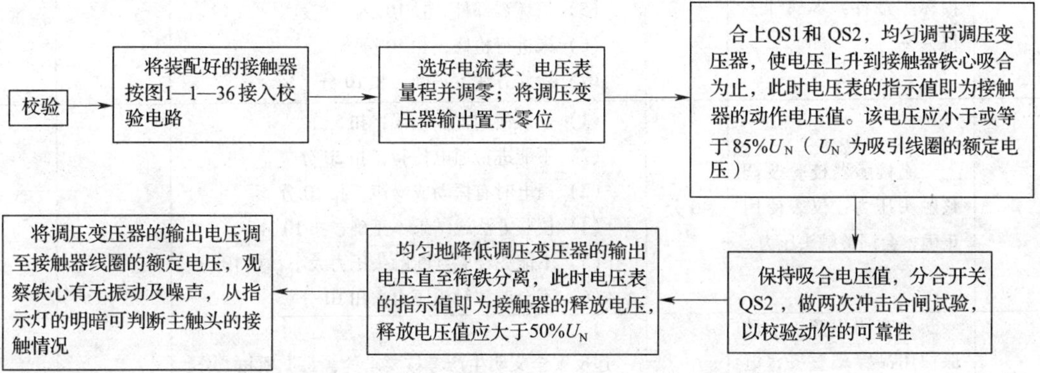

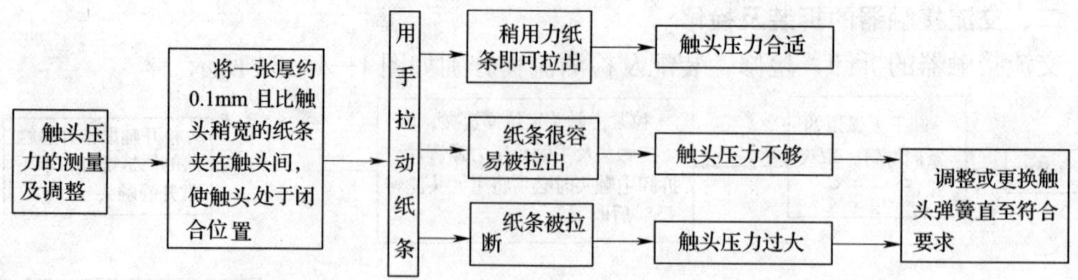

图1—1—35　交流接触器的校验及触头压力的调整流程

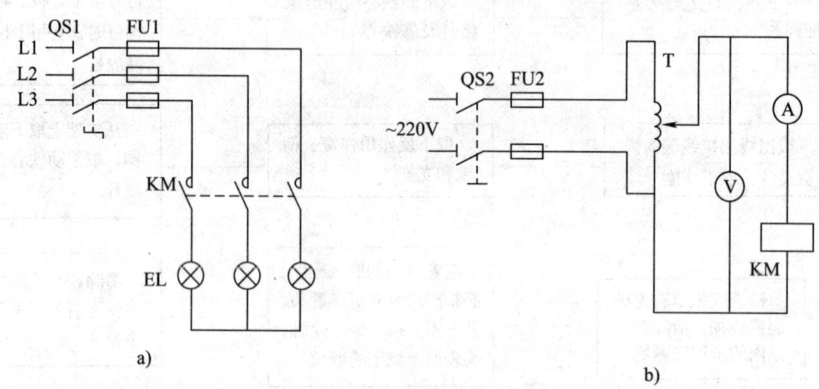

图1—1—36　接触器动作值校验电路图

a）主电路　b）控制电路

评分标准

评分标准见表1—1—13。

表1—1—13　　交流接触器的拆装及检修操作技能训练评分表

序号	项目与技术要求	配分	评分标准	检测结果	得分
1	交流接触器的拆装、检修：拆装步骤、方法正确；动作要轻，不能损坏零部件；零部件不得丢失	50分	（1）拆卸步骤及方法不正确，每次扣5分 （2）拆装不熟练，扣5~10分 （3）丢失零部件，每件扣5分 （4）拆卸后不能组装，扣10分 （5）损坏零部件，扣10分 （6）未进行检修，扣10分 （7）检修方法不正确，扣10分		
2	交流接触器校验及调整触头压力：仪表使用正确；会调整触头压力	40分	（1）仪表使用方法错误，扣5分 （2）不能进行通电校验，扣20分 （3）通电时有振动或噪声，扣10分 （4）校验方法或结果不正确，扣10分 （5）不能凭经验判断触头压力大小，扣10分 （6）不会调整触头压力，扣10分		
3	安全文明生产：劳动保护用品穿戴整齐，电工工具佩带齐全，遵守操作规程	10分	违反安全文明生产考核要求的，每1项扣1分，扣完为止		

练习题

1. 接触器的哪些电气元件需接在线路中？画出这些电气元件的图形符号。
2. 简述接触器中短路环、反作用弹簧、触头压力弹簧和缓冲弹簧的作用。
3. 简述交流接触器的工作原理。

课题二　点动控制线路

任务1　安装检修三相异步电动机

能力目标

◇ 掌握三相异步电动机的工作原理。
◇ 会拆装与检测三相异步电动机。
◇ 能安装三相异步电动机。
◇ 能分析与排除三相异步电动机的常见故障。

任务引入

机械的运动需要动力来驱动，生产设备的动力驱动一般使用电动机，最常用的电动机是三相异步电动机。三相异步电动机结构简单、价格低廉、坚固耐用、使用维护方便，因此在工农业及其他各个领域中得到广泛的应用。本任务将学习三相异步电动机的内部结构，工作原理，检测和安装方法，及三相异步电动机常见故障的排除。

相关知识

一、三相异步电动机的结构组成

三相异步电动机的结构主要由定子和转子两大部分组成，定、转子之间有气隙。

1. 定子部分

异步电动机的定子主要由机座、定子铁心、定子绕组三部分组成，如图1—2—1 所示。

(1) 机座

异步电动机的机座起固定和支撑定子铁心的作用，一般用铸铁铸造而成。根据电动机防护方式、冷却方式和安装方式的不同，机座的形式也不同。

(2) 定子铁心

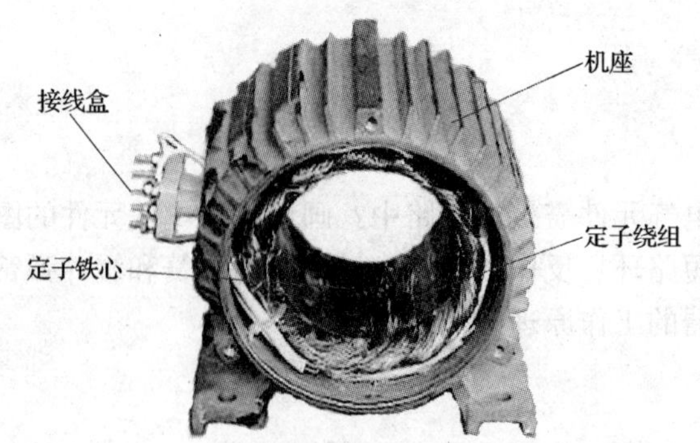

图 1—2—1　异步电动机的定子结构

定子铁心是电动机磁路的一部分，是用 0.5 mm 厚的硅钢片冲片叠压而成，铁心内圆有均匀分布的槽，用以嵌放定子绕组，硅钢片上涂有绝缘漆（小型电动机也有不涂漆的）作为片间绝缘以减少涡流损耗。

（3）定子绕组

三相异步电动机的定子绕组是电动机的电路部分，它嵌放在定子铁心的内圆槽内，是一个三相对称绕组。

2. 转子部分

转子主要由转子铁心、转子绕组和转轴组成。整个转子靠端盖和轴承支撑。

（1）转子铁心

转子铁心是电机磁路的一部分，一般也由 0.5 mm 厚的硅钢片冲片叠成，转子铁心叠片上冲有嵌放绕组的槽。

（2）转子绕组

根据转子绕组的结构形式不同分为笼型转子和绕线式转子两种。

1）笼型转子。在转子铁心的每一个槽中，插入一根裸导条，在铁心两端分别用两个短路环把导条连接成一个整体，形成一个自身闭合的短路绕组。若去掉转子铁心，整个绕组就像一个鼠笼，故称为笼型转子，如图 1—2—2 所示。

2）绕线式转子。绕线转子绕组与定子绕组相似，是左绕线转子的铁心槽内嵌有三相绕组，一般作星形联结，三个端头分别接在与转轴绝缘的三个集电滑环上，再经一套电刷引出来与外电路相连接，如图 1—2—3 所示。

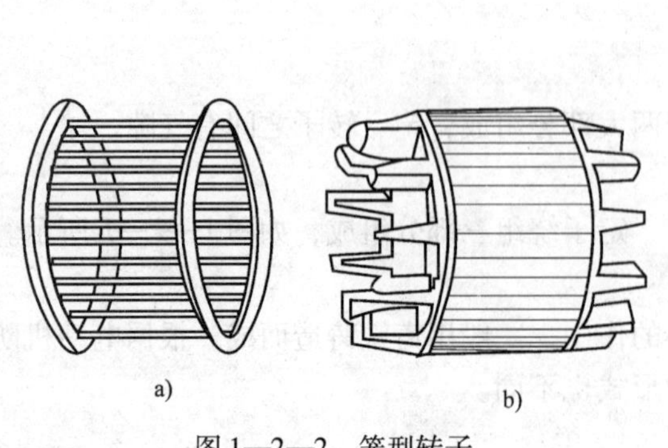

图 1—2—2　笼型转子
a）绕组　b）转子

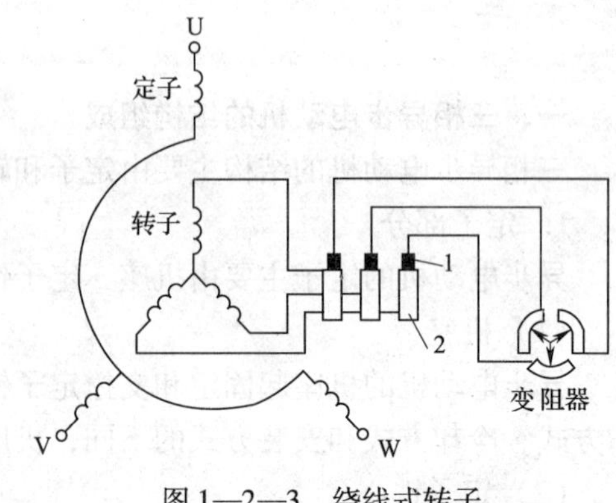

图 1—2—3　绕线式转子
1—电刷　2—滑环

二、三相异步电动机的工作原理

1. 旋转磁场的产生

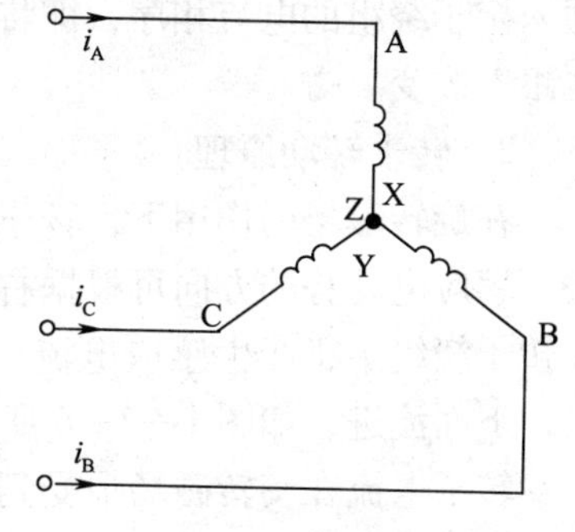

图 1—2—4　三相异步电动机定子接线

三相异步电动机通入三相交流电流之后，首先在定子绕组中将产生旋转磁场，其产生过程如下。

图 1—2—4 所示为最简单的三相定子绕组 AX、BY、CZ，它们在空间按互差120°的规律对称排列，并接成星形与三相电源 U、V、W 相连接。给三相定子绕组通入三相对称电流，随着电流在定子绕组中通过，在三相定子绕组中就会产生旋转磁场，其过程如图 1—2—5 所示。

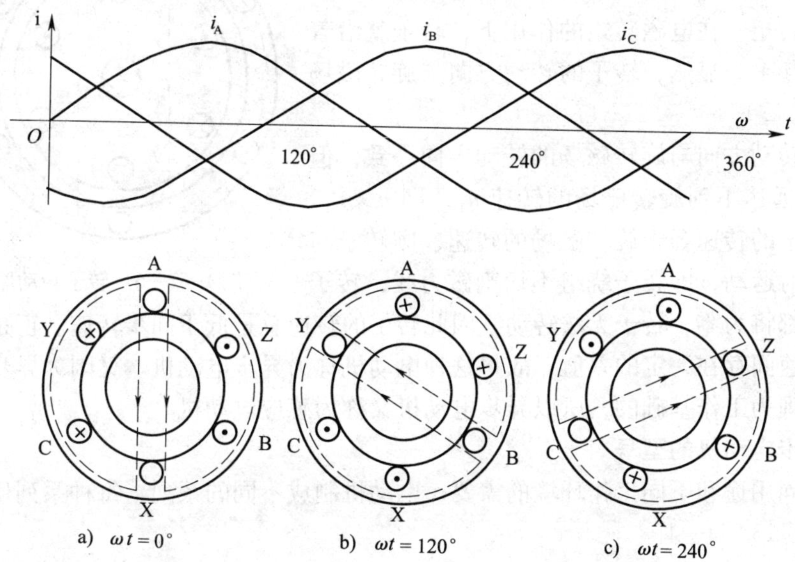

图 1—2—5　旋转磁场的形成过程

当 $\omega t=0°$时，$i_A=0$，AX 绕组中无电流；i_B 为负，BY 绕组中的电流从 Y 流入 B_1 流出；i_C 为正，CZ 绕组中的电流从 C 流入 Z 流出；由右手螺旋定则可得合成磁场的方向如图 1—2—5a 所示。

当 $\omega t=120°$时，$i_B=0$，BY 绕组中无电流；i_A 为正，AX 绕组中的电流从 A 流入 X 流出；i_C 为负，CZ 绕组中的电流从 Z 流入 C 流出；由右手螺旋定则可得合成磁场的方向如图 1—2—5b 所示。

当 $\omega t=240°$时，$i_C=0$，CZ 绕组中无电流；i_A 为负，AX 绕组中的电流从 X 流入 A 流出；i_B 为正，BY 绕组中的电流从 B 流入 Y 流出；由右手螺旋定则可得合成磁场的方向如图 1—2—5c 所示。

可见，当定子绕组中的电流变化一个周期时，合成磁场也按电流的相序方向在空间旋转一周。随着定子绕组中的三相电流不断地作周期性变化，产生的合成磁场也不断地旋转，因此称为旋转磁场。

旋转磁场的方向是由三相绕组中电流相序决定的，若想改变旋转磁场的方向，只要改变通入定子绕组的电流相序，即将三根电源线中的任意两根对调即可。这时，转子的旋转方向也跟着改变。

2. 转子转动原理

在旋转磁场的作用下，转子上的导条将作切割磁力线的运动而在其两端产生感应电动势，感应电动势的方向可根据右手螺旋法则来判断。由于转子绕组本身为一闭合电路，所以在转子绕组中将产生感应电流，称为转子电流，电流方向与电动势的方向一致，即上面流出，下面流进，如图 1—2—6 所示。

转子电流在旋转磁场中受到电磁力的作用，其方向可由左手定则来判断，上面的转子导条受到向右的力的作用，下面的转子导条受到向左的力的作用。电磁力对转子的作用称为电磁转矩。在电磁转矩的作用下，转子就沿着顺时针方向转动起来。显然，转子的转动方向与旋转磁场的转动方向一致。

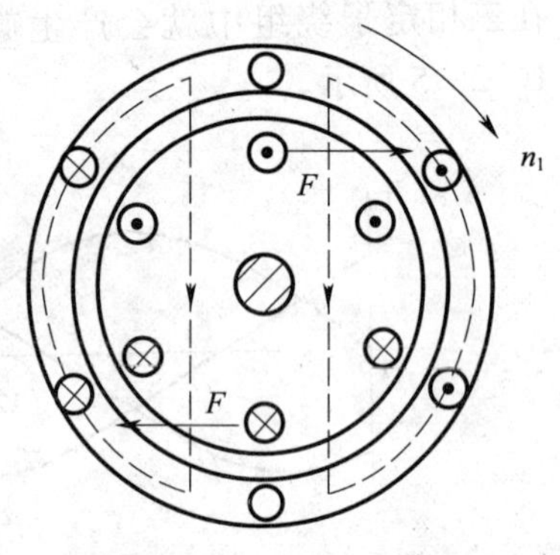

图 1—2—6　转子转动原理

虽然转子的转动方向与旋转磁场的转动方向一致，但转子的转速 n 永远达不到旋转磁场的转速 n_1，即 $n < n_1$。这是因为，若转子的转速等于旋转磁场的转速，则转子与磁场间不存在相对运动，即转子绕组不切割磁力线，转子电流、电磁转矩都将为零，转子无法转动，因此转子的转速总是低于同步转速。正是由于转子转速与同步转速间存在一定的差值，故将这种电动机称为异步电动机。又因为异步电动机是以电磁感应原理为工作基础的，所以异步电动机又称为感应电动机。

三、三相异步电动机的型号

为了适应不同用途和不同工作环境的需要，电动机制成不同的系列，每种系列用各种型号表示，例如，Y 132 M—4。

Y——三相异步电动机，其中三相异步电动机的产品名称代号还有：YR 为绕线式异步电动机；YB 为防爆型异步电动机；YQ 为高启动转矩异步电动机。

132——代表机座中心高 132 mm。

M——代表铁心长度代号（短、中、长铁心分别用 S、M、L 表示）。

4——表示磁极数。

四、三相异步电动机的联结方式

联结方式是指在额定电压下运行时，电动机定子绕组的联结方式。定子绕组是三相异步电动机的电路部分，由三相对称绕组组成，三个绕组按一定的空间角度依次嵌放在定子槽内。三相绕组的首端分别用 U1、V1、W1 表示，尾端对应用 U2、V2、W2 表示。为了便于改变接法，三相绕组的六个线头都引出至电动机的接线盒，并错位排列。

三相异步电动机的定子绕组按电源电压的不同和铭牌的要求，可联结成星形（Y）或三角形（△）两种形式。

1. 星形（Y）联结

将三相绕组的 U2、V2、W2 端接在一起，U1、V1、W1 端分别接三相电源，如图 1—2—7a 所示。

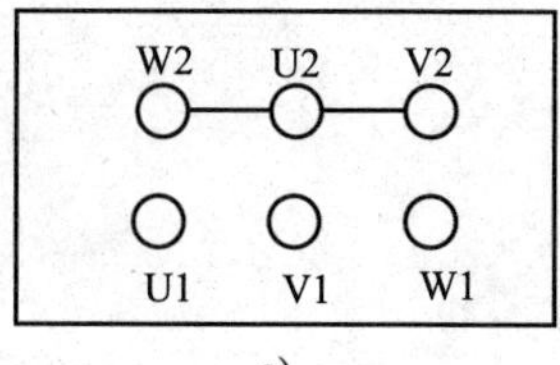

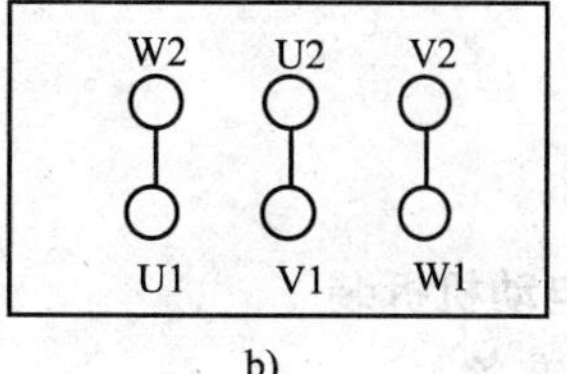

图 1—2—7　定子绕组的联结方式

a）星形联结　b）三角形联结

2. 三角形（△）联结

将三相绕组的六个接线端分别上下相连，由于六个端子错位排列，自然形成三角形联结，再将联结后的三个端点分别与三相电源相连接，如图 1—2—7b 所示。

五、三相异步电动机的常见故障

三相异步电动机的常见故障见表 1—2—1。

表 1—2—1　　　　三相异步电动机的常见故障

故障现象	可能原因	检修方法
电源接通后电动机不启动	定子绕组接线错误	检查接线，纠正错误
	定子绕组断路、短路或接地	检查绕组断路和接地处，重新接好
	负载过重或传动机构被卡住	检查传动机构及负载
	绕线转子异步电动机转子回路断线（电刷与滑环接触不良，变阻器断路，引线接触不良等）	找出断路点，并加以修复
	电源电压过低	调整电源电压
电动机温升过高或冒烟	负载过重或启动过于频繁	减轻负载、减少启动次数
	三相异步电动机断相运行	检查线路或绕组中断路或接触不良处，重新接好
	定子绕组接线错误	检查定子绕组接线，加以纠正
	定子绕组接地或匝间、相间短路	查出接地或短路部位，加以修复
电动机振动	转子不平衡	校正平衡
	带轮不平稳或轴弯曲	检查并校正
	电动机与负载轴线不对	检查、调整机组的轴线
	电动机安装不良	检查安装情况及地脚螺栓
	负载突然过重	减轻负载
运行时有异声	定子转子相擦	检查轴承、转子是否变形，进行修理或更换
	轴承损坏或润滑不良	更换轴承，清洗轴承
	电动机两相运行	查出故障点并加以修复
	风扇的风叶碰机壳等	检查消除故障
电动机外壳带电	接地不良或接地电阻太大	按规定接好地线，消除接地不良处
	绕组受潮	进行烘干处理
	绝缘有损坏，有脏物或引出线碰壳	修理，并进行浸漆处理，清理脏物，重接引出线

任务实施

一、三相异步电动机拆装

1. 工具、器材准备

主要实训工具及器材见表1—2—2。

表1—2—2　　主要实训工具及器材

序号	名称	数量	序号	名称	数量
1	钳工常用工具	1套	6	煤油	若干
2	拉具	1套	7	钠基润滑油	若干
3	电工常用工具	1套	8	三相异步电动机	1台
4	套筒	1套	9	转速表	1只
5	钳形电流表	1只	10	兆欧表	1只

2. 实训过程

（1）拆卸

1）在拆卸前，应准备好各种工具，作好拆卸前记录和检查工作。

2）切断电源，拆除电动机的所有引线，并对电源线头做好绝缘处理。

3）做好必要的标记，以便于修复后的装配。

4）拆卸带轮或联轴器，先将带轮或联轴器上的固定螺钉或销子松脱或取下，再用专用工具“拉马”转动丝杠，把带轮或联轴器慢慢拉出。

5）拆卸风罩和风扇。拆卸带轮后，就可把风罩卸下来。然后取下风扇上定位螺栓，用锤子轻敲扇四周，旋卸下来或从轴上顺槽拔出，卸下风扇。

6）拆卸轴承盖和端盖。

7）抽出转子。对于笼型转子，直接从定子腔中抽出即可。

（2）装配

电动机的装配顺序按拆卸时的逆顺序进行。装配前，各配合处要先清理除锈。装配时，应将各部件拆卸时所做标记复位。

（3）装配后的检查

1）一般检查。检查所有固定螺栓是否拧紧；转子转动是否灵活，轴伸端径向有无偏摆的情况。

2）测定绝缘电阻。检测三相绕组每相对地的绝缘电阻和相间绝缘电阻，其阻值不得小于0.5 MΩ。

3）按铭牌要求接好电源线，在机壳上接好保护接地线，接通电源，用钳形电流表检测三相空载电流，看是否符合允许值。

4）用转速表测量电动机转速。

5）检查电动机温升是否正常，运转中有无异响。

3. 评分标准

表 1—2—3　　　　　　　　三相异步电动机拆装操作技能训练评分表

序号	项目及技术要求	配分	评分标准	检测结果	扣分
1	拆卸：拆卸步骤、方法正确；动作要轻，不能碰伤定子绕组；零部件不得丢失	40 分	（1）拆卸步骤方法不正确，扣 10 分 （2）碰伤定子绕组，扣 20 分 （3）损坏零部件，每件扣 10 分 （4）丢失零部件，每件扣 10 分 （5）装配标记不清楚，扣 10 分		
2	装配：装配步骤、方法正确；动作要轻，不能碰伤定子绕组；装配后螺钉紧固，转子转动灵活	50 分	（1）装配步骤、方法错误，每次扣 10 分 （2）损坏定子绕组或零部件，每件扣 20 分 （3）轴承清洗不干净，每只扣 10 分 （4）紧固螺钉未拧紧，每只扣 10 分 （5）装配后转动不灵活，扣 30 分		
3	安全文明生产：劳动保护用品穿戴整齐，电工工具佩带齐全，遵守操作规程	10 分	违反安全文明生产考核要求的，每 1 项扣 1 分，扣完为止		

二、三相异步电动机定子绕组首尾端的判别

1. 工具、器材准备

主要实训工具及器材见表 1—2—4。

表 1—2—4　　　　　　　　主要实训工具及器材

序号	名称	数量	序号	名称	数量
1	万用表	1 块	5	220 V/36 V 变压器	1 台
2	按钮	1 只	6	三相异步电动机	1 台
3	1.5 V 干电池	1 节	7	接线夹	若干
4	36 V 灯泡	1 只	8	电工常用工具	1 套

2. 实训过程

（1）用 36 V 交流电源和灯泡判别首尾端

36 V 交流电源和灯泡判别首尾端的接线方式如图 1—2—8 所示，判别步骤如下：

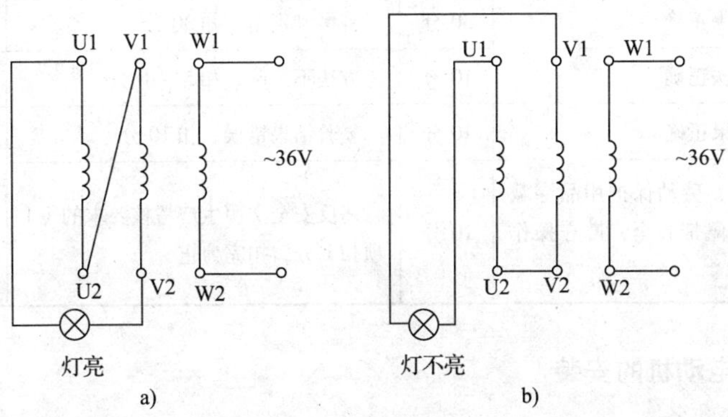

图 1—2—8　36 V 交流电源和灯泡判别首尾端的接线方式

1）用摇表或万用表的电阻挡，分别找出三相绕组各相的两个线头。

2）先任意给三相绕组的线头分别编号为 U1 和 U2、V1 和 V2、W1 和 W2。并把 V1、U2 连接起来，构成两相绕组串联。

3）U1、V2 线头上接一只灯泡。

4）W1、W2 两个线头上接通 36 V 交流电源，如果灯泡发亮，说明线头 U1、U2 和 V1、V2 的编号正确。如果灯泡不亮，则把 U1、U2 或 V1、V2 中任意两个线头的编号对调一下即可。

5）再按上述方法对 W1、W2 两线头进行判别。

6）三个首端作 U1、V1、W1 的标记，相应的尾端作 U2、V2、W2 的标记。

（2）用万用表（或微安表）判别首尾端

万用表或微安表判别首尾端的接线方式如图 1—2—9 所示。

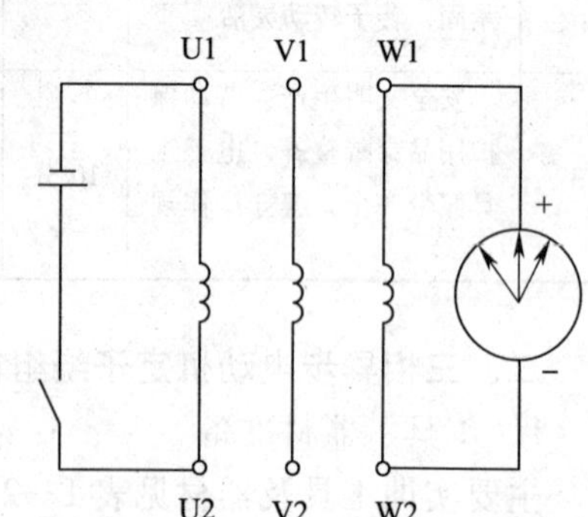

图 1—2—9　万用表或微安表判别首尾端接线方式

1）先分清三相绕组各相的两个线头，并将各相绕组端子假设为 U1 和 U2、V1 和 V2、W1 和 W2。

2）注视万用表（或微安表）指针摆动的方向，合上开关瞬间，若指针摆向大于零的一边，则接电池正极的线头与万用表负极所接的线头同为首端或尾端；如指针反向摆动，则接电池正极的线头与万用表正极所接的线头同为首端或尾端。

3）再将电池和开关接另一相两个线头，进行测试，就可正确判别各相的首尾端。

4）三个首端做 U1、V1、W1 的标记，相应的尾端做 U2、V2、W2 的标记。

3. 评分标准

表 1—2—5　　三相异步电动机定子绕组首尾端的判别操作技能训练评分表

序号	项目及技术要求	配分	评分标准	检测结果	扣分
1	仪表使用：方法、量程正确	10 分	仪表使用方法有错，扣 5 ~ 10 分		
2	判别方法：方法、步骤正确	30 分	方法不正确，扣 10 ~ 30 分		
3	判别结果：结果正确	30 分	首尾判别错，扣 30 分		
4	复验方法：方法正确	10 分	方法不正确，扣 5 ~ 10 分		
5	复验结果：结果正确	10 分	复验结果错误，扣 10 分		
6	安全文明生产：劳动保护用品穿戴整齐，电工工具佩带齐全，遵守操作规程	10 分	违反安全文明生产考核要求的每 1 项扣 1 分，扣完为止		

三、三相异步电动机的安装

1. 工具、器材准备

主要实训工具及器材见表 1—2—6。

表 1—2—6　主要实训工具及器材

序号	名称	数量	序号	名称	数量
1	电工常用工具	1 套	6	配电木板	1 块
2	兆欧表	1 块	7	电线管	若干
3	三相异步电动机	1 台	8	配电箱	1 个
4	低压断路器	1 只	9	紧固件及编码套管	若干
5	软线	若干			

2. 实训过程

(1) 根据电动机座墩位置，标画线路走向和配电板的位置。

(2) 敷设电线管，穿导线。

(3) 将配电板固定在墙上，把控制箱固定在配电板上。

(4) 将电动机安装在座墩上，经校正水平后固定好。

(5) 用兆欧表测量电动机相与相、相与机座的绝缘性能。

(6) 按电动机铭牌规定接线，并加接地保护线。

(7) 检查线路连接的正确性。

3. 评分标准

评分标准见表 1—2—7。

表 1—2—7　三相异步电动机的安装操作技能训练评分表

序号	项目及技术要求	配分	评分标准	检测结果	扣分
1	安装步骤和方法：步骤方法正确	20 分	(1) 步骤混乱，每次扣 3 分 (2) 方法不对，每次扣 3 分		
2	电动机安装：安装牢固，接线正确	30 分	(1) 地脚螺栓紧固方法不对，扣 3 分 (2) 电动机水平未校正，扣 5 分 (3) 接线错误，扣 15 分 (4) 接线点不紧，每只扣 3 分		
3	电线管敷设：整齐、牢固	10 分	安装不牢固，扣 5 分		
4	配电木板安装：元件安装牢固，接线正确	30 分	(1) 低压断路器安装不垂直，扣 5 分 (2) 接线错误，扣 20 分 (3) 接线点不牢每处，扣 3 分		
5	安全文明生产：劳动保护用品穿戴整齐，电工工具佩带齐全，遵守操作规程	10 分	违反安全文明生产考核要求的每 1 项扣 1 分，扣完为止		

练习题

1. 简述三相异步电动机的结构特点。
2. 简述三相异步电动机的工作原理。
3. 三相异步电动机常见的故障有哪些？

知识链接

一、转速表的使用

转速表用来测量旋转轴的转速，它分为机械式和电子式两类。电子式转速表分辨率高、测量准确、测量范围广、使用舒适方便，现在常用智能型数字转速表。数字转速表外形如图1—2—10所示。

1. 光电转速方式

（1）在待测物体上贴一个反射标记。

（2）将功能选择开关拨至选定挡位。

（3）装好电池后按下测试按钮，使可见光束与被测目标成一条直线。

（4）待显示值稳定后，释放测试按钮，测量值自动存储。

（5）按下记忆键，即可显示出最大值、最小值及最后测量值。

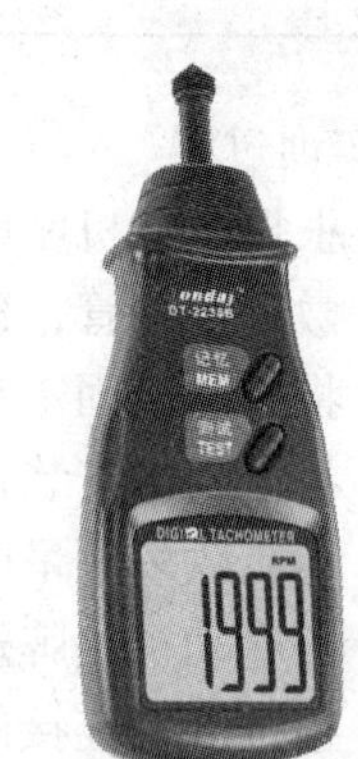

图1—2—10　数字转速表外形

2. 接触转速方式

（1）将开关拨至接触转速挡（接触式），安装好接触配件。

（2）使接触橡胶头与被测物靠紧并与被测物同步转动。

（3）按下测试键开始测量，待显示值稳定后释放测试按钮，测量值自动存储。

（4）按下记忆键，即可显示出最大值、最小值及最后测量值。

3. 接触线速方式

（1）将开关拨至接触线速挡（两用型转速表），换上线速测量配件。

（2）使线速配件与被测物紧靠，并与被测物同步转动。

（3）按下测试按钮开始测量，待显示值稳定后释放测试按钮，测量值自动存储。

（4）按下记忆键，即可显示出最大值、最小值及最后测量值。

4. 测量注意事项

（1）反射标记。非反射面积必须比反射面积要大，如果转轴明显反光，则必须先涂黑漆或缠黑胶布，再在上面贴上反光标记。在贴上反光标记之前，转轴表面必须干净与平滑。

（2）低转速测量。为提高测量精度，在测量很低的转速时，可在被测物体上均匀地多贴上几块反射标记。此时显示器上的读数除以反射标记数目即可得到实际的转速值。

（3）如果在很长一段时间内不使用该仪表，应将电池取出，以防电池腐蚀而损坏仪表。

5. 记忆功能说明

当释放测量按钮时，显示器无任何显示，但测量期间的最大值、最小值及最后一个测量值都自动存储在仪表中。只要按下记忆按钮，测量值就显示出来。

二、钳形表的使用

钳形表是一种携带方便、可在不停电的情况下测量电流的仪表。它分为交流钳形表和交直流钳形表两类。交直流钳形表可测量交流和直流电流，但因其构造复杂、成本高，所以现在使用的大多是交流钳形表。其外形如图1—2—11所示。

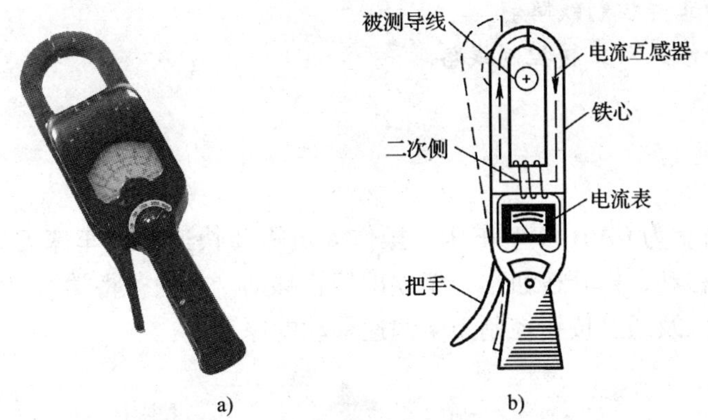

图 1—2—11　互感器式钳形电流表

a）外形　b）结构

现以钳形电流表测量三相异步电动机的工作电流为例，说明钳形电流表的使用方法。

1. 测量前的检查

将电动机与电源连接好，并检查钳形表有无损坏。

2. 选择量程

估计被测电流的大小，选择合适的量程。若无法估计，应从最大量程开始测量，逐步变换挡位直至量程合适。

3. 测量电流

每次测量只能钳入一根导线，由于钳形电流表量程较大，在测量 5 A 以下较小电流时读数困难，误差较大，可将被测导线多绕几圈再放入钳口测量，被测的实际电流值就等于仪表读数除以放进钳口中的导线的圈数。

4. 测量并读取测量结果

合上电源开关，按下把手，将被测电流导线置于钳口内的中心位置，以免增大误差。若量程不对，应退出钳口后转换量程开关。如果转换量程后指针仍不动，需继续减小至较小量程。

5. 维护保养

（1）钳形电流表不允许测高压线路的电流，被测线路的电压不得超过钳形电流表所规定的数值，以防绝缘击穿，造成触电事故。

（2）使用时，钳口的结合面如有振动杂声，应将钳口重新开合一次；若杂声依然存在，应检查钳口处有无污垢存在，如有可用酒精或汽油擦干净后再进行测量。

（3）测量完毕，应将仪表的量程开关置于最大量程位置上，以防下次使用时由于使用者疏忽而造成仪表损坏。

任务 2　装调检修点动正转控制线路

能力目标

◇ 掌握动正转线路的电气控制原理。

◇ 能安装点动正转控制线路。

◇ 会调试与检修点动正转控制线路。

任务引入

图 1—2—12 所示为 CA6140 型车床，操作人员需要快速移动车床刀架时，只需按下按钮，刀架就能快速移动；松开按钮，刀架立即停止移动。本任务将学习刀架快速移动的电气控制线路的结构，以及通过按钮控制刀架快速移动的原理。

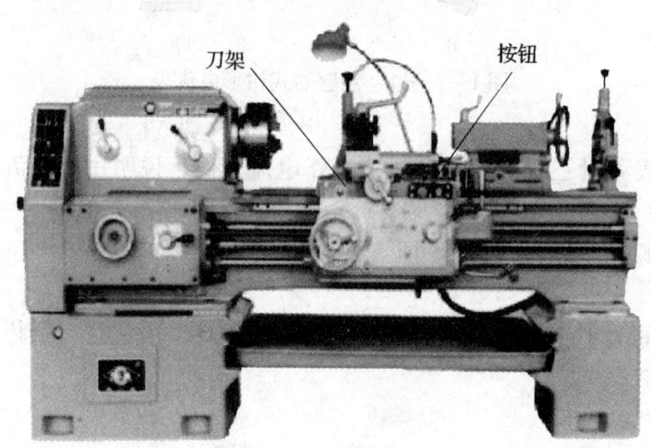

图 1—2—12　CA6140 型车床

车床刀架快速移动的控制方式称为点动控制。图 1—2—13 所示为点动正转控制线路的电路图、布置图和接线图，它是最简单的用按钮接触器来控制电动机单向运转的控制线路。以下将介绍电气控制线路的电路图、布置图和接线图的相关知识，安装和调试电气控制线路的方法，设备电气控制线路故障的检修方法。

相关知识

一、电路图

电路图是根据生产机械运动形式对电气控制系统的要求，采用国家统一规定的电气图形符号和文字代号，按照电气设备和电器的工作顺序，详细表示电路、设备或成套装置的全部基本组成和连接关系的一种简图，它不涉及电气元件的结构尺寸、材料选用、安装位置和实际配线方法。电路图一般按电源电路、主电路和辅助电路三部分绘制。

1. 电源电路

电源电路一般画成水平线，三相交流电源相序 L1、L2、L3 自上而下依次画出，若有中线 N 和保护地线 PE，则应依次画在相线之下。直流电源的“ + ”端画在上面，“ - ”端画在下面。电源开关要水平画出。

2. 主电路

主电路是指受电的动力装置及控制、保护电器的支路等，是电源向负载提供电能的电路，由主熔断器、接触器的主触头、热继电器的热元件以及电动机等组成。主电路通过的是电动机的工作电流，电流比较大，因此一般在图纸上用粗实线垂直于电源电路绘于电路图的左侧。

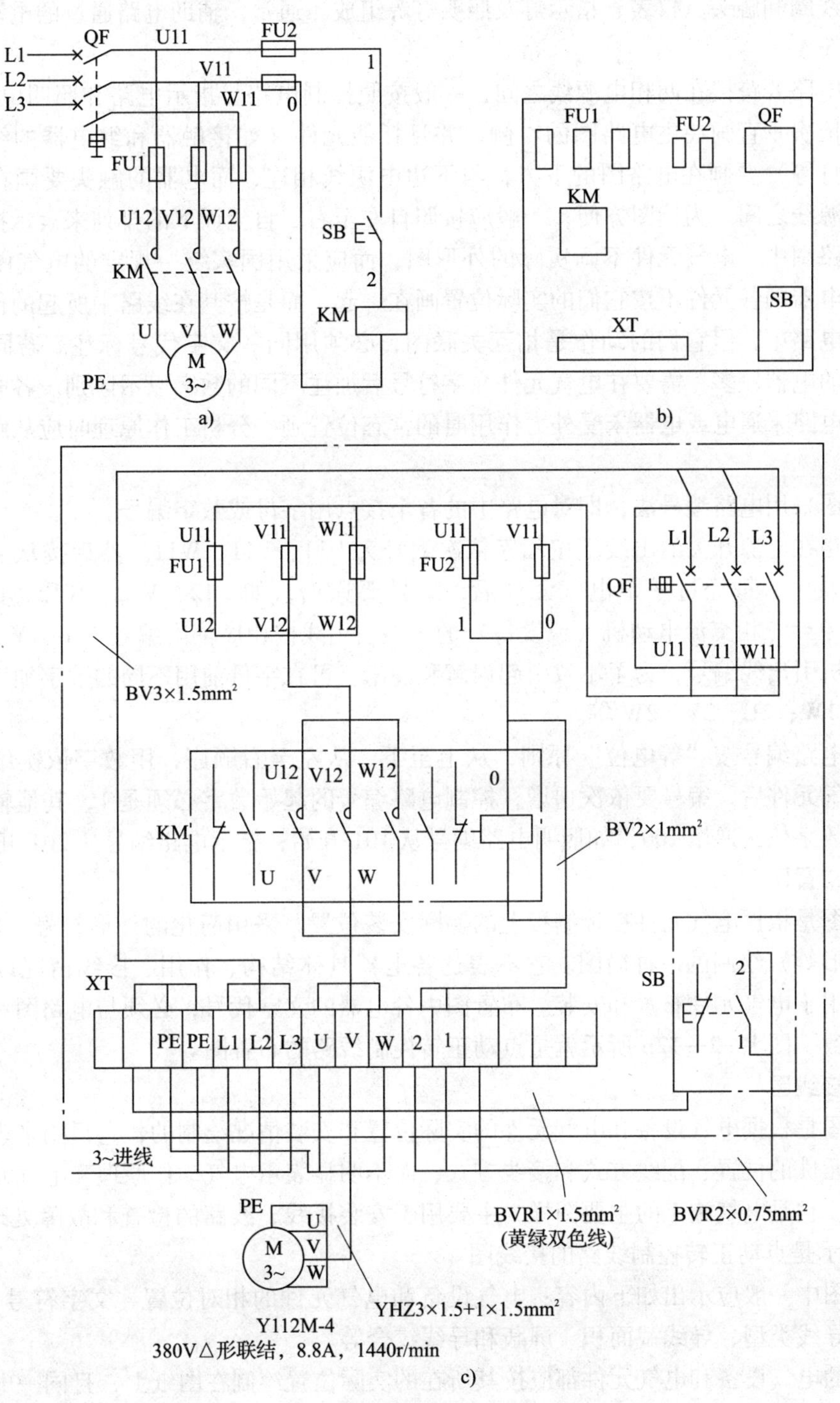

图 1—2—13　点动正转控制线路

a）电路图　b）布置图　c）接线图

3．辅助电路

辅助电路一般包括控制主电路工作状态的控制电路、显示主电路工作状态的指示电路、提供机床设备局部照明的照明电路等。一般由主令电器的触头、接触器的线圈和辅助触头、继电器的线圈和触头、仪表、指示灯及照明灯等组成。通常，辅助电路通过的电流较小，一般不超过5 A。

辅助电路要跨接在两相电源线之间，一般按照控制电路、指示电路和照明电路的顺序，用细实线依次垂直画在主电路图的右侧，并且耗能元件（如接触器和继电器的线圈、指示灯、照明灯等）要画在电路图的下方，与下边电源线相连，而电器的触头要画在耗能元件与上边电源线之间。为读图方便，一般应按照自左至右、自上而下的排列来表示操作顺序。

在电路图中，电气元件不画实际的外形图，而应采用国家统一规定的电气图形符号表示。同一电器的各元件不按它们的实际位置画在一起，而是按其在线路中所起的作用分别画在不同的电路中，但它们的动作是相互关联的，必须用同一文字代号标注。若同一电路图中，相同的电器较多，需要在电气元件文字符号后加注不同的数字以示区别。各电器的触头位置都按电路未通电或电器未受外力作用时的常态位置画，分析工作原理时应从触头的常态位置出发。

电路图采用电路编号法，即对电路中的各个接点用字母或数字编号。

主电路在电源开关的出线端按相序依次编号为U11、V11、W11。然后按从上至下、从左至右的顺序，每经过一个电气元件后，编号要递增，如U12、V12、W12；U13、V13、W13等。单台三相交流电动机（或设备）的三根引出线按相序依次编号为U、V、W。对于多台电动机引出线编号，为了不致引起误解和混淆，可在字母前用不同的数字加以区别，如1U、1V、1W；2U、2V、2W等。

辅助电路编号按“等电位”原则，从上至下、从左至右顺序，用数字依次编号，每经过一个电气元件后，编号要依次递增，控制电路编号的起始数字必须是1，其他辅助电路编号的起始数字依次递增100，如照明电路编号从101开始；指示电路编号从201开始等。

二、布置图

布置图是根据电气元件在控制板上的实际安装位置，采用简化的外形符号（如正方形、矩形、圆形等）绘制的一种简图。它不表达各电器具体结构、作用、接线情况以及工作原理，主要用于电气元件布置和安装。布置图中各电器的文字代号，必须与电路图和接线图的标注相一致。图1—2—12b所示就是点动正转控制线路的布置图。

三、接线图

接线图是根据电气设备和电气元件的实际位置和安装情况绘制的，它只用来表示电气设备和电气元件的位置、配线方式和接线方式，而不明显表示电气动作原理和电气元件之间的控制关系。它是电气施工的主要图样，主要用于安装接线、线路的检查和故障处理。图1—2—12c所示是点动正转控制线路的接线图。

接线图中一般应示出如下内容：电气设备和电气元件的相对位置、文字符号、端子号、导线号、导线类型、导线截面积、屏蔽和导线绞合等。

所有的电气设备和电气元件都应按其所在的实际位置绘制在图纸上，且同一电器的各元件应根据其实际结构、使用与电路图相同的图形符号画在一起，并用点画线框上，其文字代号以及接线端子的编号应与电路图中的标注一致，以便对照检查接线。

接线图中的导线有单根导线、导线组（或线扎）、电缆等之分，可用连续线或中断线表示。凡导线走向相同的可以合并，用线束来表示，到达接线端子板或电气元件的连接点时再分别画出。用线束表示导线组、电缆时，可用加粗的线条表示，在不引起误解的情况下，也可采用部分加粗。另外，导线、套管及电缆的型号、根数和规格应标注清楚。

四、基本电气控制线路故障检修的一般步骤和方法

1. 用试验法观察故障现象，初步判定故障范围

试验法是指在不扩大故障范围、不损坏电气设备和机械设备的前提下，对线路进行通电试验，通过观察电气设备和电气元件的动作是否正常，各控制环节的动作程序是否符合要求，初步确定故障发生的大致部位或回路。

2. 用逻辑分析法缩小故障范围

逻辑分析法是根据电气控制线路的工作原理、控制环节的动作程序以及它们之间的联系，结合故障现象作具体的分析，迅速缩小故障范围，从而判断出故障所在。此法是以准为前提，以快为目的的检查方法，适用于对复杂线路的故障检查。

3. 用测量法确定故障点

测量法是利用电工工具和仪表对线路进行带电或断电测量，是查找故障点的有效方法。常用的方法有电压测量法和电阻测量法。

（1）电压测量法

测量检查时，首先把万用表的转换开关位置于交流电压 500 V 的挡位上，然后按图 1—2—14 所示的方法进行测量。

接通电源，若按下启动按钮 SB 时，接触器 KM 不吸合，则说明控制电路有故障。

检测时，在松开按钮 SB 的条件下，先用万用表检测 0 和 1 两点之间的电压，若电压为 380 V，则说明控制电路的电源电压正常。然后把黑表棒接到 1 点上，红表棒接到 2 点上，测量出 1—2 两点间的电压。根据测量结果即可找出故障点，若 1—2 两点间的电压为 0，则 KM 线圈断路；若 1—2 两点间的电压为 380 V，则 SB 接触不良。

（2）电阻测量法

测量检查时，首先把万用表的转换开关置于倍率适当的电阻挡位上（一般选 R × 100 以上的挡位），然后按图 1—2—15 所示的方法进行测量。

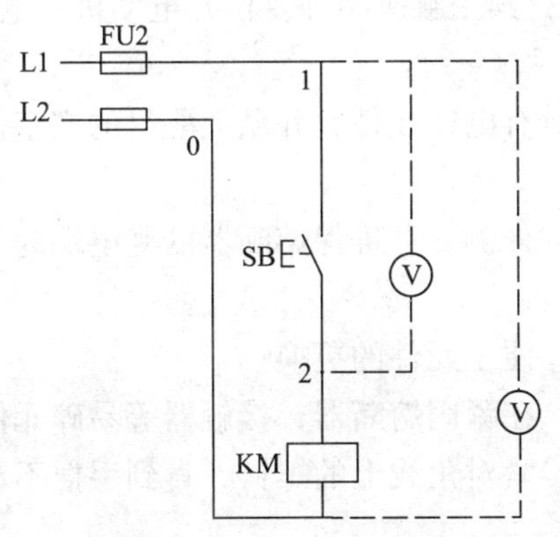

图 1—2—14　电压测量法

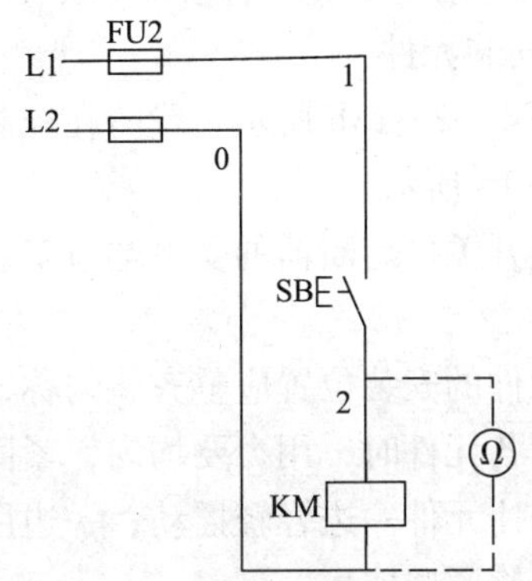

图 1—2—15　电阻测量法

接通电源，若按下启动按钮 SB，接触器 KM 不吸合，则说明控制电路有故障。

检测时，首先切断电路的电源（这点与电压测量法不同），用万用表测量出 0—2 两点间的电阻值。根据测量结果即可找出故障点。若 0—2 两点间的电阻为∞，则 KM 线圈断路；若 0—2 两点间的电阻为 R（R 为接触器 KM 线圈的电阻值），则 SB 接触不良。

任务实施

一、工具、器材准备

主要实训工具及器材见表 1—2—8。

表 1—2—8　　主要实训工具及器材

序号	名称	数量	序号	名称	数量
1	电工通用工具	1 套	9	LA4 - 3H 型按钮	1 只
2	ZC25 - 3 型兆欧表	1 块	10	TD - 1515 型端子板	1 只
3	MG3 - 1 型钳形表	1 块	11	控制板	1 块
4	MF47 型万用表	1 块	12	主电路导线	若干
5	Y112M - 4 型三相笼型异步电动机	1 台	13	控制电路导线	若干
6	低压断路器	1 只	14	接地线	若干
7	螺旋式熔断器	5 只	15	紧固件及编码套管	若干
8	交流接触器	1 只			

二、点动正转控制线路的安装

1. 点动正转控制线路的工作原理

由图 1—2—13a 所示的电路图可以看出，三相交流电源 L1、L2、L3 与转换开关 QS 组成电源电路；熔断器 FU1、接触器 KM 主触头和三相异步电动机 M 构成主电路；熔断器 FU2、启动按钮 SB 和接触器 KM 的线圈组成控制电路。显然，合上 QS，电动机 M 并不能得电启动运转，只有再按下启动按钮 SB，使接触器 KM 线圈通电，KM 主触头闭合，才能使电动机 M 得电启动运转。若松开 SB，KM 线圈失电，其主触头断开复位，电动机失电停转。

2. 安装元件

按图 1—2—13b 所示布置图在控制板上安装所有电气元件，并贴上醒目的文字代号，如图 1—2—16 所示。

转换开关、熔断器的受电端应安装在控制板的外侧，并确保熔断器的受电端为底座的中心端。

各元件的安装位置应整齐、匀称，间距合理，便于元件的更换。

紧固各元件时，用力要均匀，紧固程度适当。在紧固熔断器、接触器等易碎元件时，应该用手按住元件一边轻轻摇动，一边用旋具轮换旋紧对角线上的螺钉，直到手摇不动后，再适当加固旋紧些即可。

安装走线槽时，应做到横平竖直、排列整齐匀称、安装牢固、便于走线。

3. 布线

按图 1—2—13c 所示接线图进行布线，并在导线端部套编码管和冷压接线头，如图 1—2—17 所示。

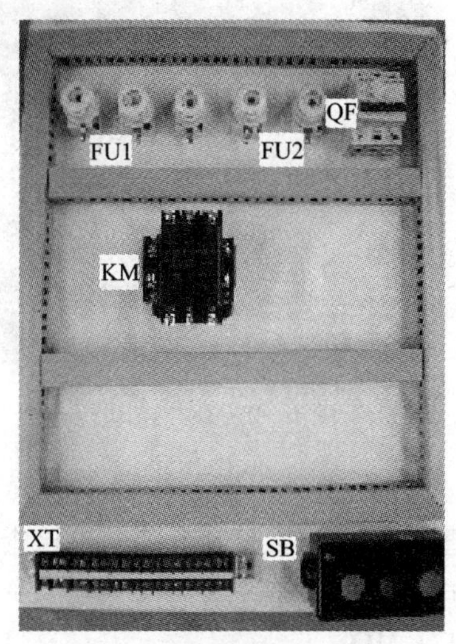

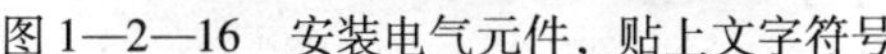
图 1—2—16　安装电气元件，贴上文字符号

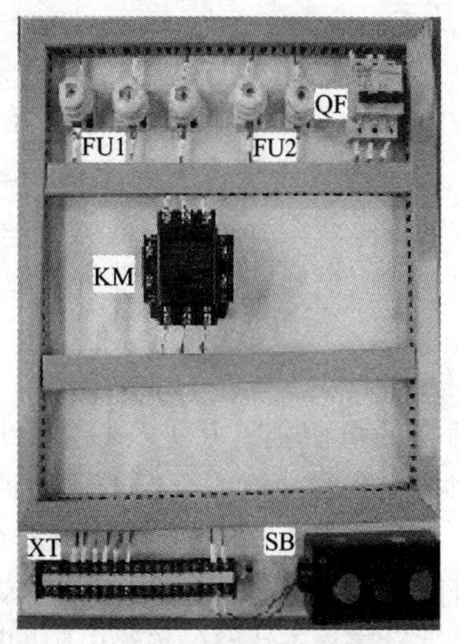

图 1—2—17　板前线槽布线和套编码管

所有导线的截面积等于或大于 0.5 mm^2 时，必须采用软线。考虑力学强度的原因，所用导线的最小截面积在控制箱外为 1 mm^2，在控制箱内为 0.75 mm^2。但对控制箱内通过很小电流的电路连线，如电子逻辑电路，可用截面积为 0.2 mm^2 的导线，并且可以采用硬线，但只能用于不移动又无振动的场合。

布线时，严禁损伤线芯和导线绝缘。

各电气元件接线端子引出导线的走向以元件的水平中心线为界限。在水平中心线以上接线端子引出的导线，必须进入元件上面的走线槽；在水平中心线以下接线端子引出的导线，必须进入元件下面的走线槽。任何导线都不允许从水平方向进入走线槽内。

各电气元件接线端子上引出或引入的导线，除间距很小或元件力学强度很差时允许直接架空敷设外，其他导线必须经过走线槽进行连接。进入线槽内的导线要完全置于走线槽内，并应尽可能避免交叉，装线不要超过其容量的 70%，以便于盖上线槽盖和以后的装配及维修。

各电气元件与走线槽之间的外露导线，应合理走线，并尽可能做到横平竖直，变换走向要垂直。同一个元件上位置一致的端子和同型号电气元件中位置一致的端子上，引出或引入的导线，要敷设在同一平面上，并应做到高低一致或前后一致，不得交叉。所有接线端子、导线线头上都应套有与电路图上相应接点线号一致的编码套管，并按线号进行连接，连接必须牢固，不得松动。

在任何情况下，接线端子都必须与导线截面积和材料性质相适应。当接线端子不适合连接软线或不适合连接较小截面积的软线时，可以在导线端头穿上针形或叉形轧头并压紧。

一般一个接线端子只能连接一根导线，如果采用专门设计的端子，可以连接两根或多根导线，但导线的连接方式必须是公认的，在工艺上成熟的，如夹紧、压接、焊接、绕接等，并应严格按照连接工艺的工序要求进行。

4. 电动机安装与连接

先连接电动机和按钮金属外壳的保护接地线，然后连接电源、电动机等控制板外部的导线，如图1—2—18所示。

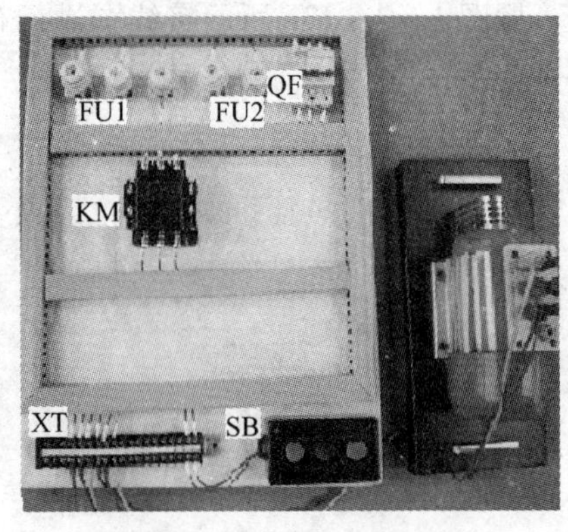

图1—2—18 电动机连线

5. 线路检查

按电路图或接线图从电源端开始，逐段核对线路及接线端子处线号是否正确，有无漏接、错接之处。检查导线接点是否符合要求，压接是否牢固，同时注意接点接触应良好，以避免带负载运转时产生闪络现象。

用万用表检查线路的通断情况。检查时，应选用倍率适当的电阻挡，并进行校零，以防发生短路故障。对控制电路的检查（断开主电路），可将表笔分别搭在U11、V11线端上，读数应为"∞"。按下SB时，读数应为接触器线圈的直流电阻值。然后断开控制电路，再检查主电路有无开路或短路现象，此时，可用手动来代替接触器通电状况的检查。

用兆欧表检查线路的绝缘电阻的阻值，应不得小于1 MΩ。

三、点动正转控制电路的调试与检修

1. 通电试运行

合上电源开关，按下按钮SB，电动机应正常运行。若有异常现象应立即停止运行，切断电源后查出故障原因，检修后再次试运行。当电动机运转平稳后，用钳形电流表测量三相电流是否平衡。

2. 检修训练

一般故障检修步骤和方法见表1—2—9。

表1—2—9　　点动正转控制电路的一般故障检修步骤和方法

序号	检修步骤	检修方法	
		控制电路	主电路
1	用试验法观察故障现象	合上QF，按下SB时，KM不吸合	合上QF，按下SB时，M转速极低甚至不转，并发出"嗡嗡"声，此时应立即切断电源
2	用逻辑分析法缩小故障范围	由KM不吸合从电路图分析，初步确定故障点可能在控制电路上	根据故障现象分析线路，判定故障范围可能在电源电路和主电路上
3	用测量法确定故障点	用电压测量法找到故障为控制电路上KM线圈断路	断开QF，用笔式验电器检验主电路无电后，拆除M的负载线并恢复绝缘。再合上QF，按下SB，用验电器从上至下依次测试各接点，查得W12段的导线开路
4	根据故障点的情况，采取正确的检修方法排除故障	故障点是线圈已烧坏，更换同规格的交流接触器后，控制电路即正常	重新接好W12处的连接点，或更换同规格的连接导线
5	检修完毕通电试运行	切断电源重新连好M的负载线，合上QF，按下SB，观察和检测线路和电动机的运行情况，检验合格后电动机正常运行	

（1）根据故障点的不同情况，采取正确的维修方法排除故障。
（2）检修完毕，进行通电空载校验或局部空载校验。
（3）校验合格，通电正常运行。

评分标准

评分标准见表1—2—10。

表1—2—10　　点动正转控制线路操作技能训练评分表

序号	项目及技术要求	配分	评分标准	检测结果	扣分
1	装前检查：认真、细心，无遗漏	5分	电气元件漏检或错检，每处扣1分		
2	安装元件：元件安装整齐、牢固	10分	（1）不按布置图安装，扣15分 （2）元件安装不牢固，每只扣4分 （3）元件安装不整齐，不匀称、不合理，每只扣3分 （4）损坏元件，扣15分		
3	布线：布线合理、美观，符合安全要求	30分	（1）不按电路图接线，扣20分 （2）布线不符合要求，每根扣3分 （3）接点松动、露铜线过长、反圈等，每个扣1分 （4）损伤导线绝缘层或线芯，每根扣5分 （5）编码套管套装不正确，每处扣1分 （6）漏接接地线，扣10分		
4	通电试运行：正确连接电源、负载；出现故障能分析解决	20分	（1）熔体规格选用不当，扣5分 （2）第一次试运行不成功，扣10分 （3）第二次试运行不成功，扣15分 （4）第三次试运行不成功，扣20分		
5	故障分析：思路清晰；分析方法得当；能逐步缩小故障范围	10分	（1）故障分析、排除故障思路不正确，每个扣5分 （2）标错电路故障范围，每个扣5分		
6	故障排除：工具、仪表使用正确；排除方法得当；能准确排除故障	15分	（1）停电不验电，扣5分 （2）工具及仪表使用不当，每次扣4分 （3）排除故障的顺序不对，扣5～10分 （4）不能查出故障点，每个扣8分 （5）查出故障点，但不能排除，每个故障点扣4分		

续表

序号	项目及技术要求	配分	评分标准	检测结果	扣分
6	故障排除：工具、仪表使用正确；排除方法得当；能准确排除故障	15 分	（6）产生新的故障： 不能排除，每个扣 15 分 已经排除，每个扣 10 分 （7）损坏电动机，扣 15 分 （8）损坏电气元件，或排除故障方法不正确，每只（次）扣 5～15 分		
7	安全文明生产：劳动保护用品穿戴整齐，电工工具佩带齐全，遵守操作规程	10 分	违反安全文明生产考核要求的每 1 项扣 1 分，扣完为止		

练习题

1．什么叫点动控制？试分析判断图 1—2—19 所示各控制电路能否实现点动控制？若不能，试分析说明原因，并加以改正。

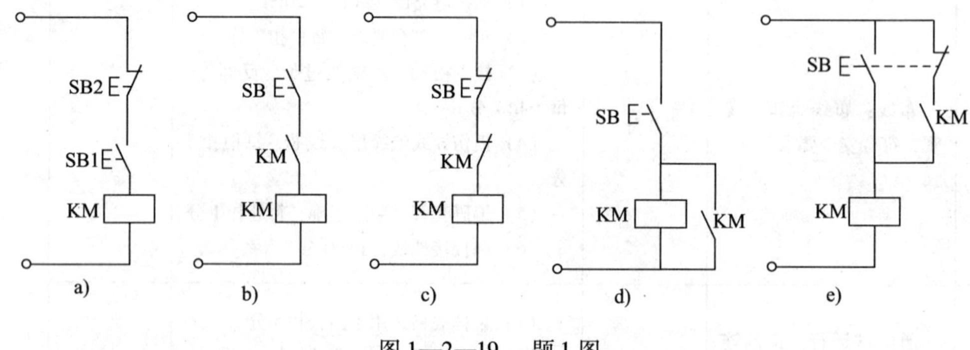

图 1—2—19　题 1 图

2．什么是电路图？在电路图中，电源电路、主电路、控制电路、指示电路和照明电路一般怎样布局？

知识链接

中间继电器

1．功能

中间继电器是用来增加控制电路中的信号数量或将信号放大的继电器。其输入信号是线圈的通电和断电，输出信号是触头的动作。由于触头的数量较多，所以当其他电器的触头数或触点容量不够时，可借助中间继电器作中间转换，来控制多个元件或回路。

2．结构

图 1—2—20 所示为 JZ7 系列和 JZ14 系列交流中间继电器的外形。

a)　　　　b)

图 1—2—20　中间继电器的外形

a）JZ7 系列　b）JZ14 系列

JZ7 系列中间继电器的结构与图形符号如图 1—2—21a 所示。其工作原理与接触器基本相同，因而中间继电器又称接触器式继电器。但是中间继电器的触头对数多，且没有主、辅触头之分，各对触头允许通过的电流大小相同，多数为 5 A。因此，对于工作电流小于 5 A 的电气控制线路，可用中间继电器代替接触器来控制。

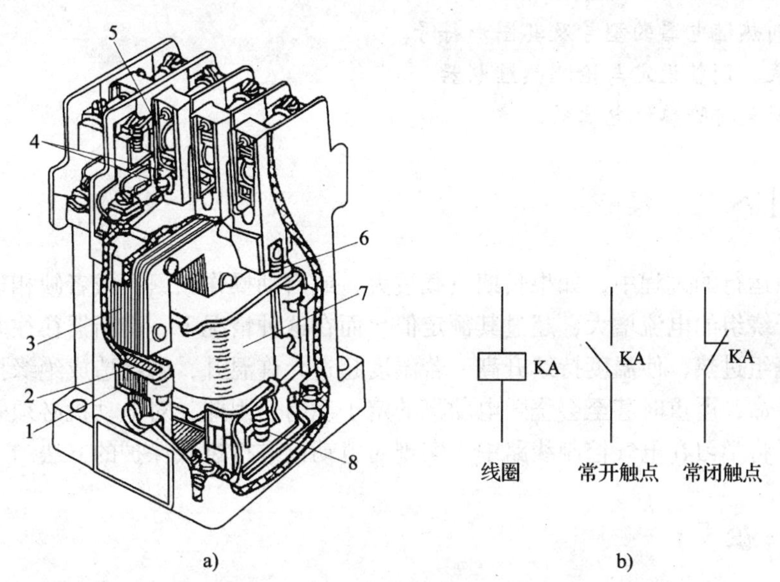

a)　　　　b)

图 1—2—21　JZ7 系列中间继电器的结构与图形符号

a）结构　b）符号

1—静铁心　2—短路环　3—衔铁　4—常开触头

5—常闭触头　6—反作用弹簧　7—线圈　8—缓冲弹簧

3．图形符号

中间继电器在电路图中的图形符号如图 1—2—21b 所示。

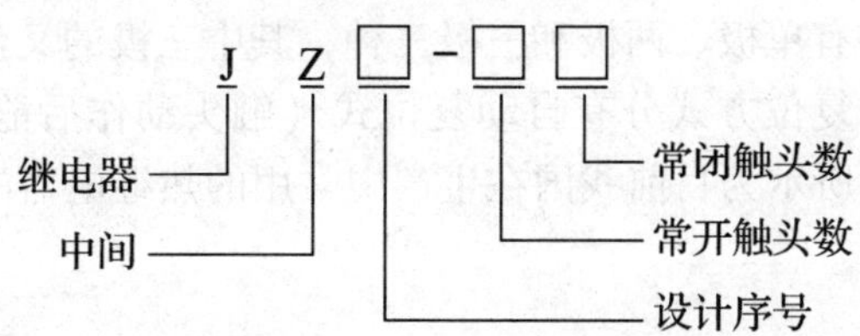

4．型号含义

5．选用

中间继电器主要依据被控制电路的电压等级、所需触头的数量、种类、容量等选择。

课题三　具有过载保护的连续正转控制线路

任务1　检修与调整热继电器

能力目标

◇ 熟悉热继电器的工作原理与用途。
◇ 能识别热继电器的型号及其图形符号。
◇ 会拆装、调整设定与检测热继电器。
◇ 会判断与排除热继电器的故障。

任务引入

电动机在运行的过程中，如果长期负载过大，或启动操作频繁，或者缺相运行，都可能使电动机定子绕组的电流增大，超过其额定值。而在这种情况下，熔断器往往并不熔断，从而引起定子绕组过热，使温度持续升高。若温度超过允许温升，就会造成绝缘损坏，缩短电动机的使用寿命，严重时甚至会烧毁电动机的定子绕组。因此，对电动机必须采取过载保护措施。本任务将学习在电气控制线路中，实现对电动机进行过载保护的方法。

相关知识

热继电器是利用流过继电器的电流所产生的热效应而反时限动作的自动保护电器。所谓反时限动作，是指电器的延时动作时间随通过电路电流的增加而缩短。热继电器主要与接触器配合使用，用作电动机的过载保护、断相保护、电流不平衡运行的保护及其他电气设备发热状态的控制。

一、热继电器的类型与型号

1．热继电器的类型

热继电器按极数划分有单极、两极和三极三种，其中三极的又包括带断相保护装置和不带断相保护装置两种；按复位方式分有自动复位式（触头动作后能自动返回原来位置）和手动复位式。图1—3—1所示为目前我国在生产中常用的热继电器的外形图，它们均为双金属片式。

图 1—3—1　热继电器外形

2. 型号及含义

常用 JR36 系列热继电器的型号及含义如下：

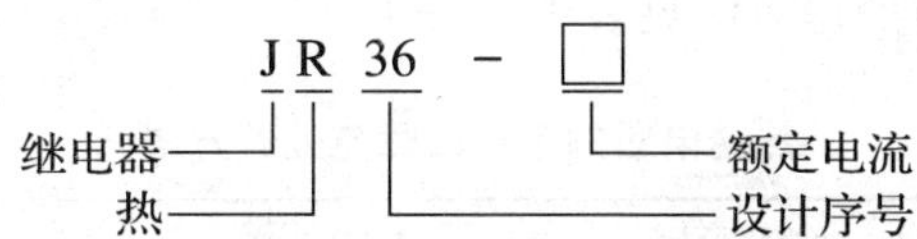

JR36 系列热继电器具有断相保护、温度补偿、自动与手动复位等功能，动作可靠，适用于交流 50 Hz、电压至 660 V（或 690 V）、电流 0.25 ~ 160 A 的电路中，对长期或间断长期工作的交流电动机的过载与断相保护。

二、热继电器的结构和工作原理

1. 结构

图 1—3—2a 所示为两极双金属片热继电器的结构，它主要由热元件、传动机构、常闭触头、电流整定装置和复位按钮组成。热继电器的热元件由主双金属片和绕在外面的电阻丝组成。主双金属片由两种热膨胀系数不同的金属片复合而成。

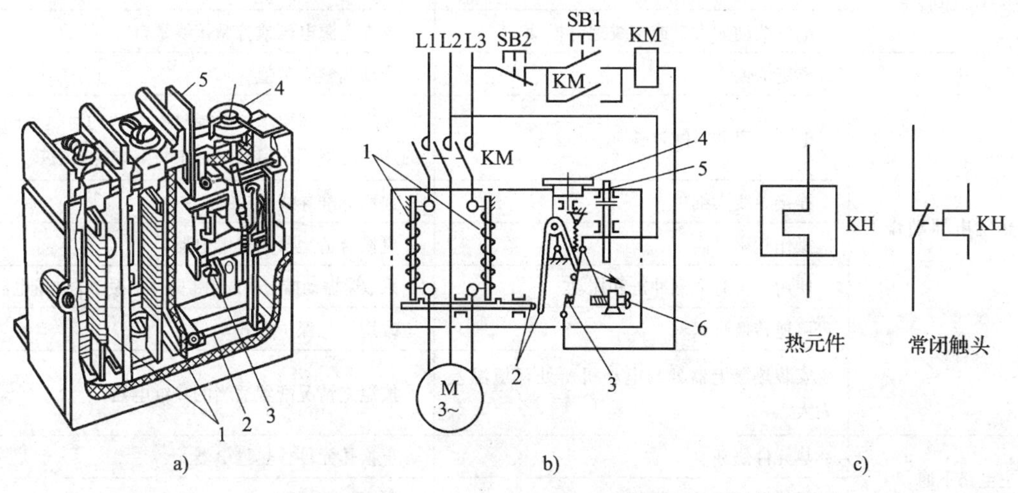

图 1—3—2　两极双金属片热继电器

a）结构　b）原理图　c）图形符号

1—热元件　2—传动机构　3—常闭触头　4—电流整定按钮　5—复位按钮　6—限位螺钉

2．工作原理

热继电器使用时，需要将热元件串接在电动机的三相主电路中，常闭触头串联在控制电路中，如图1—3—2b 所示。当电动机过载时，流过电阻丝的电流超过热继电器整定电流，电阻丝发热增多，温度升高，由于两块金属片的热膨胀程度不同而使主双金属片向右弯曲，通过传动机构推动触头系统动作，常闭触头断开，分断控制电路，再通过接触器切断主电路，实现对电动机的过载保护。电源切除后，主双金属片逐渐冷却恢复原位。热继电器的复位机构有手动复位和自动复位两种形式，可根据使用要求通过复位调节螺钉来自由调整选择。一般自动复位时间不大于5 min，手动复位时间不大于2 min。

3．图形符号

热继电器的图形符号如图1—3—2c 所示。

三、热继电器的常见故障与处理方法

热继电器的常见故障与处理方法见表1—3—1。

表1—3—1　　热继电器的常见故障与处理方法

故障现象	故障原因	维修方法
热元件烧断	短路，电流过大	更换热继电器
	频率过高	选用合适参数的热继电器
热继电器不动作	热继电器的额定电流值选用不合适	调整更换
	整定整值偏大	调整整定电流值
	触头接触不良	排除接触不良因素
	部件烧断、脱焊或损坏	更换热继电器
	机构卡阻	修复或更换
热继电器动作不稳定，时快时慢	热继电器内部机构某些部件松动	修复或更换
	双金属片性能不稳定	更换
	电流波动太大，或接线螺钉松动	检查电源电压或拧紧接线螺钉
热继电器动作太快	整定值偏小	合理调整整定值
	电动机启动时间过长	按启动时间要求，选择具有合适的可返回时间的热继电器或在启动过程中将热继电器短接
	连接导线太细	选用标准导线
	操作频率过高	更换合适型号的热继电器
	使用场合有强烈冲击和振动	采取防振动措施或选用带防冲击振动的热继电器
	可逆转换频繁	改用其他保护方式
	安装热继电器处与电动机所处环境温差太大	按温差情况配置适当的热继电器
主电路不通	热元件烧断	更换热元件或热继电器
	接线螺钉松动或脱落	紧固接线螺钉
控制电路不通	触头烧坏或动触头片弹性消失	更换触头或簧片
	可调整式旋钮转到不合适的位置	调整旋钮或螺钉
	热继电器动作后未复位	按动复位按钮

任务实施

一、工具器材准备

主要实训工具及器材见表1—3—2。

表1—3—2　　主要实训工具及器材

序号	名　称	数量	序号	名　称	数量
1	电工通用工具	1套	7	HK1 - 30/2 型 开启式负荷开关	1只
2	交流电流表	1块			
3	秒表	1块	8	HL24 型 100/5 A 电流互感器	1只
4	JR36 - 20 型 热继电器	1只	9	220 V、15 W 指示灯	1只
5	TDGC2 - 5/0.5 型 接触式调压器	1台	10	500 mm × 400 mm × 20 mm 控制板	1块
6	DG - 5/0.5 型 小型变压器	1台	11	BVR - 4.0、BVR1.5 连接导线	若干

二、热继电器拆装

将热继电器的后绝缘盖板卸下，仔细观察它的结构，指出其热元件、传动机构、电流整定装置、复位按钮及常闭触头的位置，然后进行其结构拆装。

三、热继电器的校验和调整

1. 热继电器更换热元件后的校验和调整

（1）图1—3—3所示为热继电器校验电路。先将调压变压器的输出调到零位置，热继电器置于手动复位状态，并将整定值旋钮置于额定值处。

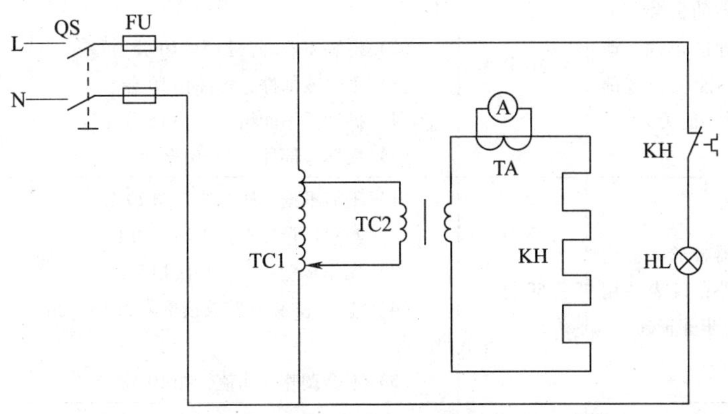

图1—3—3　热继电器校验电路图

（2）合上电源开关QS，指示灯HL亮。

（3）将调压变压器输出电压从零升高，使热继电器通过的电流升至额定值，1 h内热继电器应不动作；若1 h内热继电器动作，则应将调节旋钮向整定值大的方向旋动。

（4）接着将电流升至1.2倍额定电流，热继电器应在20 min内动作，指示灯HL熄灭；若在20 min内不动作，则应将调节旋钮向整定值小的方向旋动。

（5）将电流降至零，待热继电器冷却并手动复位后，再调升电流至1.5倍额定值，热继电器应在2 min内动作。

（6）再将电流降至零，待热继电器冷却并复位后，快速调升电流至6倍额定值，分断QS再随即合上，其动作时间应大于5 s。

2. 复位方式的调整

热继电器出厂时，一般都调在手动复位。如果需要自动复位，可将复位调节螺钉顺时针旋进。自动复位时应在热继电器动作后5 min内自动复位；手动复位时，在动作2 min后，按下手动复位按钮，热继电器应复位。

3. 校验注意事项

（1）校验时的环境温度应尽量接近工作环境温度，连接导线长度一般应不小于0.6 m，连接导线的截面积应与使用时的实际情况相同。

（2）校验过程中电流变化较大，为使测量结果准确，校验时注意选择电流互感器的合适量程。

（3）通电校验时，必须将热继电器、电源开关等固定在校验板上，确保用电安全。

（4）电流互感器通电过程中，电流表回路不可开路，接线时应充分注意。

评分标准

评分标准见表1—3—3。

表1—3—3　　热继电器的检修与调整操作技能训练评分表

序号	项目及技术要求	配分	评分标准	检测结果	扣分
1	热继电器的拆装：拆装步骤、方法正确；动作要轻，不能损伤零部件；零部件不能丢失	30分	（1）拆卸步骤及方法不正确，每次扣5分 （2）拆装不熟练，扣5～10分 （3）丢失零部件，每件扣10分 （4）拆卸后不能组装，扣15分 （5）损坏零部件，扣30分		
2	热继电器校验：会连接效验电路；仪表使用正确；操作步骤正确	50分	（1）不能根据图样接线，扣20分 （2）互感器量程选择不当，扣10分 （3）操作步骤错误，每次扣5分 （4）电流表未调零或读数不准确，扣10分 （5）不会调整动作值，扣10分		
3	复位方式的调整：调整方法正确	10分	不会调整复位方式，扣10分		
4	安全文明生产：劳动保护用品穿戴整齐，电工工具佩带齐全，遵守操作规程	10分	违反安全文明生产考核要求的每1项扣1分，扣完为止		

练习题

1. 热继电器具有什么功能？
2. 简述双金属片式热继电器的工作原理。它的热元件和常闭触头如何接入电路中？
3. 什么是热继电器的整定电流？能否调整？怎样调整？
4. 如果热继电器不动作，是什么原因造成的？

任务2　装调检修过载保护连续正转控制线路

能力目标

◇ 掌握过载保护连续正转控制线路的电气控制原理。
◇ 能安装过载保护连续正转控制线路。
◇ 会调试与检修过载保护连续正转控制线路。

任务引入

图1—3—4所示为具有过载保护的连续正转控制线路。与前文介绍过的点动正转控制线路相比较，线路中增加了一只热继电器KH，构成了具有过载保护的连续正转控制线路。此电路不但具有短路保护、欠压和失压保护作用，而且具有过载保护作用，在生产实际中获得广泛应用。

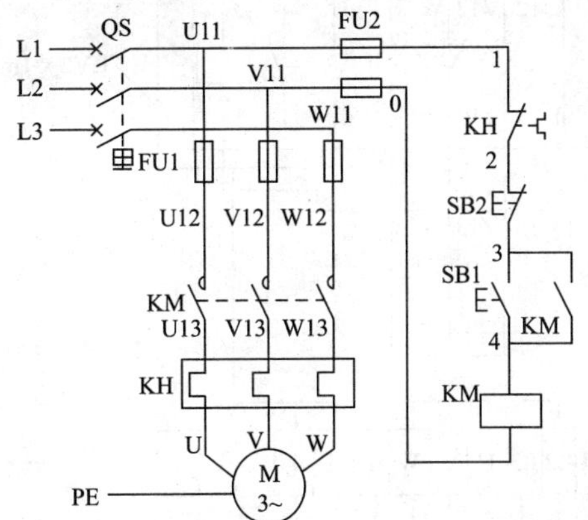

图1—3—4　具有过载保护的连续正转电路图

相关知识

过载保护是指当电动机出现过载时，能自动切断电动机的电源，使电动机停转的一种保护。图1—3—4所示的具有过载保护连续正转控制线路工作原理如下：

合上电源开关QF。

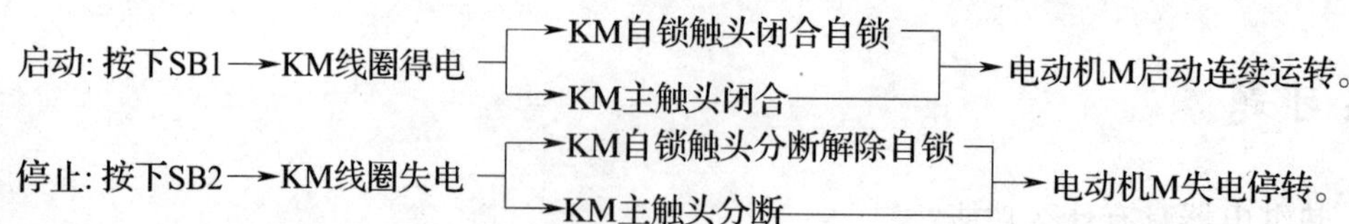

过载保护：若电动机在运行过程中，由于过载或其他原因使电流超过额定值，那么经过一定时间后，串接在主电路中的热元件因受热发生弯曲，通过传动机构使串接在控制电路中的常闭触头分断，切断控制电路，接触器 KM 线圈失电，其主触头和自锁触头分断，电动机 M 失电停转，达到过载保护的目的。

图 1—3—5 所示为过载保护连续正转控制线路的布置图。

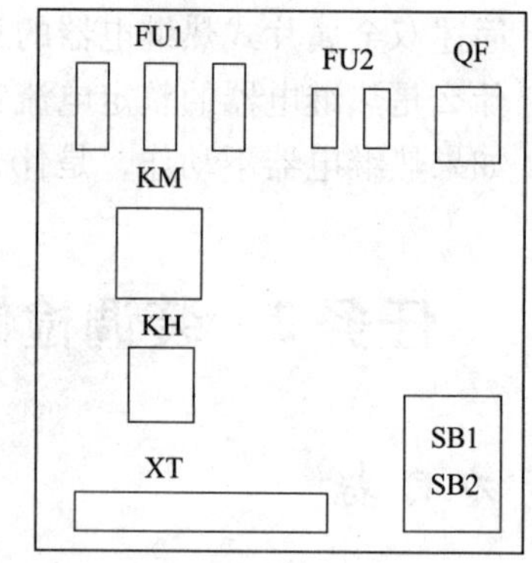

图 1—3—5　具有过载保护的连续正转线路布置图

过载保护连续正转控制线路的接线图如图 1—3—6所示。

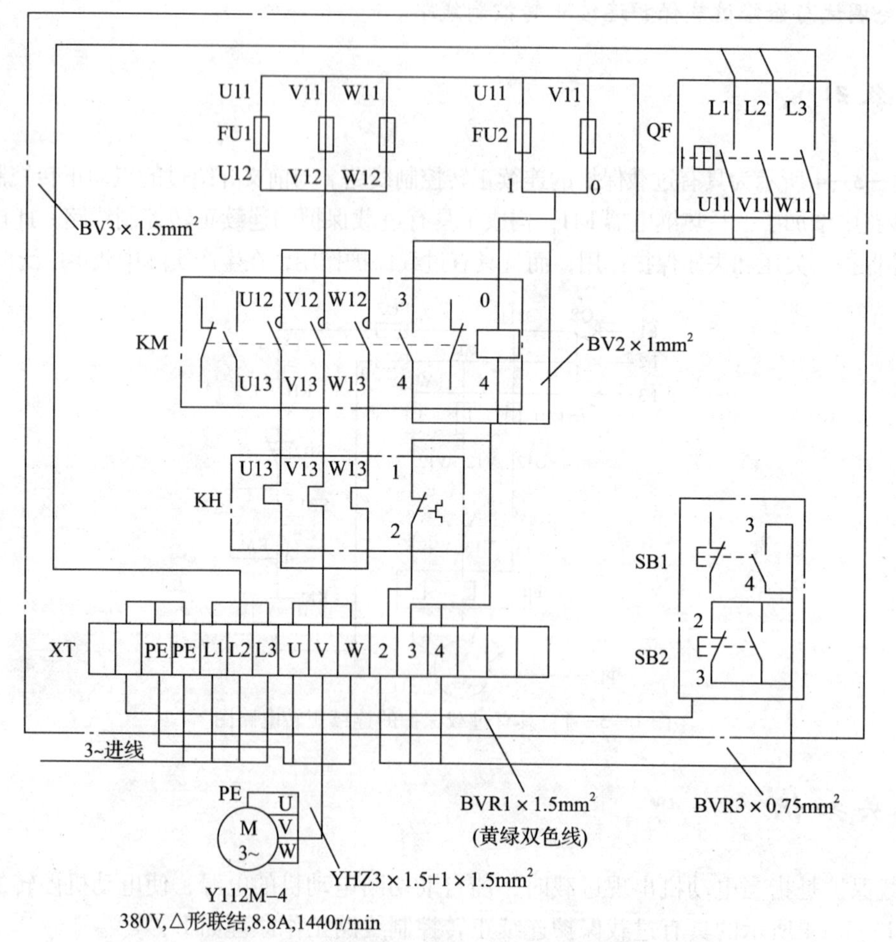

图 1—3—6　过载保护连续正转控制线路的接线图

任务实施

一、工具、器材准备

主要实训工具及器材见表 1—3—4。

表 1—3—4　　　　主要实训工具及器材

序号	名　称	数量	序号	名　称	数量
1	电工通用工具	1 套	9	JR36－20 型 热继电器	1 只
2	ZC25－3 型兆欧表	1 块			
3	MG3－1 型钳形表	1 块	10	LA4－3H 型按钮	1 只
4	MF47 型万用表	1 块	11	TD－1515 型端子板	1 只
5	Y112M－4 型 三相笼型异步电动机	1 台	12	主电路导线	若干
			13	控制电路导线	若干
6	DZ5－20/330 型 低压断路器	1 只	14	按钮线	若干
			15	接地线	若干
7	DL1－15/2 型 螺旋式熔断器	5 只	16	电动机引线	若干
8	CJ10－20 型 交流接触器	1 只	17	控制板	1 块
			18	紧固件及编码套管	若干

二、线路安装调试及检修

1. 安装元件

按图 1—3—5 所示布置图在控制板上安装所有电气元件，并贴上醒目的文字代号，如图 1—3—7a 所示。其工艺要求同点动控制。

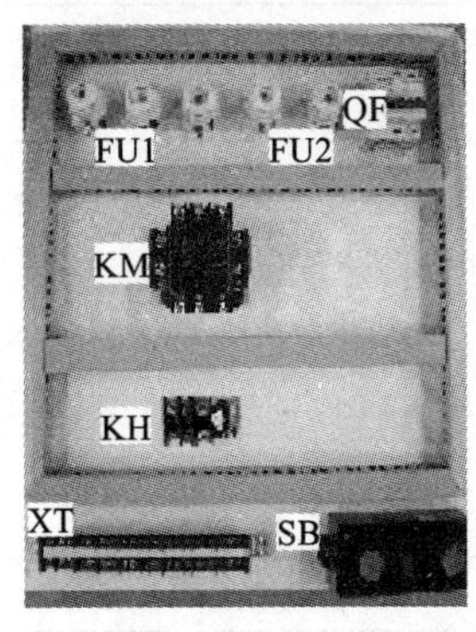

a）

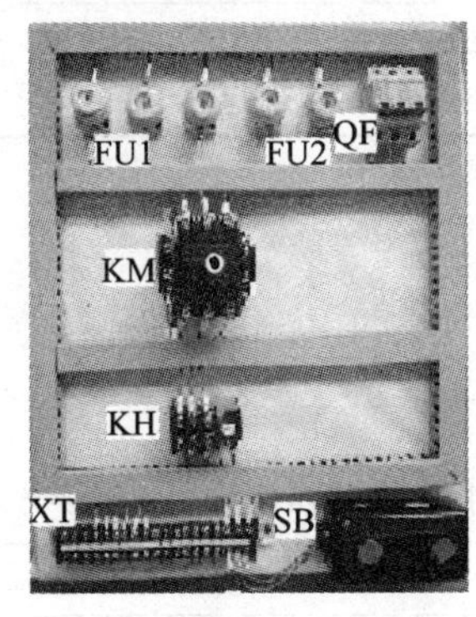

b）

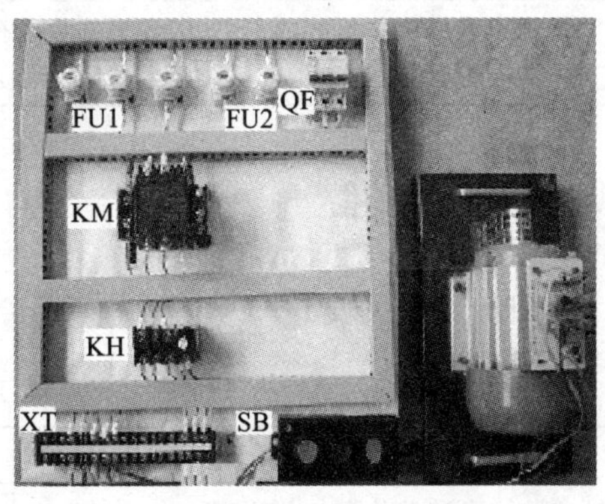

c）

图 1—3—7　具有过载保护的接触器自锁控制线路板

a）安装　b）布线　c）连接

2. 布线

按图 1—3—6 所示接线图进行板前明线布线，并在导线端部套编码管和冷压接线头，如图 1—3—7b 所示。其工艺要求同点动控制。

3. 电动机安装与连接

电动机安装好后，先连接电动机和按钮金属外壳的保护接地线，然后连接电源、电动机等控制板外部的导线，如图 1—3—7c 所示。

4. 检查

查控制板布线与接线的正确性。其工艺要求同点动控制。

5. 通电试运行

其工艺要求同点动控制。

6. 检修训练

一般故障检修步骤和方法见表 1—3—5。

表 1—3—5　　过载保护连续正转控制线路的一般故障检修步骤和方法

序号	检修步骤	检修方法	
		控制电路	主电路
1	用试验法观察故障现象	合上 QF，按下 SB1 或 SB3 时，KM 均不吸合	合上 QF，按下 SB1 或 SB3 时，M 转速极低甚至不转，并发出“嗡嗡”声，此时应立即切断电源
2	用逻辑分析法缩小故障范围	由 KM 不吸合分析电路图，初步确定故障点可能在控制电路的公共支路上	根据故障现象分析线路，判定故障范围可能在电源电路和主电路上
3	用测量法确定故障点	用电压测量法找到故障为控制电路上 KH 常闭触头已分断	断开 QF，用笔或验电器检验主电路无电后，拆除 M 的负载线并恢复绝缘。再合上 QF，按下 SB1，用验电器从上至下依次测试各接点，查得 W13 段的导线开路
4	根据故障点的情况，采取正确的检修方法排除故障	故障点是模拟 M 缺相运行导致 KH 常闭触头分断，故按下 KH 复位按钮后，控制电路即正常	重新接好 W13 处的连接点，或更换同规格的连接接触器输出端 W13 与热继电器受电端 W13 的导线
5	检修完毕通电试运行	切断电源重新连好 M 的负载线，合上 QF，按下 SB1 或 SB3，观察和检测线路和电动机的运行情况，检验合格后电动机正常运行	

评分标准

评分标准见表 1—3—6。

表 1—3—6　　过载保护的连续正转控制线路操作技能训练评分表

序号	项目内容	配分	评分标准	检测结果	扣分
1	装前检查：认真、细心，无遗漏	5 分	电气元件漏检或错检，每处扣 1 分		
2	安装元件：元件安装整齐、牢固	10 分	（1）不按布置图安装，扣 15 分 （2）元件安装不牢固，每只扣 4 分 （3）元件安装不整齐，不匀称、不合理，每只扣 3 分 （4）损坏元件，扣 15 分		

续表

序号	项目内容	配分	评分标准	检测结果	扣分
3	布线：布线合理、美观，符合安全要求	30 分	（1）不按电路图接线，扣 25 分 （2）布线不符合要求，每根扣 3 分 （3）接点松动、露铜过长、反圈等，每个扣 1 分 （4）损伤导线绝缘层或线芯，每根扣 5 分 （5）编码套管套装不正确，每处扣 1 分 （6）漏接接地线，扣 10 分		
4	通电试运行：正确连接电源、负载；出现故障能分析解决	20 分	（1）热继电器未整定或整定错误，扣 5 分 （2）熔体规格选用不当，扣 5 分 （3）第一次试车不成功，扣 10 分 第二次试车不成功，扣 15 分 第三次试车不成功，扣 20 分		
5	故障分析：思路清晰；分析方法得当；能逐步缩小故障范围	10 分	（1）故障分析、排除故障思路不正确，每个扣 5 分 （2）标错电路故障范围，每个扣 5 分		
6	故障排除：工具、仪表使用正确；排除方法得当；能准确排除故障	15 分	（1）停电不验电，扣 5 分 （2）工具及仪表使用不当，每次扣 4 分 （3）排除故障的顺序不对，扣 5 ~ 10 分 （4）不能查出故障点，每个扣 10 分 （5）查出故障点，但不能排除，每个故障点扣 5 分 （6）产生新的故障： 不能排除，每个扣 15 分 已经排除，每个扣 8 分 （7）损坏电动机，扣 15 分 （8）损坏电气元件，或排除故障方法不正确，每只（次）扣 5 ~ 10 分		
7	安全文明生产：劳动保护用品穿戴整齐，电工工具佩带齐全，遵守操作规程	10 分	违反安全文明生产考核要求的每 1 项扣 1 分，扣完为止		

练习题

1. 什么是过载保护？为什么对电动机要采取过载保护？
2. 在电动机的控制线路中，短路保护和过载保护各由什么电器来实现？它们能否相互代替使用？为什么？

3. 在图1—3—8所示控制线路中，哪些地方画错了？试改正，并按改正后的线路叙述其工作原理。

4. 试分析图1—3—9所示控制线路能否满足以下控制要求和保护要求：

（1）能实现单向启动和停止。

（2）具有短路、过载、欠压和失压保护。若线路不能满足以上要求，试加以改正，并说明改正的原因。

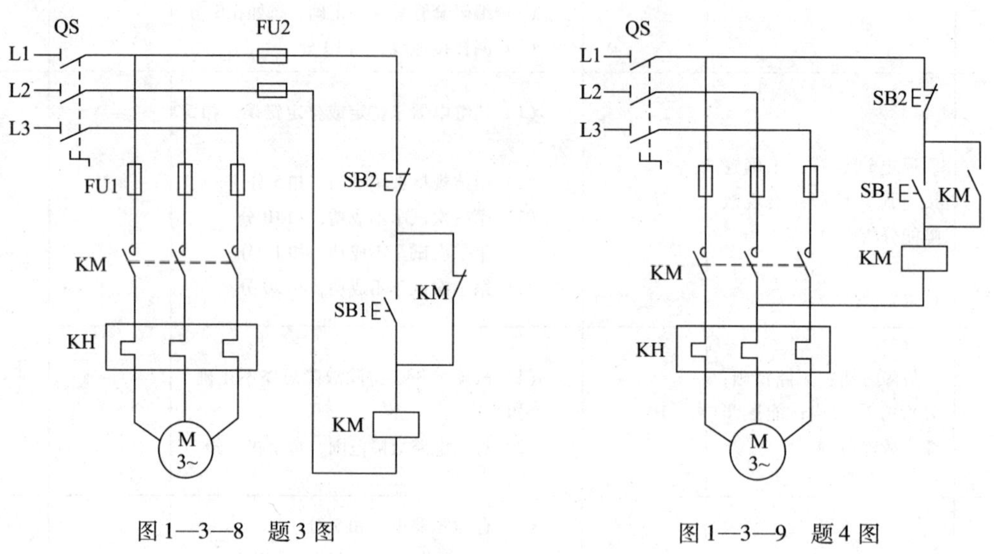

图1—3—8　题3图　　图1—3—9　题4图

课题四　连续与点动混合正转控制线路

任务　装调检修连续与点动混合正转控制线路

能力目标

◇ 掌握连续与点动混合正转控制线路的电气控制原理。

◇ 会安装连续与点动混合正转控制线路。

◇ 能调试、检修连续与点动混合正转控制线路。

任务引入

某机床设备在正常运行时，要求电动机工作在单向连续运转状态，但在试车或调整时，又需要电动机能被点动控制。实现这种工艺控制要求的线路是连续与点动混合正转控制线路。

相关知识

图 1—4—1 所示为连续与点动混合正转控制线路。图 1—4—1a 所示线路是在具有过载保护的接触器自锁正转控制线路的基础上，把手动开关 SA 串接在自锁电路中。当把 SA 闭合或打开时，就可实现电动机的连续或点动控制。

图 1—4—1b 所示线路是在启动按钮 SB1 的两端并接一个复合按钮 SB3 来实现连续与点动混合正转控制的，SB3 的常闭触头应与 KM 自锁触头串接。

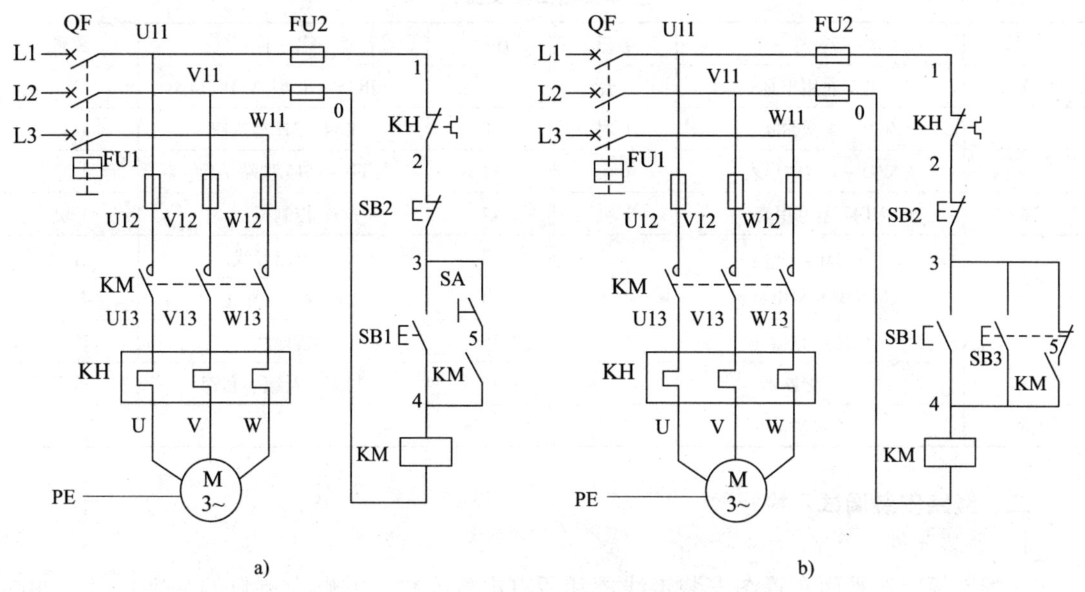

图 1—4—1　连续与点动混合正转控制电路图

a）串接手动开关　b）并接复合按钮

线路工作原理如下：先合上电源开关 QF。

1．连续控制

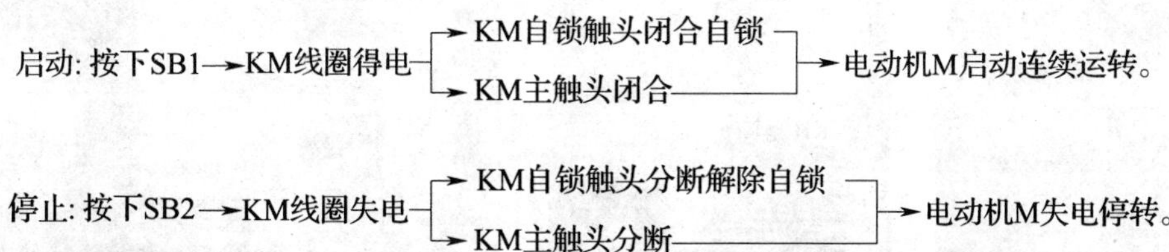

2．点动控制

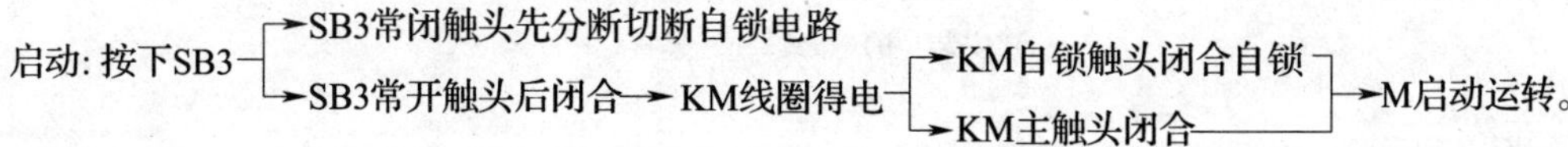

停止：松下SB3→SB3常开触头先恢复分断→KM线圈失电→KM自锁触头分解、KM主触头分断→M停转。
SB3常闭触头后恢复闭合(此时KM自锁触头已分断)

任务实施

一、工具、器材准备

主要实训工具及器材见表1—4—1。

表1—4—1　　主要实训工具及器材

序号	名　称	数量	序号	名　称	数量
1	电工通用工具	1套	9	JR36－20型热继电器	1只
2	ZC25－3型兆欧表	1块	10	LA4－3H型按钮	1只
3	MG3－1型钳形表	1块	11	TD－1515型端子板	1只
4	MF47型万用表	1块	12	控制板	1块
5	Y132M－4型三相笼型异步电动机	1台	13	主电路导线	若干
			14	控制电路导线	若干
6	低压断路器	1只	15	接地线	若干
7	螺旋式熔断器	5只	16	紧固件及编码套管	若干
8	交流接触器	1只			

二、线路安装调试及检修

1. 安装元件

在控制板上按平面布置图安装走线槽和所有电气元件，并贴上醒目的文字代号，如图1—4—2a所示。其工艺要求同点动控制。

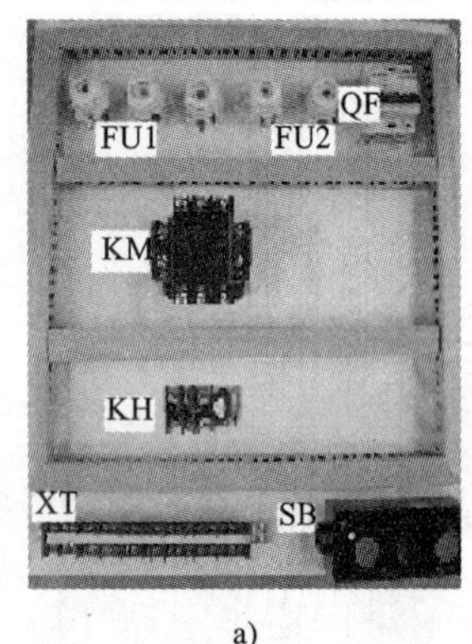

a)

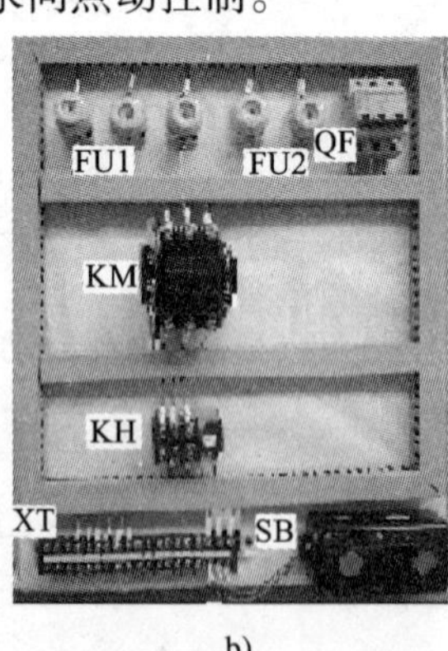

b)

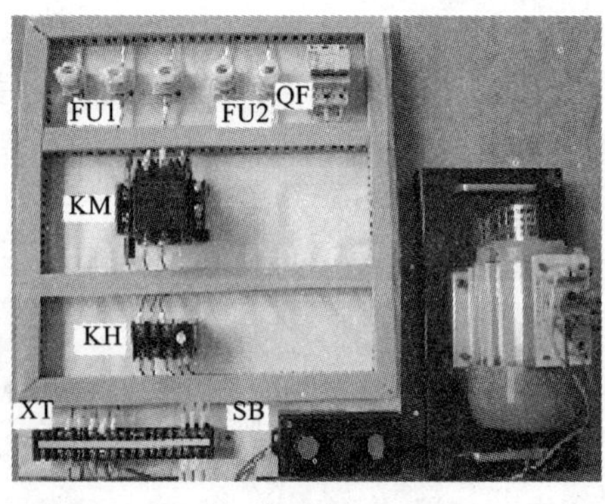

c)

图1—4—2　连续与点动混合正转控制线路
a）安装　b）布线　c）连接

2. 布线

按图1—4—1所示电路图进行板前线槽配线，并在导线端部套编码管和冷压接线头，如

图 1—4—2b 所示。其工艺要求同点动控制。

3. 电动机安装与连接

电动机安装好后先连接电动机和按钮金属外壳的保护接地线，然后连接电源、电动机等控制板外部的导线，如图 1—4—2c 所示。

4. 检查

根据图 1—4—1 所示电路图检查控制板布线与接线的正确性。其工艺要求同点动控制。

5. 通电试运行

其工艺要求同点动控制。

6. 检修训练

一般故障检修步骤和方法见表 1—4—2。

表 1—4—2　　连续与点动混合正转控制线路的一般故障检修步骤和方法

序号	检修步骤	检修方法	
		控制电路	主电路
1	用试验法观察故障现象	合上 QF，按下 SB1 或 SB3 时，KM 均不吸合	合上 QF，按下 SB1 或 SB3 时，M 转速极低甚至不转，并发出“嗡嗡”声，此时应立即切断电源
2	用逻辑分析法缩小故障范围	由 KM 不吸合分析电路图，初步确定故障点可能在控制电路的公共支路上	根据故障现象分析线路判定故障范围可能在电源电路和主电路上
3	用测量法确定故障点	用电压测量法找得故障点为控制电路上 KH 常闭触头已分断	断开 QF，用笔或验电器检验主电路无电后，拆除 M 的负载线并恢复绝缘。再合上 QF，按下 SB1，用验电器从上至下依次测试各接点，查得 W13 段的导线开路
4	根据故障点的情况，采取正确的检修方法排除故障	故障点是模拟 M 缺相运行导致 KH 常闭触头分断，故按下 KH 复位按钮后，控制电路即正常	重新接好 W13 处的连接点，或更换同规格的连接接触器输出端 W13 与热继电器受电端 W13 的导线
5	检修完毕通电试运行	切断电源重新连好 M 的负载线，合上 QF，按下 SB1 或 SB3，观察和检测线路和电动机的运行情况，检验合格后电动机正常运行	

评分标准

评分标准见表 1—4—3。

表 1—4—3　　连续与点动混合正转控制线路操作技能训练评分表

序号	项目及技术要求	配分	评分标准	检测结果	扣分
1	工具、仪表及器材：型号、规格选用正确，仪表使用方法正确	10 分	（1）工具、仪表少选或错选，每个扣 2 分 （2）电气元件选错型号和规格，每个扣 4 分 （3）选错元件数量或型号规格没有写全，每个扣 2 分		
2	装前检查：认真、细心，无遗漏	5 分	电气元件漏检或错检，每处扣 1 分		
3	安装布线：元件安装整齐、牢固；布线合理、美观；符合安全要求	30 分	（1）电动机安装不符合要求，扣 15 分 （2）控制板安装不符合要求 1）电器布置不合理，扣 5 分 2）元件安装不牢固，每只扣 4 分 3）元件安装不整齐，不匀称、不合理，每只扣 3 分 4）损坏元件，扣 15 分 5）不按电路图接线，扣 15 分 6）布线不符合要求，每根扣 3 分 7）接点松动、露铜线过长、反圈等，每个扣 1 分 8）损伤导线绝缘层或线芯，每根扣 5 分 9）漏装或套错编码套管，每个扣 1 分 10）漏接接地线，扣 10 分		
4	通电试运行：正确连接电源、负载；出现故障能分析解决	20 分	（1）热继电器未整定或整定错误，扣 10 分 （2）熔体规格选用不当，扣 5 分 （3）第一次试车运行不成功，扣 10 分 第二次试运行不成功，扣 15 分 第三次试运行不成功，扣 20 分		
5	故障分析：思路清晰；分析方法得当；能逐步缩小故障范围	10 分	（1）故障分析、排除故障思路不正确，每个扣 5 分 （2）标错电路故障范围，每个扣 5 分		
6	故障排除：工具、仪表使用正确；排除方法得当；能准确排除故障	15 分	（1）停电不验电，扣 5 分 （2）工具及仪表使用不当，每次扣 4 分 （3）排除故障的顺序不对，扣 5 ~ 10 分 （4）不能查出故障点，每个扣 10 分		

续表

序号	项目及技术要求	配分	评分标准	检测结果	扣分
6	故障排除：工具、仪表使用正确；排除方法得当；能准确排除故障	15分	（5）查出故障点，但不能排除，每个扣5分 （6）产生新的故障： 不能排除，每个扣10分 已经排除，每个扣5分 （7）损坏电动机，扣15分 （8）损坏电气元件，或排除故障方法不正确，每只（次）扣5~15分		
7	安全文明生产：劳动保护用品穿戴整齐，电工工具佩带齐全，遵守操作规程	10分	违反安全文明生产规程考核要求的每1项扣1分，扣完为止		

练习题

1．在连续与点动控制线路中，点动控制、连续控制和停止控制时分别按下哪个按钮？

2．有人为某生产机械设计出既能点动又能连续运行并具有短路和过载保护的电气控制线路，如图1—4—3所示。试分析说明该线路能否正常工作。

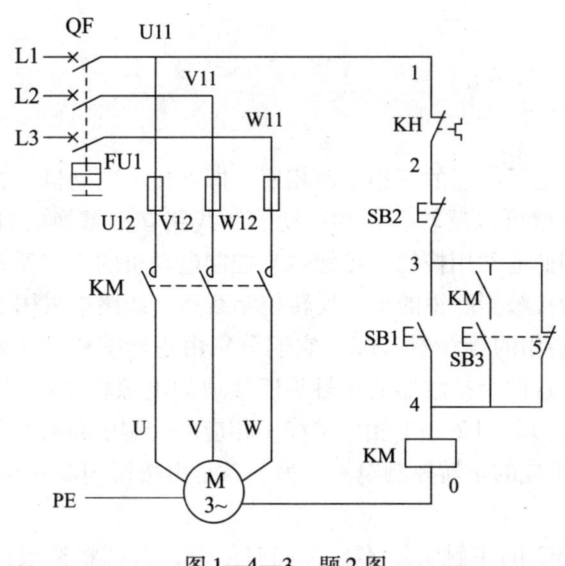

图1—4—3　题2图

3．试为某生产机械设计电动机的电气控制线路，要求如下：

（1）既能点动控制又能连续控制；

（2）有短路、过载、失压和欠压保护作用。

课题五　接触器联锁正、反转控制线路

任务　装调检修接触器联锁正、反转控制线路

能力目标

◇ 掌握接触器联锁正、反转控制线路的电气控制原理。
◇ 能安装接触器联锁正、反转控制线路。
◇ 会调试与检修接触器联锁正、反转控制线路。

任务引入

在生产实际中，要求机械的运动往往是双向的，如机床工作台的前进与后退、起重机吊钩的上升与下降等，这时单向控制线路就不能满足这样的控制要求。要实现生产机械运动部件能向正、反两个方向运动，最简单的方法是让电动机能够正、反转运行。本任务将学习其控制线路的相关内容。

相关知识

当改变通入电动机定子绕组的三相电源相序，即把接入电动机三相电源进线中的任意两相对调接线时，电动机就可以反转。一些手动控制线路在频繁换向时，操作人员劳动强度大、操作安全性差，因此通常用按钮、接触器来控制电动机的正、反转。

图 1—5—1 所示为接触器联锁的正、反转控制线路。线路中采用了两个接触器，即正转用的接触器 KM1 和反转用的接触器 KM2，它们分别由正转按钮 SB1 和反转按钮 SB2 控制。从主电路中可以看出，这两个接触器的主触头所接通的电源相序不同，KM1 按 L1—L2—L3 相序接线，而 KM2 则按 L3—L2—L1 相序接线。相应的控制电路有两条，一条是由按钮 SB1 和接触器 KM1 线圈等组成的正转控制电路；另一条是由按钮 SB2 和接触器 KM2 线圈等组成的反转控制电路。

接触器 KM1 和 KM2 的主触头绝不允许同时闭合，否则将造成两相电源（L1 相和 L3 相）短路事故。为了避免两个接触器 KM1 和 KM2 同时得电动作，在正、反转控制电路中分别串接了对方接触器的一对辅助常闭触头。

当一个接触器得电动作时，通过其辅助常闭触头使另一个接触器不能得电动作，接触器之间这种相互制约的作用叫接触器联锁（或互锁）。实现联锁作用的辅助常闭触头称为联锁触头（或互锁触头），联锁用符号“▽”表示。

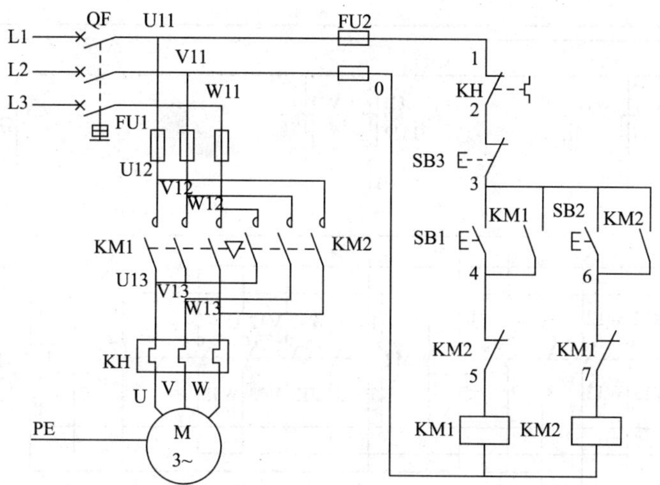

图 1—5—1　接触器联锁正、反转控制线路电路图

接触器联锁控制线路工作原理线路工作原理如下：

合上电源开关 QF。

1．正转控制

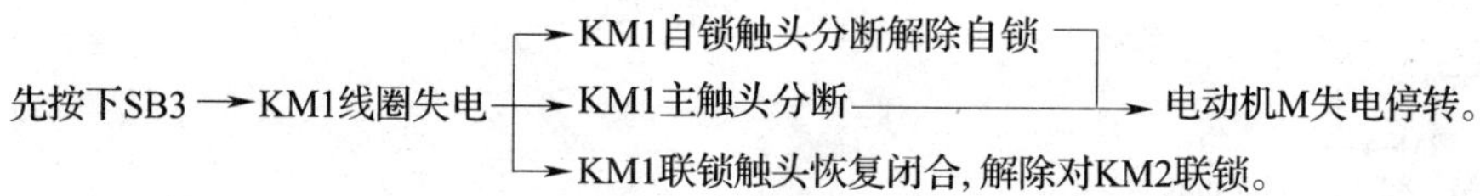

2．反转控制

先按下SB3→KM1线圈失电→KM1自锁触头分断解除自锁；→KM1主触头分断→电动机M失电停转。→KM1联锁触头恢复闭合，解除对KM2联锁。

等电动机停转后再按下SB2→KM2线圈得电→KM2自锁触头闭合自锁；→KM2主触头闭合→电动机M启动连续反转。→KM2联锁触头分断对KM1联锁。

接触器联锁正、反转控制线路的元件布置如图 1—5—2 所示，安装接线如图 1—5—3 所示。

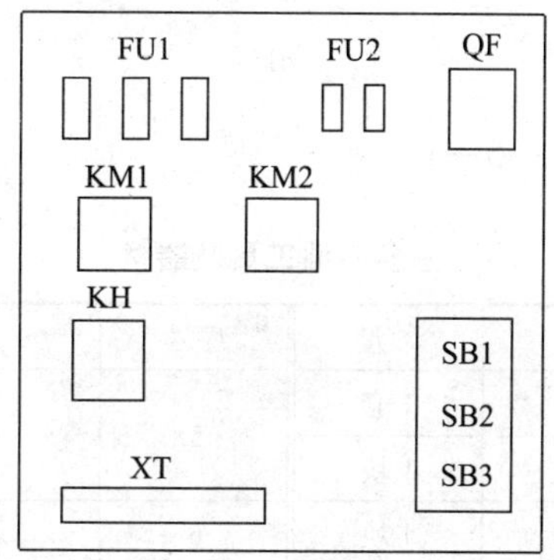

图 1—5—2　接触器联锁正、反转控制线路元件布置图

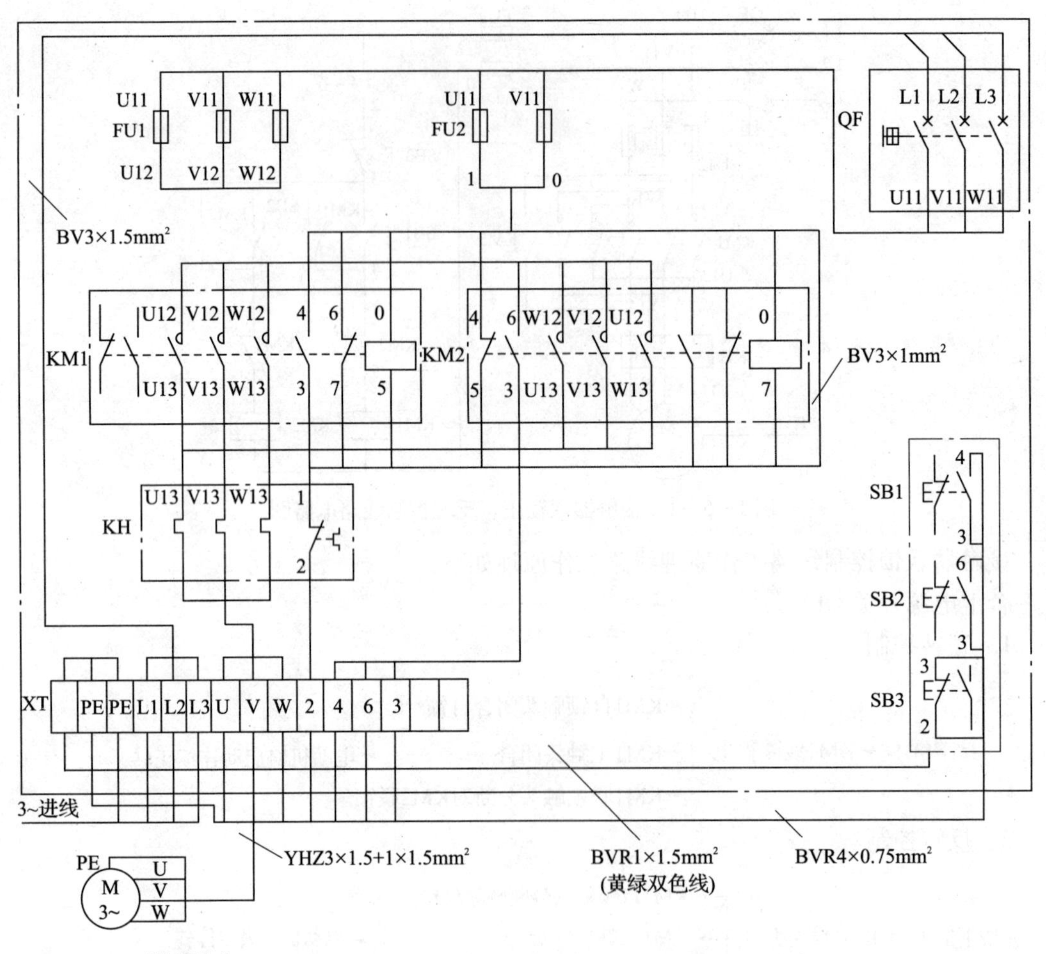

图 1—5—3 接触器联锁正、反转控制线路接线图

任务实施

一、工具、器材准备

主要实训工具及器材见表 1—5—1。

表 1—5—1 主要实训工具及器材

序号	名 称	数量	序号	名 称	数量
1	电工通用工具	1 套	5	Y112M—4 型 三相笼型异步电动机	1 台
2	ZC25—3 型兆欧表	1 块			
3	MG3—1 型钳形表	1 块	6	低压断路器	1 只
4	MF47 型万用表	1 块	7	螺旋式熔断器	5 只

续表

序号	名 称	数量	序号	名 称	数量
8	交流接触器	2 只	13	主电路导线	若干
9	JR36—20 型热继电器	1 只	14	控制电路导线	若干
10	LA4—3H 型按钮	1 只	15	接地线	若干
11	TD—1515 型端子板	1 只	16	紧固件及编码套管	若干
12	控制板	1 块			

二、线路安装调试及检修

1. 安装元件

在控制板上按图 1—5—2 所示布置图安装走线槽和所有电气元件，并贴上醒目的文字符号。如图 1—5—4a 所示。其工艺要求同点动控制。

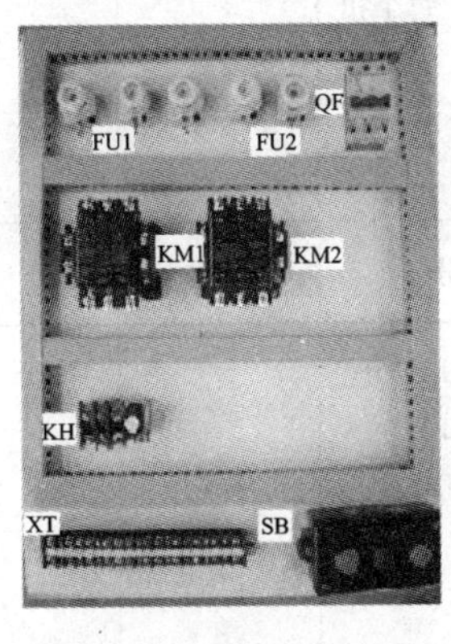

a)

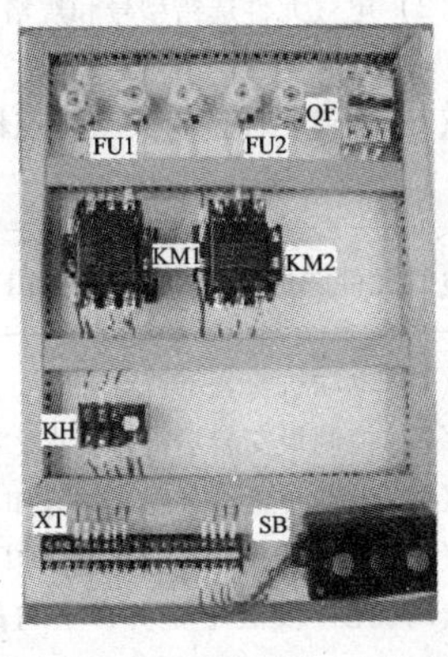

b)

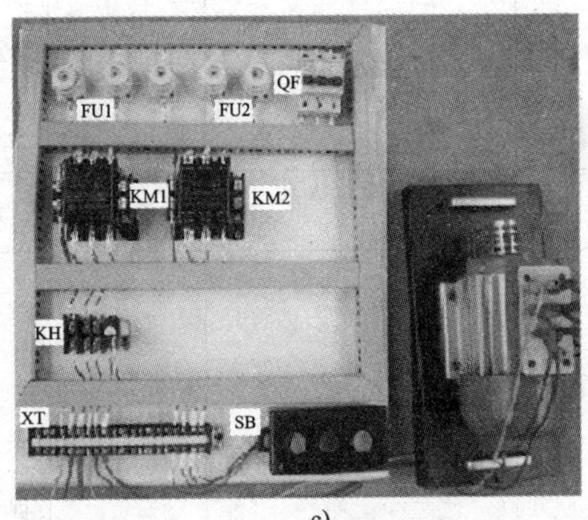

c)

图 1—5—4 接触器联锁正、反转控制线路

a）安装 b）布线 c）连接

2. 布线

按图 1—5—1 所示电路图进行板前线槽配线，并在导线端部套编码管和冷压接线头，如图 1—5—4b 所示。其工艺要求同点动控制。

3. 电动机安装与连接

电动机安装好后先连接电动机和按钮金属外壳的保护接地线，然后连接电源、电动机等控制板外部的导线，如图 1—5—4c 所示。

4. 检查

查控制板布线与接线的正确性。其工艺要求同点动控制。

5. 通电试车

其工艺要求同点动控制。

6. 检修训练

（1）用试验法观察故障现象。主要注意观察电动机的运行情况、接触器的动作情况和线路的工作情况等，如发现有异常情况，应马上断电检查。

（2）用逻辑分析法缩小故障范围，并在电路图上用虚线标出故障部位的最小范围。

（3）用测量法准确、迅速地找出故障点。

（4）根据故障点的不同情况，采取正确的修复方法，迅速排除故障。

（5）排除故障后通电试运行。

评分标准

评分标准见表1—5—2。

表1—5—2　　接触器联锁正、反转控制线路操作技能训练评分表

序号	项目及技术要求	配分	评分标准	检测结果	扣分
1	工具、仪表及器材：型号、规格选用正确，仪表使用方法正确	10分	（1）工具、仪表少选或错选，每个扣2分 （2）电气元件选错型号和规格，每个扣4分 （3）选错元件数量或型号规格没有写全，每个扣2分		
2	装前检查：认真、细心，无遗漏	5分	电气元件漏检或错检，每处扣1分		
3	安装布线：元件安装整齐、牢固；布线合理、美观；符合安全要求	30分	（1）电动机安装不符合要求，扣15分 （2）控制板安装不符合要求，扣5分 （3）电器布置不合理，每只扣4分 （4）元件安装不牢固，每只扣3分 （5）元件安装不整齐，不匀称、不合理，每只扣3分 （6）损坏元件，扣15分 （7）不按电路图接线，扣15分 （8）布线不符合要求，每根扣3分 （9）接点松动、露铜线过长、反圈等，每个扣1分 （10）损伤导线绝缘层或线芯，每根扣5分 （11）漏装或套错编码套管，每个扣1分		
4	通电试运行：正确连接电源、负载；出现故障能分析解决	20分	（1）热继电器未整定或整定错误，扣10分 （2）熔体规格选用不当，扣5分 （3）第一次试运行不成功，扣10分 第二次试运行不成功，扣15分 第三次试运行不成功，扣20分		
5	故障分析：思路清晰；分析方法得当；能逐步缩小故障范围	10分	（1）故障分析、排除故障思路不正确，每个扣5分 （2）标错电路故障范围，每个扣5分		

续表

序号	项目及技术要求	配分	评分标准	检测结果	扣分
6	故障排除：工具、仪表使用正确；排除方法得当；能准确排除故障	15分	（1）停电不验电，扣5分 （2）工具及仪表使用不当，每次扣4分 （3）排除故障的顺序不对，扣5~10分 （4）不能查出故障点，每个扣10分 （5）查出故障点，但不能排除，每个扣5分 （6）产生新的故障： 不能排除，每个扣10分 已经排除，每个扣5分 （7）损坏电动机，扣15分 （8）损坏电气元件，或排除故障方法不正确，每只（次）扣5~15分		
7	安全文明生产：劳动保护用品穿戴整齐，电工工具佩带齐全，遵守操作规程	10分	违反安全文明生产规程考核要求的每1项扣1分，扣完为止		

练习题

1. 如何使电动机改变转向？

2. 什么叫联锁控制？在电动机正、反转控制线路中为什么必须有联锁控制？

3. 接触器联锁正、反转控制线路有什么特点？

4. 某车床有两台电动机，一台是主轴电动机，要求能正、反转控制；另一台是冷却液泵电动机，只要求正转控制。两台电动机都要求有短路、过载、欠压和失压保护，试设计满足要求的电路图。

课题六　双重联锁正、反转控制线路

任务　装调检修双重联锁正、反转控制线路

能力目标

◇ 掌握双重联锁正、反转线路的电气控制原理。

◇ 能安装双重联锁正、反转控制线路。

◇ 会调试与检修双重联锁正、反转控制线路。

任务引入

电气控制线路的安全性与可靠性是最为重要的。因此，为了确保电动机在正、反转运行工作时不发生短路现象，在实际控制中经常采用双重联锁电动机正、反转控制线路。

将接触器联锁正、反转控制线路中的正转按钮 SB1 和反转按钮 SB2 换成两个复合按钮，并把两个复合按钮的常闭触头也串接在对方的控制电路中，构成如图 1—6—1 所示的按钮和接触器双重联锁正、反转控制线路。

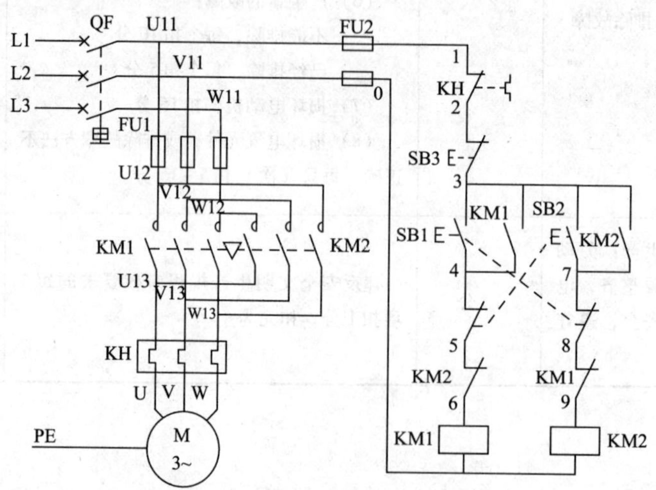

图 1—6—1 双重联锁正、反转控制电路图

相关知识

双重联锁正、反转线路的电气控制原理如下：先合上电源开关 QF。

1. 正转控制

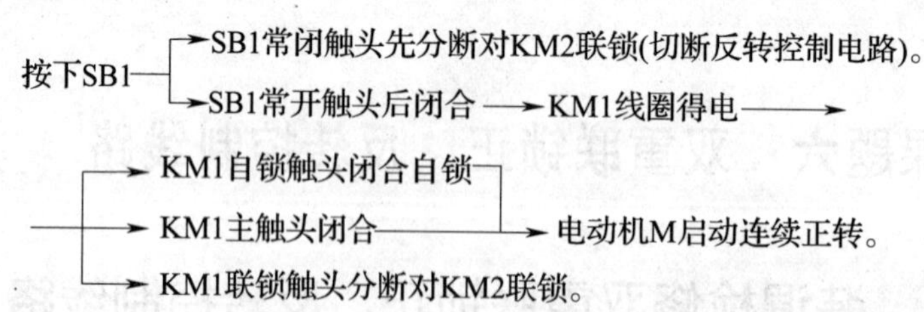

2. 反转控制

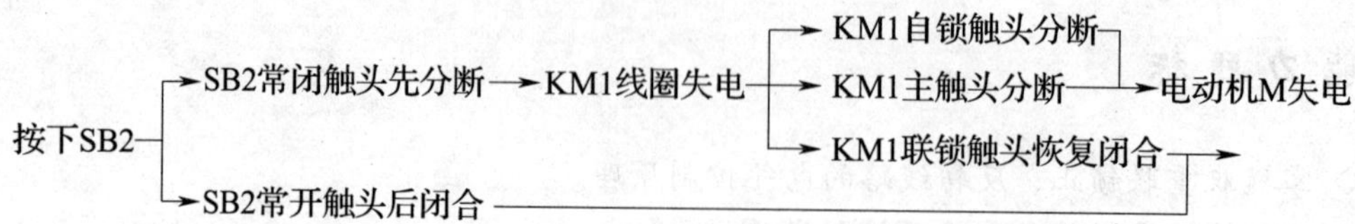

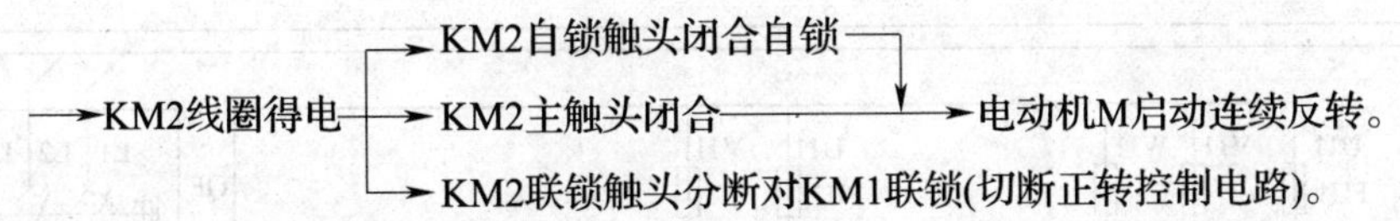

若要停止，按下 SB3，整个控制电路失电，主触头分断，电动机 M 失电停转。

任务实施

一、工具、器材准备

主要实训工具及器材见表 1—6—1。

表 1—6—1　　主要实训工具及器材

序号	名　称	数量	序号	名　称	数量
1	电工通用工具	1 套	9	JR36—20 型热继电器	1 只
2	ZC25—3 型兆欧表	1 块	10	LA4—3H 型按钮	1 只
3	MG3—1 型钳形表	1 块	11	TD—1515 型端子板	1 只
4	MF47 型万用表	1 块	12	控制板	1 块
5	Y112M—4 型 三相笼型异步电动机	1 台	13	主电路导线	若干
			14	控制电路导线	若干
6	低压断路器	1 只	15	接地线	若干
7	螺旋式熔断器	5 只	16	紧固件及编码套管	若干
8	交流接触器	2 只			

二、双重联锁正、反转控制线路的安装及调试

1．绘制元件布置图与安装接线图

根据电路图绘制元件布置如图 1—6—2 所示，安装接线如图 1—6—3 所示。

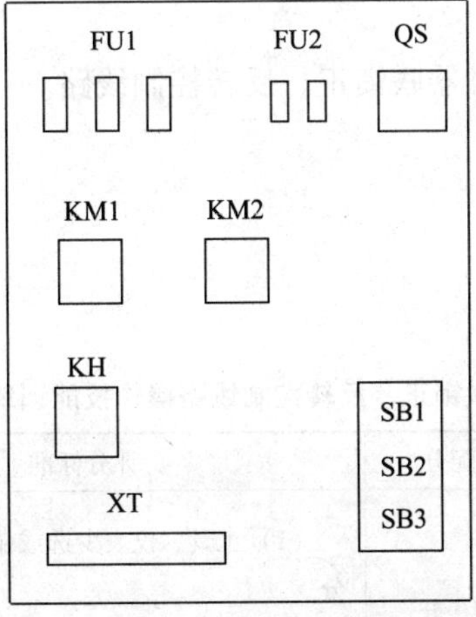

图 1—6—2　双重联锁正、反转控制线路元件布置图

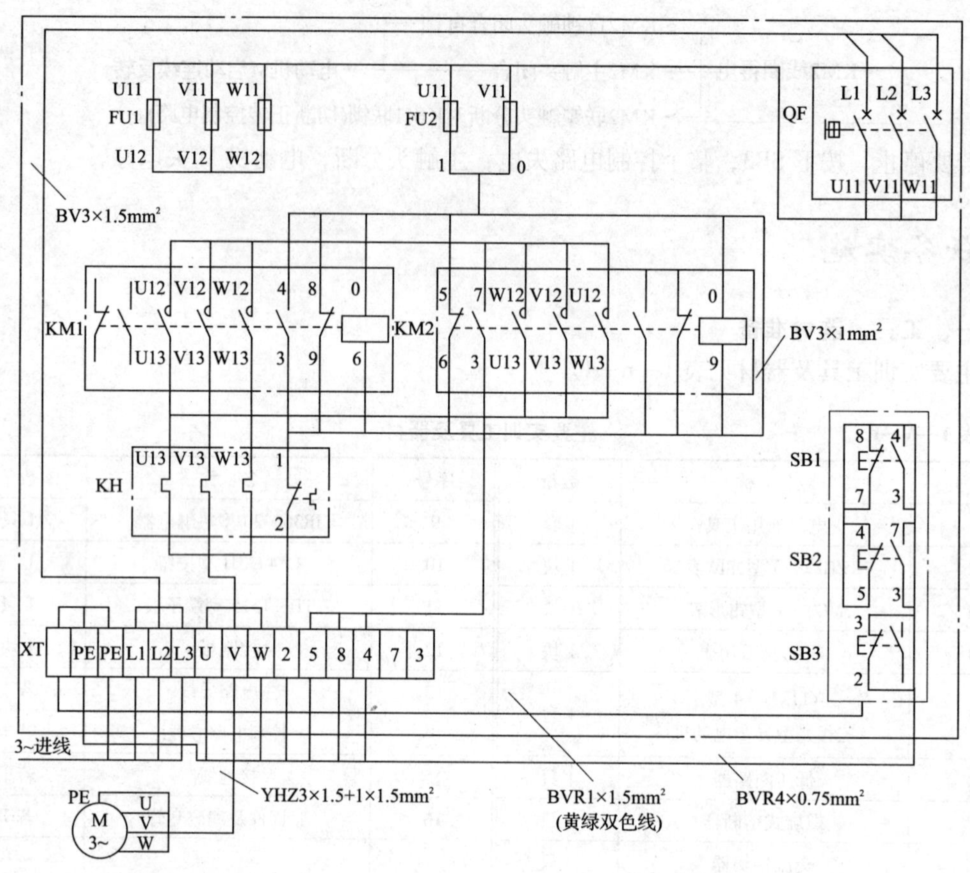

图1—6—3　双重联锁正、反转控制线路安装接线图

2. 线路安装

线路安装过程与工艺要求同接触器联锁正、反转控制线路。

3. 检修训练

检修训练过程与要求同接触器联锁正、反转控制线路。

评分标准

评分标准见表1—6—2。

表1—6—2　　双重联锁正、反转控制线路操作技能训练评分表

序号	项目及技术要求	配分	评分标准	检测结果	扣分
1	工具、仪表及器材：型号、规格选用正确，仪表使用方法正确	10分	（1）工具、仪表少选或错选，每个扣2分 （2）电气元件选错型号和规格，每个扣4分		

续表

序号	项目及技术要求	配分	评分标准	检测结果	扣分
1	工具、仪表及器材：型号、规格选用正确，仪表使用方法正确	10分	（3）选错元件数量或型号规格没有写全，每个扣2分		
2	装前检查：认真、细心，无遗漏	5分	电气元件漏检或错检，每处扣1分		
3	安装布线：元件安装整齐、牢固；布线合理、美观；符合安全要求	30分	（1）电动机安装不符合要求，扣15分 （2）控制板安装不符合要求 1）电器布置不合理，扣5分 2）元件安装不牢固，每只扣4分 3）元件安装不整齐，不匀称、不合理，每只扣3分 4）损坏元件，扣15分 5）不按电路图接线，扣15分 6）布线不符合要求，每根扣3分 7）接点松动、露铜线过长、反圈等，每个扣1分 8）损伤导线绝缘层或线芯，每根扣5分 9）漏装或套错编码套管，每个扣1分		
4	通电试运行：正确连接电源、负载；出现故障能分析解决	20分	（1）热继电器未整定或整定错误，扣10分 （2）熔体规格选用不当，扣5分 （3）第一次试运行不成功，扣10分 第二次试运行不成功，扣15分 第三次试运行不成功，扣20分		
5	故障分析：思路清晰；分析方法得当；能逐步缩小故障范围	10分	（1）故障分析、排除故障思路不正确，每个扣5分 （2）标错电路故障范围，每个扣5分		
6	故障排除：工具、仪表使用正确；排除方法得当；能准确排除故障	15分	（1）停电不验电，扣5分 （2）工具及仪表使用不当，扣5~10分 （3）排除故障的顺序不对，每次扣4分 （4）不能查出故障点，每个扣10分 （5）查出故障点，但不能排除，每个扣5分 （6）产生新的故障： 不能排除，每个扣20分 已经排除，每个扣10分		

续表

序号	项目及技术要求	配分	评分标准	检测结果	扣分
6	故障排除：工具、仪表使用正确；排除方法得当；能准确排除故障	15 分	（7）损坏电动机，扣 20 分 （8）损坏电气元件，或排除故障方法不正确，每只（次）扣 5 ~ 20 分		
7	安全文明生产：劳动保护用品穿戴整齐，电工工具佩带齐全，遵守操作规程	10 分	违反安全文明生产规程考核要求的每 1 项扣 1 分，扣完为止		

练习题

1．下列几种正反转控制电路如图 1—6—4 所示。试分析各电路能否正常工作？若不能正常工作，试找出原因，并改正。

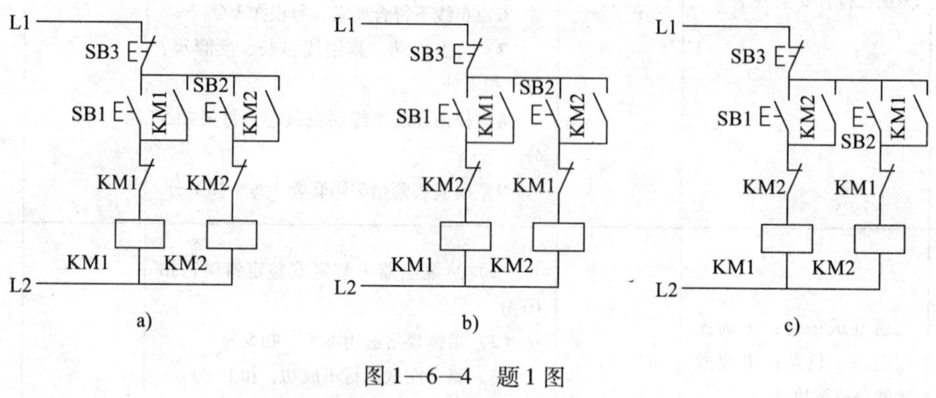

图 1—6—4　题 1 图

2．分析双重联锁正、反转控制线路的工作原理。

3．采用双重联锁电动机的正、反转控制线路有什么好处？

模块二　常用金属切削机床电气控制线路

课题一　CA6140 型普通车床电气控制线路

任务　装调检修 CA6140 型普通车床电气控制线路

能力目标

◇ 熟悉 CA6140 型车床的结构与电气控制原理。
◇ 会安装与调试 CA6140 型车床电气控制线路。
◇ 能检修 CA6140 型车床电气控制线路的常见故障。

任务引入

普通车床是一种应用极为广泛的金属切削机床，能够车削外圆、内圆、端面、螺纹、螺杆以及车削定型表面等，并可以装上钻头或铰刀进行钻孔和铰孔等加工。CA6140 型普通车床主要由床身、主轴箱、进给箱、溜板箱、刀架、丝杠、光杆、尾架等部分组成，如图 2—1—1 所示。它的运动形式及控制要求见表 2—1—1。本任务将学习 CA6140 型车床电气控制线路满足各种控制要求的方法，安装调试及常见故障的检修方法。

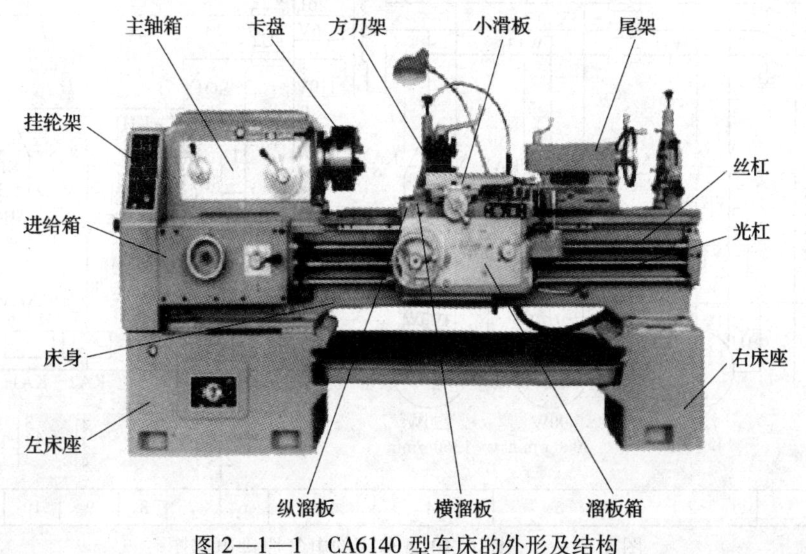

图 2—1—1　CA6140 型车床的外形及结构

表 2—1—1　　　　　　　**CA6140 型车床的运动形式及控制要求**

序号	运动种类	运动形式	控制要求
1	主运动	主轴通过卡盘或顶尖带动工件的旋转运动	（1）主轴电动机选用三相笼型异步电动机，不进行调速，主轴采用齿轮箱进行机械有级调速 （2）车削螺纹时，要求主轴有正、反转，一般由机械方法实现，主轴电动机只做单向旋转 （3）主轴电动机的容量不大，可采用直接启动
2	进给运动	刀架带动刀具的直线运动	进给运动由主轴电动机驱动，主轴电动机的动力通过挂轮箱传递给进给箱来实现刀具的纵向和横向进给。加工螺纹时，要求刀具移动和主轴转动有固定的比例关系
3	辅助运动	刀架的快速移动	由刀架快速移动电动机驱动，该电动机可直接启动，不需要正、反转和调速
		尾架的纵向移动	由手动操作控制
		工件的夹紧与放松	由手动操作控制
		加工过程的冷却	冷却泵电动机和主轴电动机要实现顺序控制，冷却泵电动机也不需要正、反转和调速

相关知识

一、CA6140 型车床的电气控制原理

CA6140 型车床的电气原理电路如图 2—1—2 所示。

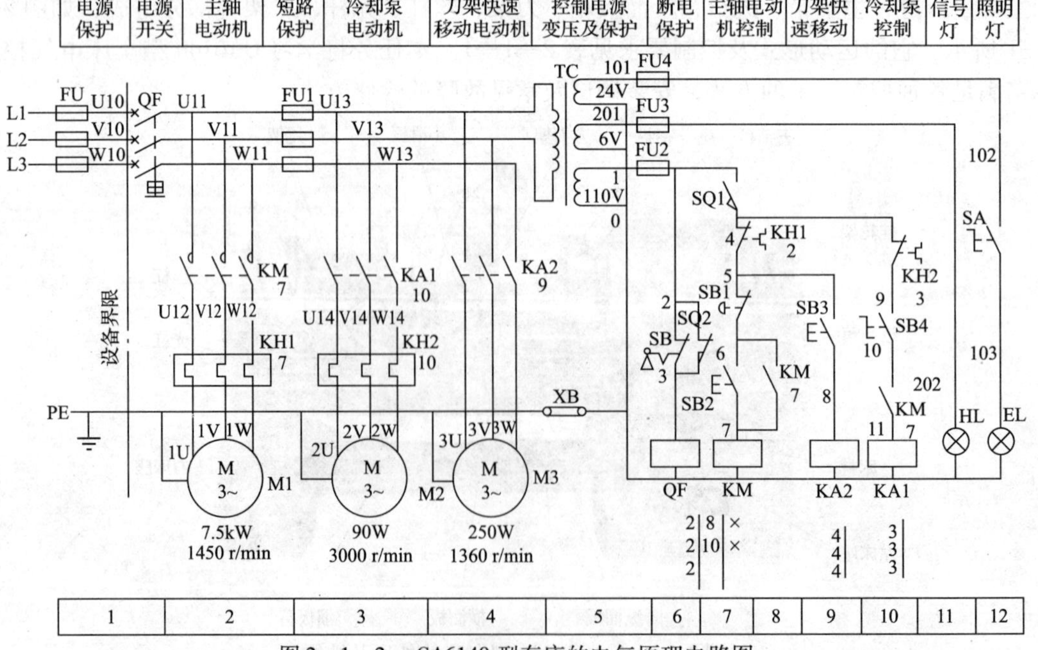

图 2—1—2　CA6140 型车床的电气原理电路图

二、CA6140 型车床的电气元件

CA6140 型车床的电气元件明细见表 2—1—2。

表 2—1—2　　CA6140 型车床的电气元件明细表

代号	名称	型号	规格	数量	用途
M1	主轴电动机	Y132M－4－B3	7.5 kW、1 450 r/min	1	主轴及进给传动
M2	冷却泵电动机	AOB－25	90 W、3 000 r/min	1	供冷却液
M3	快速移动电动机	AOS5634	250 W、1 360 r/min	1	刀架快速移动
KH1	热继电器	JR36－20/3	15.4 A	1	M1 过载保护
KH2	热继电器	JR36－20/3	0.32 A	1	M2 过载保护
KM	交流接触器	CJ10－20	线圈电压 110 V	1	控制 M1
KA1	中间继电器	JZ7－44	线圈电压 110 V	1	控制 M2
KA2	中间继电器	JZ7－44	线圈电压 110 V	1	控制 M3
SB1	按钮	LAY3－01ZS/1	660V、5A	1	停止 M1
SB2	按钮	LAY3－10/3	660V、5A	1	启动 M2
SB3	按钮	LA19－11	660V、5A	1	启动 M3
SB4	旋转开关	LAY3－10X/2	660V、5A	1	控制 M2
SB	旋转开关	LAY3－01Y/2	660V、5A	1	电源开关锁
SQ1、SQ2	行程开关	JWM6－11	380V、5A	1	断电保护
FU1	熔断器	BZ001	熔体 6 A		M2、M3 短路保护
FU2	熔断器	BZ001	熔体 1 A	1	控制电路短路保护
FU3	熔断器	BZ001	熔体 1 A	1	信号灯短路保护
FU4	熔断器	BZ001	熔体 1 A	1	照明电路短路保护
HL	信号灯	ZSD－0	6 V	1	电源指示
EL	照明灯	JC11	24 V	1	工作照明
QF	低压断路器	AM2－40	20 A	1	电源开关
TC	控制变压器	JBK2－100	380 V/110 V/24 V/6 V	1	控制电路电源

三、主电路分析

主电路共有三台电动机：M1 为主轴电动机，带动主轴旋转和刀架做进给运动；M2 为冷却泵电动机，用以输送切削液；M3 为刀架快速移动电动机。

将钥匙开关 SB 向右旋转，再扳动断路器 QF 将三相电源引入。主轴电动机 M1 由接触器 KM 控制，热继电器 KH1 作过载保护，熔断器 FU 作短路保护，接触器 KM 作欠压和失压保护。冷却泵电动机 M2 由中间继电器 KA1 控制，热继电器 KH2 作为它的过载保护。刀架快速移动电动机 M3 由中间继电器 KA2 控制，由于是点动控制，故未设过载保护。FU1 作为冷却泵电动机 M2、快速移动电动机 M3、控制变压器 TC 的短路保护。

四、控制电路分析

控制电路的电源由控制变压器 TC 二次侧输出 110 V 电压提供。在正常工作时，位置开关 SQ1 的常开触头闭合。打开床头传动带罩后，SQ1 断开，切断控制电路电源，以确保人身安全。钥匙开关 SB 和位置开关 SQ2 在正常工作时是断开的，QF 线圈不通电，断路器 QF 能合闸。当打开电气控制箱门时，SQ2 闭合，QF 线圈得电，断路器 QF 自动断开。

1．主轴电动机 M1 的控制

M1 的启动：按下 SB2，KM 线圈得电，KM 自锁触头闭合，KM 主触头闭合，主电动机 M1 启动运转。KM 辅助常开触头闭合，为 KA1 得电做准备。

M1 停止：按下 SB1，KM 线圈失电，KM 触头复位断开，M1 失电停转。

2．冷却泵电动机 M2 的控制

由于主轴电动机 M1 和冷却泵电动机 M2 在控制电路中采用顺序控制，所以，只有当主轴电动机 M1 启动后，即 KM 常开触头闭合，合上旋转开关 SB4，冷却泵电动机 M2 才能启动。当 M1 停止运行时，M2 自行停止。

3．刀架快速移动电动机 M3 的控制

刀架快速移动电动机 M3 的启动由安装在进给操作手柄的按钮 SB3 控制，它与中间继电器 KA2 组成点动控制线路。刀架移动方向（前、后、左、右）的改变，是由进给操作手柄控制机械装置实现的。如需要快速移动，按下 SB3 即可。

4．照明控制与电源指示

控制变压器 TC 的二次侧分别输出 24 V 和 6 V 电压，作为车床低压照明灯和信号灯的电源。EL 作为车床的低压照明灯，由开关 SA 控制；HL 为电源信号灯。它们分别由 FU3 和 FU4 作为短路保护。

任务实施

一、CA6140 型车床电气控制线路的安装与调试

1．工具、器材准备

主要实训工具及器材见表 2—1—3。

表 2—1—3　　主要实训工具及器材

序号	名称	数量	序号	名称	数量
1	电工通用工具	1 套	12	按钮	3 只
2	万用表	1 块	13	旋转开关	2 只
3	500 V 兆欧表	1 块	14	行程开关	2 只
4	钳形电流表	1 块	15	控制变压器	1 只
5	配线板	1 块	16	信号灯	1 只
6	三相异步交流电动机	3 台	17	端子排	1 条
7	低压断路器	1 只	18	导轨	若干
8	熔断器	5 只	19	导线	若干
9	交流接触器	1 只	20	号码套管	若干
10	中间继电器	2 只	21	行线槽	若干
11	热继电器	2 只	22	紧固螺栓	若干

2．安装与调试

（1）电器位置图和接线图

CA6140 车床的电器位置图如图 2—1—3 所示，位置代号索引见表 2—1—4，接线图如图 2—1—4 所示。

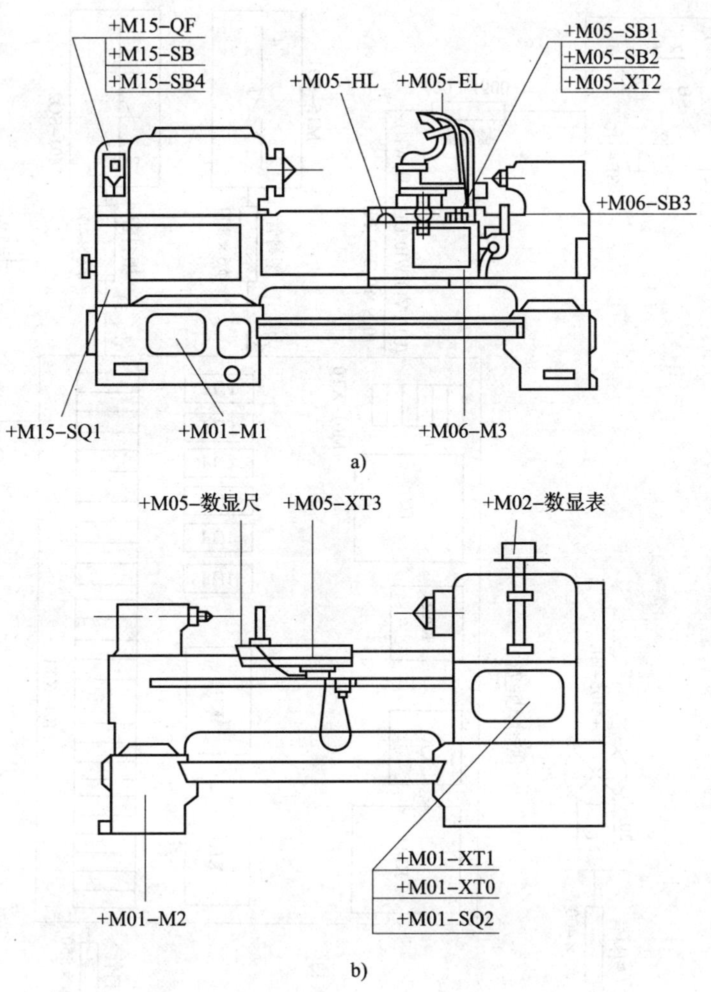

图 2—1—3　CA6140 型车床的电器位置图

表 2—1—4　　位置代号索引见表

序号	部件名称	代号	安装的元件
1	床身底座	+ M01	M1、M2、XT0、XT1、SQ2
2	床鞍	+ M05	HL、EL、SB1、XT2、XT3、数显尺
3	溜板	+ M06	M3、SB3
4	传动带罩	+ M15	QF、SB、SB4、SQ1
5	床头	+ M02	数显表

（2）CA6140 车床电气控制线路的安装与调试步骤及工艺要求

CA6140 车床电气控制线路的安装与调试步骤及工艺要求见表 2—1—5。

（3）注意事项

1）电动机和线路的接地要符合要求。严禁采用金属软管作为接地通道。

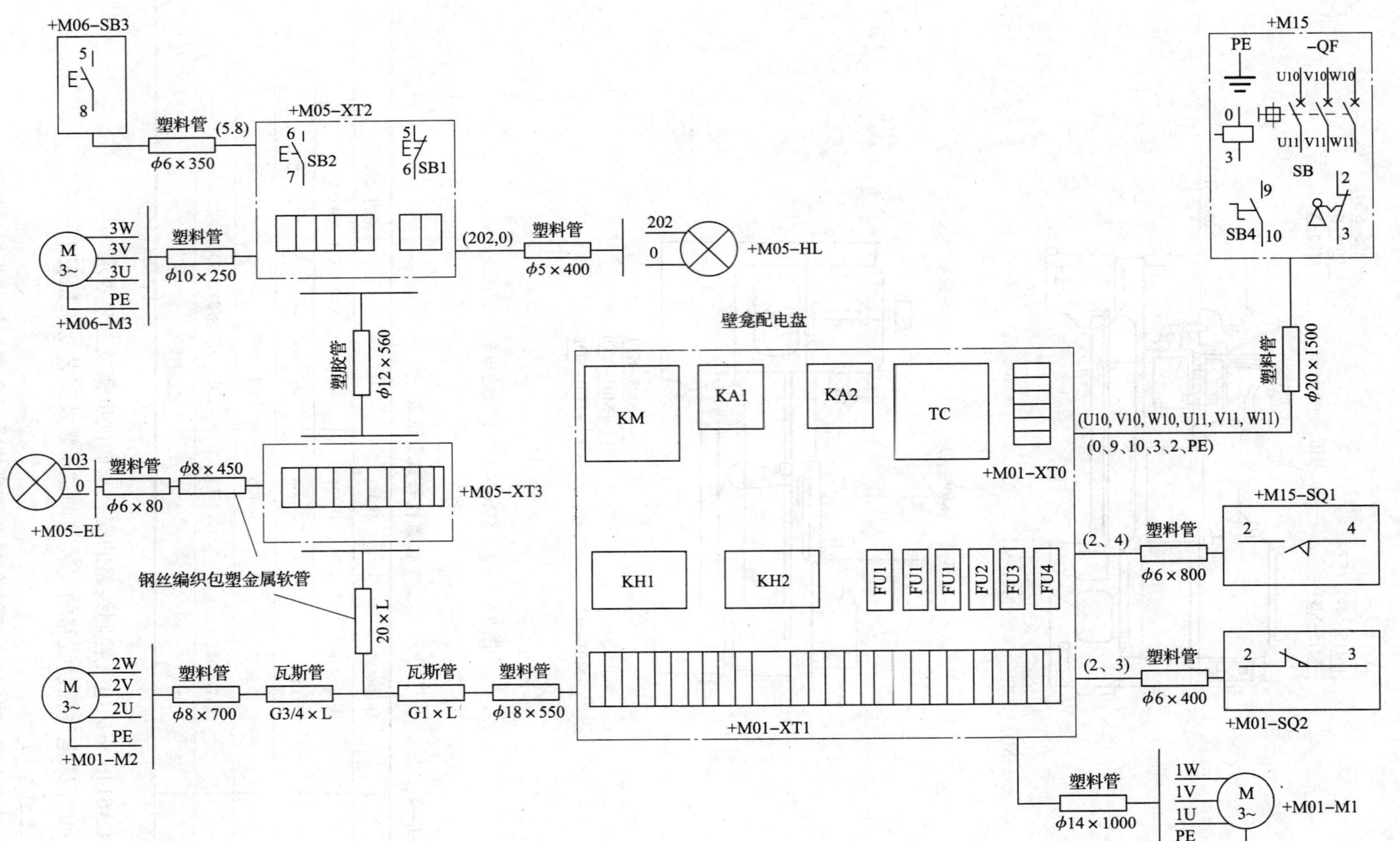

图2—1—4　CA6140型车床的接线图

表 2—1—5　　CA6140 型车床电气控制线路的安装与调试步骤及工艺要求

序号	安装步骤	工艺要求
1	选配并检验电气设备和元件	（1）配齐电气设备和元件，并逐个检验其规格和质量 （2）根据电动机的容量、线路走向及要求和各元件的安装尺寸，正确选配导线的规格、导线通道类型和数量、接线端子板型号及节数、控制板、管夹、束节、紧固件等
2	在控制面板上安装电气元件和走线槽，并在各电气元件附近做好与电路图上相同代号的标记	安装走线时，应做到横平竖直、排列整齐匀称、安装牢固、便于安装维护等
3	在控制板上进行板前线槽配线，并在导线端部套编码套管	按板前线槽配线的工艺要求进行
4	进行控制面板外元件固定和布线	（1）选择合理的导线走向，固定导线通道 （2）进行控制箱外部布线，并在导线线头上套装与电路图相同线号的编码套管。对于可移动的导线通道应放适当的余量 （3）按规定在通道内放好备用导线
5	自检	（1）检查电路的接线是否正确和接地通道是否具有连续性 （2）检查热继电器的整定值和各级熔断器的熔体是否符合要求 （3）检查电动机及线路的绝缘电阻 （4）检查电动机的安装是否牢固，与生产机械传动装置的连接是否可靠 （5）清理安装场地
6	通电试运行	（1）接通电源开关，点动控制各电动机，以检查各电动机的转向是否符合要求 （2）通电空转实验时，应认真观察各电气元件、线路、电动机及传动装置的工作情况是否正常。如不正常，应立即切断电源进行检查，在调整或修复后方能再次通电试车

2）在控制箱外部进行接线时，导线必须穿在导线通道中或铺设在机床底座内的导线通道里，导线的中间不允许有接头。

3）在进行快速进给时，要注意将运动部件置于行程的中间位置，以防运动部件与车头或尾架相撞。

4）试车时，要先合上电源开关，后按启动按钮；停车时，要先按停止按钮，后断电源开关。

5）严格遵守安全操作规程。

评分标准

表 2—1—6　　CA6140 型车床电气控制线路安装与调试操作技能训练评分表

序号	项目及技术要求	配分	评分标准	检测结果	扣分
1	工具、仪表及器材：型号、规格选用正确，仪表使用方法正确	10 分	（1）工具、仪表少选或错选，每个扣 2 分 （2）电气元件选错型号和规格，每个扣 4 分 （3）选错元件数量或型号规格没有写全，每个扣 2 分		
2	装前检查：认真、细心，无遗漏	5 分	电气元件漏检或错检，每处扣 1 分		
3	安装布线：元件安装整齐、牢固，布线合理、美观，符合安全要求	40 分	（1）电动机安装不符合要求，扣 15 分 （2）控制板安装不符合要求，扣 5 分 （3）电器布置不合理，每只扣 4 分 （4）元件安装不牢固，每只扣 3 分 （5）元件安装不整齐，不匀称、不合理，每只扣 2 分 （6）损坏元件，扣 15 分 （7）不按电路图接线，扣 15 分 （8）布线不符合要求，每根扣 3 分 （9）接点松动、露铜线过长、反圈等，每个扣 1 分 （10）损伤导线绝缘层或线芯，每根扣 5 分 （11）漏装或套错编码套管，每个扣 1 分		
4	通电试运行：正确连接电源、负载，出现故障能分析解决	35 分	（1）热继电器未整定或整定错误，扣 10 分 （2）熔体规格选用不当，扣 5 分 （3）第一次试运行不成功，扣 10 分 第二次试运行不成功，扣 15 分 第三次试运行不成功，扣 20 分		
5	安全文明生产：劳动保护用品穿戴整齐，电工工具佩带齐全，遵守操作规程	10 分	违反安全文明生产规程考核要求的每 1 项扣 1 分，扣完为止		

二、CA6140 型车床电气控制线路的检修

1. 工具、器材准备

主要实训工具及器材见表 2—1—7。

表 2—1—7　　主要实训工具及器材

序号	名称	数量	序号	名称	数量
1	电工通用工具	1 套	4	钳形电流表	1 块
2	万用表	1 块	5	CA6140 型车床配电板	1 块
3	500 V 兆欧表	1 块			

2. 常见电气故障检修

（1）主轴电动机不能启动故障的检修方法和步骤

合上电源开关 QF，按下启动按钮 SB2，电动机 M1 不启动，此时首先要检查接触器 KM 是否吸合，若 KM 吸合，则故障必然发生在主电路，按图 2—1—5 所示的流程图检修。

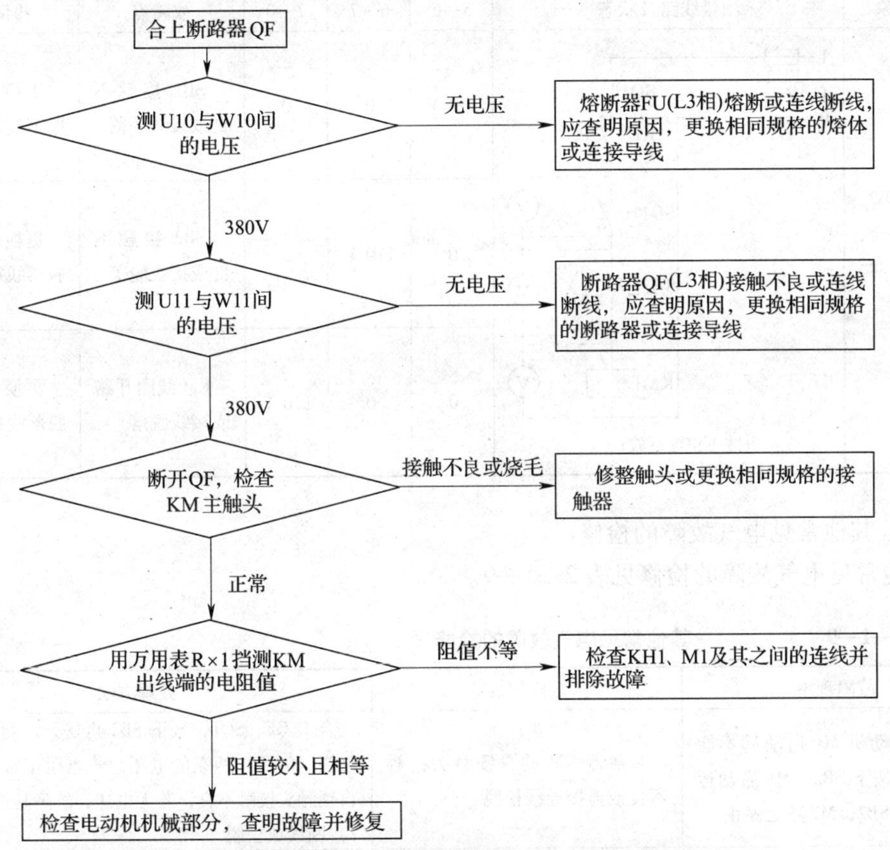

图 2—1—5　主轴电动机不能启动的故障检修流程图

若接触器 KM 不吸合，按图 2—1—6 所示的流程图检修。

电压测量法检修电路故障见表 2—1—8。

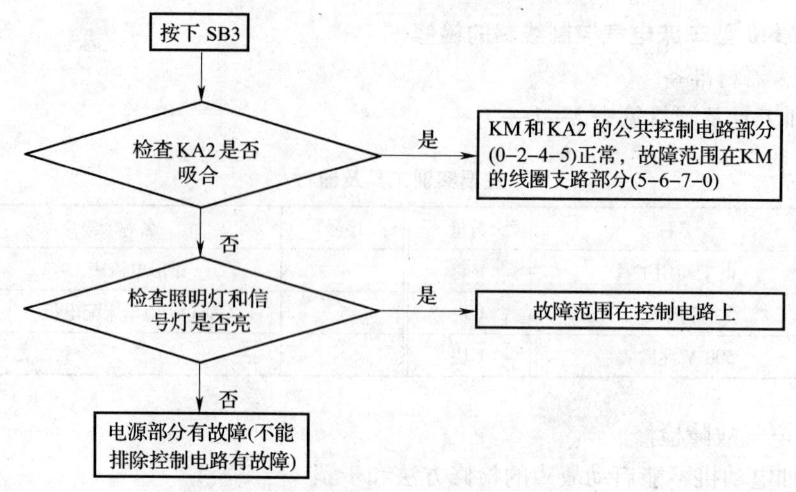

图 2—1—6　接触器 KM 不吸合故障的检修流程图

表 2—1—8　　　　电压测量法检修电路故障

故障现象	测量线路及状态	5—6	6—7	7—0	故障点	排除方法
按下 SB2，KM 不吸合，按下 SB3 时，KA2 吸合	1 FU2 2 110V 0 SQ1 4 KH1 5 SB1 6 SB2 KM 7 KM V (按下SB2不放)	110 V	0	0	SB1 接触不良或接线脱落	更换 SB1 或将脱落线接好
		0	110 V	0	SB2 接触不良或接线脱落	更换 SB2 或将脱落线接好
		0	0	110 V	KM 线圈开路或接线脱落	更换线圈或将脱落线接好

（2）其他常见电气故障的检修

其他常见电气故障的检修见表 2—1—9。

表 2—1—9　　　　其他常见电气故障的检修

故障现象	故障原因	处理方法
主轴电动机 M1 启动后不能自锁，即按下 SB2，M1 启动运转，松开 SB2，M1 随之停止	接触器 KM 的自锁触头接触不良或连接导线松脱	合上 QF、SQ1，按下 SB2 再松开，测 KM 自锁触头（6—7）两端的电压，若电压正常，故障是自锁触头接触不良，若无电压，故障是连线（6—7）断线或松脱
主轴电动机 M1 不能停止	KM 主触头熔焊；停止按钮 SB1 被击穿或线路中 5—6 两点连接导线短路；KM 铁心端面被油垢粘牢不能脱开	断开 QF，若 KM 释放，说明故障是停止按钮 SB1 被击穿或导线短路；若 KM 过一段时间释放，则故障为铁心端面被油垢粘牢
主轴电动机运行中停车	热继电器 KH1 动作	找出 KH1 动作的原因，排除后使其复位

评分标准

评分标准见表2—1—10。

表2—1—10　　CA6140型车床电气控制线路检修操作技能训练评分表

序号	项目及技术要求	配分	评分标准	检测结果	扣分
1	故障分析：思路清晰，方法得当，能逐步缩小故障范围	30分	（1）故障分析、排除故障思路不正确，每个扣5～10分 （2）不能标出最小故障范围，每个扣15分		
2	排除故障：工具、仪表使用正确，方法得当，能准确排除故障	60分	（1）断电不验电，每次扣5分 （2）工具及仪表使用不当，每次扣5分 （3）检查故障的方法不正确，扣20分 （4）排除故障的方法不正确，扣20分 （5）不能排除故障点，每个扣30分 （6）扩大故障范围或产生新的故障点，每个扣40分 （7）损坏电气元件每只扣20～40分 （8）排除故障后，通电时试车不成功，扣50分		
3	安全文明生产：劳动保护用品穿戴整齐，电工工具佩带齐全，遵守操作规程	10分	违反安全文明生产规程考核要求的每1项扣1分，扣完为止		

练习题

1. CA6140型车床电气控制线路中有几台电动机？它们的作用是什么？

2. CA6140型车床中，若主轴电动机M1只能点动，则可能的原因有哪些？在此情况下，冷却泵电动机能否正常工作？

3. CA6140型车床的主轴电动机运行中自动停车后，操作者立即按下启动按钮，但电动机不能启动，试分析故障原因。

知识链接

一、工业机械电气设备维修的一般要求

1. 采取的维修步骤和方法必须正确，切实可行。
2. 不可损坏完好的电气元件。
3. 不可随意更换电气元件及连接导线的型号规格。

4．不可擅自改动线路。

5．损坏的电气装置应尽量修复使用，但不能降低其原有的性能。

6．电气设备的各种保护性能必须满足使用要求。

7．绝缘电阻合格，通电试车能满足电路的各种功能，控制环节的动作程序符合要求。

8．修理后的电器装置必须满足其质量标准要求。

二、电器装置的检修质量标准

1．外观整洁，无破损和炭化现象。

2．所有的触头均应完整、光洁、接触良好。

3．压力弹簧和反作用力弹簧应具备足够的弹力。

4．操作、复位机构都必须灵活可靠。

5．各种衔铁运动灵活，无卡阻现象。

6．灭弧罩完整、清洁，安装牢固。

7．整定数值大小应符合电路使用要求。

8．指示装置能正常发出信号。

三、工业机械电气设备维护保养

1．日常维护保养

（1）电气柜（配电箱）的门、盖、锁及耐油密封垫均应良好。

（2）操纵台上的所有操作按钮、主令开关的手柄均应清洁完好。

（3）检查接触器、继电器等电器的触头系统吸合是否良好。

（4）试验门开关能否起保护作用。

（5）检查各电器的操作机构是否灵活可靠。

（6）检查各线路接头与端子板的接头是否牢固。

（7）检查电气柜及导线通道的散热情况是否良好。

（8）检查各类指示信号装置和照明装置是否完好。

（9）检查电气设备和生产机械上所有裸露导体是否保护接地。

2．周期性维护保养

电气设备周期性维护保养见表2—1—11。

表2—1—11　　　电气设备周期性维护保养

保养级别	保养周期	机床作业时间	电气设备保养内容
一级保养	一季度左右	每天6～12 h	（1）清扫配电箱内的积灰异物 （2）修复或更换即将损坏的电气元件 （3）整理内部接线，使之整齐美观。特别是在应急修理处，应尽量复原成正规状态 （4）紧固熔断器的可动部分，使之接触良好 （5）紧固接线端子和电气元件上的压线螺钉，使所有压接线头牢固可靠，以减小接触电阻 （6）对电动机进行小修和中修检查 （7）通电试车，使电气元件的动作程序正确可靠

续表

保养级别	保养周期	机床作业时间	电气设备保养内容
二级保养	一年左右	每周 3 ~ 6 d	（1）机床一级保养时，对机床电器所进行的各项维护保养工作 （2）检修动作频繁且电流较大的接触器和继电器的触头 （3）检修有明显噪声的接触器和继电器 （4）校验热继电器，看其是否能正常工作。校验结果应符合热继电器的动作特性 （5）校验时间继电器，看其延时时间是否符合要求

课题二　T68 型镗床电气控制线路

任务　检修 T68 型镗床电气控制线路

能力目标

◇ 理解 T68 型镗床的结构与电气控制原理。

◇ 能检修 T68 型镗床电气控制的常见故障。

任务引入

一台 T68 型镗床在大修过程中，电气控制系统经过检测、修理、更换、重新安装接线，到了调试阶段机床出现主轴电动机不能正常启动、快速移动电路等故障，本任务将介绍这些故障的检修方法。

相关知识

普通镗床分为卧式镗床和坐标镗床两大类，以卧式镗床应用最多。卧式镗床能进行钻孔、镗孔、铰孔及加工平面和圆柱表面等操作，若装上铣刀还能进行铣削加工，是一种多用途的金属切削机床。T68 型卧式镗床的外形及结构如图 2—2—1 所示。

一、T68 型镗床的运动形式与控制要求

1．T68 型镗床的运动形式

T68 型镗床的运动形式如图 2—2—2 所示。

（1）主运动

镗杆（主轴）旋转或平旋盘（花盘）旋转。

（2）进给运动

主轴轴向（进、出）移动、主轴箱（镗头架）的垂直（上、下）移动、花盘刀具溜板的径向移动、工作台的纵向（前、后）和横向（左、右）移动。

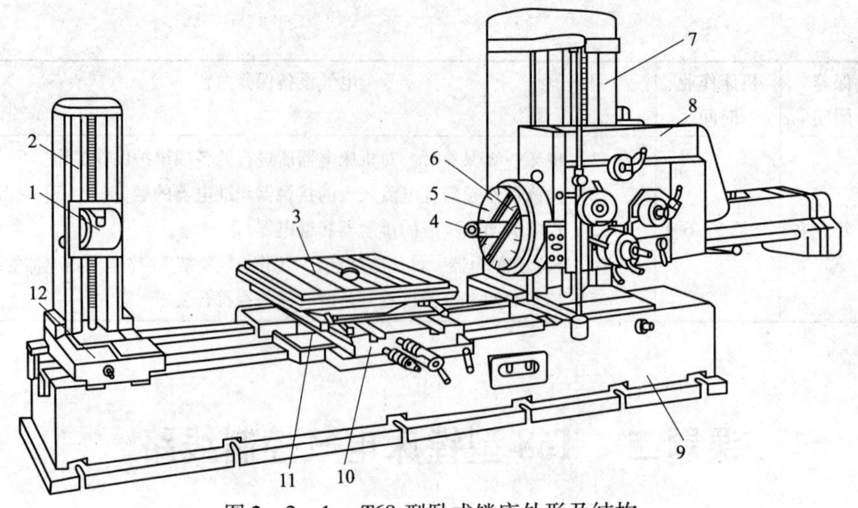

图 2—2—1　T68 型卧式镗床外形及结构

1—尾架　2—后立柱　3—工作台　4—镗轴　5—平旋盘　6—径向刀具溜板
7—前立柱　8—主轴箱　9—床身　10—下滑座　11—上滑座　12—后立柱底座

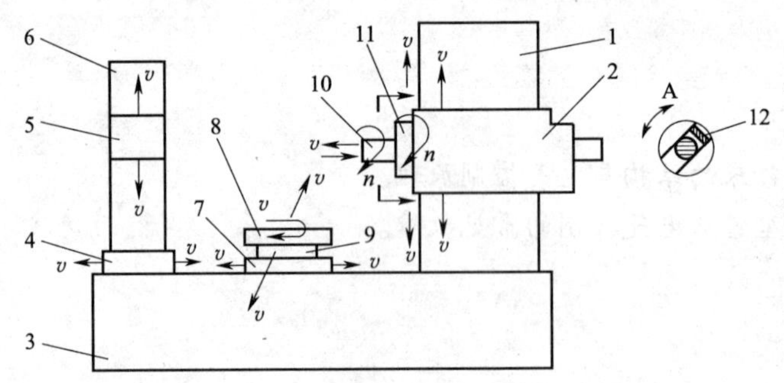

图 2—2—2　T68 型镗床的运动形式

1—前立柱　2—主轴箱　3—床身　4—后主柱底座　5—尾架　6—后主柱　7—下滑座
8—工作台　9—上滑座　10—镗轴　11—平旋盘　12—径向刀具溜板

（3）辅助运动

有工作台的旋转运动、后立柱的水平移动和尾架垂直移动。

主体运动和各种常速进给由主轴电动机 1M 驱动，各部分的快速进给运动由快速进给电动机 2M 驱动。

2. T68 型镗床的控制要求

（1）为适应各种加工的加工工艺，主轴应有较大的调速范围，多采用交流电动机驱动的滑移齿轮有级变速系统。采用双速电动机，定子绕组的接法为三角形—双星形。

（2）为防止滑移齿轮变速时产生顶齿现象，要求主轴系统变速时应作低速断续冲动。

（3）为实现加工过程中调速，主轴正反转应能点动调速，可通过主轴电动机低速正反转实现。

（4）主轴电动机采用反接制动。

（5）由于进给部件多，快速进给由另一台电动机驱动。

二、T68 型镗床的电气控制电路图与电气元件明细表

1. T68 型镗床的电气控制电路图

T68 型镗床的电气控制电路图如图 2—2—3 所示。

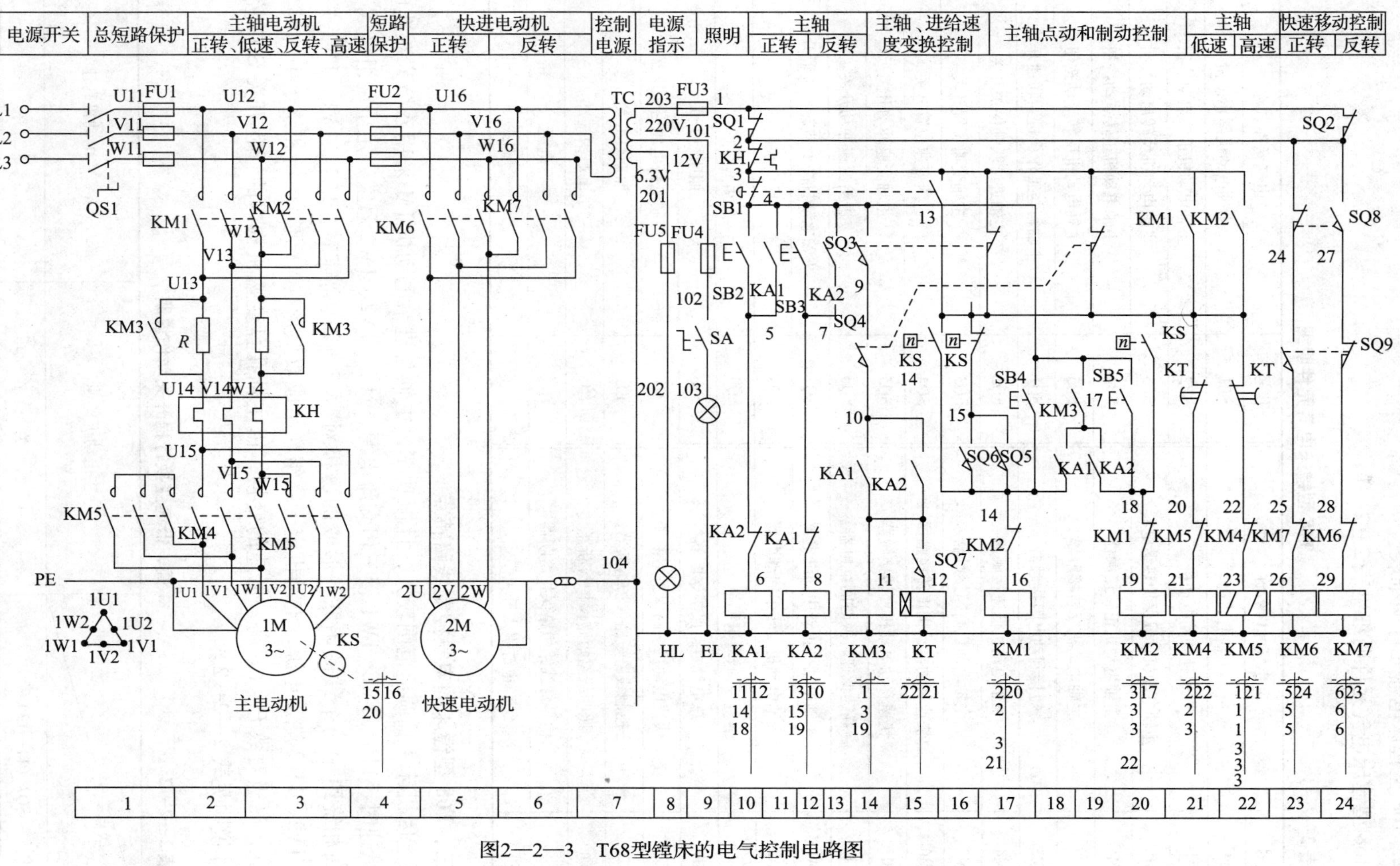

图2—2—3 T68型镗床的电气控制电路图

2. T68 型镗床电器元件明细表

T68 型镗床电气元件明细见表 2—2—1。

表 2—2—1　　T68 型镗床电气元件明细

代号	电气元件名称	代号	电气元件名称
1M	主轴电动机	SB1	主轴电动机停止按钮
2M	快速移动电动机	SB2	主轴电动机正转启动按钮
KH	主轴电动机过载保护热继电器	SB3	主轴电动机反转启动按钮
KM1	主轴电动机正转接触器	SB4	主轴电动机正转点动按钮
KM2	主轴电动机反转接触器	SB5	主轴电动机反转点动按钮
KM3	短接制动电阻接触器	SQ1	主轴箱与工作台进给联锁开关
KM4	主轴电动机低速接触器	SQ2	主轴进给联锁保护开关
KM5	主轴电动机高速接触器	SQ3	主轴变速位置开关
KM6	快速移动电动机正转接触器	SQ4	进给变速位置开关
KM7	快速移动电动机反转接触器	SQ5	主轴变速冲动开关
KT	高速低速转换时间继电器	SQ6	进给变速冲动开关
KA1	主轴电动机正转中间继电器	SQ7	主轴电动机高低速转换位置开关
KA2	主轴电动机反转中间继电器	SQ8	反向快进开关
KS	转速继电器	SQ9	正向快进开关
FU1	总电源短路保护熔断器	SA	照明灯开关
FU2	快速电动机短路保护熔断器	TC	控制电路电源用变压器
FU3	控制线路短路保护熔断器	EL	照明灯开关
FU4	照明线路短路保护熔断器	HL	电源指示灯
FU5	信号灯线路短路保护熔断器	R	电阻
QS1	电源引入开关		

三、T68 型镗床的电气控制线路特点

1. 因机床主轴调速范围较大，且恒功率，主轴与进给电动机 1M 采用△/YY 双速电动机。低速时，1U1、1V1、1W1 接三相交流电源，1U2、1V2、1W2 悬空，定子绕组接成三角形，每相绕组中两个线圈串联，形成的磁极对数 $P=2$；高速时，1U1、1V1、1W1 短接，1U2、1V2、1W2 端接电源，电动机定子绕组联结成双星形（YY 形），每相绕组中的两个线圈并联，磁极对数 $P=1$。高、低速的变换，由主轴孔盘变速机构内的行程开关 SQ7 控制，其动作说明见表 2—2—2。

表 2—2—2　　高、低速变换行程开关动作说明

触点＼位置	主电动机低速	主电动机高速
SQ7（11—12）	关	开

2. 主电动机1M可正、反转连续运行，也可点动控制，点动时为低速。主轴要求快速准确制动，故采用反接制动，控制电器采用速度继电器。为限制主电动机的启动和制动电流，在点动和制动时，定子绕组串入电阻R。

3. 主电动机低速时直接启动。高速运行时，由低速启动延时后再自动转成高速运行，以减小启动电流。

4. 在主轴变速或进给变速时，主电动机需要缓慢转动，以保证变速齿轮进入良好啮合状态。主轴和进给变速均可在运行中进行，变速操作时，主电动机便作低速断续冲动，变速完成后又恢复运行。主轴变速时，电动机的缓慢转动是由行程开关SQ3和SQ5完成，进给变速，由行程开关SQ4和SQ6以及速度继电器KS共同完成。其行程开关动作说明见表2—2—3。

表2—2—3　　主轴变速和进给变速时行程开关动作说明

位置 / 触点	变速孔盘拉出（变速时）	变速后变速孔盘推回	位置 / 触点	变速孔盘拉出（变速时）	变速后变速孔盘推回
SQ3（4—9）	-	+	SQ4（9—10）	-	+
SQ3（3—13）	+	-	SQ4（3—13）	+	-
SQ5（15—14）	+	-	SQ6（15—14）	+	-

注：表中“+”表示接通；“-”表示断开。

四、T68型镗床的电气控制原理分析

1. 主电动机的启动控制

（1）主电动机的点动控制

主电动机可正向点动和反向点动，分别由按钮SB4和SB5控制。按SB4接触器KM1线圈通电吸合，KM1的辅助常开触点闭合，使接触器KM4线圈通电吸合，三相电源经KM1的主触点，电阻R和KM4的主触点接通主电动机1M的定子绕组，接法为三角形，电动机低速正向运转。松开SB4，主电动机断电停止。

反向点动与正向点动过程相似，由按钮SB5、接触器KM2、KM4来控制。

（2）主电动机的正、反转控制

当要求主电动机正向低速运行时，行程开关SQ7的触点（11—12）处于断开位置，主轴变速和进给变速用行程开关SQ3（4—9）、SQ4（9—10）均为闭合状态。按SB2，中间继电器KA1线圈通电吸合，它有三对常开触点，KA1常开触点（4—5）闭合自锁；KA1常开触点（10—11）闭合，接触器KM3线圈通电吸合，KM3主触点闭合，电阻R短接；KA1常开触点（17—14）闭合和KM3的辅助常开触点（4—17）闭合，使接触器KM1线圈通电吸合，并将KM1线圈自锁。KM1的辅助常开触点（3—13）闭合，接通主电动机低速用接触器KM4线圈，使其通电吸合。由于接触器KM1、KM3、KM4的主触点均闭合，故主电动机在全电压、定子绕组三角形联结下直接启动，低速运行。

当要求主电动机为高速运行时，行程开关SQ7的触点（11—12）、SQ3（4—9）、SQ4（9—10）均处于闭合状态。按SB2后，一方面KA1、KM3、KM1、KM4的线圈相继通电吸合，使主电动机在低速下直接启动；另一方面由于SQ7（11—12）的闭合，使时间继电器KT（通电延时式）线圈通电吸合，经延时后，KT的通电延时断开的常闭触点（13—20）断

开，KM4 线圈断电，主电动机的定子绕组脱离三相电源，而 KT 的通电延时闭合的常开触点（13—22）闭合，使接触器 KM5 线圈通电吸合，KM5 的主触点闭合，将主电动机的定子绕组接成双星形后，重新接到三相电源，故从低速启动转为高速运行。

主电动机的反向低速或高速的启动运行过程与正向启动运行过程相似，由按钮 SB3，中间继电器 KA2，接触器 KM3、KM2、KM4、KM5 和时间继电器 KT 来控制。

2. 主电动机的反接制动的控制

当主电动机正转时，速度继电器 KS 正转，常开触点 KS（13—18）闭合，而正转的常闭触点 KS（13—15）断开。主电动机反转时，KS 反转，常开触点 KS（13—14）闭合，为主电动机正转或反转停止时的反接制动做准备。按停止按钮 SB1 后，主电动机的电源反接，迅速制动，转速降至速度继电器的复位转速时，其常开触点断开，自动切断三相电源，主电动机停转。反接制动过程如下：

（1）主电动机低速正转

KA1、KM1、KM3、KM4 的线圈通电吸合，KS 的常开触点 KS（13—18）闭合。按 SB1，SB1 的常闭触点（3—4）先断开，使 KA1、KM3 线圈断电，KA1 的常开触点（17—14）断开，又使 KM1 线圈断电，一方面使 KM1 的主触点断开，主电动机脱离三相电源，另一方面使 KM1（3—13）分断，使 KM4 断电；SB1 的常开触点（3—13）随后闭合，使 KM4 重新吸合，此时主电动机由于惯性转速还很高，KS（13—18）仍闭合，故使 KM2 线圈通电吸合并自锁，KM2 的主触点闭合，使三相电源反接后经电阻 R、KM4 的主触点接到主电动机定子绕组，进行反接制动。当转速接近零时，KS 正转常开触点 KS（13—18）断开，KM2 线圈断电，反接制动完毕。

（2）主电动机低速反转

KA2、KM2、KM3、KM4 的线圈通电吸合，KS 的常开触点 KS（13—14）闭合。按主电动机停止按钮 SB1，SB1 的常闭触点（3—4）先断开，使 KA2、KM3 线圈断电，KA2 的常开触点（17—18）断开，又使 KM2 线圈断电，主电动机脱离三相电源，另因 KM2（3—13）分断，使 KM4 断电；SB1 的常开触点（3—13）随后闭合，使 KM4 重新吸合，此时主电动机因惯性作用转速较高，KS（13—14）仍闭合，故 KM1 线圈通电吸合并自锁，KM1 的主触点闭合，使三相电源经电阻 R、KM4 的主触点接到主电动机定子绕组，进行反接制动。当转速接近零时，KS 反转常开触点 KS（13—14）断开，KM1 线圈断电，反接制动完毕。

（3）主电动机工作在高速正转及高速反转时的反接制动

其制动过程读者可仿上述自行分析。

3. 主轴或进给变速时主电动机的缓慢转动控制

主轴或进给变速既可以在停车时进行，又可以在镗床运行中变速。为使变速齿轮更好的啮合，可接通主电动机的缓慢转动控制电路。

当主轴变速时，将变速孔盘拉出，行程开关 SQ3 常开触点 SQ3（4—9）断开，接触器 KM3 线圈断电，主电路中接入电阻 R，KM3 的辅助常开触点（4—17）断开，使 K1 线圈断电，因此镗床可以在运行中变速。旋转变速孔盘，选好所需的转速后，将孔盘推入。在此过程中，若滑移齿轮的齿和固定齿轮的齿发生顶撞时，则孔盘不能推回原位，行程开关 SQ3、SQ5 的常闭触点 SQ3（3—13）、SQ5（15—14）闭合，接触器 KM1、KM4 线圈通电吸合，主电动机经电阻 R 在低速下正向启动，接通瞬时点动电路。主电动机转速达某一转速时，速度继电器 KS 正转常闭触点 KS（13—15）断开，接触器 KM1 线圈断电，而 KS 正转常开触点 KS（13—18）闭合，使 KM2 线圈通电吸合，主电动机反接制动。当转速降到 KS 的复位转速后，则 KS 常闭触点 KS（13—15）又闭合，常开触点 KS（13—18）又断开，重复上述过程。这种间歇的启动、制动，使主电动机缓慢旋转，以利于齿轮的啮合。若孔盘退回原位，则 SQ3、SQ5 的常闭触点 SQ3（3—13）、SQ5（15—14）断开，SQ3 的常开触点 SQ3（4—9）闭合，使 KM3 线圈通电吸合，其常开触点（4—17）闭合，又使 KM1 线圈通电吸合，主电动机重新启动。

进给变速时的缓慢转动控制过程与主轴变速相同，不同的是行程开关为 SQ4、SQ6。

4. 主轴箱、工作台或主轴的快速移动

该镗床各部件的快速移动，由快速手柄操纵快速移动电动机 2M 驱动完成。当快速手柄扳向正向快速位置时，行程开关 SQ9 被压动，接触器 KM6 线圈通电吸合，快速移动电动机 2M 正转。同理，当快速手柄扳向反向快速位置时，行程开关 SQ8 被压动，KM7 线圈通电吸合，2M 反转。

5. 主轴进刀与开作台联锁

为防止主轴和工作台同时机动进给，由行程开关 SQ1、SQ2 实现联锁。

任务实施

一、工具、器材准备

主要实训工具及器材见表 2—2—4。

表 2—2—4　　主要实训工具及器材

序号	名称	数量	序号	名称	数量
1	电工通用工具	1 套	4	钳形电流表	1 块
2	万用表	1 块	5	T68 型镗床配电板	1 块
3	500 V 兆欧表	1 块			

二、常见电气故障检修

1. 主轴电动机不能启动

（1）一个方向能启动，而另一个方向不能启动

主要是由于不能启动方向的按钮或接触器的主触点接触不良，以及线圈断路或连接导线松脱所致。

（2）低速能启动但高速不能启动

由于时间继电器 KT 失灵，它的延时闭合触点接触不良；若是线圈不通，则在高速下，接触器 KM5 不能动作，使电动机定子绕组接法不能转换。

2. 双速电动机电源进线接错

这种故障常在机床安装接线后进行调试时产生。故障现象有两种：一是电动机不能启动，发出缺相运行时的“嗡嗡”声且熔体熔断；二是电动机高速运行时的转向与低速时相反。产生上述故障的常见原因是，前者误将电动机接线端子 1U1、1V1、1W1 与线端 1U2、1V2、1W2 互换；而后者是误将三相电源在高速和低速运行时，都接成同相序所致。

3．快速移动电路故障

这部分电路较简单，主要检查位置开关 SQ8、SQ9 和 KM6、KM7 两个接触器的触点及线圈是否完好。

评分标准

评分标准见表 2—2—5。

表 2—2—5　　**T68 型镗床电气控制线路检修操作技能训练评分表**

序号	项目及技术要求	配分	评分标准	检测结果	扣分
1	故障分析：思路清晰，方法得当，能逐步缩小故障范围	30 分	（1）故障分析、排除故障思路不正确，每个扣 5～10 分 （2）不能标出最小故障范围，每个扣 15 分		
2	排除故障：工具、仪表使用正确，方法得当，能准确排除故障	60 分	（1）断电不验电每个扣 5 分 （2）工具及仪表使用不当，每次扣 5 分 （3）检查故障的方法不正确，扣 20 分 （4）排除故障的方法不正确，扣 20 分 （5）能排除故障点，每个扣 30 分 （6）扩大故障范围或产生新的故障点，每个扣 40 分 （7）损坏电气元件，每只扣 20～40 分 （8）排除故障后，通电时试车不成功，扣 50 分		
3	安全文明生产：劳动保护用品穿戴整齐，电工工具佩戴齐全，遵守操作规程	10 分	违反安全文明生产规程考核要求的每 1 项扣 1 分，扣完为止		

练习题

1．T68 型卧式镗床主电动机电气控制具有什么特点？

2．T68 型卧式镗床电气控制具有哪些控制特点？

3．T68 型卧式镗床的运动形式有哪些？

4．T68 型卧式镗床电气控制电路中，设有哪些联锁与保护环节？

知识链接

一、变极调速

1．调速原理

变极调速是根据 $n_1 = \frac{60f_1}{p}$，改变定子绕组极对数 p，来改变同步转速 n_1。由于异步电动机正常运行时，转差率 s 很小，根据 $n=(1-s)n_1$，电动机的转速与同步转速接近，改变同步转速 n_1 就可达到改变电动机转速 n 的目的。这种调速方法的特点是只能按极对数的倍数改变转速。

定子极对数的改变通常是通过改变定子绕组的连接方法来实现的，由于笼型电动机的定子绕组极对数改变时，转子极对数能自动地改变，始终保持 $p_2=p_1$，所以这种方法一般只能用于笼型异步电动机，通过改变定子绕组的连接方法改变磁极对数的原理示意如图 2—2—4 所示。

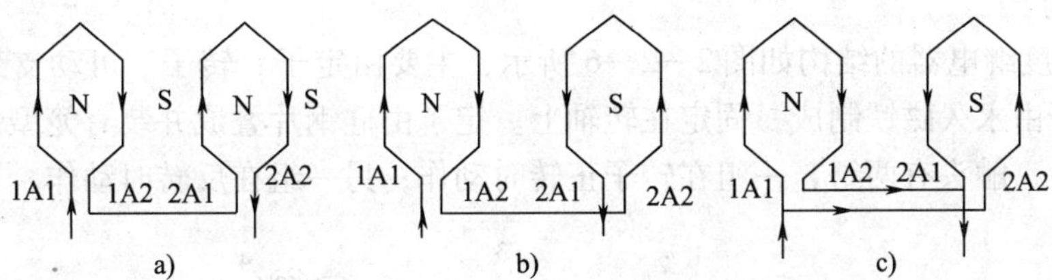

图 2—2—4　变极调速原理示意

a) $2p=4$　b) $2p=2$　c) $2p=2$

2. △—YY 变极调速

这种电动机的定子绕组内部已接成△形，如图 2—2—5a 所示。每相由两个半相绕组相串而成，出线端为 U1、V1 和 W1，两半相绕组连接处分别有出线端 U2、V2 和 W2。

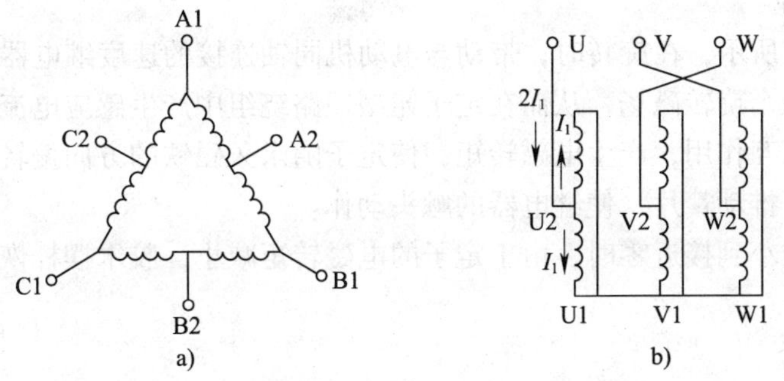

图 2—2—5　异步电动机△/YY 变极调速接线

a) △形联结　b) YY 形联结

△形接法时，出线端 U1、V1 和 W1 接三相电源，出线端 U2、V2 和 W2 悬空。这时每相两个半相线圈是顺接串联，定子绕组接成△形。如果这时电动机的磁极数 $2p=4$ 同步转速 $n_1=1\ 500$ r/min。YY 形接法时，出线端 U2、V2 和 W2 分别接对应的三相电源。而 U1、V1 和 W1 被短接，使定子绕组接成两个并联的 Y 形联结绕组，即变成双 Y 形绕组。这种情况下，每相的两个半相绕组也是反接并联的，使电动机的磁极数变为 $2p=2$，同步转速 $n_1=3\ 000$ r/min。

如果要保证改接后电动机的转向不变，改接的同时必须调换三相电源中任意两相的相序。这种调速方法比较适用于电动机驱动恒功率负载的调速。

变极调速方法设备简单，运行可靠，机械特性较硬，可以实现恒转矩和近似恒功率调速。但是转速只能成倍数变化，而且极数的改变是有限的，仅是一种有级调速。能进行变极调速的电动机属于多速电动机。

二、速度继电器

速度继电器是反映转速和转向的继电器，其主要作用是以旋转速度的快慢为指令信号，与接触器配合实现对电动机的反接制动控制，因此也称为反接制动继电器。

常用的速度继电器有JY1型和JFZ0型两种。其中，JY1型可在700～3 600 r/min范围内可靠地工作；JFZ0－1型适用于300～1 000 r/min；JFZ0－2型适用于1 000～3 600 r/min。一般速度继电器的转轴在130 r/min左右即能动作，在100 r/min时触头即能恢复到正常位置。可以通过螺钉的调节来改变速度继电器动作的转速，以适应控制电路的要求。

1．速度继电器的结构、工作原理与图形符号

（1）结构

JY1型速度继电器的结构如图2—2—6所示，主要由定子、转子、可动支架、触头及端盖组成。转子由永久磁铁制成，固定在转轴上。定子由硅钢片叠成并装有笼型短路绕组，能做小范围偏转；触头有两组，一组在转子正转时动作；另一组在反转时动作。

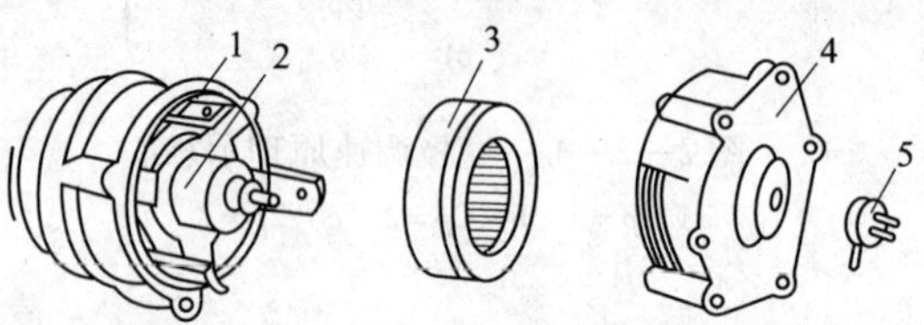

图2—2—6　JY1型速度继电器的结构

1—连接头　2—端盖　3—定子　4—转子　5—可动支架

（2）工作原理

如图2—2—7所示，在旋转时，带动与电动机同轴连接的速度继电器的转子旋转，相当于在空间中产生一个旋转磁场，从而在定子笼型短路绕组中产生感应电流，感应电流与永久磁铁的旋转磁场相互作用，产生电磁转矩，使定子随永久磁铁的方向偏转。当定子偏转到一定角度，胶木摆杆推动簧片，使继电器的触头动作。

当转子转速减小到接近零时，由于定子的电磁转矩减小，胶木摆杆恢复原状态，触头随之复位。

（3）图形符号

速度继电器在电路中的符号如图2—2—8所示。

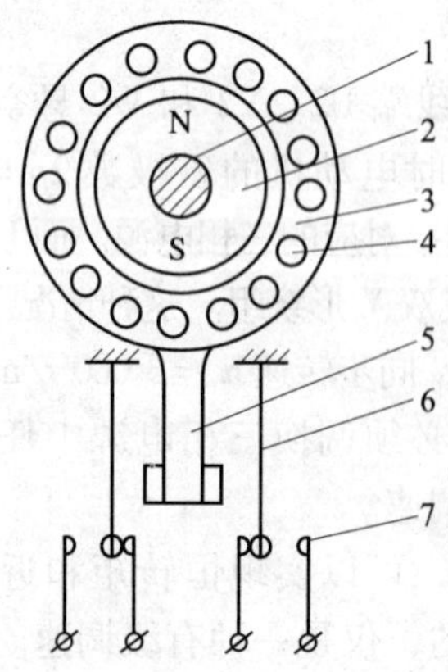

图2—2—7　速度继电器的工作原理示意图

1—电动机轴　2—转子（永久磁铁）　3—定子　4—定子绕组　5—胶木摆杆　6—簧片（动触头）　7—静触头

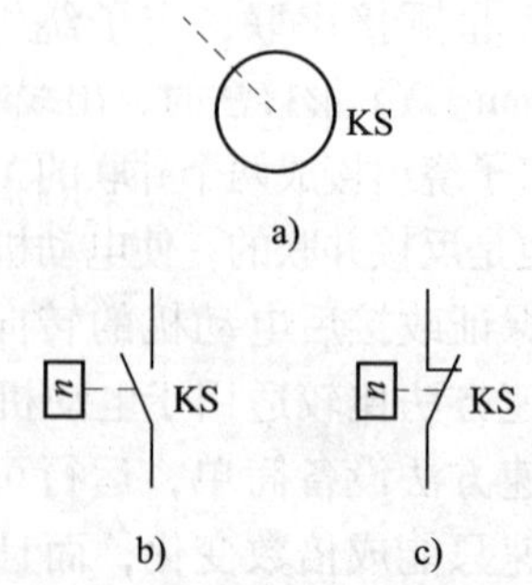

图2—2—8　速度继电器的图形符号

a）转子　b）常开触头　c）常闭触头

2. 速度继电器的型号

现以 JFZ0 为例，速度继电器的型号及含义如下：

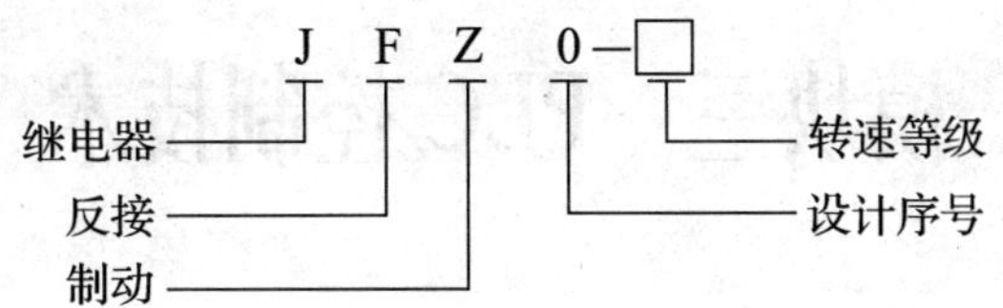

3. 速度继电器的选用

速度继电器主要根据所需控制的转速大小，触头的数量和电压、电流来选择。

4. 速度继电器的安装与使用

（1）速度继电器的转轴应与电动机同轴连接，使两轴的中心线重合。速度继电器的轴可用联轴器与电动机的轴连接。

（2）安装接线时，应注意正、反向触头不能接错，否则不能实现反接制动。

（3）速度继电器的金属外壳应可靠接地。

模块三　PLC 控制技术

可编程逻辑控制器（Programmable Logic Controller，PLC）最初是用来取代继电器控制的，具有逻辑控制、顺序控制、定时、计数等功能。随着微处理器和控制技术的发展，现代PLC 除了具有上述控制功能外，还具有算术运算和模拟量控制、运动控制、过程控制、通信联网等功能。美国电气制造协会于 1980 年将它正式命名为可编程序控制器（Programmable Controller，PC），但为了区别于个人计算机（Personal Computer，PC），目前可编程序控制器仍简称 PLC。

PLC 具有体积小，质量轻，能耗低，可靠性高，抗干扰能力强，编程方便，易于使用，适用性强等特点，在电气控制中得到广泛地应用。

经过几十年的发展，PLC 产品形成了许多个品种，本模块就三菱 FX_{2N} 系列 PLC 作一介绍。

课题一　认识 PLC

任务　连接 PLC 进行编程

能力目标

◇ 了解 PLC 的结构与工作原理。
◇ 熟悉 PLC 的接口、继电器。
◇ 能完成 PLC 与计算机、外部设备、元件的连接。
◇ 会操作 PLC 编程软件进行编制简单程序。

任务引入

科技的发展进步使得计算机技术在生产、生活中的应用越来越普及，PLC 是在继电器接触器控制和计算机控制技术的基础上开发的工业自动化装置。一台三菱 FX_{2N} - 32MR 型的 PLC 如图 3—1—1 所示，本任务将介绍 PLC 在电气控制系统中的应用。

要用好 PLC，先要了解 PLC 的结构、工作原理，掌握 PLC 与外部设备、元件的连接和 PLC 程序编制的方法。

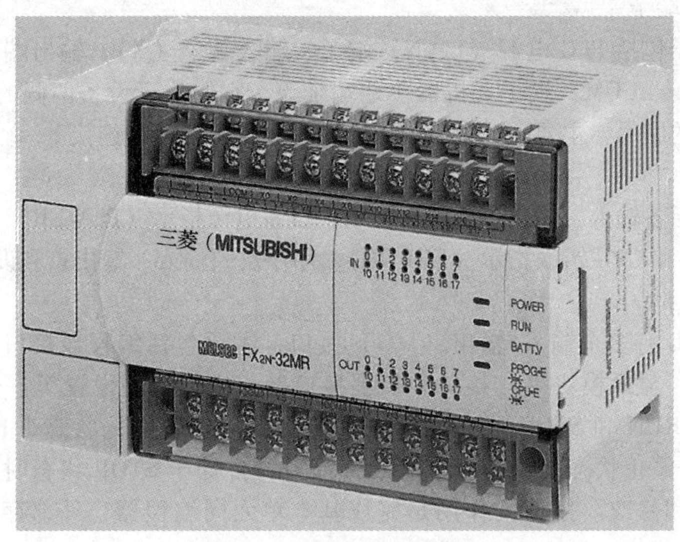

图 3—1—1　三菱 FX_{2N} －32MR

相关知识

一、PLC 的外形与结构

三菱 FX_{2N} －48MR 的外形与结构如图 3—1—2 所示。其结构由三部分组成，即外部端子（输入输出接线端子）、指示和接口，各部分的作用及功能如下。

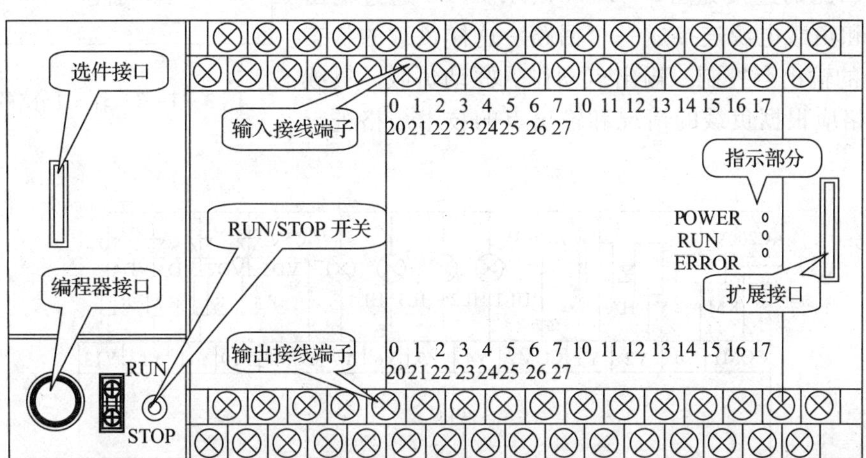

图 3—1—2　FX_{2N} －48MR 外形与结构

1．外部接线端子

外部接线端子包括 PLC 电源（L、N）端子、输入端子（X）、输出端子（Y）、输出用直流电源（24 V +、COM）端子和机器接地端子等。它们位于设备两侧的端子板上，每个端子均有其对应的编号，主要完成电源、输入信号和输出信号的连接。

2．指示部分

指示部分包括各输入、输出点的状态指示，设备电源指示（POWER），设备运行状态指示（RUN）、程序和 CPU 错误指示（ERROR），用于反映输入、输出点和设备的状态。

3．接口部分

FX_{2N}系列 PLC 有多个输入/输出（I/O）接口，主要包括编程器接口、选件（存储卡盒、功能扩展板、显示模块等）接口和扩展接口等。面板上还设置了一个 PLC 运行模式转换开关，它有 RUN 和 STOP 两个位置，RUN 使设备处于运行状态（RUN 指示灯亮）；STOP 使设备处于停止状态（RUN 指示灯灭）。当设备处于 STOP 状态时，可进行用户程序的录入、编辑和修改。接口的作用是完成基本单元同编程器、外部存储器、扩展单元的连接。

二、PLC 的外部连接

1．I/O 输入、输出点的连接

FX_{2N} -48MR 里有输入点 24 个，输出点 24 个，均采用八进制编号，即 00 ~ 07、10 ~ 17、20 ~ 27。输入点前面加“X”，输出点前面加“Y”。

输入回路的连接如图 3—1—3 所示。将输入元件，如按钮、转换开关、行程开关、继电器的触点、传感器等连接在相应的输入点和 COM 之间。一旦某个输入元件的状态发生变化，对应的输入点的状态也随之变化，这样 PLC 可随时检测到这些信息。

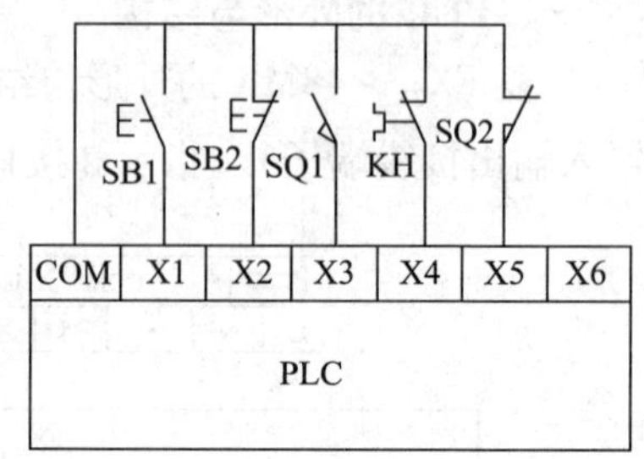

图 3—1—3　输入回路的连接

输出回路的连接如图 3—1—4 所示。PLC 通过输出点将负载和负载电源连接成一个回路。这样负载的状态就由 PLC 的输出点控制，输出点动作，驱动负载。负载电源的规格应根据负载的情况和输出点的技术规格进行选择。

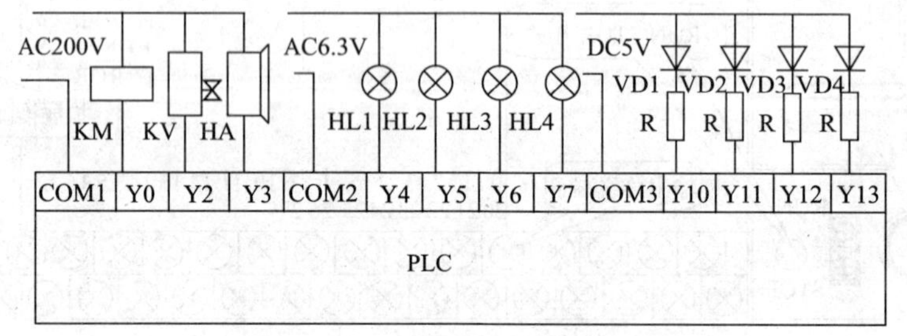

图 3—1—4　输出回路的连接

在实现输出回路时，应注意输出点的共 COM 问题。为减少输出端子的个数，通常在 PLC 内部将几个输出点的一端连接到一起，形成公共端 COM。FX_{2N}系列 PLC 的输出点一般采用每4个点共COM连接，如图3—1—5所示。共COM的输出点所接的负载必须使用同一电压类型和同一电压等级，不共COM的输出点可使用不同的电压类型和电压等级，如图3—1—4所示。

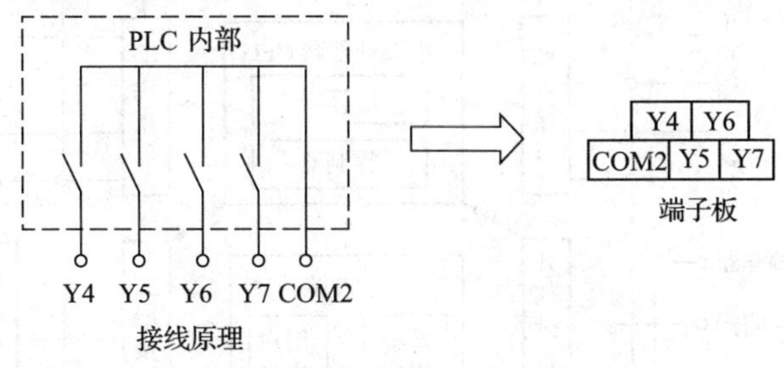

图3—1—5　输出点的共COM连接

2. 编程设备的连接

常用的编程设备有两种，手持式简易编程器和微型计算机，随着微型计算机的普及，手持式简易编程器已很少采用，这里只介绍微型计算机编程。微型计算机与PLC的连接如图3—1—6所示。

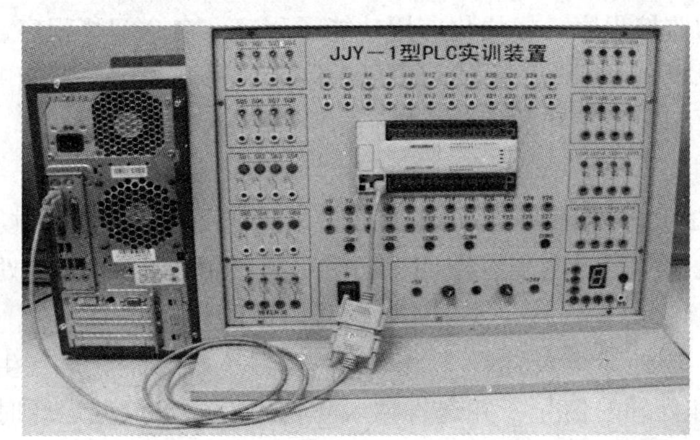

图3—1—6　微型计算机与PLC的连接

PLC上的编程接口是RS422接口，微型计算机上选用RS232C接口，要实现PLC与微型计算机进行通信，需要添加实现RS422/RS232C变换的编程电缆。

计算机编程还需要安装与PLC相对应的编程软件，三菱公司针对于FX系列PLC开发的编程软件是SWOPC－FXGP/WIN－C。

三、PLC的内部结构与工作原理

1. 内部结构

PLC的硬件结构主要由中央处理器、存储器、输入/输出接口、电源、通信接口等几大部分组成。其结构框图如图3—1—7所示。

(1) 中央处理器

中央处理器简称为CPU。与一般计算机一样，CPU是核心部件，对可编程控制器的整机性能有着决定性的影响。

(2) 存储器

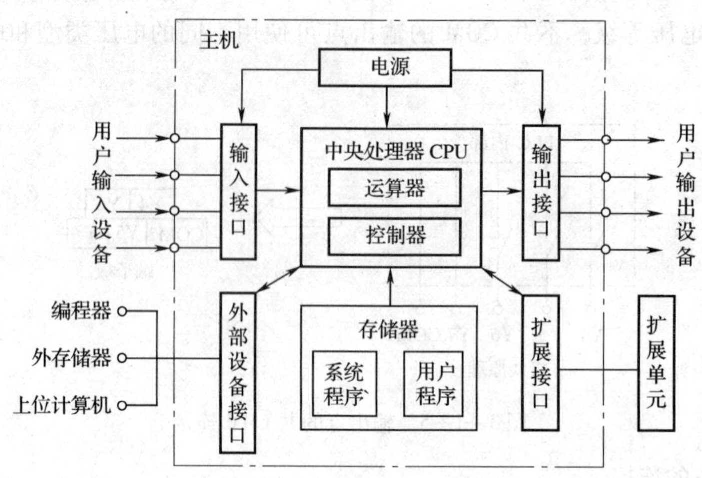

图 3—1—7　PLC 的硬件结构框图

存储器用来存储系统程序、用户程序、逻辑变量、系统组态等信息。

可编程控制器的存储器分为系统存储器和用户存储器两种。系统存储器用来存放 PLC 制造商为用户提供的监控程序、模块化应用功能子程序、命令解释程序、故障诊断程序及其他各种管理程序。PLC 在出厂时，上述程序已由制造商写好，用户不能更改。用户存储器是专门提供给用户存放用户程序和数据的。

（3）输入/输出接口

输入/输出接口是 PLC 与现场输入/输出设备之间的连接部件。现场信号的电平是多种多样的，外部执行机构所需的电平也不同，而可编程控制器的 CPU 所处理的信号只能是标准电平，因此可通过输入/输出接口实现这些信号电平的转换。

输入接口将 PLC 的外部输入设备（如开关、按钮、传感器等）产生的各种输入信号转换为 CPU 能够识别和处理的信号，并送入输入影像寄存器。PLC 运行时，CPU 从输入影像寄存器中读取输入的信息并根据用户程序进行处理，将处理结果存放到输出影像寄存器。输出接口根据输出影像寄存器的内容将 PLC 产生的弱电控制信号转换为现场所需的强电信号，经输出接口输出，驱动电磁阀、继电器、接触器等各种输出设备的执行元件。

（4）电源

PLC 的电源一般采用交流 220 V 市电，电源部件将交流电转换为 PLC 所需的直流电，使 PLC 正常工作。一般小型 PLC 的电源输出分为两部分，一部分供 PLC 内部电路工作；另一部分用于向外提供 24 V 直流输出，供现场传感器使用。

（5）扩展接口

扩展接口用于扩展输入/输出接口，它使 PLC 的点数规模配置更为灵活，这种扩展接口实际上为总线形式，可以配接开关量的输入/输出模块，也可以配置如 A/D 与 D/A 转换模块、定位模块等特殊功能模块。

（6）编程器接口

PLC 本机通常是不带编程器的。为了能对 PLC 进行编程及监控，PLC 上专门设有编程接口，通过这个接口可以连接编程器。

(7) 外存储器接口

为了存储用户程序及扩展用户程序存储区、数据参数存储区，PLC 上设有存储器接口，可以根据使用的需要扩展存储器。其内部也是接到总线上的。

2. 工作原理

PLC 采用循环扫描的工作方式，其扫描过程如图 3—1—8 所示。这个过程一般包括五个阶段：内部处理、通信操作、输入处理、执行程序、输出处理。当 PLC 方式开关置于运行（RUN）时，执行所有阶段；当 PLC 方式开关置于停止（STOP）时不执行后三个阶段，此时进行通信操作、对 PLC 编程等。进行一次全过程扫描所需的时间称为扫描周期。

图 3—1—8　PLC 的扫描过程

(1) 内部处理

CPU 检查主机硬件和所有的输入模块、输出模块，在运行模式下，还要检查用户程序存储器。如果发现异常，则停止并显示错误；如果自诊断正常，则继续向下扫描过程。

(2) 通信操作

在通信操作阶段，CPU 自检并处理各通信端口接收到的信息，完成数据通信任务。即检查是否有计算机、编程器的通信请求，若有则进行相应的处理。

(3) 输入处理

输入处理又称输入采样。在此阶段，把 PLC 所有输入点的通、断状态读入并存入输入数据存储器。在程序执行时，输入数据存储器与外界隔离，即使输入状态发生改变，输入数据存储器的内容也不会改变，直到进行下一扫描周期的输入采样阶段。

(4) 执行程序

根据用户程序存储器的指令内容，从输入数据存储器读取各输入点的状态，从其他数据存储器中读取各软元件的状态，从指令的第 0 步开始顺序对各数据进行算术运算或逻辑运算，然后将运算结果送输出数据存储器。因此，输出数据存储器的内容是随着程序的运行而改变的。

(5) 输出处理

全部指令执行完毕后，将输出数据存储器的状态转存到输出锁存器，集中对输出点进行刷新，通过隔离电路，使输出点向外界输出控制信号，驱动外部负载。

由于 PLC 采用循环扫描工作方式，在程序执行阶段，输入的变化不会影响输入数据存储器的内容，输出数据存储器的输出信号要等到执行程序结束后才会被送到输出锁存器。由此可以看出，全部输入、输出状态的更新需要一个扫描周期，即在同一个扫描周期中输入、输出状态保持不变。该工作方式有效地提高了 PLC 的抗干扰能力。

四、PLC 内的软元件

PLC 提供给用户使用的各种继电器、计数器、定时器等元件都是用程序（即软件）来指定的，称为软元件。每个软元件有其不同的功能和固定的地址。软元件的数量是由监控程序规定的，它的多少决定了 PLC 的规模及其数据处理能力。FX_{2N} -48MR 型中的软元件及其编号见表 3—1—1。

表 3—1—1　　FX$_{2N}$ -48MR 型的 PLC 软元件一览表

项目及代号		编号	数量与性能
输入继电器 X		X000 ~ X027	24 点
输出继电器 Y		Y000 ~ Y027	24 点
辅助继电器 M	一般用	M0 ~ M499	500 点
	保持用	M500 ~ M3071	2572 点
	特殊用	M8000 ~ M8255	256 点
状态继电器 S	初始状态用	S0 ~ S9	10 点
	返回原点用	S10 ~ S19	10 点
	一般用	S20 ~ S499	480 点
	保持用	S500 ~ S899	400 点
	报警用	S900 ~ S999	100 点
定时器 T	100 ms	T0 ~ T199	200 点（0.1 ~3 276.7 s）
	10 ms	T200 ~ T245	46 点（0.01 ~327.67 s）
	1 ms 累计型	T246 ~ T249	4 点（0.001 ~32.767 s）
	100 ms 累计型	T250 ~ T255	6 点（0.1 ~3 276.7 s）
计数器 C	16 位增模式	C0 ~ C99	100 点（0 ~32 767）
	16 位增模式（保持用）	C100 ~ C199	100 点（0 ~32 767）
	32 位增/减双向	C200 ~ C219	20 点（ -2 147 483 648 ~ +2 147 483 647）
	32 位增/减双向（保持用）	C220 ~ C234	15 点（ -2 147 483 648 ~ +2 147 483 647）
	高速	C235 ~ C255	其中 6 点（占用一定的输入端子）
数据寄存器 D、V、Z	一般用	D0 ~ D199	200 点
	保持用	D200 ~ D7999	7 800 点
	文件用	D1000 ~ D7999	可以 500 点为单位通过参数设定为文件寄存器
	特殊用	D8000 ~ D8255	256 点，每个寄存器有特定的功能
	变址用	V0 ~ V7、Z0 ~ Z7	16 点，用于变址寻址
指针	嵌套用	N0 ~ N7	8 点
	跳转、子程序用	P0 ~ P127	128 点
	输入、计时中断用	I0 ~ I8	9 点
	计数中断用	I010 ~ I060	6 点
常数	K	16 位（ -32 768 ~32 767）	32 位（ -2 147 483 648 ~ +2 147 483 647）
	H	16 位（0 ~ FFFFH）	32 位（0 ~ FFFFFFFH）

1. 输入继电器 X

输入继电器与 PLC 的输入端相连接，是 PLC 接收外部开关信号的元件。由于输入端与输入继电器是一一对应关系，所以有多少个输入继电器就有多少个输入端。输入继电器的常开触点和常闭触点的使用次数不受限制，在 PLC 内可自由使用。输入继电器必须用外部信号来驱动，不能用程序驱动。

2. 输出继电器 Y

输出继电器与 PLC 的输出端相连，是 PLC 用来传递信号到外部负载的元件。输出继电器的触点分为外部输出触点和内部触点两种，外部输出触点只有常开触点，只用于驱动外部负载；内部触点有常开触点和常闭触点，其使用次数不受限制，在 PLC 内可自由使用。输出继电器与输出端子是一一对应关系。输出继电器是 PLC 唯一能驱动外部负载的元件。

3. 辅助继电器 M

在 PLC 逻辑运算中，经常需要一些中间继电器进行辅助运算，这些元件不直接对外输入、输出，经常用作状态暂存或移动运算等，这类继电器称作辅助继电器。PLC 内部辅助继电器与输出继电器一样，由 PLC 内各软元件驱动，它的常开触点和常闭触点可以无限次地自由使用。但这些触点不能直接驱动外部负载，外部负载必须由输出继电器来驱动。

（1）通用辅助继电器 M0 ~ M499

FX_{2N}系列 PLC 的通用辅助继电器共 500 点，其元件地址按十进制编号 0 ~ 499。这些通用辅助继电器只能在 PLC 内部起辅助作用，在使用时，除了不能驱动外部元件外，其他功能与输出继电器非常类似。

（2）失电保持辅助继电器 M500 ~ M3071

PLC 在运行中若发生停电，输出继电器和通用辅助继电器将全部成为断开状态，通电后再运行时，除 PLC 运行时就接通的触点外，其他触点仍处于断开状态，使停电前的运行状态发生了改变。在生产中，有时需要保持停电前的状态，以使来电后能继续停电前的工作，这时就需要一种能保存停电前状态的辅助继电器，即失电保持辅助继电器。失电保持辅助继电器并不是真正能在自身电源也切断的条件下保存原工作状态，只是在 PLC 失去外部供电时立即由 PLC 内部的备用电池供电。

FX_{2N}系列 PLC 的失电保持辅助继电器共有 2 572 点，按十进制编号 500 ~ 3071。

（3）特殊辅助继电器 M8000 ~ M8255

FX_{2N}系列 PLC 内有 256 点特殊辅助继电器，这些特殊辅助继电器各自具有特定的功能，它们又分为两大类：

1）只能利用触点的特殊辅助继电器。这类特殊辅助继电器的线圈由 PLC 自动驱动，用户只能利用其触点。例如：

M8000——运行（RUN）监控 a 点（PLC 运行时保持 ON）。

M8001——运行（RUN）监控 b 点（PLC 运行时保持 OFF）。

M8002——初始化脉冲 a 节点（仅在 RUN 后输出一个扫描周期的 ON）。

M8003——初始化脉冲 b 节点（仅在 RUN 后输出一个扫描周期的 OFF）。

M8011——产生 10 ms 时钟脉冲信号的特殊辅助继电器。

M8012——产生 100 ms 时钟脉冲信号的特殊辅助继电器。

M8013——产生 1 s 时钟脉冲信号的特殊辅助继电器。

M8014——产生 1 min 时钟脉冲信号的特殊辅助继电器。

2）可驱动线圈型特殊辅助继电器。这类特殊辅助继电器的线圈可由用户驱动，而线圈被驱动后，PLC 将作特定动作。例如：

M8033——PLC 停止运行时输出保持。

M8034——禁止全部输出。

M8039——定时扫描。

其他软元件将在后续任务中介绍。

五、PLC 的编程语言

PLC 具有丰富的编程语言，主要有梯形图、指令语句表、状态转移图等。为了便于认识和了解可编程控制器的编程语言，先来看一个实例。

有两台电动机 M1 和 M2，要求 M1 启动 2 s 后 M2 自行启动。停止时，两台电动机同时停止。

继电器接触器控制方式组成的控制线路如图 3—1—9 所示，用 PLC 控制方式组成的控制线路与程序如图 3—1—10 所示。

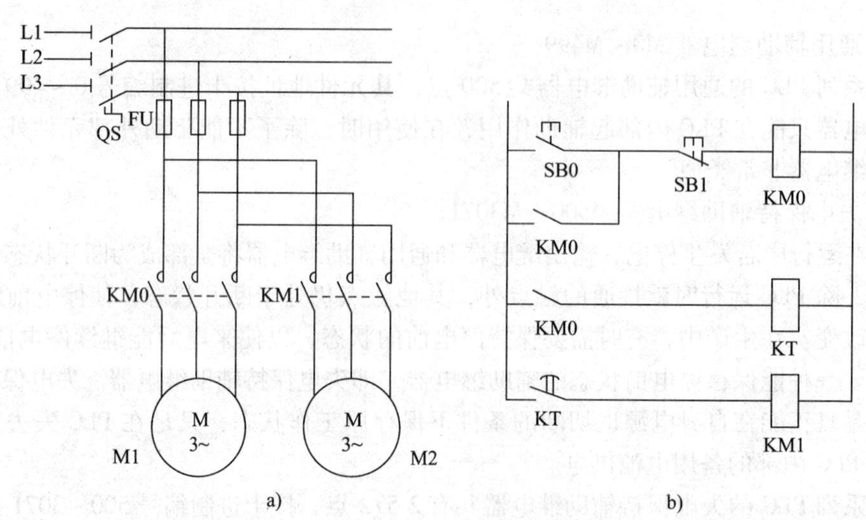

图 3—1—9　继电器、接触器控制线路

a）主电路　b）控制电路

1. 梯形图

图 3—1—10c 所示的编程语言即是梯形图。

梯形图是最直观、最简单的一种编程语言。它类似于继电器、接触器控制电路（见图 3—1—9b）的形式，逻辑关系明显。实质上梯形图就是在继电器、接触器控制逻辑基础上使用简化的符号演变而来的。它形象、直观、实用，电气人员很容易接受，是目前用得较多的一种编程语言。

继电器、接触器控制电路图（见图 3—1—9b）和 PLC 梯形图（见图 3—1—10c）的逻辑含义是一样的，但具体表示方法有本质区别。

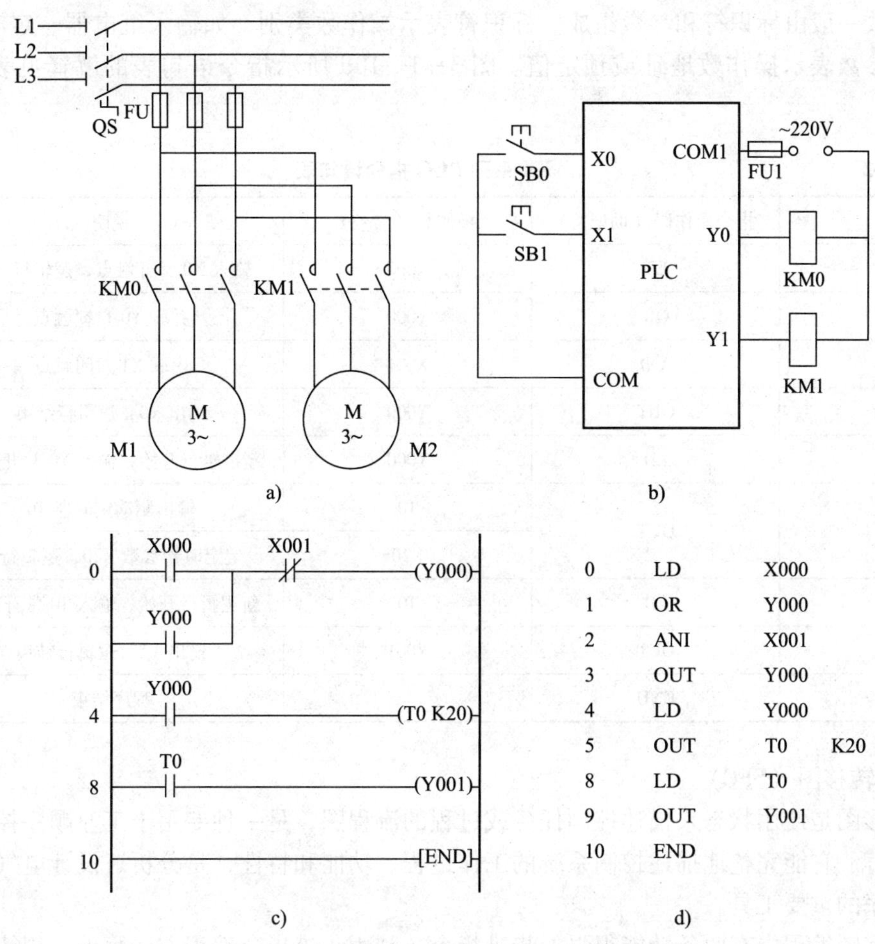

图 3—1—10　PLC 控制线路与相应程序

a）主电路　b）I/O 接线图　c）梯形图　d）指令语句表

梯形图中的继电器、定时器、计数器不是实物继电器、定时器、计数器，而是 PLC 中由软件定义的存储器中的存储位，称为软元件。相应的位为“1”状态，表示该继电器线圈通电、常开触点闭合、常闭触点断开。

梯形图左、右两端的母线是不接任何电源的。梯形图中没有真实的物理电流，而是假想电流。

2．指令语句表

图 3—1—10d 所示的编程语言即是指令语句表。

指令语句表是一种与计算机汇编语言类似的助记符编程语言，简称语句表。它与梯形图有着完全的对应关系，两者之间可以相互转换。将梯形图中的每一个软元件及其状态用助记符表示就称为指令语句，将指令语句按顺序排列即得到指令语句表。指令语句表是用一系列的操作指令来描述控制过程的，其逻辑关系不如梯形图直观，但指令语句表是用户程序最基本的表示方式。指令语句表可以用简易的手动编程器直接送入 PLC 中。

语句是指令语句表的最小独立单元。每个操作功能用一条语句来表示。PLC 的语句由指令操作码和操作数两部分组成。操作码由助记符表示，用来说明操作的功能，告诉 CPU 做什么。操作数一般由标识符和参数组成。标识符表示操作数类别，如输入继电器、定时器、计数器等；参数表示操作数地址或预定值。图 3—1—10d 所示指令语句表的解释见表 3—1—2。

表 3—1—2 **FX 系列 PLC 指令语句表**

步序	指令操作码（助记符）	操作数（参数）	说明
0	LD	X000	输入 X0 常开触点，逻辑行开始
1	OR	Y000	并联 Y0 自锁触点
2	ANI	X001	串联 X1 常闭触点
3	OUT	Y000	输出 Y0，逻辑行结束
4	LD	Y000	新逻辑行开始，输入 Y0 常开触点
5	OUT	T0	输出驱动定时器 T0
		K20	设定定时器参数 K20，逻辑行结束
8	LD	T0	新逻辑行开始，输入 T0 常开触点
9	OUT	Y001	输出 Y1，逻辑行结束
10	END		程序结束

3．状态转移图（SFC）

状态转移图是使用状态来描述控制任务或过程的流程图，是一种专用于工业顺序控制的程序设计语言。它能完整地描述控制系统的工作过程、功能和特性，是分析、设计电气控制系统控制程序的重要工具。

状态转移图编程中有两条功能很强的步进指令，利用步进指令编程方法简单，规律性很强，可以编写较复杂的顺序控制程序，并给调试、修改程序带来很大的方便。

六、编程软件的使用

三菱 FX 系列 PLC 的常用编程软件是 SWOPC－FXGP/WIN－C。这里以该软件 V3. 30 版本为例介绍其用法。

该软件可以从网上下载，按指示步骤进行安装，然后在桌面上建立一个快捷方式图标。

1．软件的进入与退出

双击桌面的快捷图标“FXGP－WIN－C”即可进入。单击画面右上角的 × 按钮可退出或从【文件】菜单中退出。

2．新建一个用户程序

单击【文件】菜单中的【新文件】命令，如图 3—1—11 所示，创建一个新的用户程序（也可在工具栏中直接单击按钮 ），在弹出的“PLC 类型设置”对话框中选择 PLC 的型号，如图 3—1—12 所示。然后单击【确认】按钮，此时屏幕的显示如图 3—1—13 所示，进入程序编辑界面。

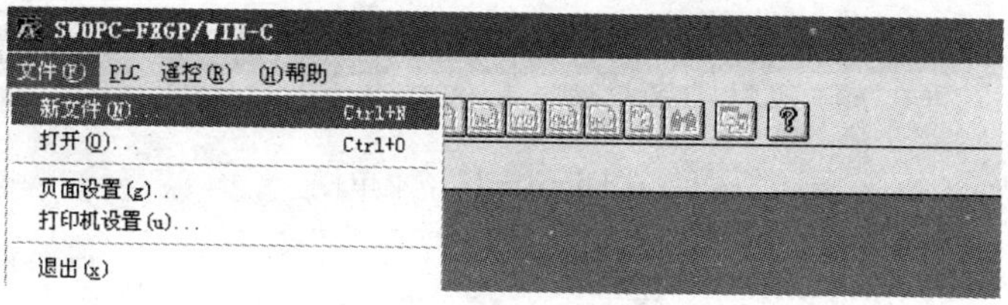

图 3—1—11　创建新的用户程序

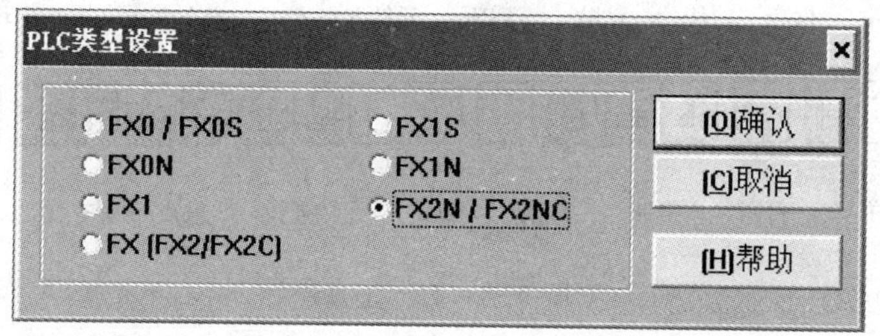

图 3—1—12　“PLC 类型设置”对话框

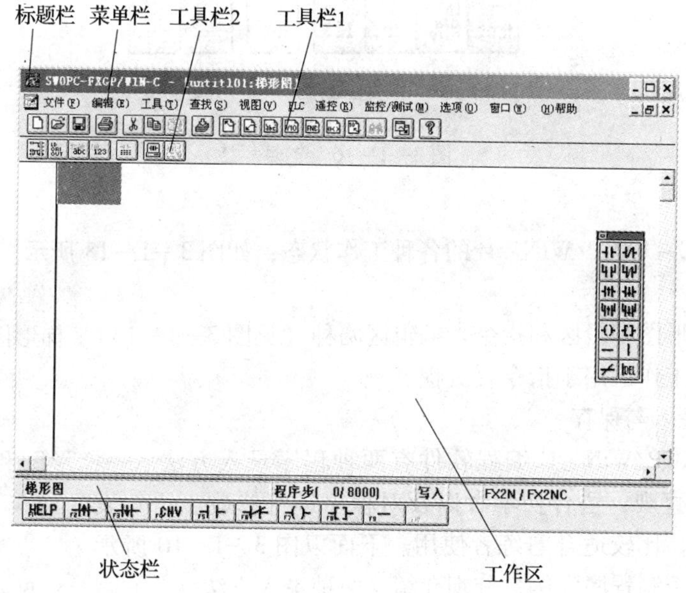

图 3—1—13　程序编辑界面

3．程序编辑界面简介

程序编辑界面分为 5 个区域：标题栏、菜单栏、工具栏、状态栏和工作区。

（1）标题栏

显示用户程序标题。

（2）菜单栏

可以使用鼠标或者键盘执行的各种命令，如图 3—1—14 所示。

SWOPC-FXGP/WIN-C - untitl02

文件(F) 编辑(E) 工具(T) 查找(S) 视图(V) PLC 遥控(R) 监控/测试(M) 选项(O) 窗口(W) (H)帮助

图 3—1—14　菜单栏

（3）工具栏

提供常用命令或工具的快捷按钮。SWOPC－FXGP/WIN－C 的工具栏包括工具栏 1 和工具栏 2 两部分，其快捷按钮的功能分别如图 3—1—15 和如图 3—1—16 所示。

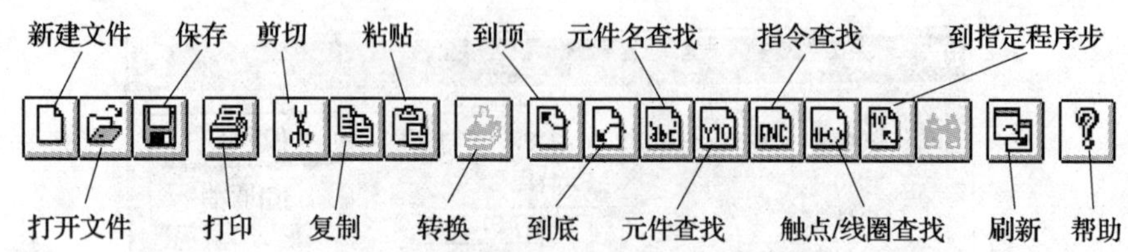

图 3—1—15　工具栏 1

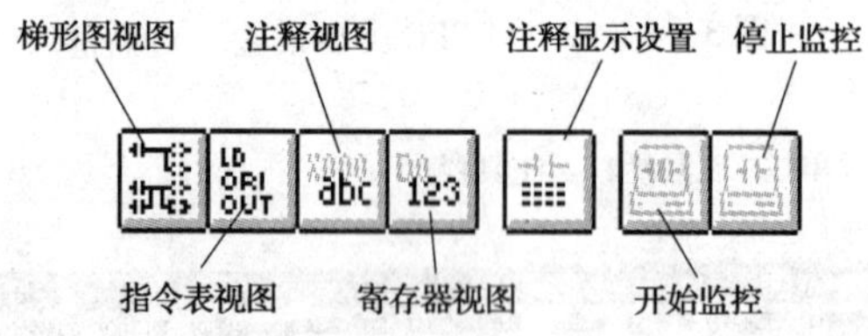

图 3—1—16　工具栏 2

（4）状态栏

显示 SWOPC－FXGP/WIN－C 的各种工作状态，如图 3—1—13 所示。

（5）工作区

工作区有梯形图编辑区和指令表编辑区两种（见图 3—1—13）。梯形图工作区用于梯形图编程，指令表工作区用于指令表编程。

4. 程序的录入与保存

SWOPC－FXGP/WIN－C 编程软件有两种程序录入方法——梯形图和指令表。一般来说，梯形图比较直观，适合初学者以及对程序进行修改。语句表的录入速度较快，比较适合熟练者使用。下面以图 3—1—10 所示的两电动机顺序控制程序为例，分别介绍这两种录入方法。

（1）梯形图录入法

进入梯形图编辑窗口后，可以在梯形图编辑区以及状态栏的下端分别看到一个快捷键栏，如图 3—1—17 和图 3—1—18 所示，它们对应的指令和功能见表 3—1—3。

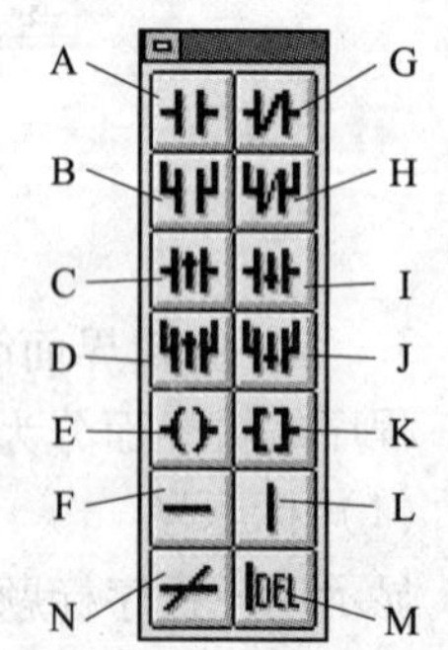

图 3—1—17　梯形图编辑区快捷键栏

在梯形图编辑区定位光标，单击快捷键按钮或 F5，弹出如图 3—1—19 所示“输入元件”对话框，直接输入元件名称和编号“X0”，单击【确认】按钮或按【Enter】键，则 X0 的常开触点录入到梯形图编辑区，如图 3—1—20 所示。

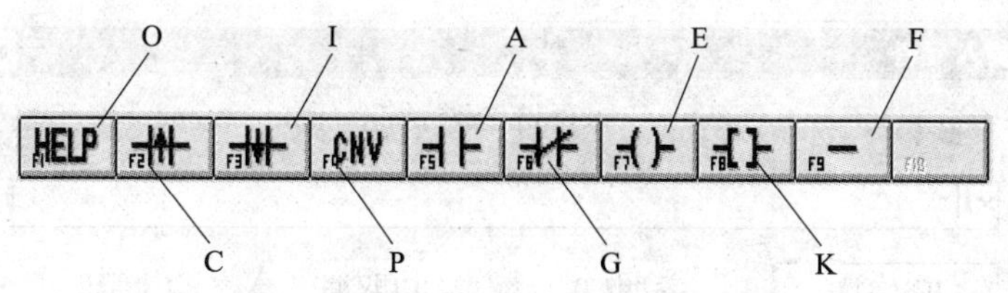

图 3—1—18　快捷键栏

表 3—1—3　　梯形图编辑区快捷按钮的功能

标号	功能	标号	功能
A	连接常开触点	I	连接下降沿检测触点
B	并联常开触点	J	并联下降沿检测触点
C	连接上升沿检测触点	K	连接输出功能线圈
D	并联上升沿检测触点	L	画竖连线
E	连接输出线圈	M	删除竖连线
F	画横连线	N	画翻转线
G	连接常闭触点	O	帮助
H	并联常闭触点	P	转换

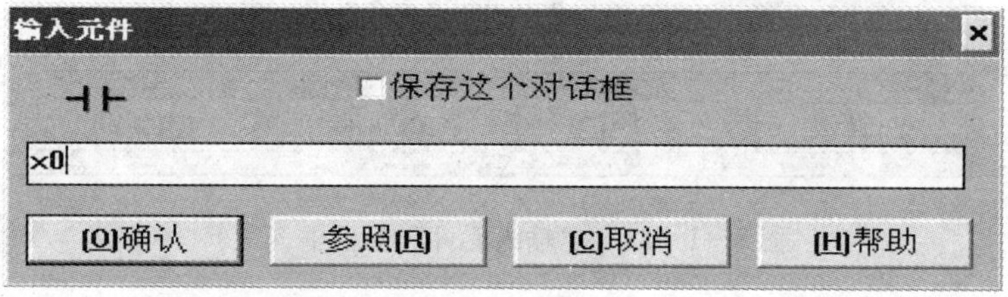

图 3—1—19　“输入元件”对话框（一）

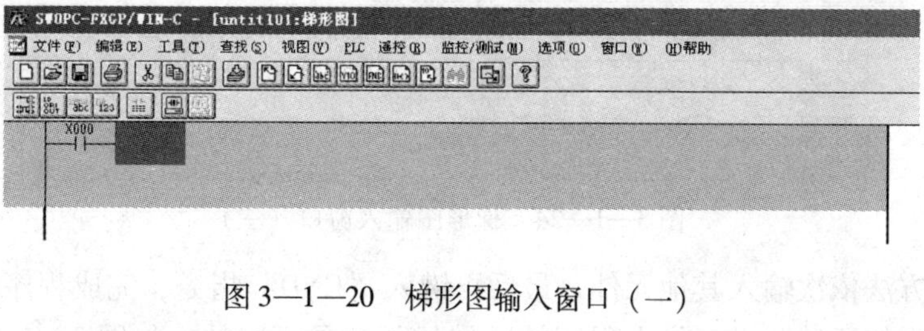

图 3—1—20　梯形图输入窗口（一）

单击快捷键按钮或，弹出如图 3—1—21 所示“输入元件”对话框，直接输入元件名称和编号“X1”，单击【确认】按钮或按【Enter】键，则 X1 的常闭触点录入到梯形图编辑区，如图 3—1—22 所示。

单击快捷键按钮或，弹出如图 3—1—23 所示“输入元件”对话框，直接输入元件名称和编号“Y0”，单击【确认】按钮或按【Enter】键，则 Y0 的线圈录入到梯形图编辑区，光标自动移到下一行首，如图 3—1—24 所示。

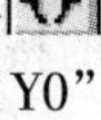

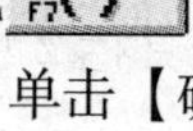

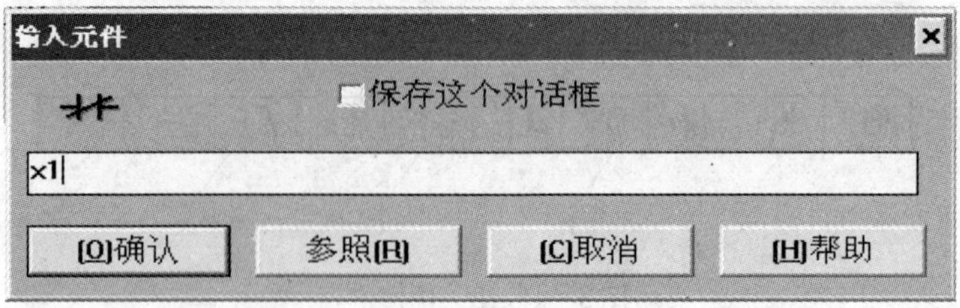

图 3—1—21　“输入元件”对话框（二）

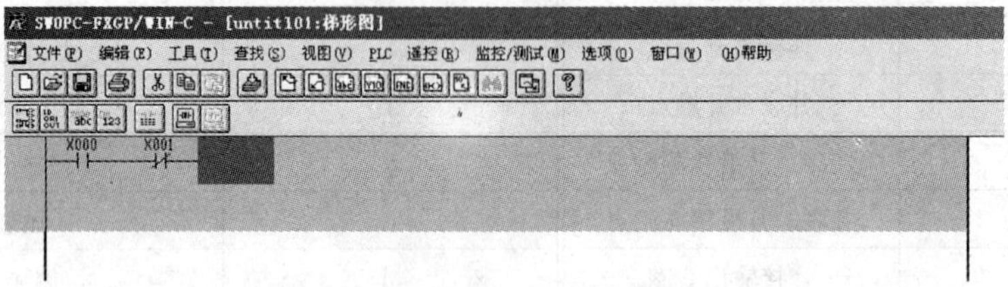

图 3—1—22　梯形图输入窗口（二）

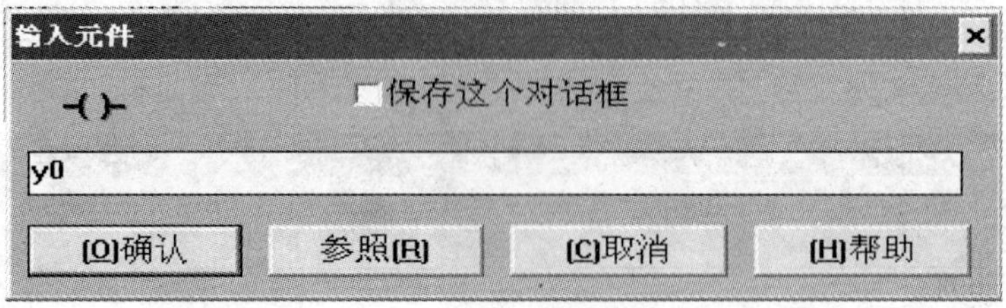

图 3—1—23　“输入元件”对话框（三）

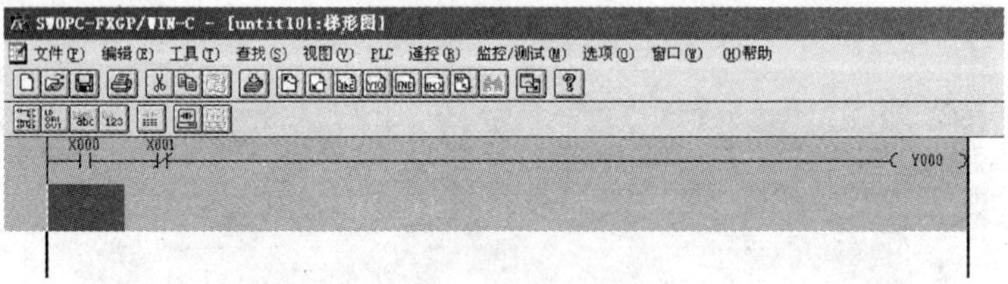

图 3—1—24　梯形图输入窗口（三）

用类似的方法依次输入其他元件，最后再键入“END”指令，完成程序的录入。

录入了程序的区域和没有录入程序的区域的颜色是不同的，如图 3—1—25 所示。这是因为还没有把梯形图转换成指令表。单击【工具】菜单中的【转换】命令（或单击按钮 ），完成转换操作。只有完成了转换操作，程序才算录入完毕。

（2）指令表录入法

单击【视图】菜单中【指令表】命令或直接单击工具栏 2 中的按钮，进入指令表编辑窗口，如图 3—1—26 所示。

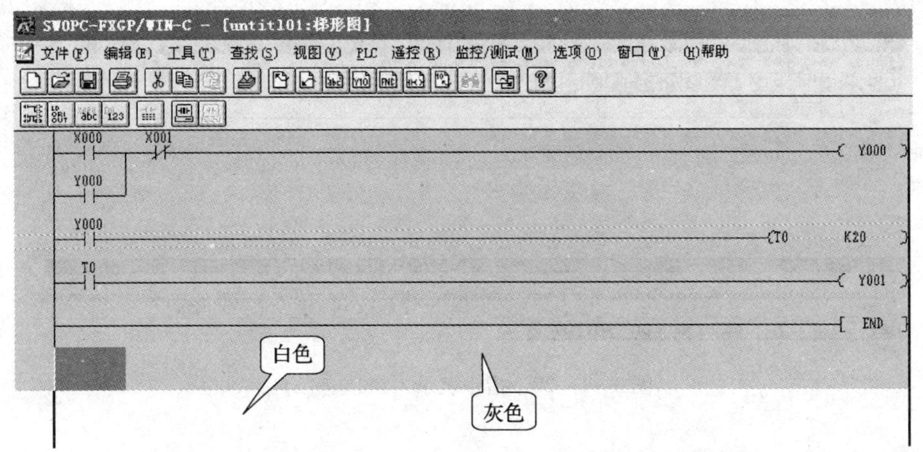

图 3—1—25　梯形图输入窗口（五）

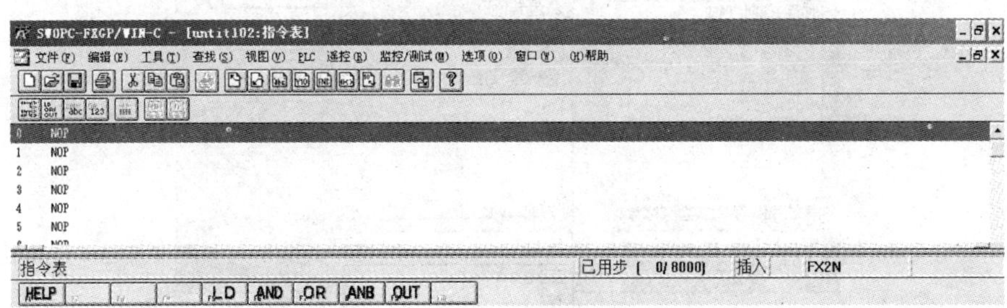

图 3—1—26　指令表编辑窗口

将光标定位，输入“LD X0”后，按【Enter】键完成指令录入，光标自动跳到下一行，如图 3—1—27 所示。依据指令语句表依次录入后续指令，完成指令表的录入，如图 3—1—28 所示。

图 3—1—27　指令表录入窗口（一）

（3）程序保存

程序录入完毕后，单击【文件】菜单中【保存】命令或直接单击工具栏 1 中的按钮，弹出“保存文件”对话框，指定保存文件的位置，输入文件名，如图 3—1—29 所示。单击【确定】按钮，弹出“另存为”对话框，在此输入文件题头名，如图 3—1—30 所示。单击【确定】按钮，完成程序的保存操作。

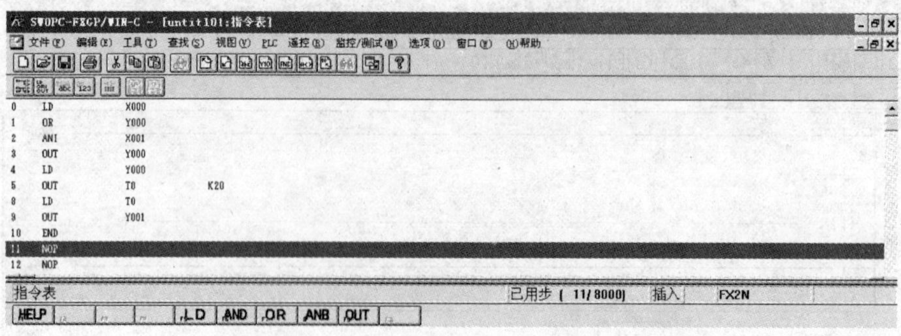

图 3—1—28　指令表录入窗口（二）

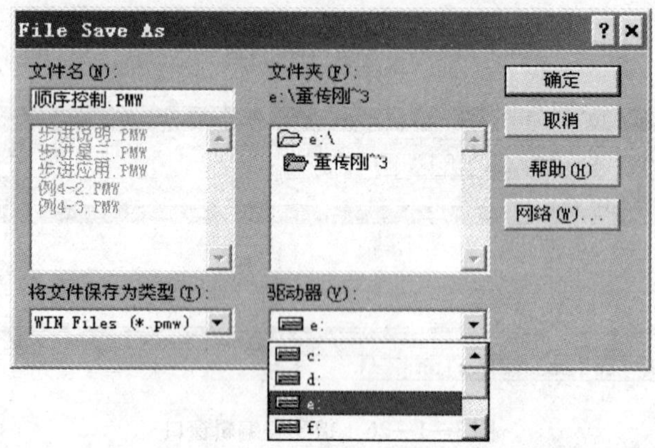

图 3—1—29　“保存文件”对话框

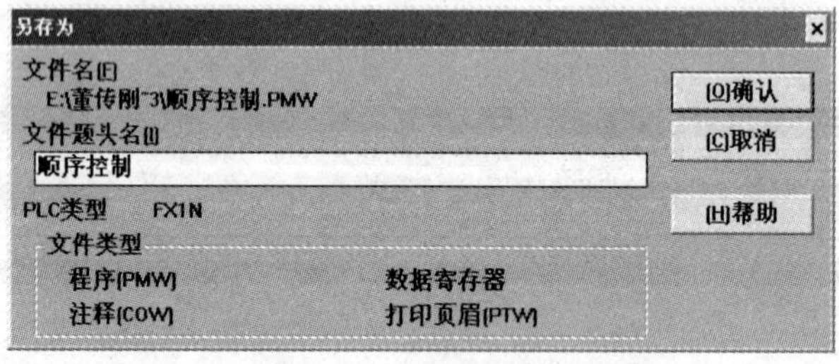

图 3—1—30　“另存为”对话框

5. 程序的调试与运行

（1）程序检查

程序录入并转换完毕后，可能还存在某些语法、双线圈输出等错误，以及梯形图电路缺陷等问题。SWOPC－FXGP/WIN－C 编程软件中设置了程序自动检查功能，可对上述问题检查并显示出来。

操作方法：单击【选项】菜单中的【程序检查】命令，在弹出的如图 3—1—31 所示的“程序检查”对话框中选择检查项目，然后单击【确认】按钮或按【Enter】键执行命令，执行的结果将显示在对话框的“结果”文本框中。

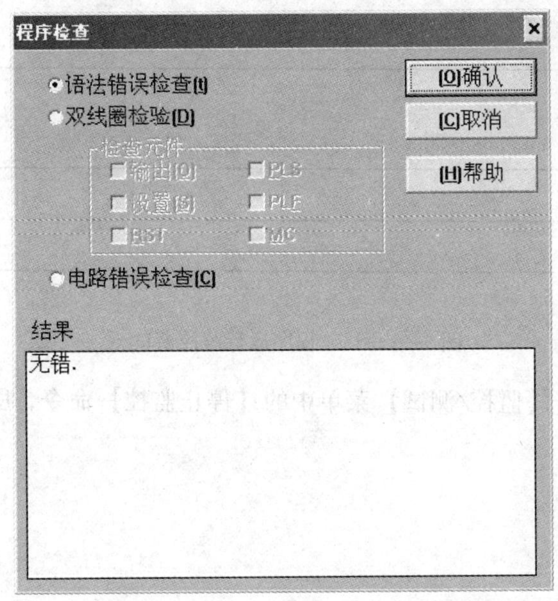

图 3—1—31 “程序检查”对话框

（2）程序传送

SWOPC－FXGP/WIN－C 编程软件并不具备单独进行模拟调试的功能，必须将程序传送到 PLC 中才能进行调试。其操作方法如下：

1）将 PLC 的“运行/停止”开关置于“STOP”（停止）状态。

2）依次单击【PLC】—【传送】—【写入】，弹出“PC 程序写入”对话框，如图 3—1—32 所示。选择“范围设置”项，设置要写入 PLC 的程序范围。程序范围不应小于要写入的程序步数，否则程序调试时就会出错。单击【确认】按钮或按【Enter】键，程序开始写入 PLC 并自动检查写入情况。

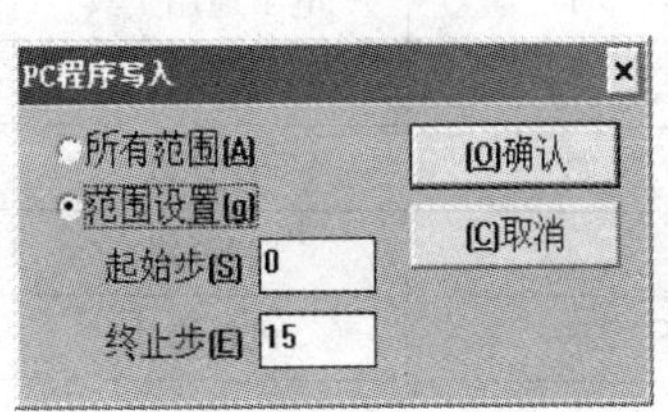

图 3—1—32 “PC 程序写入”对话框

（3）运行调试

1）运行程序。写入程序后，将 PLC 置于“RUN”（运行）状态，程序即运行。

2）调试程序。调试程序时，可通过 PLC 连接的外部设备（如按钮等）使 X0、X1 置“ON”或“OFF”，观察 PLC 的输出是否正确。如果发现错误，要修改梯形图，并转换成指令表，再将程序写入 PLC 后运行调试，直到实现程序要求的功能为止。

（4）运行监控

在 SWOPC－FXGP/WIN－C 编程软件中，可对 PLC 的运行状态进行监控，有梯形图监控和元件监控两种监控方式。梯形图监控较元件监控更为直观形象，所以这里只介绍梯形图监控。

1）开始监控。进入梯形图视图，单击【监控/测试】菜单中的【开始监控】命令，在监控状态是如果元件的状态为“ON”，则元件有绿色背景，如图 3—1—33 所示。如果 X0 为“ON”，则 Y0 线圈为“ON”，Y0 的所有触点也为“ON”，所以 X0、Y0 都为绿色背景。

图 3—1—33　程序运行监控窗口

2）停止监控。单击【监控/测试】菜单中的【停止监控】命令，所有绿色背景都消失，程序退出监控状态。

任务实施

一、工具、器材准备

主要实训工具及器材见表 3—1—4。

表 3—1—4　主要实训工具及器材

序号	名称	数量	序号	名称	数量
1	电工通用工具	1 套	9	熔断器	5 只
2	万用表	1 块	10	断路器	1 只
3	计算机	1 套	11	异步交流电动机	2 台
4	编程软件	1 套	12	端子排	1 条
5	PLC 模块	1 块	13	紧固螺栓	若干
6	配线板	1 块	14	导线	若干
7	按钮	2 只	15	号码管	若干
8	交流接触器	2 只	16	行线槽	若干

二、PLC 控制系统的安装

1. 输入/输出点的认识

从外观上认识 PLC 并认清 PLC 的电源接入点，输入信号接入点，输出信号接入点，编程接口，扩展接口，RUN/STOP 开关等。

2. PLC 控制系统的连接

（1）按照图 3—1—34 所示在配线板上连接 PLC 控制系统。

（2）按照图 3—1—6 所示用编程电缆将 PLC 与计算机连接。

三、PLC 运行

1. 编程练习

（1）在计算机上安装编程软件 SWOPC - FXGP/WIN - C。

（2）将图 3—1—10c 所示梯形图程序输入计算机并保存。

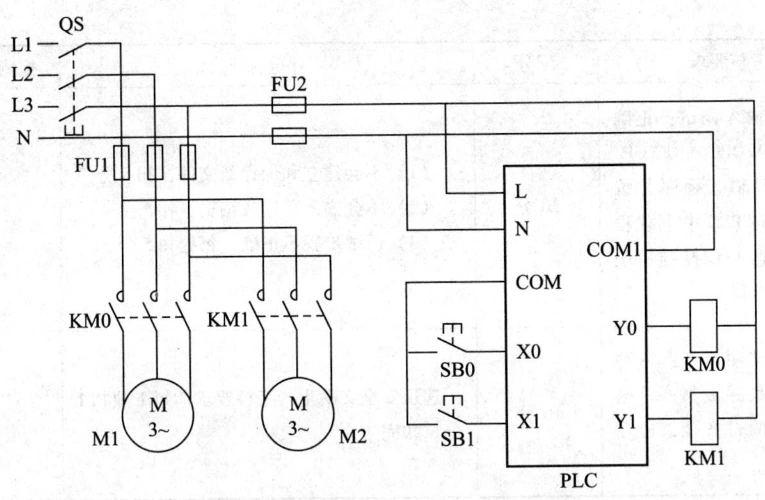

图 3—1—34　PLC 控制系统实例电路图

2. 运行体验

（1）将 PLC 的 RUN/STOP 开关置于 STOP 状态，把编制好的程序下载到 PLC 中。

（2）将 PLC 的 RUN/STOP 开关置于 RUN 状态，观察 PLC 的运行情况。

分别按动 SB0 和 SB1，观察 PLC 的运行情况与电动机的工作情况，看是否符合本实例控制要求。

评分标准

评分标准见表 3—1—5。

表 3—1—5　　PLC 控制电路的设计、安装与调试操作技能训练评分表

序号	项目与考核要求	配分	评分标准	检测结果	得分
1	输入输出点的认识：能正确、熟练地识别电源接入点，输入、输出接入点及各种接口	20 分	（1）不能识别电源接入点，扣 2 分 （2）不能识别输入输出接入点，每处扣 1 分 （3）不能识别编程接口，扣 2 分 （4）不能识别选件接口和扩展接口，扣 2 分		
2	控制系统的连接：按 PLC 控制系统接线图在模拟配线板正确连接，元件在配线板上布置要合理，安装要准确紧固，配线导线要坚固、美观，导线要进行线槽，导线要有端子标号	40 分	（1）元件布置不整齐、不匀称、不合理，每只扣 1 分 （2）元件安装不牢固，每只扣 1 分 （3）损坏元件，每只扣 5 分 （4）主电路、控制电路布线不进行线槽、不美观，每根扣 1 分 （5）接点松动，露铜线过长，压绝缘层，标记线号不清，遗漏或误标，每处扣 1 分 （6）损伤导线绝缘，每根扣 2 分 （7）不按接线图接线，每处扣 2 分		

续表

序号	项目与考核要求	配分	评分标准	检测结果	得分
3	程序输入调试：正确使用 SWOPC - FXGP/WIN - C 输入程序并编辑，会向 PLC 中下载程序，熟悉 PLC 控制系统的调试步骤	30 分	（1）不会建立和保存新文件，扣 5 分 （2）不会输入程序或编辑，扣 5 分 （3）调试步骤不正确，每处扣 5 分		
4	安全文明生产：劳动保护用品穿戴整齐，电工工具佩带齐全，遵守操作规程	10 分	违反安全文明生产考核要求的每 1 项扣 1 分，扣完为止		

练习题

1. PLC 的内部结构由哪几部分构成？
2. 简述 PLC 的工作过程。
3. FX 系列 PLC 有哪些编程元件？

知识链接

一、PLC 型号命名方式

1. 型号命名

FX 系列 PLC 型号命名的基本格式如下：

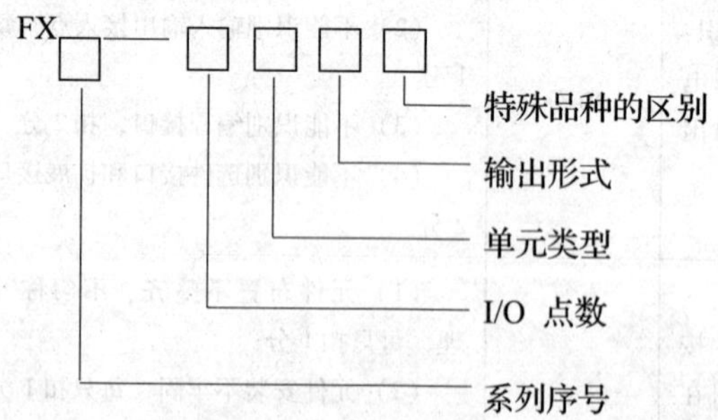

系列序号：FX_0、FX_{0N}、FX_{0S}、FX_{1N}、FX_{1S}、FX_2、FX_{2N}、FX_{2C}。

I/O 点数：14 ~ 256。

单元类型：M——基本单元；E——扩展单元及扩展模块。

输出形式：R——继电器输出；T——半导体管输出；S——晶闸管输出。

特殊品种区别：D——DC 电源，DC 输入；A1——AC 电源，AC 输入；H——大电流输出扩展模块（1 A/点）。

若无特殊品种区别符号，则是标准型，整机使用交流电源AC，输入用直流电源DC，继电器输出2 A/点，半导体管输出0.5 A/点，晶闸管输出0.3 A/点。

2. 单元构成

FX系列PLC是由基本单元、扩展单元及特殊功能单元构成的。

（1）基本单元

基本单元包括CPU、存储器、I/O和电源，是PLC的主要部分，如FX_{1N}－40MR。

（2）扩展单元

扩展单元用于增加I/O点数，内部有电源，如输入24点、输出16点的扩展单元FX_{0N}－40ER。

扩展模块用于增加I/O点数，内部无电源，如输入8点的扩展模块FX_{0N}－8EX，继电器输出8点的扩展模块FX_{0N}－8EYR。

（3）特殊功能单元

特殊功能单元是具有特殊用途的外部设备。模数转换单元，如FX_{2N}－2AD、FX_{2N}－4AD等；数模转换单元，如FX_{2N}－2DA、FX_{2N}－4DA等；定位控制单元，如FX_{2N}－10GM、FX_{2N}－20GM；脉冲输出单元，如FX_{2N}－1PG－E、FX_{2N}－10PG等。

二、PLC的电源

FX_{2N}系列PLC设备上有两组电源端子，分别完成PLC电源的输入和直流电源的输出，L、N为PLC电源端子。FX_{2N}系列PLC要求用单相交流电源供电，规格为AC85～264 V、50 Hz/60 Hz。在PLC内部有一开关电源，将单相交流电变换成直流电供PLC内部各元件使用或向外输出，24 V＋、COM就是该设备为外部传感器提供的直流24 V电源。输入回路的电源也由PLC内部的24 V电源提供，为减少接线，电源的正极在该设备内部已与输入回路连接，当某输入点需要输入信号时，只需将COM通过输入设备接至对应的输入点，一旦COM与对应的输入点接通，该点就为“ON”，此时对应的输入点指示灯亮。该设备的输入电源还有一接地端子，用于PLC的接地保护。FX_{2N}系列PLC基本单元的电源规格见表3—1—6。

表3—1—6　　FX_{2N}系列PLC基本单元的电源规格

项目	FX_{2N}－16M	FX_{2N}－32M	FX_{2N}－48M	FX_{2N}－64M	M FX_{2N}－80M	FX_{2N}－128M
额定电压	AC100～240 V					
电压允许范围	AC85～264 V					
额定频率	50/60 Hz					
允许瞬间停电时间	10 ms以下瞬间停电，能继续工作					
电源熔丝	250 V、3.15 A		250 V、5 A			
冲击电流	最大40 A、5 ms以下/AC100 V，最大60 A、5 ms以下/AC200 V					
耗电	30 W	40 W	50 W	60 W	70 W	100 W
传感器电源	DC24 V 250 mA以下	DC24 V 460 mA以下				

课题二　电动机正反转控制

任务　装调 PLC 控制电动机正、反转系统

能力目标

◇ 熟悉三菱 FX2N PLC 常用基本指令。

◇ 能根据控制电路图绘制相应的 PLC 控制梯形图、接线图。

◇ 会编制 PLC 控制电动机正、反转程序。

◇ 能调试 PLC 控制电动机正、反转系统。

任务引入

某企业生产流水线中的一台设备原用继电器接触器控制实现电动机的正、反转运行，电路如图 3—2—1 所示。现因产品改型升级，流水线需要改造，采用 PLC 控制。本任务将学习用 PLC 实现电动机的正反转控制。

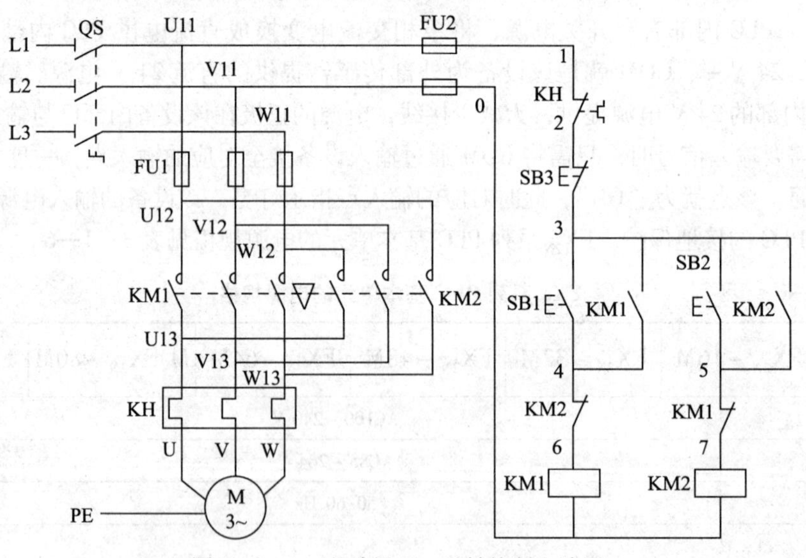

图 3—2—1　电动机正、反转控制电路图

相关知识

PLC 编程语言中，最常用的语言是梯形图和指令语句表。指令语句表的基本组成单元是一条条的指令语句，每个操作功能用一条指令语句来表示。指令的基本格式是：

步序	指令操作码	操作数
10	LD	X2

步序是说明指令在用户存储区的位置和程序执行的顺序；指令操作码是说明指令操作的内容；操作数是说明指令操作的对象。

一、基本控制指令

FX 系列 PLC 的基本指令有 27 条，这里先介绍本任务需要的几条基本指令。

1．逻辑行开始指令（LD、LDI）

在梯形图中，每个逻辑行都是从左母线开始，并通过各类常开触点或常闭触点与左母线连接，这时，对应的指令应该用 LD 指令或 LDI 指令。

（1）LD 指令

称为“取指令”。其功能是将常开触点与左母线连接。

（2）LDI 指令

称为“取反指令”。其功能是将常闭触点与左母线连接。

LD 指令和 LDI 指令表示逻辑运算开始。

2．输出指令（OUT）

OUT 指令称为“驱动指令”或“输出指令”。其功能是输出逻辑运算结果，也就是根据逻辑运算结果去驱动一个指定的线圈。OUT 指令不能用于驱动输入继电器 X。

LD、LDI、OUT 指令的应用如图 3—2—2 所示。

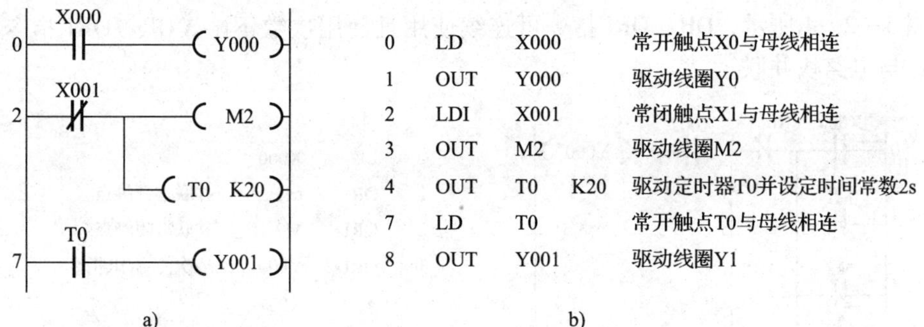

图 3—2—2 LD、LDI、OUT 指令应用

a）梯形图 b）指令语句表

3．触点串联指令（AND、ANI）

当常开触点（即触头）或常闭触点间串联时，应该使用 AND 或 ANI 指令。

（1）AND 指令

称为“与指令”。其功能是将常开触点与其他触点串联。

（2）ANI 指令

称为“与非指令”。其功能是将常闭触点与其他触点串联。

（3）AND、ANI 指令的应用

AND、ANI 指令的应用如图 3—2—3 所示。AND、ANI 指令可连续使用且使用次数不限。在 OUT 指令后还可通过串联触点对其他线圈使用 OUT 指令，称为纵接输出。AND、ANI 指令也可用于将触点与电路块串联。

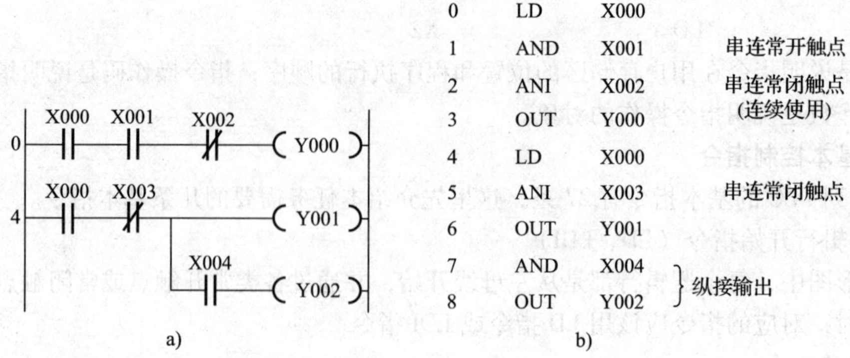

图 3—2—3　AND、ANI 指令应用

a）梯形图　b）指令语句表

4．触点并联指令（OR、ORI）

当常开触点或常闭触点间并联时，应该使用 OR 或 ORI 指令。

（1）OR 指令

称为“或指令”。其功能是将常开触点与其他触点并联。

（2）ORI 指令

称为“或非指令”。其功能是将常闭触点与其他触点并联。

（3）OR、ORI 指令的应用

如图 3—2—4 所示，OR、ORI 指令可连续使用且使用次数不限。OR、ORI 指令也可用于将触点与电路块并联。

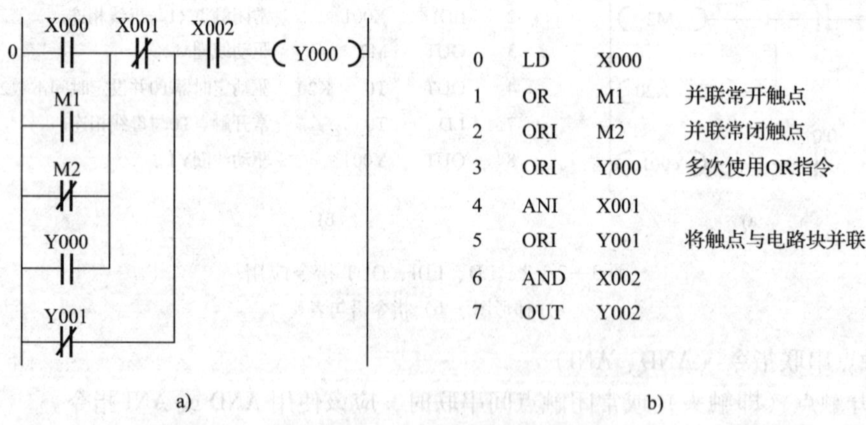

图 3—2—4　OR、ORI 指令的应用

a）梯形图　b）指令语句表

5．程序结束指令（END）

END 指令称为“结束指令”，它无操作元件。其功能是：执行到 END 指令后，END 指令后面的程序不再执行。一般在程序的最后写上 END 指令。

二、梯形图设计方法

梯形图中最左边的垂直线称左母线，最右边的垂直线称右母线，相当于继电器控制电路的两条电源线。画梯形图时每一个逻辑行必须从左母线开始，终止于右母线。

梯形图的设计方法与继电器控制电路的设计方法有所不同。直接用 PLC 中的相应软元件代换图 3—2—1 中的继电器得到的梯形图如图 3—2—5 所示。但该梯形图在转换成指令表时用到的指令种类和数量都多，如果将交织在一起的触点 X2 和 X3 分离，优化成图 3—2—6 所示的梯形图，转换成指令表时用的指令类型和指令数量都会减少，两母线间的逻辑行也更清晰，而其逻辑关系却没有改变。

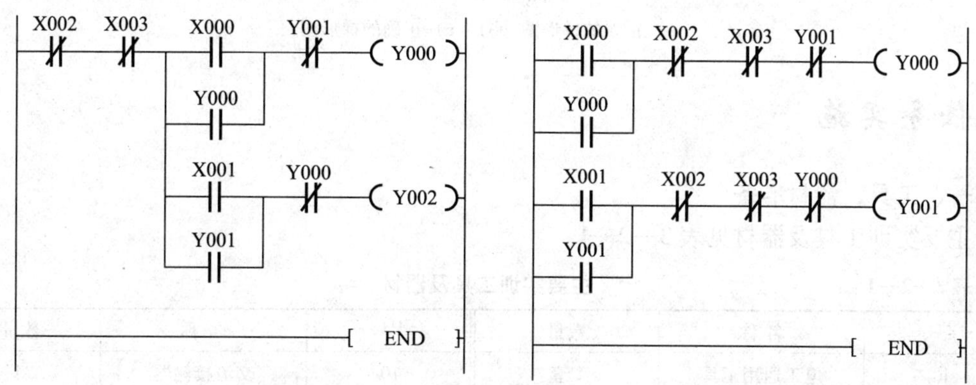

图 3—2—5　对应图 3—2—1 中继电器的梯形图　　图 3—2—6　对图 3—2—5 优化后的梯形图

设计梯形图时，一般要求：

1．梯形图的每一个逻辑行上，串联触点多的电路块应安排在最上面，如图 3—2—7 所示。

2．梯形图的每一个逻辑行上，并联触点多的电路块应安排在最左边，如图 3—2—8 所示。

3．在有线圈的并联电路中，单个线圈的电路应安排在最上面，如图 3—2—9 所示。

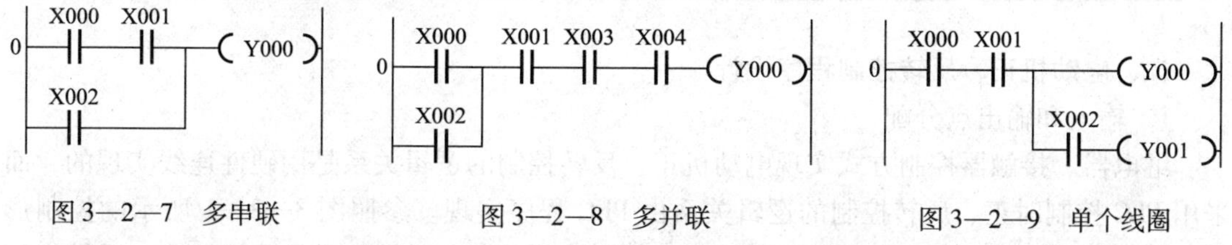

图 3—2—7　多串联　　图 3—2—8　多并联　　图 3—2—9　单个线圈

4．左母线只能直接连接各类继电器的触点，继电器的线圈不能直接连接左母线。右母线只能直接连接各类继电器的线圈，继电器的触点不能直接连接右母线。

图 3—2—10a 所示是错误的梯形图，一个错误是线圈 M1 直接接在左母线上，另一个错误是常开触点 X1 直接接在右母线上。

如果需要，在 PLC 开机后线圈 M1 就立即得电，可通过一个未使用的辅助继电器的常闭触点接左母线，如图 3—2—10b 所示；也可通过特殊继电器 M8000 的常开触点接左母线，如图 3—2—10c 所示。在 PLC 开机后，特殊继电器 M8000 的线圈就一直得电，M8000 的常开触点闭合，使 M1 线圈被驱动。

5．一般情况下，同一编号的线圈在梯形图中只能出现一次，而同一编号的触点在梯形图中可以重复出现。

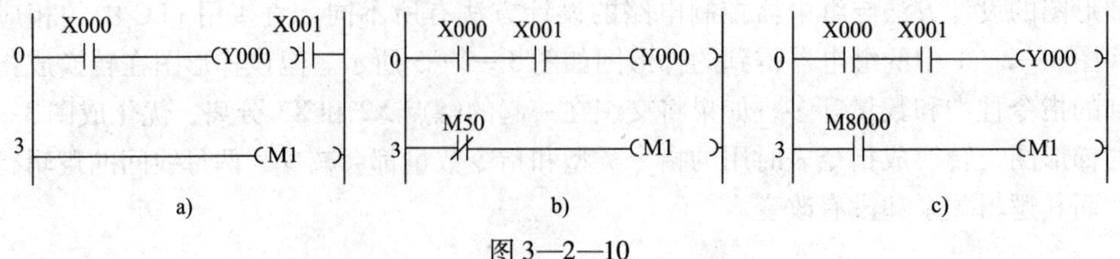

图 3—2—10

a）错误的梯形图　b）、c）正确的梯形图

任务实施

一、工具、器材准备

主要实训工具及器材见表 3—2—1。

表 3—2—1　　主要实训工具及器材

序号	名 称	数量	序号	名 称	数量
1	电工通用工具	1 套	10	交流接触器	2 只
2	万用表	1 块	11	热继电器	1 只
3	计算机	1 套	12	异步交流电动机	1 台
4	编程软件	1 套	13	端子排	1 条
5	PLC 模块	1 块	14	导轨	若干
6	配线板	1 块	15	导线	若干
7	断路器	1 只	16	号码套管	若干
8	熔断器	5 只	17	行线槽	若干
9	按钮	3 只	18	紧固螺栓	若干

二、电动机正、反转控制程序设计

1．输入和输出点分配

继电器、接触器控制方式实现电动机正、反转控制的逻辑关系是用硬件连线实现的，而采用 PLC 控制时正、反转控制的逻辑关系由 PLC 程序实现。参照图 3—2—1 所示的控制形式，PLC 实现电动机正、反转仍然通过按钮分别控制，正、反转都需自锁，且正、反转之间要有联锁，停止按钮只需一个，连续运转的电动机需要过载保护。所以，PLC 的输入需要 4 个点，输出需要 2 个点。输入/输出点的分配见表 3—2—2。

表 3—2—2　　输入/输出点分配表

输入			输出		
输入元件	输入点编号	作用	输出元件	输出点编号	作用
SB1	X0	正转启动	KM1	Y0	正转运行
SB2	X1	反转启动	KM2	Y1	反转运行
SB3	X2	停止			
KH	X3	过载保护			

2．I/O 接线图

PLC 控制电动机正反转的 I/O 接线如图 3—2—11 所示。

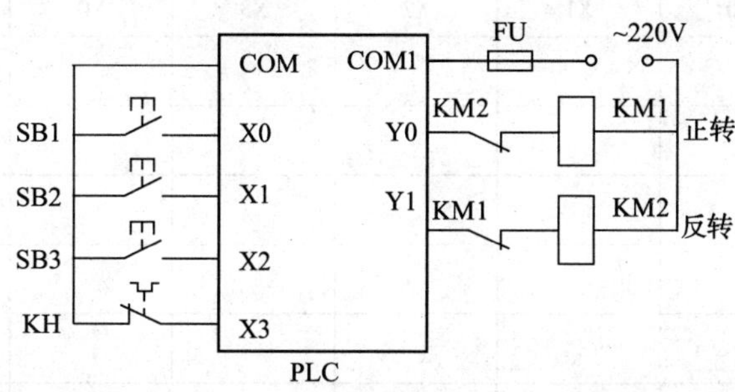

图 3—2—11　电动机正、反转 I/O 接线图

电动机由两个接触器分别控制两个旋转方向，两个旋转方向之间在硬件上要实现联锁。PLC 的外部输入元件的触点一般采用常开触点，这点与继电器、接触器控制方式不同。

3．控制程序

设计的控制程序如图 3—2—12 所示。

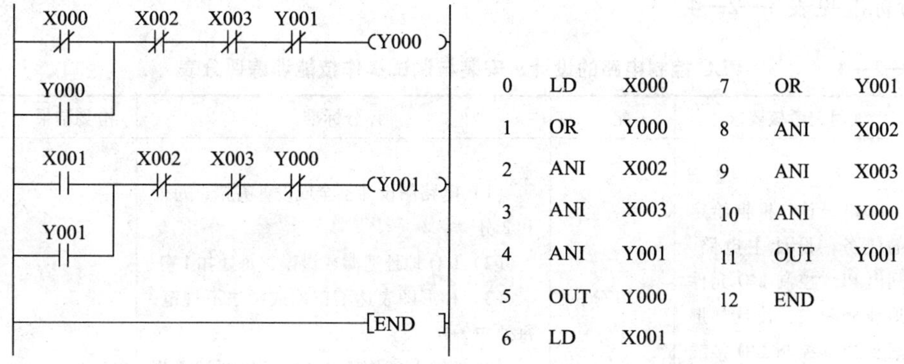

图 3—2—12　电动机正、反转控制程序

三、安装调试

1．按图 3—2—11 所示安装 PLC 控制线路，并检查正确性，确保无误。

2．连接好计算机与 PLC，将图 3—2—12 所示控制程序录入计算机，并输入到 PLC 中。

3．置 PLC 于运行状态，进行程序调试。

按表 3—2—3 所列步骤调试程序并做好记录，注意动作顺序。

表 3—2—3　　正、反转控制调试记录

操作步骤	输入				输出		
	X0	X1	X2	X3	Y0	Y1	动作过程
初始状态	0	0	0	0	0	0	停止
按下 SB1							
松开 SB1							

续表

操作步骤	输入				输出		
	X0	X1	X2	X3	Y0	Y1	动作过程
按下 SB3							
松开 SB3							
按下 SB2							
松开 SB2							
按下 SB3							
松开 SB3							
运行过程中 KH 动作							

注：用“0”表示输入、输出继电器失电，用“1”表示输入、输出继电器得电。

评分标准

评分标准见表 3—2—4。

表 3—2—4　　PLC 控制电路的设计、安装与调试操作技能训练评分表

序号	项目与考核要求	配分	评分标准	检测结果	得分
1	电路设计：根据给定的任务，设计主电路，列出 PLC 控制 I/O 元件地址分配表，设计梯形图及 PLC 控制 I/O 接线图	30 分	（1）电路图设计不全或设计有错，每处扣 2 分 （2）I/O 地址遗漏或错误，每处扣 1 分 （3）梯形图表达不正确或画法不规范，每处扣 2 分 （4）I/O 接线图表达不正确或画法不规范，每处扣 2 分		
2	安装与接线：按 PLC 控制 I/O 接线图在模拟配线板正确安装，元件在配线板上布置要合理，安装要准确紧固，配线导线要坚固、美观，导线要进行线槽，导线要有端子标号	35 分	（1）元件布置不整齐、不匀称、不合理，每只扣 1 分 （2）元件安装不牢固，每只扣 1 分 （3）损坏元件，扣 5 分 （4）主电路、控制电路布线不进行线槽、不美观，每根扣 0.5 分 （5）接点松动、露铜线过长、压缘层，标记线号不清、遗漏或误标，每处扣 0.5 分 （6）损伤导线绝缘，每根扣 0.5 分 （7）不按 PLC 控制 I/O 接线图接线，每处扣 2 分		

续表

序号	项目与考核要求	配分	评分标准	检测结果	得分
3	程序输入调试：正确输入程序并编辑，对程序进行模拟调试并达到设计要求	25 分	（1）不能熟练操作或编辑，扣 10 分 （2）不会调试或调试结果达不到要求，扣 15 分		
4	安全文明生产：劳动保护用品穿戴整齐，电工工具佩带齐全，遵守操作规程	10 分	违反安全文明生产考核要求的每 1 项扣 1 分，扣完为止		

练习题

1．将图 3—2—13 所示梯形图改写成指令表，并调试其程序。

2．优化图 3—2—14 所示梯形图，并将原梯形图和优化后的梯形图分别用编程软件录入计算机，进行比较，并转换成指令表。

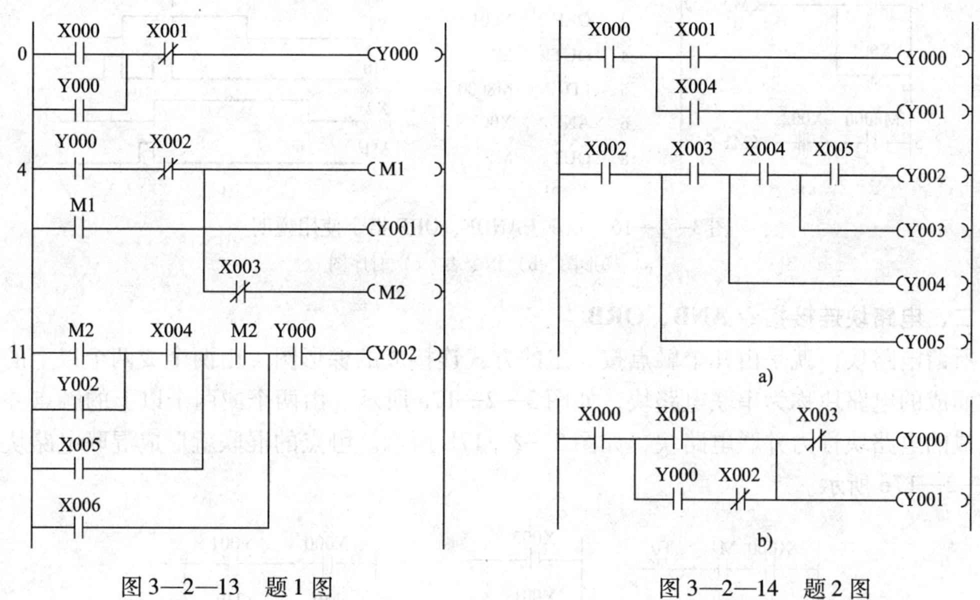

图 3—2—13　题 1 图　　　　图 3—2—14　题 2 图

3．用 FX_{2N} 系列 PLC 实现三相异步电动机的点动与连续混合的正转控制电路，要求画出 I/O 接线图，编程并调试。

知识链接

一、取脉冲指令 LDP、LDF、ANDP、ANDF、ORP、ORF

1．指令功能

LDP、ANDP、ORP 是脉冲上升沿检测指令，仅在指定元件的上升沿时，接通一个扫描周期。其操作元件可以是 X、Y、M、S、T、C。

LDF、ANDF、ORF 是下降沿检测指令，仅在指定元件的下降沿时，接通一个扫描周期。其操作元件可以是 X、Y、M、S、T、C。

2．指令应用

LDP、ANDP、ORP 指令的应用如图 3—2—15 所示，LDF、ANDF、ORF 指令的应用如图 3—2—16 所示。

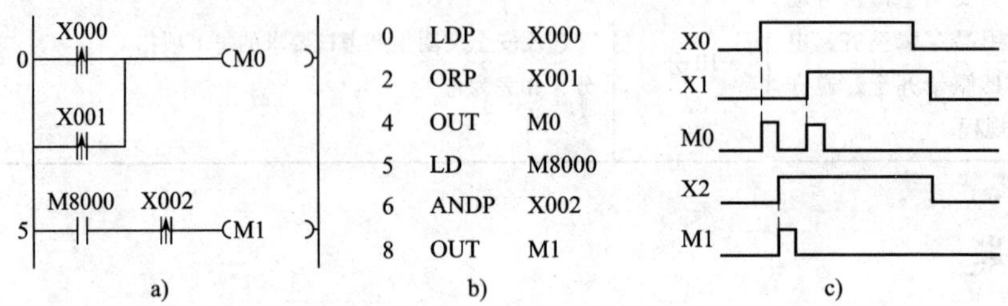

图 3—2—15　LDP、ANDP、ORP 指令使用说明

a）梯形图　b）指令表　c）时序图

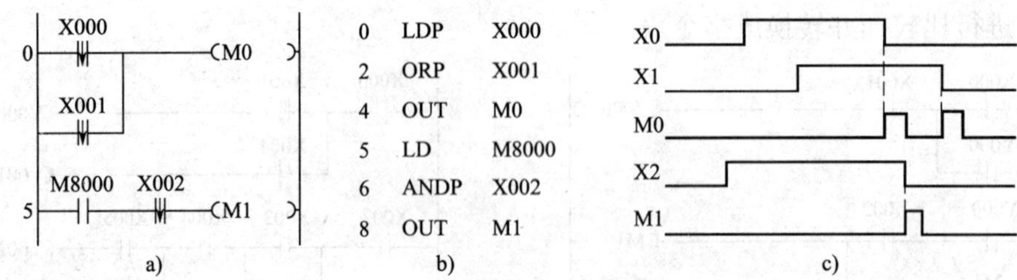

图 3—2—16　LDF、ANDF、ORF 指令使用说明

a）梯形图　b）指令表　c）时序图

二、电路块连接指令 ANB、ORB

所谓电路块，就是由几个触点按一定的方式连接成的梯形图。由两个或两个以上的触点串联而成的电路块称为串联电路块，如图 3—2—17a 所示。由两个或两个以上的触点并联连接而成的电路块称为并联电路块，如图 3—2—17b 所示。触点的混联就形成混联电路块，如图 3—2—17c 所示。

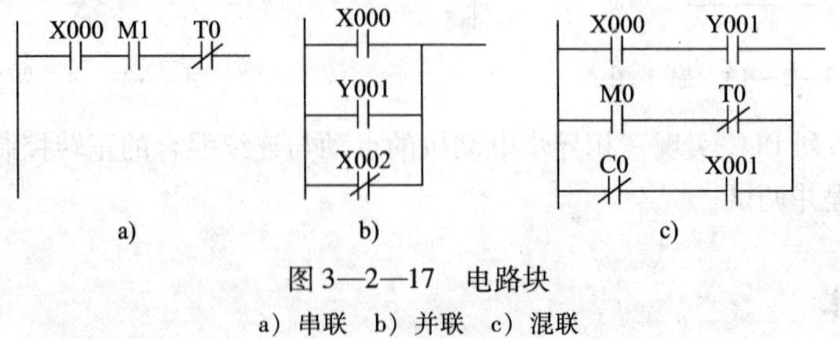

图 3—2—17　电路块

a）串联　b）并联　c）混联

1．电路块连接指令功能

在梯形图中，可能会出现电路块与电路块的串联或并联，这时要使用 ANB 或 ORB 指令，如图 3—2—18 所示。

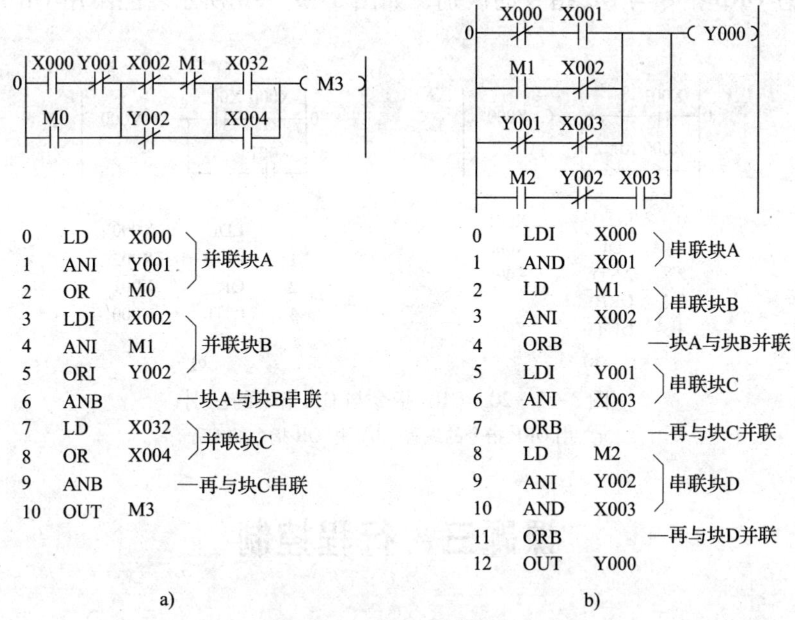

图 3—2—18　电路块的连接

a）并联电路块串联　b）串联电路块并联

（1）ANB 指令

称为“电路块与指令”。其功能是使电路块与电路块串联。

（2）ORB 指令

称为“电路块或指令”。其功能是使电路块与电路块并联。

ORB 和 ANB 指令都是独立指令，没有操作元件。

2. 指令应用及说明

（1）每一个电路块的第一个触点要使用 LD 或 LDI 指令，不管这个触点是否接左母线。

（2）当多个并联电路块串联时，可依次使用 ANB 指令；当多个串联电路块并联时，可依次使用 ORB 指令，且 ANB、ORB 指令的使用次数不限。

（3）注意 ANB 指令与 AND 指令的区别，如图 3—2—19 所示。能不用 ANB 指令的尽量不用。

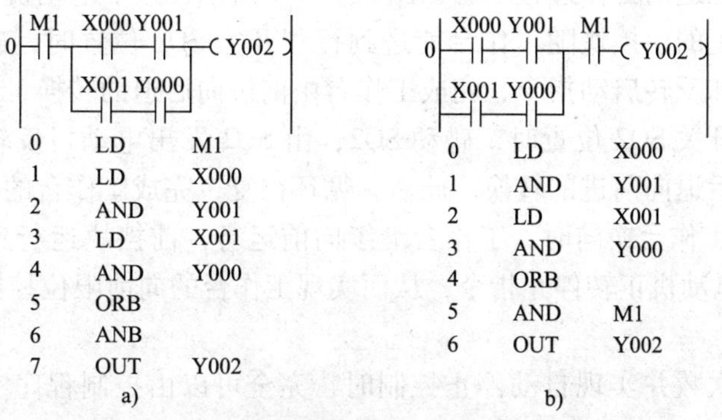

图 3—2—19　ANB 指令与 AND 指令的区别

a）用 ANB 指令的编程　b）用 AND 指令的编程

（4）注意 ORB 指令与 OR 指令的区别，如图 3—2—20 所示。能不用 ORB 指令的尽量不用。

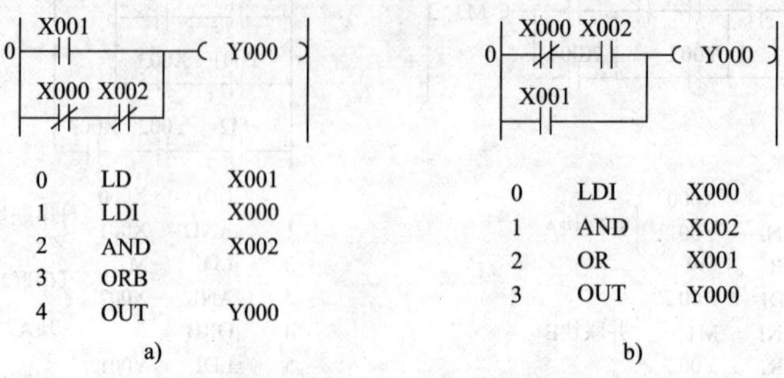

图 3—2—20　ORB 指令与 OR 指令的区别

a）用 ORB 指令的编程　b）用 OR 指令的编程

课题三　行程控制

任务　装调 PLC 行程控制系统

能力目标

◇ 熟悉常用 PLC 基本指令。

◇ 会使用计数器。

◇ 会编制行程控制程序。

◇ 能调试行程控制程序。

任务引入

某工作台自动往返的工作过程示意如图 3—3—1 所示，按下电动机正转启动按钮后，工作台前进，工作台上的前挡块随工作台前进到行程开关 SQ1 位置时，碰动 SQ1，由 SQ1 发出电动机正转停止和反转启动指令，完成工作台由前进向后退的转换；当工作台的后挡块随工作台后退到行程开关 SQ2 位置时，碰动 SQ2，由 SQ2 发出电动机反转停止和正转启动指令，完成工作台由后退向前进的转换。此后，循环往复，完成工作台的自动往返控制。

当 SQ1 不能使工作台换向时，工作台继续向前运行，前挡块运行到 SQ3 位置时，碰动 SQ3，由 SQ3 发出电动机正转停止指令，从而实现工作台的向前限位控制；向后的限位控制由 SQ4 实现。

需要记录往返次数并实现自动停止控制时，完全可以由控制程序实现，与硬件结构无关。

以下将介绍使用三菱 FX_{2N} 型 PLC 实现工作台的上述控制要求。

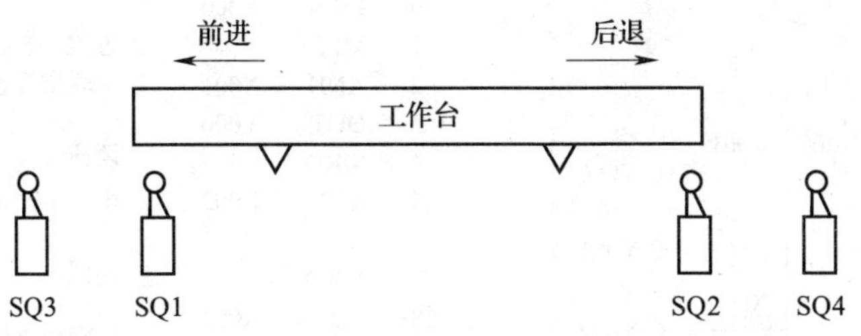

图 3—3—1　工作台自动往返示意图

相关知识

一、堆栈指令 MPS、MRD、MPP

在 FX 系列 PLC 中，有 11 个存储中间运算结果的存储器，称为栈存储器。这种栈存储器可以将触点之间的逻辑运算结果存储起来，并可以用指令将该存储结果取出，再参与其他触点之间的逻辑运算。

为便于说明，此处将 11 个栈存储器中的最上层一个单元称为 1 号单元，第二层称为 2 号单元……最下层一个单元称为 11 号单元。

对栈存储器进行操作时要用到堆栈指令 MPS、MRD、MPP。

1．指令功能

（1）MPS 指令

MPS 称为"进栈指令"。其功能是将当前逻辑运算结果存入栈存储器中的 1 号单元，栈存储器中原来的数据依次向下一个单元推移一层。

（2）MRD 指令

MRD 称为"读栈指令"。其功能是将栈存储器中 1 号单元的存储结果读出，栈存储器中每个单元中的内容不发生变化。

（3）MPP 指令

MPP 称为"出栈指令"。其功能是将栈存储器中 1 号单元的存储结果取出，栈存储器中原来的数据依次向上一个单元推移一层。

上述三条堆栈指令都是独立指令，没有操作元件。

2．指令应用及说明

堆栈指令的应用如图 3—3—2 所示。

（1）指令 MPS 或 MRD 或 MPP 之后若有单个常闭触点或常开触点串联，则应该用 ANI 指令或 AND 指令。

（2）指令 MPS 或 MRD 或 MPP 之后若无触点串联，直接驱动线圈，则应该用 OUT 指令。

（3）指令 MPS 或 MRD 或 MPP 之后若有触点组成的电路块串联，则应该用 ANB 指令。

（4）MPS 指令和 MPP 指令必须成对使用，缺一不可，MRD 指令有时可以不用，也可以多次使用。

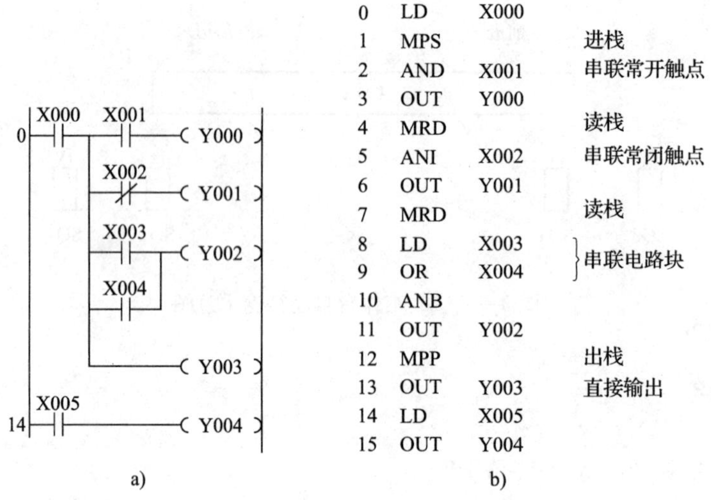

图 3—3—2 堆栈指令应用

a）梯形图 b）指令语句表

（5）MPS 指令连续使用次数（堆栈层数）最多不能超过 11 次。因为栈存储器只有 11 个单元。图 3—3—3 所示为二层栈的使用举例。

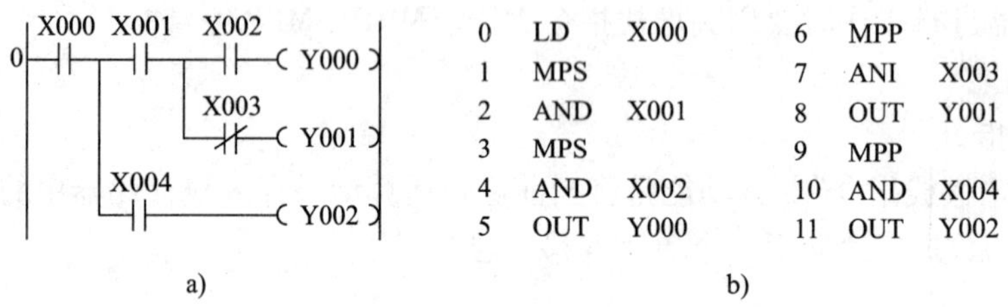

图 3—3—3 二层栈的应用

a）梯形图 b）指令语句表

二、主控与主控复位指令 MC、MCR

1．指令功能

（1）MC 指令

MC 称为“主控指令”。其功能是将左母线临时移到一个所需的位置，产生一个临时左母线，形成一个主控电路块。

MC 指令的操作元件由两部分组成，一部分是主控指令使用次数（N0 ~ N7），也称主控嵌套层数，一定要按从小到大的顺序使用；另一部分是操作元件，可以是输出继电器 Y 或辅助继电器 M，但不能是特殊继电器。

（2）MCR 指令

MCR 称为“主控复位指令”。其功能是取消临时左母线，即将左母线返回到原来位置，结束主控电路块。

MCR 指令的操作元件只有主控指令使用次数（N0 ~ N7），并且要与 MC 指令中的嵌套层数相一致。如果是多级嵌套，一定要按从大到小的顺序返回。

2．指令应用及说明

图 3—3—2 所示的控制功能采用 MC/MCR 指令实现时的梯形图和指令语句表如图 3—3—4 所示。

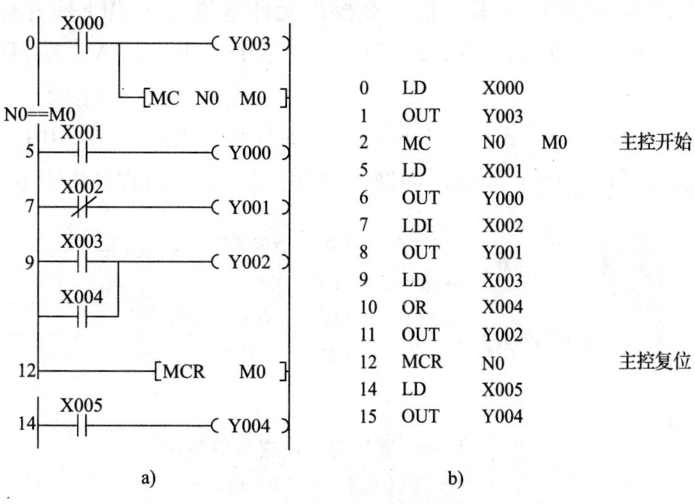

图 3—3—4　主控/主控复位指令的应用

a）梯形图　b）指令语句表

（1）尽管 MC 指令的操作元件可以是 Y 或 M，但在实际使用时，一般都使用 M。

（2）执行 MC 指令后，必须用 LD 指令或 LDI 指令开始写指令语句表，在主控电路块中触点之间的逻辑关系可以用触点连接的基本指令表示。

（3）MC 指令与 MCR 指令必须成对出现，缺一不可。

（4）MC/MCR 指令可以嵌套使用，即 MC 指令内可以再使用 MC 指令，这时嵌套级数的编号必须从 N0 到 N7 按顺序增加。主控返回使用 MCR 指令时，必须按从 N7 到 N0 的顺序依次解除嵌套。如图 3—3—5 所示是将图 3—3—3 改用主控嵌套指令编程得到的程序。

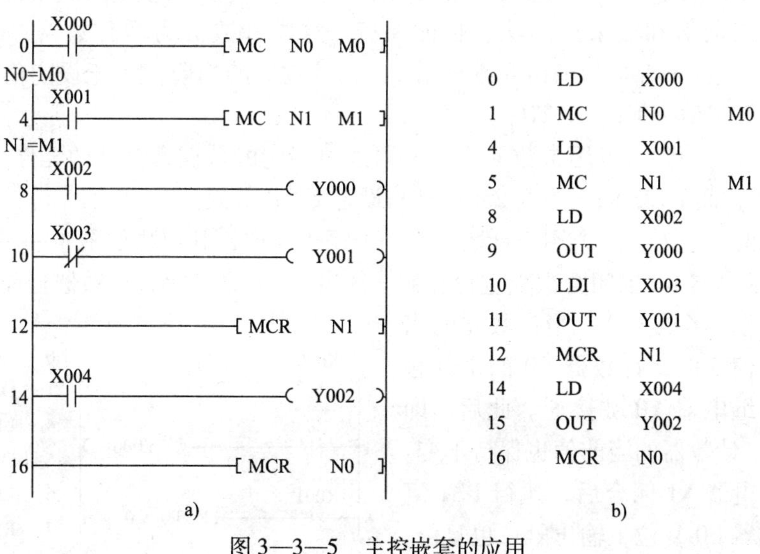

图 3—3—5　主控嵌套的应用

a）梯形图　b）指令语句表

三、置位与复位指令 SET、RST

SET 指令称为“置位指令”。其功能是令操作元件置位（为 ON）并保持置位状态。其操作元件可以是 Y、M、S。

RST 指令称为“复位指令”。其功能是令操作元件复位（为 OFF）并保持复位状态。其操作元件可以是 Y、M、S、T、C、V、Z、D。RST 指令对 T、C、V、Z、D 的操作主要是清零。

SET、RST 指令的应用如图 3—3—6 所示。由时序图可见，只要 X0 接通，即使再断开，Y0 也一直保持接通状态；当 X1 接通，即使再断开，Y0 也一直保持断开状态。

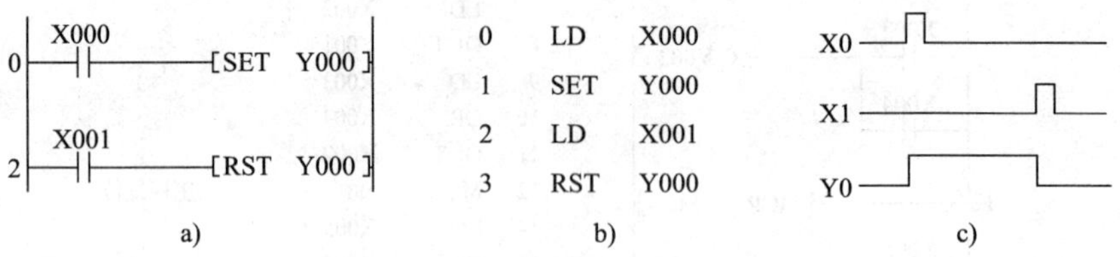

图 3—3—6　置位与复位指令的应用

a）梯形图　b）指令表　c）时序图

四、编程元件——计数器（C）

PLC 中的计数器有两种，一种是对内部元件（如 X、Y、M、S、T 和 C）的信号进行计数的计数器，称为内部信号计数器；另一种是对外部输入的高频率信号进行计数的计数器，称为高速计数器。高速计数器的有关知识将在后续内容中介绍，这里只介绍内部计数器。

内部计数器包含一点设定值寄存器、一点当前值寄存器以及输出触点，三者共用一个地址编号。计数器采用 C 与十进制数共同组成编号（只有输入、输出继电器才用八进制数），如 C0、C176 等。

1. 16 位增计数器（C0 ~ C199）

它共 200 点，其中 C0 ~ C99 共 100 点为通用型；C100 ~ C199 共 100 点为失电保持型，即使停电，其当前值和输出点的状态也能保持。这类计数器为增计数器，即有输入信号（上升沿）时，当前寄存器的值由 0 逐渐增 1，当计数器的当前值等于设定值时，输出触点动作。计数的设定值为 K1 ~ K32767。

计数器的设定值除了可用常数 K 外，还可通过指定的数据寄存器的元件号来间接设定。例如指定 D125，而 D125 的内容为 250，则与设定 K250 等效。

计数器有两个输入，一个用于计数，另一个用于复位，其用法如图 3—3—7 所示。计数器 C0 对输入继电器 X0 的闭合次数进行计数，每当 X0 闭合一次，计数器当前值增加 1（X0 断开时，计数器不会复位），当计数器的当前值等于设定值 5 时，计数器 C0 的常开触点闭合，输出继电器 Y0 被接通。此后，即使 X0 再接通，计数器的当前值也保持不变。当复位输入继电器 X1 闭合后，执行 RST 复位指令，计数器 C0 复位，输出触点也复位，Y0 被断开。

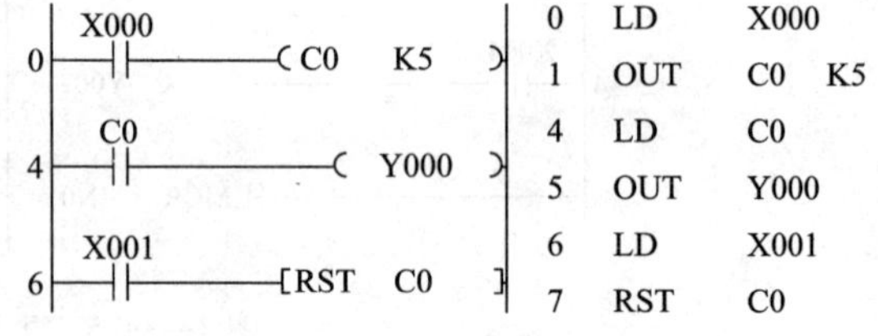

图 3—3—7　计数器的用法

2. 32 位双向计数器（C200～C234）

它共 35 点，其中 C200～C219 共 20 点为通用型；C220～C234 共 15 点为失电保持型。这类计数器与 16 位增计数器除位数不同外，还在于它能通过控制实现增/减双向计数，设定值范围均为 K－2147483648～K＋2147483647。

双向计数器的计数方向（作增计数器或减计数器）由特殊辅助继电器 M8200～M8234 设定，计数器与特殊辅助继电器一一对应，如 C210 的计数方向由 M8210 设定。当特殊辅助继电器接通（ON）时，对应计数器为减计数器，当特殊辅助继电器断开（OFF）时，对应计数器为增计数器。

双向计数器的设定值与 16 位计数器一样可直接用常数 K 或间接用数据寄存器 D 的内容作为设定值。在间接设定时，要用编号连在一起的两个数据寄存器。

双向计数器是循环计数器，当前值为＋2147483647 时，若再进行加计数，则当前值就成为－2147483648；同样当前值为－2147483648 时，若再进行减计数，则当前值就成了＋2147483647。当复位输入接通时，计数器的当前值变为 0，输出触点也复位。

任务实施

一、工具、器材准备

主要实训工具及器材见表 3—3—1。

表 3—3—1　　主要实训工具及器材

序号	名称	数量	序号	名称	数量
1	电工通用工具	1 套	11	交流接触器	2 只
2	万用表	1 块	12	热继电器	1 只
3	计算机	1 套	13	异步交流电动机	1 台
4	编程软件	1 套	14	端子排	1 条
5	PLC 模块	1 台	15	导轨	若干
6	配线板	1 块	16	导线	若干
7	断路器	1 只	17	号码套管	若干
8	熔断器	5 只	18	行线槽	若干
9	按钮	3 只	19	紧固螺栓	若干
10	行程开关	4 只			

二、行程控制程序设计

1. 输入/输出点分配

用 PLC 来控制图 3—3—1 所示的工作台自动往返工作，PLC 的输入需要 8 个点，输出需要 2 个点。输入/输出点分配见表 3—3—2。

表 3—3—2　　　　　　　　　　　　　　**输入/输出点分配表**

输入			输出		
输入元件	输入点编号	作用	输出元件	输出点编号	作用
SB1	X0	前进启动	KM1	Y0	前进
SB2	X1	后退启动	KM2	Y1	后退
SB3	X2	停止			
KH	X3	过载保护			
SQ1	X4	前进转后退			
SQ2	X5	后退转前进			
SQ3	X6	前限位			
SQ4	X7	后限位			

2. I/O 接线图

PLC 的 I/O 接线如图 3—3—8 所示。

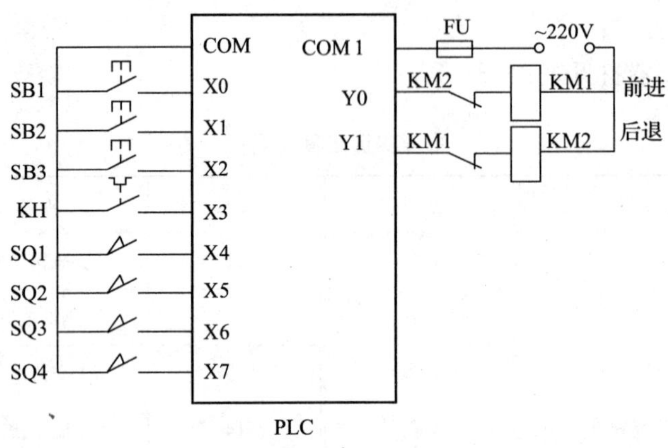

图 3—3—8　工作台自动往返 I/O 接线图

3. 工作台自动往返控制程序一

在前文中所介绍的电动机正、反转控制程序基础上，增加行程控制，得到工作台自动往返控制程序，如图 3—3—9 所示。

4. 工作台自动往返控制程序二

图 3—3—9 所示梯形图中的 X2 和 X3 是两个逻辑行的共有元件，可将其提取出来得到类似于继电器控制原理图的梯形图，如图 3—3—10a 所示，其逻辑关系更明确。编写与之对应的指令表时要用到多路输出指令——堆栈指令或主控指令，对应的控制程序如图 3—3—10b和图 3—3—11 所示。

5. 工作台自动往返控制程序三

上述控制程序一、程序二没有记录往返次数。当要求往返 8 次后自动停止运行时，其控制程序如图 3—3—12 所示。

a)

步	指令	元件	步	指令	元件
0	LD	X000	10	OR	Y001
1	OR	Y000	11	OR	X004
2	OR	X005	12	ANI	X005
3	ANI	X004	13	ANI	X007
4	ANI	X006	14	ANI	X002
5	ANI	X002	15	ANI	X003
6	ANI	X003	16	ANI	Y000
7	ANI	Y001	17	OUT	Y001
8	OUT	Y000	18	END	
9	LD	X001			

b)

图 3—3—9　工作台自动往返控制程序

a）梯形图　b）指令语句表

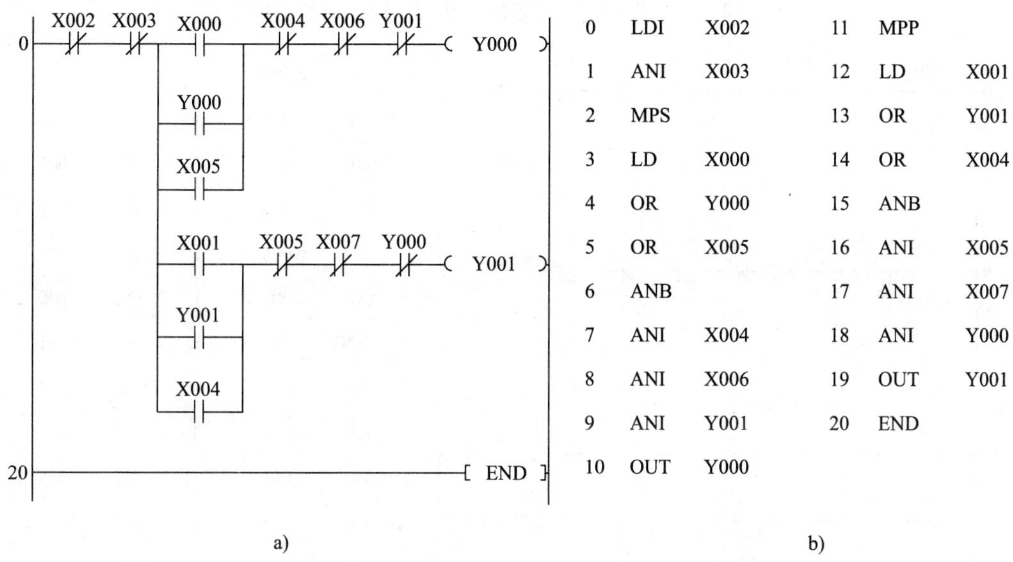

步	指令	元件	步	指令	元件
0	LDI	X002	11	MPP	
1	ANI	X003	12	LD	X001
2	MPS		13	OR	Y001
3	LD	X000	14	OR	X004
4	OR	Y000	15	ANB	
5	OR	X005	16	ANI	X005
6	ANB		17	ANI	X007
7	ANI	X004	18	ANI	Y000
8	ANI	X006	19	OUT	Y001
9	ANI	Y001	20	END	
10	OUT	Y000			

a)　　　　b)

图 3—3—10　堆栈指令实现的工作台自动往返控制程序

三、安装调试

1. 按图 3—3—8 所示安装 PLC 控制线路，并检查正确性，确保无误。

2. 连接好计算机与 PLC，将图 3—3—9 所示控制程序录入计算机并输入到 PLC 中。

3. 置 PLC 于运行状态，进行程序调试。

按表 3—3—3 所示步骤调试程序并做好记录，注意动作顺序。

4. 按上述步骤调试图 3—3—10、图 3—3—11 所示程序，并与图 3—3—9 所示程序比较动作过程。

5. 按上述步骤调试图 3—3—12 所示程序，注意计数器的工作情况。

a)

步	指令	元件	步	指令	元件
0	LDI	X002	12	LD	X001
1	ANI	X003	13	OR	Y001
2	MC	N0 M0	14	OR	X004
5	LD	X000	15	ANI	X005
6	OR	Y000	16	ANI	X007
7	OR	X005	17	ANI	Y000
8	ANI	X004	18	OUT	Y001
9	ANI	X006	19	MCR	N0
10	ANI	Y001	21	END	
11	OUT	Y000			

b)

图 3—3—11　主控指令实现的工作台自动往返控制程序

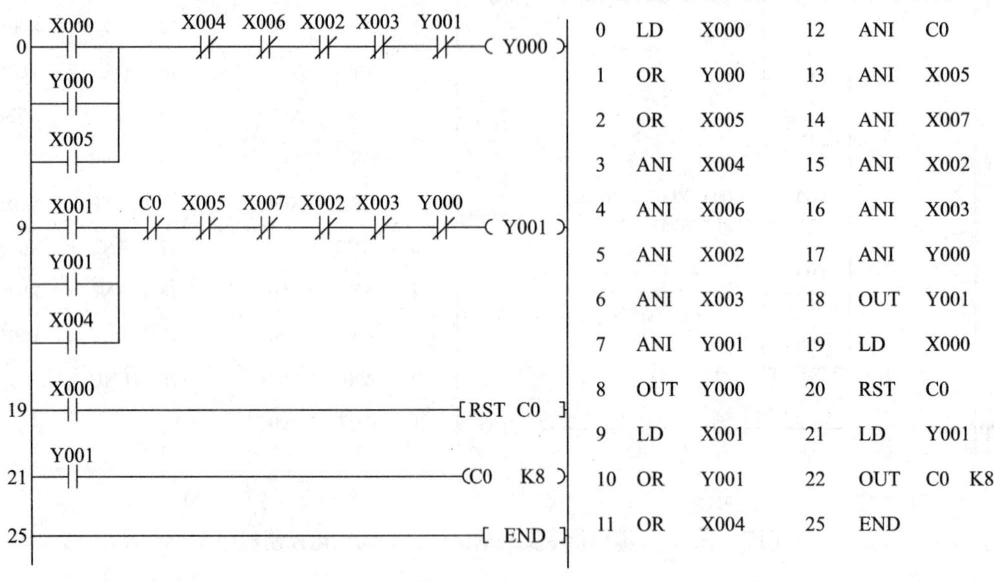

a)　b)

图 3—3—12　带计数控制的工作台自动往返控制程序

表 3—3—3　**行程控制调试记录**

操作步骤	输入								输出		
	X0	X1	X2	X3	X4	X5	X6	X7	Y1	Y2	动作过程
初始状态	0	0	0	0	0	0	0	0	0	0	停止
按下 SB1											

续表

操作步骤	输入								输出		
	X0	X1	X2	X3	X4	X5	X6	X7	Y1	Y2	动作过程
松开 SB1											
碰撞 SQ1											
复位 SQ1											
碰撞 SQ2											
复位 SQ2											
按下 SB2											
松开 SB2											
碰撞 SQ2											
碰撞 SQ1											
SQ1 失灵，碰撞 SQ3											
SQ2 失灵，碰撞 SQ4											
运行过程中 KH 动作											
按下 SB3											
松开 SB3											

注：用“0”表示输入输出继电器不得电，用“1”表示输入输出继电器得电。

评分标准

表 3—3—4　PLC 控制电路的设计、安装与调试操作技能训练评分表

序号	项目与考核要求	配 分	评分标准	检测结果	得分
1	电路设计：根据给定的任务，设计主电路，列出 PLC 控制 I/O 元件地址分配表，设计梯形图及 PLC 控制 I/O 接线图	30 分	（1）电路图设计不全或设计有错，每处扣 2 分 （2）I/O 地址遗漏或错误，每处扣 1 分 （3）梯形图表达不正确或画法不规范，每处扣 2 分 （4）I/O 接线图表达不正确或画法不规范，每处扣 2 分		
2	安装与接线：按 PLC 控制 I/O 接线图在模拟配线板正确安装，元件在配线板上布置要合理，安装要准确紧固，配线导线要坚固、美观，导线要进行线槽，导线要有端子标号	35 分	（1）元件布置不整齐、不匀称、不合理，每只扣 1 分 （2）元件安装不牢固，每只扣 1 分 （3）损坏元件，扣 5 分 （4）主电路、控制电路布线不进行线槽、不美观，每根扣 0.5 分 （5）接点松动、露铜线过长、压绝缘层、标记线号不清、遗漏或误标，每处扣 0.5 分 （6）损伤导线绝缘，每根扣 0.5 分 （7）不按 PLC 控制 I/O 接线图接线，每处扣 2 分		

续表

序号	项目与考核要求	配分	评分标准	检测结果	得分
3	程序输入调试：正确输入程序并编辑，对程序进行模拟调试并达到设计要求	25 分	（1）不能熟练操作或编辑，扣 10 分 （2）不会调试或调试结果达不到要求扣 15 分		
4	安全文明生产：劳动保护用品穿戴整齐，电工工具佩带齐全，遵守操作规程	10 分	违反安全文明生产考核要求的每 1 项扣 1 分，扣完为止		

练习题

1．将图 3—3—13 所示梯形图改写成指令表程序。

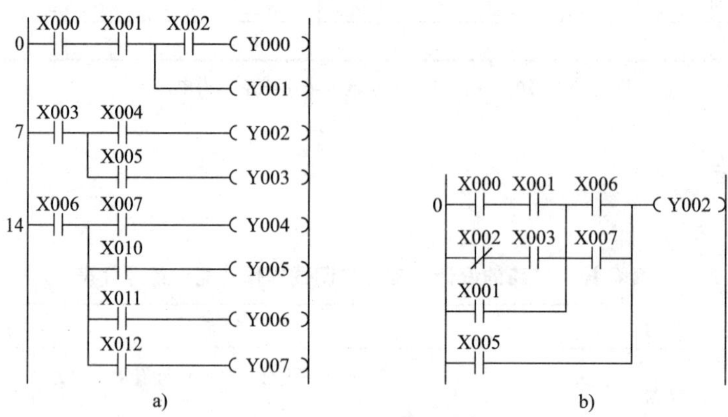

图 3—3—13　题 1 图

2．将图 3—3—14 所示指令表程序改写成梯形图。

0	LD	X002	9	MPP	
1	AND	M6	10	ANI	X034
2	MPS		11	SET	M35
3	LD	X012	12	MRD	
4	ORI	X023	13	AND	X001
5	ANB		14	OUT	Y024
6	MPS		15	MPP	
7	AND	X005	16	ANDP	X006
8	OUT	M12	18	OUT	Y002

图 3—3—14　题 2 图

3．设计一灯光闪烁电路，要求按下启动按钮后开始闪烁，每秒闪烁一次（用特殊辅助继电器 M8013 实现），闪烁 10 次后自动停止。试画出 PLC 接线图，编程并调试。

4．如图 3—3—15 所示，某送料小车在 SQ1 处按下启动按钮后，前进至 SQ2 立即返回，再后退至 SQ1 处时自动停止。试画出 PLC 的 I/O 接线图，编程并调试。

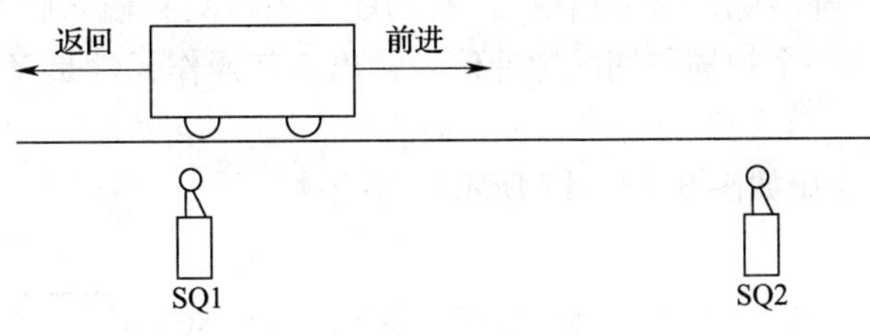

图 3—3—15　题 4 图

知识链接

一、双向计数器的应用

双向计数器的用法除了控制计数方向外，与增计数器的用法一样。计数方向的控制由特殊辅助继电器实现。其具体用法如图 3—3—16 所示。

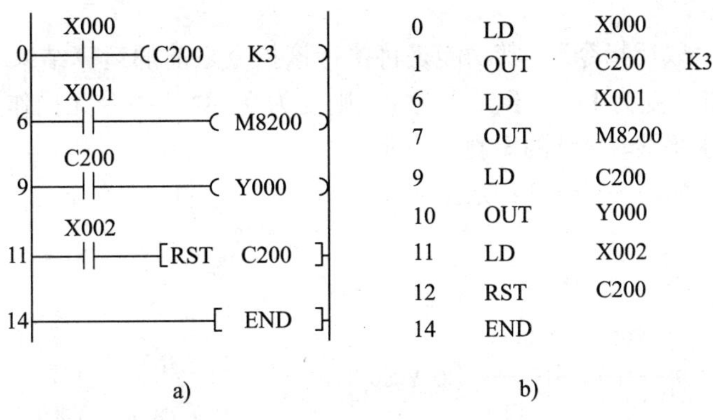

0	LD	X000	
1	OUT	C200	K3
6	LD	X001	
7	OUT	M8200	
9	LD	C200	
10	OUT	Y000	
11	LD	X002	
12	RST	C200	
14	END		

图 3—3—16　双向计数器的用法
a）梯形图　b）指令语句表

C200 为 32 位双向计数器，X0 为计数输入，X2 为复位信号其设定值为 3。M8200 是控制 C200 计数方向的特殊辅助继电器，其状态由 X1 控制，X1 断开时，M8200 为 OFF，C200 为增计数器；X1 接通时，M8200 为 ON，C200 为减计数器。

使 X0 接通三次，C200 的当前值由 0 增到 3，C200 变为 ON，Y0 变为 ON。继续接通 X0，C200 的当前值继续增加，但 Y0 仍为 ON。接通 X1，M8200 变为 ON，C200 变为减计数器，再次接通 X0，C200 的当前值开始减小，当前值由 3 变 2 时，C200 复位为 OFF，Y0 复位为 OFF。

二、其他基本指令

1．脉冲微分指令 PLS、PLF

脉冲微分指令主要用于检测输入脉冲的上升沿或下降沿，当条件满足时，产生一个很窄的脉冲信号输出。

PLS 指令称为“上升沿脉冲微分指令”。其功能是当检测到输入脉冲的上升沿时，使操作元件产生一个宽度为一个扫描周期的脉冲信号输出。其操作元件是 Y、M，不含特殊继电器。

PLF 指令称为“下降沿脉冲微分指令”。其功能是当检测到输入脉冲的下降沿时，使操作元件产生一个宽度为一个扫描周期的脉冲信号输出。其操作元件是 Y、M，不含特殊继电器。

PLS、PLF 指令的应用如图 3—3—17 所示。

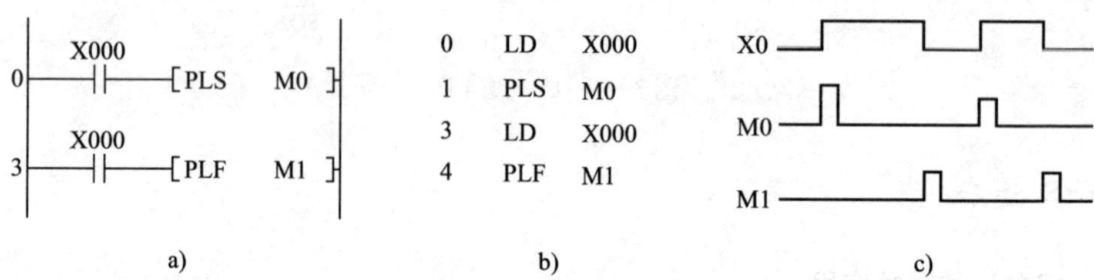

图 3—3—17 脉冲微分指令的应用

a）梯形图 b）指令语句表 c）时序图

2．取反指令 INV

INV 指令称为“取反指令”。其功能是将执行该指令之前的运算结果取反。它前面的运算结果如为 0，则将其变为 1；运算结果为 1，则变为 0。INV 指令无操作元件。INV 指令在梯形图中用一条与水平线呈 45°的短斜线表示。

INV 指令的应用如图 3—3—18 所示。

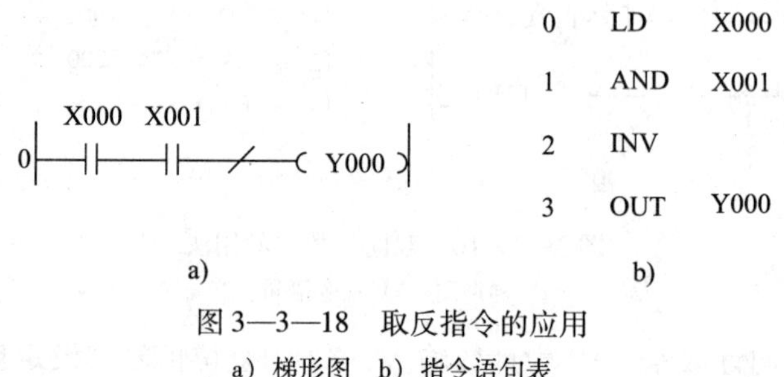

图 3—3—18 取反指令的应用

a）梯形图 b）指令语句表

3．空操作指令 NOP

NOP 指令称为“空操作指令”。NOP 指令无操作元件。其主要功能是用于调试程序，也可用于延长扫描周期。

在调试程序时，用 NOP 指令替代已写入的指令，可以改变电路的逻辑关系。AND、ANI 指令用 NOP 指令代替可使相关触点短路，OR、ORI 指令用 NOP 指令代替可使相关触点断路。NOP 指令应用如图 3—3—19 所示。

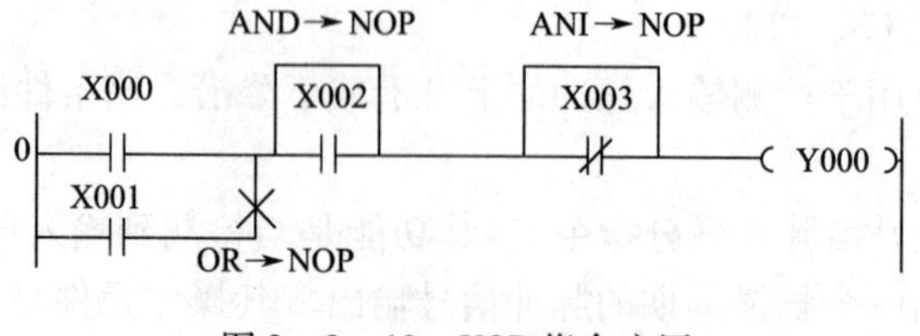

图 3—3—19 NOP 指令应用

课题四　顺 序 控 制

任务　装调 PLC 顺序控制系统

能力目标

◇ 掌握顺序控制的实现方法。
◇ 会使用定时器。
◇ 会编制顺序控制程序。
◇ 能调试顺序控制程序。

任务引入

某输送线由两条传送带组成，如图 3—4—1 所示。1 号和 2 号两条传送带分别由交流异步电动机 M1 和 M2 驱动，为了避免运送的物料在 2 号传送带上堆积，按下启动按钮 SB1 后，2 号传送带开始启动运行，5 s 后 1 号传送带自行启动。完成相关工作后按下停止按钮 SB2 时，则是 1 号传送带先停止，10 s 后 2 号传送带才能停止。本任务将介绍使用三菱 FX_{2N} 型 PLC 实现上述控制要求。

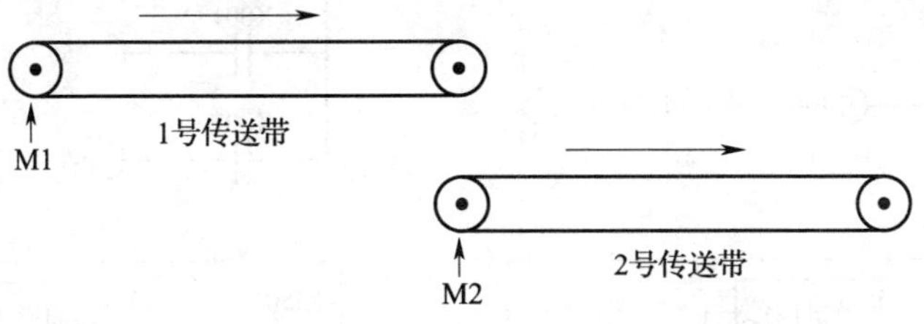

图 3—4—1　两条传送带组成的输送线

相关知识

一、编程元件——定时器（T）

定时器在 PLC 中的作用相当于时间继电器，它有一个设定值寄存器，一个当前值寄存器以及输出触点，三者使用同一地址编号。定时器内部有计数器，通过计数器对时钟脉冲进行计数来实现定时，时钟脉冲有 1 ms、10 ms、100 ms 三种，当所计时间到达设定值时，其输出触点动作。定时器采用 T 与十进制数共同组成编号（只有输入输出继电器才用八进制数），如 T0、T176 等。

定时器可以由用户程序存储器内的常数 K 作设定值，也可将数据寄存器（D）的内容作设定值。

FX_{2N}系列 PLC 内定时器可分为通用定时器、积算定时器两种，其地址编号和设定值如下：

1．通用定时器

（1）100 ms 通用定时器（T0～T199）

共 200 点，这类定时器对 100 ms 时钟脉冲累积计数，设定值为 1～32 767，所以其定时范围为 0.1～3 276.7 s。

（2）10 ms 通用定时器（T200～T245）

共 46 点，这类定时器对 10 ms 时钟脉冲累积计数，设定值为 1～32 767，所以其定时范围为 0.01～327.67 s。

图 3—4—2 所示为通用定时器原理图。当驱动定时器线圈 T200 的输入 X0 接通时，T200 的当前值计数器对 10 ms 的时钟脉冲进行累积计数。当计数值与设定值 K1500（1 500 ×0.01 s＝15 s）相等时，定时器的输出触点接通。

当输入 X0 断开或电源中途发生停电时，定时器复位，输出触点也复位。

2．积算定时器

（1）1 ms 积算定时器（T246～T249）

共 4 点，是对 1 ms 时钟脉冲累积计数，定时范围为 0.001～32.767 s。

（2）100 ms 积算定时器（T250～T255）

共 6 点，是对 100 ms 时钟脉冲累积计数，定时范围为 0.1～3 276.7 s。

图 3—4—3 所示为积算定时器的原理图。当 X1 接通时，定时器 T250 的线圈被驱动，T250 的当前值计数器开始累计 100 ms 时钟脉冲个数，当计数值与设定值 K200（200 ×0.1 s＝20 s）相等时，定时器的输出触点接通。

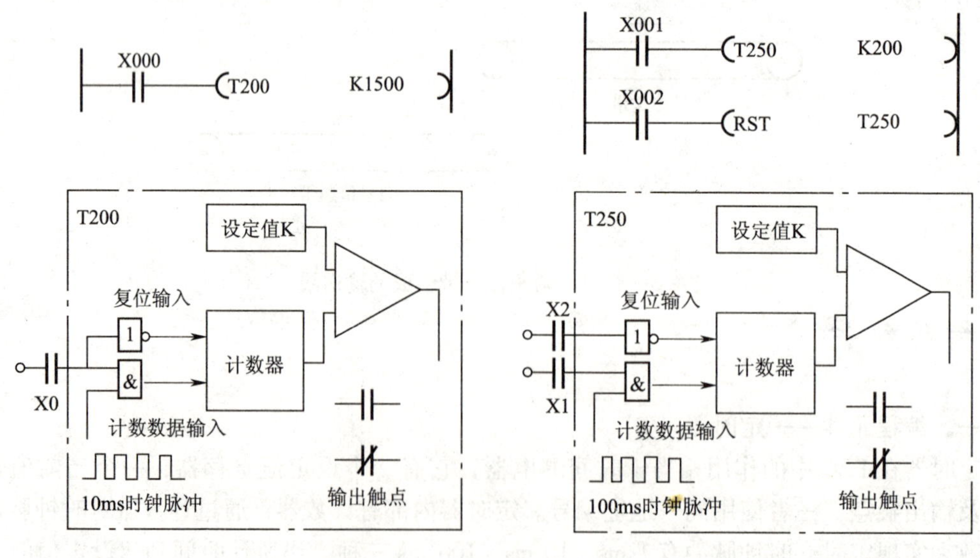

图 3—4—2　通用定时器原理图

图 3—4—3　积算定时器原理图

在定时器计时的过程中，即使输入 X1 断开或发生停电，当前值也可保持。输入 X1 再次接通或复电时，定时器内的脉冲计数器继续计数，当累积时间达 20 s 时 T250 的触点动作。

任何时候，复位输入 X2 接通，计数器复位，定时器的输出触点也复位。

3．通用定时器与积算定时器的比较

通用定时器没有电池后备，在定时过程中，若停电或驱动定时器线圈的输入断开，定时器内的脉冲计数器将不保存计数值，当复电后或驱动定时器线圈的输入再次接通后，计数器又从零开始计数。积算定时器由于有锂电池后备，当定时过程中突然停电或驱动定时器线圈的输入断开，定时器内计数器将保存当前值，在复电或驱动定时器线圈的输入接通后，计数器继续计数直到计数值与设定值相等。使用积算定时器时，一般要用复位指令将定时器复位。

4．定时器的用法

通用定时器只需一个输入端，接通时启动定时器，断开时定时器复位。积算定时器有两个输入端，一个用于启动定时器，一个用于定时器复位。启动定时器时用 OUT 指令，复位积算定时器时用 RST 指令。如图 3—4—4 所示。

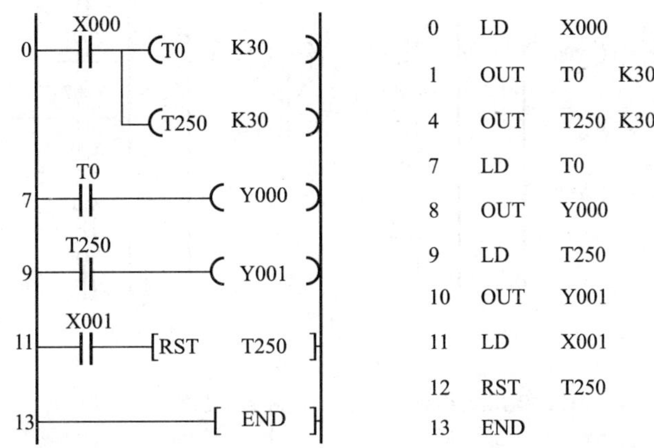

图 3—4—4　定时器的应用梯形图

T0 为 100 ms 通用定时器，T250 为 100 ms 积算定时器，设定时间常数为 30，则设定定时时间为 3 000 ms（即 3 s）。

X0 为 ON 并持续 3 s 以上时，可看到 Y0 和 Y1 在 3 s 时同时为 ON。X0 变为 OFF 时，T0 立即复位，Y0 也复位为 OFF；T250 保持原状态，Y1 继续保持为 ON，直到 X1 为 ON，T250 才复位，Y1 随之复位为 OFF。

当 X0 间歇性为 ON，每次为 ON 的时间不超过 3 s，累计时间超过 3 s 时，Y0 始终为 OFF；累计时间达 3 s 时，Y1 变为 ON，直到 X1 为 ON，Y1 复位为 OFF。

二、断电延时问题

FX_{2N}系列 PLC 的定时器都是通电延时定时器，即从启动信号的上升沿（由 OFF 变为 ON 的瞬间）开始计时。当需要从启动信号的下降沿开始计时的时候可用图 3—4—5 所示程序。当 X1 接通时（上升沿），X1 的常开触点闭合，常闭触点断开，Y0 接通并自锁，T0 因 X1 的常闭触点断开而不启动。当 X1 断开后（下降沿），X1 的常开触点断开，常闭触点闭合，由于 Y0 的自锁作用，Y0 仍保持接通，T0 由于 X1 的常闭触点闭合而启动，开始定时，定时 5 s 后，T0 常闭触点断开，Y0 和 T0 同时断开。实现了输入信号断开后，输出延时断开的目的。

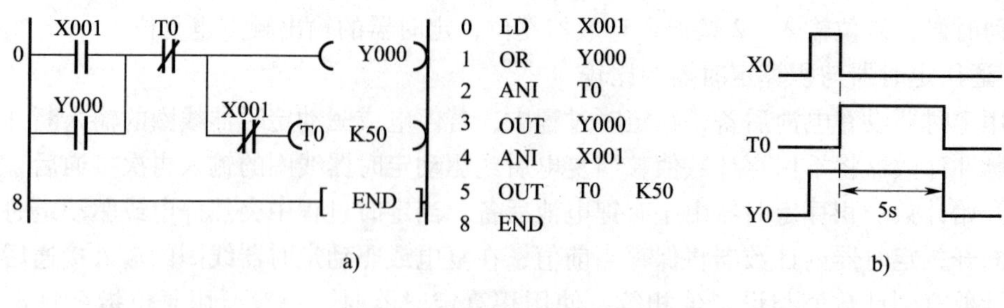

图3—4—5 断电延时定时器

a）程序 b）时序图

三、双线圈问题

同一编号的线圈在程序中使用两次或两次以上称为双线圈输出。双线圈输出容易引起误操作，一般程序中应该避免双线圈输出，如图3—4—6所示。

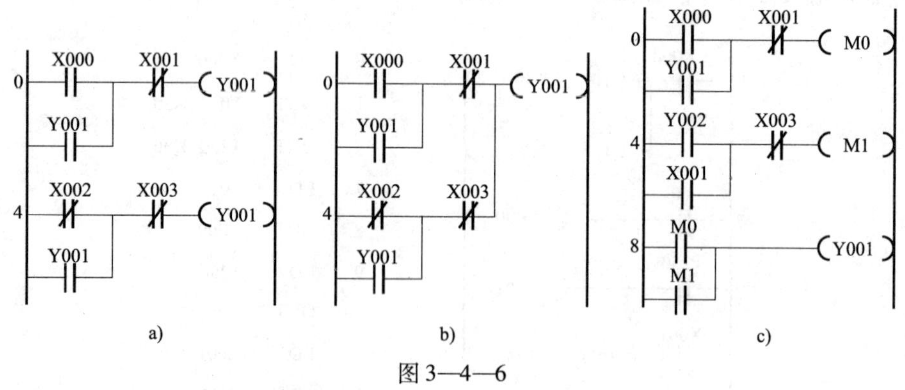

图3—4—6

a）双线圈输出的梯形图 b）、c）避免双线圈输出的梯形图

任务实施

一、工具器材准备

主要实训工具及器材见表3—4—1。

表3—4—1　　主要实训工具及器材

序号	名称	数量	序号	名称	数量
1	电工通用工具	1套	10	交流接触器	2只
2	万用表	1块	11	异步电动机	2台
3	计算机	1套	12	端子排	1条
4	编程软件	1套	13	导轨	若干
5	PLC模块	1台	14	导线	若干
6	配线板	1块	15	号码管	若干
7	断路器	1只	16	行线槽	若干
8	熔断器	5只	17	紧固螺栓	若干
9	按钮	2只			

二、顺序控制程序设计

1．输入、输出点分配

两条传送带顺序工作，属于一台生产机械，对其进行控制时只需一个启动按钮 SB1 和一个停止按钮 SB2。两条传送带由两台电动机分别驱动，就需要两个接触器，两个接触器之间不能联锁。两台电动机都是长期工作，需要过载保护，为简化电路与程序，这里省略过载保护。两台电动机间的工作顺序（即两条传送带间的工作顺序）由软件来控制。所以，实现本任务时 PLC 的输入只需 2 个点，输出只需 2 个点。输入/输出点分配见表 3—4—2。

表 3—4—2　输入和输出点分配表

输入			输出		
输入元件	输入点编号	作用	输出元件	输出点编号	作用
SB1	X0	启动	KM1	Y0	控制 1 号传送带
SB2	X1	停止	KM2	Y1	控制 2 号传送带

2．PLC 控制线路

两条传送带顺序工作的 PLC 控制线路如图 3—4—7 所示。

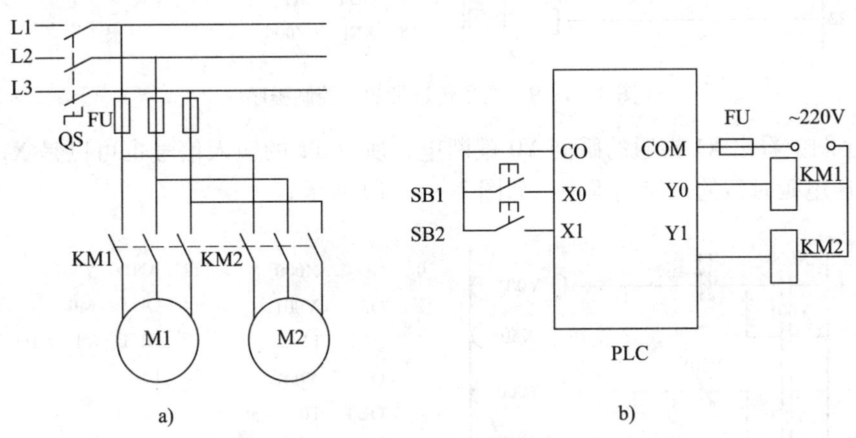

图 3—4—7　两条传送带顺序控制线路图

a）主电路　b）I/O 接线图

3．控制程序

为便于设计顺序控制程序，先画出传送带的工作时序图如图 3—4—8 所示。

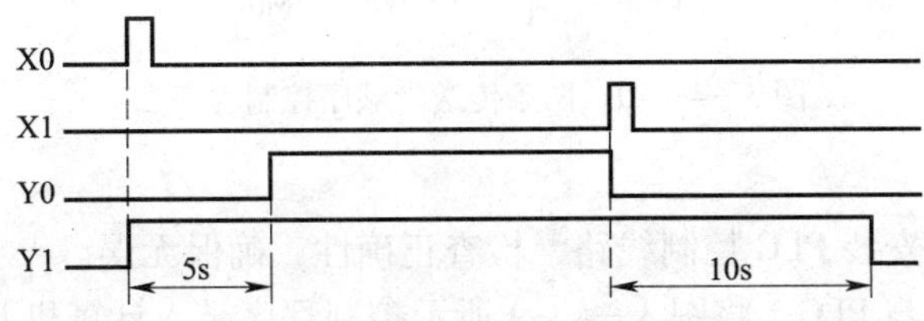

图 3—4—8　两条传送带顺序控制工作时序图

从上述时序图可知：传送带启动时，X0 接通后，Y1 立即接通，Y0 须经过 5 s 延时后才能接通，这里需要一个延时 5 s 的定时器，其输入信号为 X0，该延时属于通电延时，是定时器的一般应用，比较简单。传送带停止时，X1 接通后，Y0 立即复位，Y1 须在 Y0 复位后 10 s 才能复位，这里需要一个延时 10 s 的定时器，该延时属于断电延时，从 Y0 断电开始延时，经过 10 s Y1 复位，该定时器的输入信号应为 Y0。控制程序一如图 3—4—9 所示。

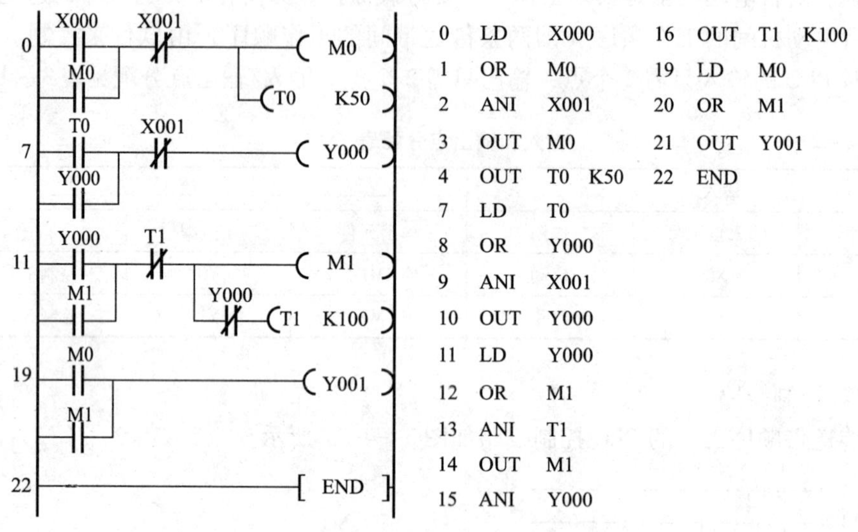

图 3—4—9　两条传送带顺序控制程序一

从时序图上看出 X1 接通的瞬间 Y0 就断电，所以 T1 的输入信号也可以是 X1，此时的 T1 就成了通电延时型的，控制程序二如图 3—4—10 所示。

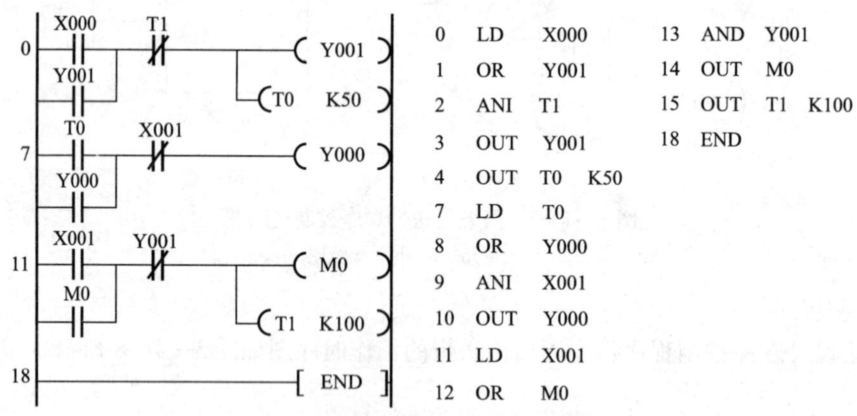

图 3—4—10　两条传送带顺序控制程序二

三、安装调试

1．按图 3—4—7 安装 PLC 控制线路，检查正确性，确保无误。

2．连接好计算机与 PLC，将图 3—4—9 所示控制程序录入计算机并输入到 PLC 中。

3．置 PLC 于运行状态，进行程序调试。

按表 3—4—3 所示步骤调试程序并做好记录，注意动作顺序。

4．按上述步骤调试图 3—4—10 所示程序，并与图 3—4—9 程序比较动作过程。

表 3—4—3　　顺序控制程序调试记录

输入			输出		
操作步骤	X0	X1	Y1	Y2	动作过程
初始状态	0	0	0	0	停止
按下 SB1					
松开 SB1					
5 s 延时时间到					
按下 SB2					
松开 SB2					
10 s 延时时间到					

注：用“0”表示输入输出继电器不得电，用“1”表示输入输出继电器得电。

评分标准

评分标准见表 3—4—4。

表 3—4—4　　PLC 控制电路的设计、安装与调试操作技能训练评分表

序号	项目与考核要求	配分	评分标准	检测结果	得分
1	电路设计：根据给定的任务，设计主电路，列出 PLC 控制 I/O 元件地址分配表，设计梯形图及 PLC 控制 I/O 接线图	30 分	（1）电路图设计不全或设计有错，每处扣 2 分 （2）I/O 地址遗漏或错误，每处扣 1 分 （3）梯形图表达不正确或画法不规范，每处扣 2 分 （4）I/O 接线图表达不正确或画法不规范，每处扣 2 分		
2	安装与接线：按 PLC 控制 I/O 接线图在模拟配线板正确安装，元件在配线板上布置要合理，安装要准确紧固，配线导线要坚固、美观，导线要进行线槽，导线要有端子标号	35 分	（1）元件布置不整齐，不匀称，不合理，每只扣 1 分 （2）元件安装不牢固每只扣 1 分 （3）损坏元件扣 5 分 （4）布线不进行线槽，不美观，主电路、控制电路每根扣 0.5 分 （5）接点松动、露铜过长、压绝缘层，标记线号不清、遗漏或误标，每处扣 0.5 分 （6）损伤导线绝缘，每根扣 0.5 分 （7）不按 PLC 控制 I/O 接线图接线，每处扣 2 分		

续表

序号	项目与考核要求	配 分	评分标准	检测结果	得分
3	程序输入调试：正确输入程序并编辑，对程序进行模拟调试并达到设计要求	25 分	（1）不能熟练操作或编辑，扣 10 分 （2）不会调试或调试结果达不到要求扣 15 分		
4	安全文明生产：劳动保护用品穿戴整齐，电工工具佩带齐全，遵守操作规程	10 分	违反安全文明生产考核要求的每 1 项扣 1 分，扣完为止		

练习题

1. 设计满足图 3—4—11 所示两个时序的梯形图。

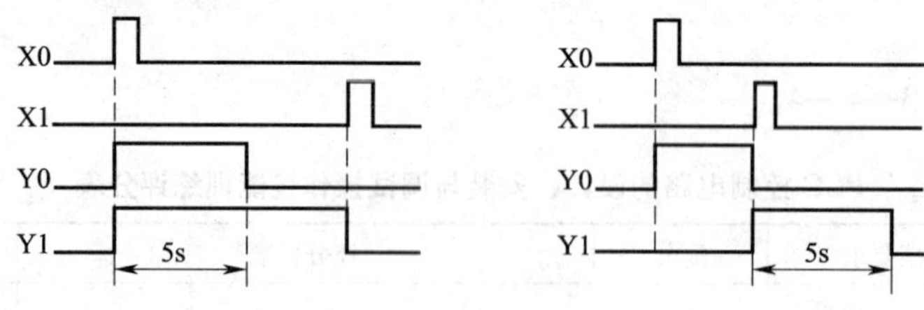

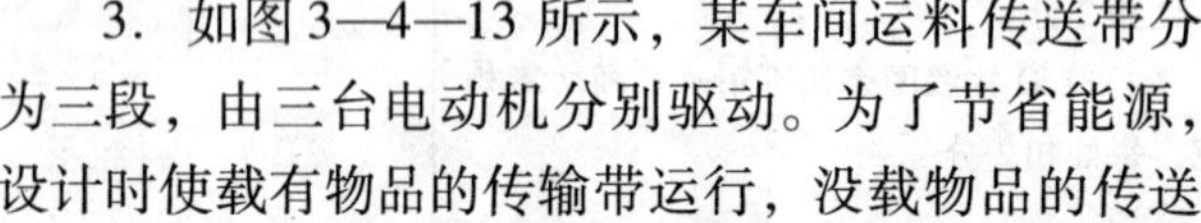

图 3—4—11　题 1 图

2. 设计一灯光闪烁电路，使一个指示灯按照图 3—4—12 所示的规律闪烁，画出 PLC 的 I/O 接线图和梯形图。

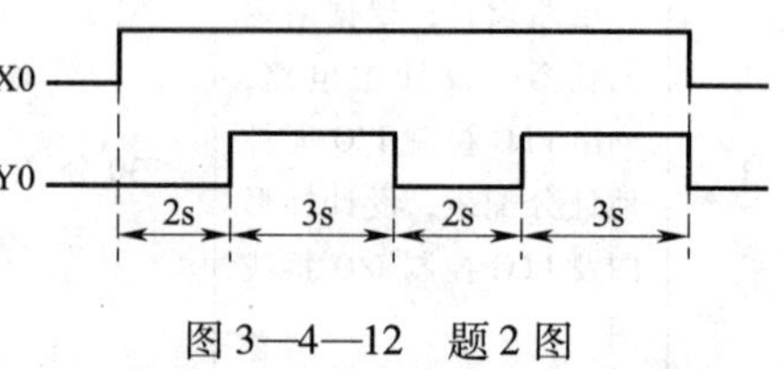

图 3—4—12　题 2 图

3. 如图 3—4—13 所示，某车间运料传送带分为三段，由三台电动机分别驱动。为了节省能源，设计时使载有物品的传输带运行，没载物品的传送带停止运行，但要保证物品在整个运输过程中连续地从上段运行到下段。根据上述的控制要求，采用传感器来检测被运送物品是否接近两段传送带的结合部，并用该检测信号启动下一传送带的电动机，下段电动机启动 2 s 后停止上段电动机。要求：（1）画出主电路。（2）画出 PLC 的 I/O 接线图。（3）设计出梯形图并调试程序。

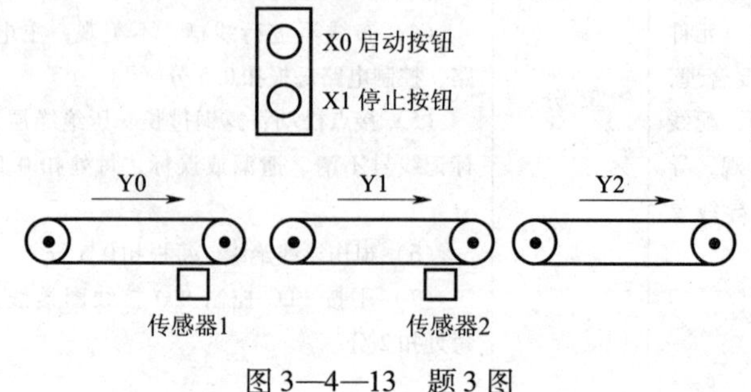

图 3—4—13　题 3 图

知识链接

一、长时间延时控制

当需要的延时时间超过 3 276.7 s 时，一个定时器构成的延时程序已不能满足要求。这时可采用下述方式来实现。

1. 定时器串级方式

图 3—4—14 所示是定时时间为 1 h 的时间控制程序。该计时程序采用 T0 和 T1 两个定时器串级使用，当 X0 为 ON 后 T0 开始计时，经 1 800 s 后，T0 常开触点闭合，使 T1 开始计时，又经 1 800 s 后，T1 常开触点闭合，Y0 线圈接通。从 X0 接通到 Y0 产生输出经过了 1 800 s + 1 800 s = 3 600 s = 1 h。

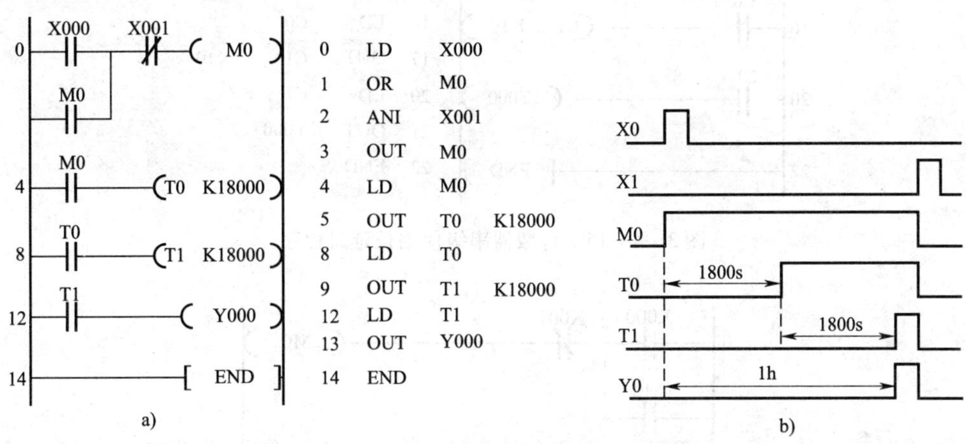

图 3—4—14 定时器串级方式长延时程序及时序图

a）程序 b）时序图

定时器串级使用时，其定时时间为各定时器常数设定值之和。N 个定时器串级使用的最长定时时间为 3 276.7 × N（s）。

2. 计数器串级方式

图 3—4—15 所示是由计数器串级使用实现的 5 h 的时间控制程序。该程序中 C0 组成一个 30 min 的定时器，其常开触点每隔 30 min 闭合一个扫描周期，再由 C1 对 C0 常开触点的闭合次数进行计数，当 C1 计数到 10 时，C1 的常开触点闭合，Y0 线圈接通。从输入信号 X0 闭合到输出继电器 Y0 动作，其延时时间为 30 min × 10 = 5 h。

用 M8012（产生周期为 100 ms 脉冲的特殊辅助继电器）结合两个计数器串级使用的最大延时时间可达：32 767 × 0.1 × 32 767 s = 29 824.34 h = 1 242.68 天。

3. 定时器和计数器结合方式

图 3—4—16 所示是由定时器结合计数器组成的 5 h 的时间控制程序。该程序是用定时器 T0 组成 30 min 的延时程序，其他部分与图 3—4—15 相同。

二、限时控制

在实际工作中，有时需要控制负载的最长或最短工作时间，这时需要用到限时控制程序。图 3—4—17 和图 3—4—18 分别是最长和最短时间限制程序。

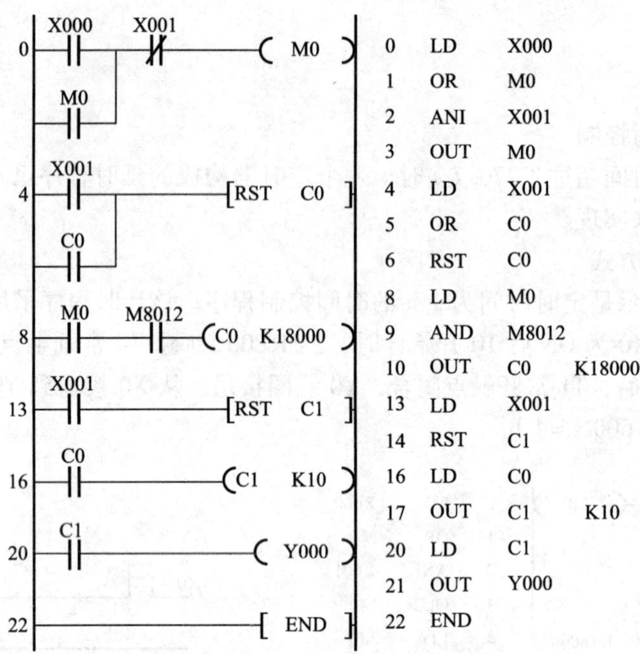

图 3—4—15　计数器串级使用长延时程序

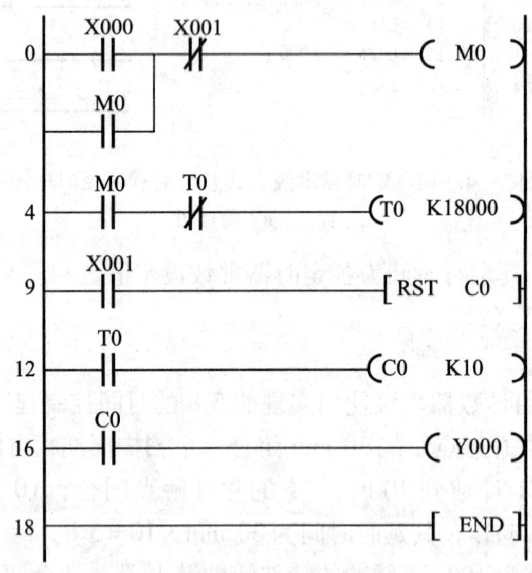

图 3—4—16　定时器结合计数器组成的长延时程序

图 3—4—17 中用定时器 T0 限制了 Y0 的最长接通时间。当 X0 接通时间小于或等于 10 s 时，Y0 的接通时间与 X0 接通时间相同，当 X0 接通时间大于 10 s 时，Y0 接通时间为 10 s，即 Y0 的最长接通时间为 10 s。

图 3—4—18 中用定时器 T0 限制了 Y0 的最短接通时间。当 X0 接通时间大于或等于 10 s 时，Y0 的接通时间与 X0 接通时间相同，当 X0 接通时间小于 10 s 时，Y0 接通时间保持 10 s，即 Y0 的最短接通时间为 10 s。

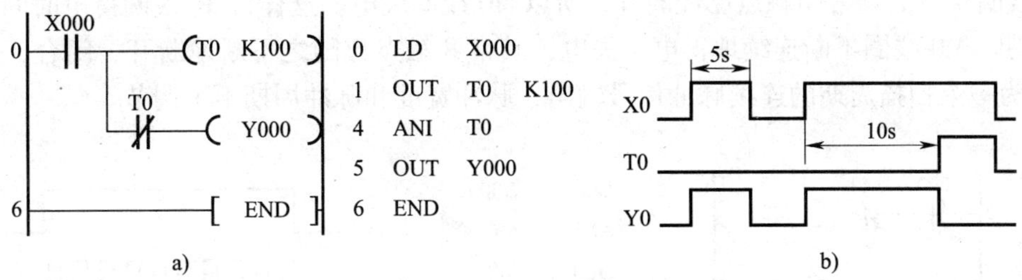

图 3—4—17 最长时间限制程序

a）程序 b）时序图

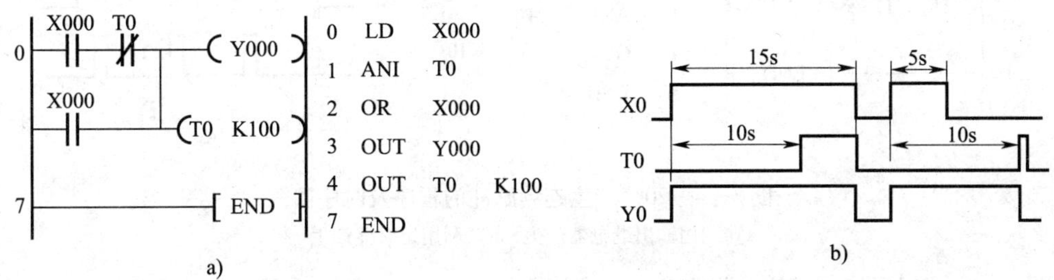

图 3—4—18 最短时间限制程序

a）程序 b）时序图

三、脉冲产生程序

1. 产生单脉冲的基本程序

在 PLC 的程序设计中，经常需要单个脉冲来实现计数器的复位或作为系统的启动、停止信号。用 PLS 指令和 PLF 指令可以得到脉宽为一个扫描周期的单脉冲，如图 3—4—19 所示。

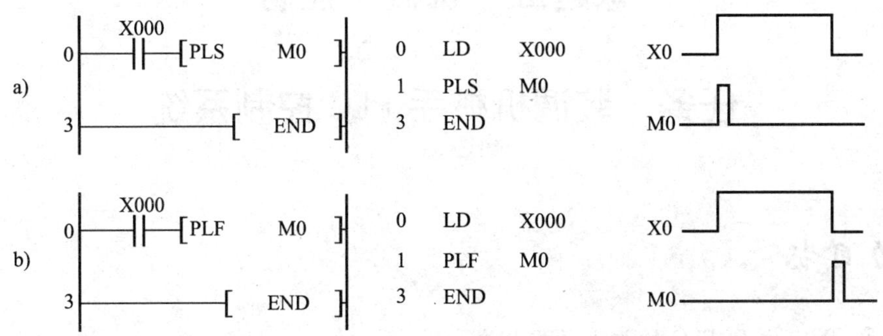

图 3—4—19 产生单脉冲的程序及时序图

2. 产生连续脉冲的基本程序

在 PLC 设计中，经常需要一系列连续的脉冲信号作为计数器的计数脉冲或用作其他用途。图 3—4—20 所示是产生连续脉冲的基本程序。

图 3—4—20a 产生的是脉宽为一个扫描周期、脉冲周期为两个扫描周期的连续脉冲。该梯形图是利用 PLC 的扫描工作方式来设计的。当 X0 常开触点闭合后，第一次扫描到 M0 常闭触点时，它是闭合的，于是 M0 线圈得电。当第二次从头开始扫描到 M0 的常闭触点时，

因 M0 线圈得电后其常闭触点已经断开，所以 M0 线圈失电。这样，M0 线圈得电时间为一个扫描周期。M0 线圈不断连续地得电、失电，其常开触点也随之不断地断开、闭合，就产生了脉宽为一个扫描周期的连续脉冲信号输出，脉冲宽度和脉冲周期不可调节。

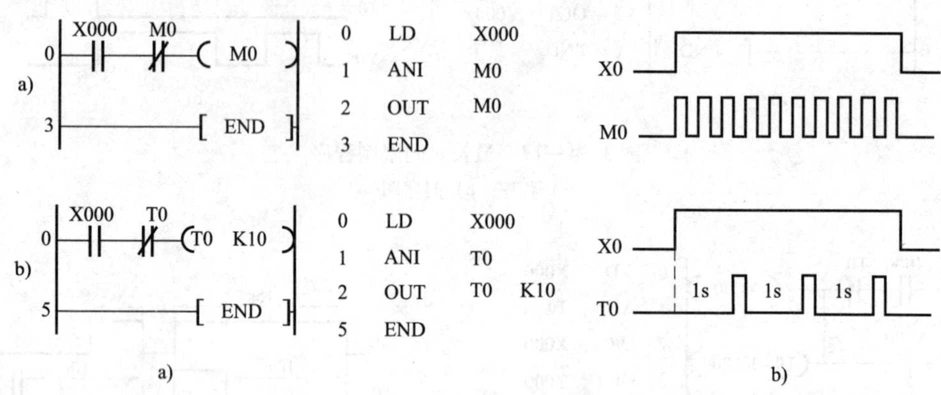

图 3—4—20 产生连续脉冲的程序及时序图

a）利用输出继电器产生 b）利用定时器产生

图 3—4—20b 是利用定时器产生一个脉宽为一个扫描周期、脉冲周期可调节的连续脉冲。当 X0 常开触点闭合后，第一次扫描到 T0 常闭触点时，它是闭合的，于是，T0 线圈得电，经过 1 s 延时，T0 常闭触点断开。T0 常闭触点断开后的下一个扫描周期中，当扫描到 T0 常闭触点时，因它已断开，使 T0 线圈断电，T0 常闭触点又随之恢复闭合。在下一次扫描时又重复以上动作，T0 的常开触点连续闭合、断开，就产生了脉宽为一个扫描周期、脉冲周期为 1 s 的连续脉冲，改变定时器 T0 的常数设定值就可改变脉冲周期。

课题五 机械手控制

任务 装调机械手 PLC 控制系统

能力目标

◇ 熟悉 FX2N 系列 PLC 的步进顺控指令。

◇ 会使用步进顺控指令编制机械手 PLC 控制程序。

◇ 能调试机械手 PLC 控制程序。

任务引入

在工业生产过程中，许多工作需要通过操作机械手来完成。某生产车间的自动化搬运机械手的工作场景如图 3—5—1 所示。

图 3—5—2 所示为某种机械手，可用于将 A 工作台上的工件搬运到 B 工作台上。机械手将工件从 A 点向 B 点传送的动作过程为：从原点位置起始下移到 A 处下限位→夹紧物体后上升至上限位→右移至右限位→机械手下降至 B 处下限位→将物体放置在 B 处→上升至上限位→左移至左限位（原点），完成一个循环过程。如图 3—5—3 所示。

图 3—5—1　车间自动化搬运机械手

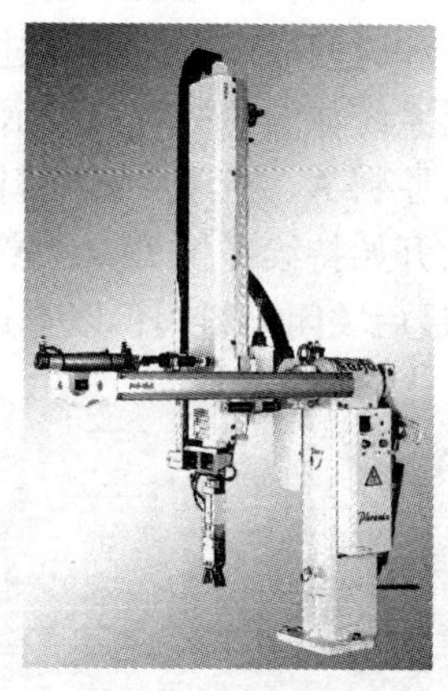

图 3—5—2　机械手

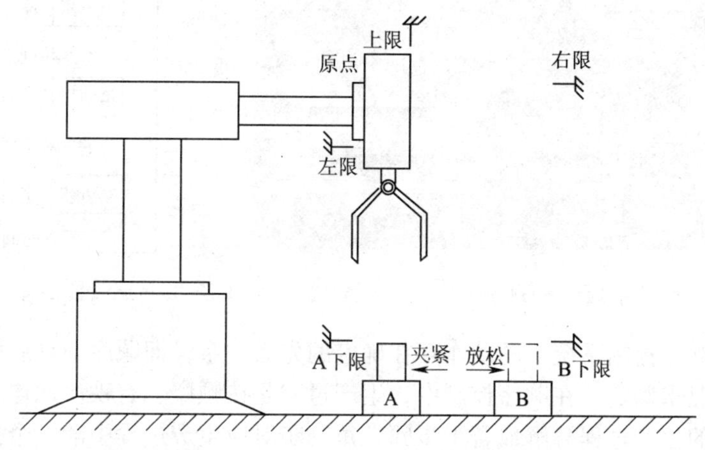

图 3—5—3　搬运机械手工作过程

机械手的上、下和左、右移动分别由限位开关控制，动作设定启动和停止按钮。机械手的夹紧和放松动作均应有 1 s 延时，然后上升；机械手每到达一个位置均有 0.5 s 的停顿延时，然后进行下一个动作。

完成一次工作流程后，机械手返回原点位，等待下一次的启动指令。

上述对机械手的控制是按照一种预先规定的顺序，以及各种环境输入信号来自动实现所期望的动作。前文中介绍了 PLC 的一些基本编程知识，如果采用基本逻辑指令实现顺序控制，特别是较为复杂的顺序控制时，会感到不很直观、烦琐。为此 PLC 厂家开发出了专门用于顺序控制的指令，在三菱 FX 系列中为 STL、RET 一组指令，从而使得顺序控制变得直观简单。

相关知识

一、顺序控制

所谓顺序控制，就是按照生产工艺所要求的动作规律，在各个输入信号的作用下，根据内部的状态和时间顺序，使生产过程的各个执行机构自动地、有秩序地进行操作。

某配料系统如图 3—5—4 所示，对其运转提出以下要求：

先装入原料 A，当液面至配料桶容积的 50% 时；再装入原料 B，液面至配料桶容积的 75%；然后开始持续搅拌 20 s；停止搅拌后，开启出料阀，直到液位低于配料桶的 5% 后再延时 2 s，最后关闭出料阀；以上过程反复进行，如图 3—5—5 所示。

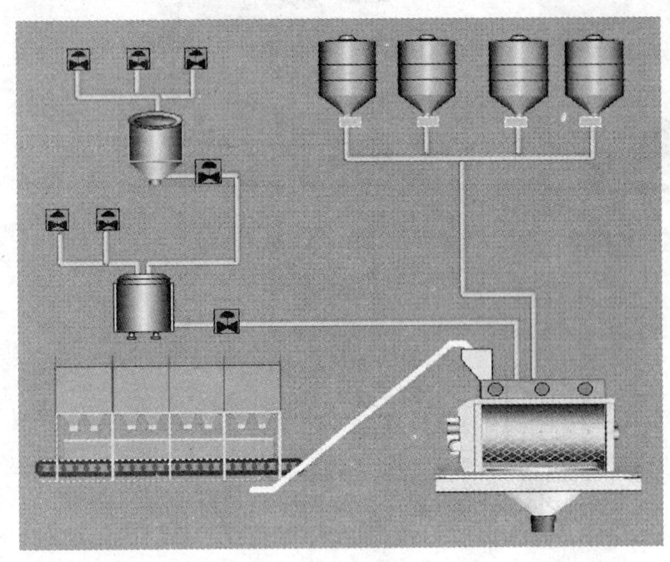

图 3—5—4　配料系统

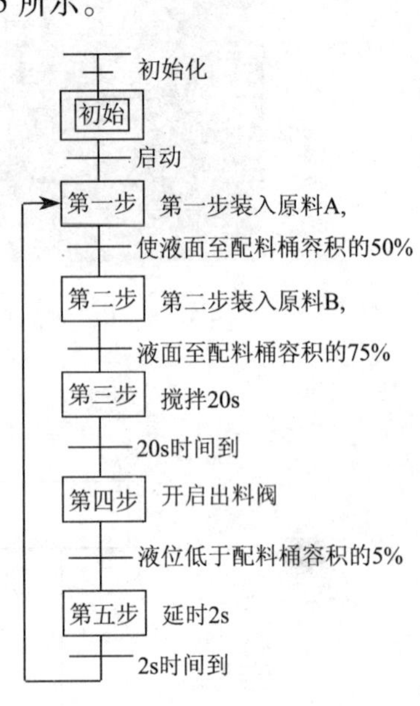

图 3—5—5　配料系统流程

由此可见，顺序控制系统中的动作存在确定的先后关系，即顺序，且后面的动作必须根据前面的动作情况来确定。在顺序控制中，生产过程是按顺序、有秩序地连续工作。因此可以将一个较复杂的生产过程分解成若干步骤，每一步对应生产过程中的一个控制任务，即一个工步或一个状态。且每个工步往下进行都需要一定的条件，也需要一定的方向，这就是转移条件和转移方向。

二、编程元件——状态继电器（S）

状态继电器用来记录系统运行的状态，是编制顺序控制程序的重要编程元件，它与步进顺控指令 STL 相配合使用。

1. 状态继电器的类型

（1）初始状态器 S0 ~ S9，共 10 点。

（2）回零状态继电器 S10 ~ S19，共 10 点。

（3）通用状态继电器 S20 ~ S499，共 480 点。

（4）具有断电保持功能的状态继电器 S500 ~ S899，共 400 点。

（5）供报警用的状态继电器（可用作外部故障诊断输出）S900 ~ S999，共 100 点。

2．状态继电器的使用

（1）状态继电器与辅助继电器一样，有无数的常开和常闭触点。

（2）FX_{2N}系列 PLC 可通过程序设定，将 S0～S499 设置为有断电保持功能的状态继电器。

（3）状态继电器不与步进顺控指令 STL 配合使用时，可与辅助继电器 M 一样使用。

三、状态流程图

任何一个顺序控制过程都可以分解为若干步骤，每一步对应控制过程中的一个状态，所以顺序控制的动作流程图也称为状态流程图。状态流程图就是用状态来描述控制过程的流程图。

1．状态流程图特点

（1）状态流程图将复杂的任务或过程分解成若干个工序（状态）。无论多么复杂的过程均能分化为小的工序，以利于程序的结构化设计。

（2）相对某一个具体的工序来说，控制任务实现了简化，并给局部程序的编写带来了方便。

（3）整体程序是局部程序的综合，只要弄清各工序成立的条件、工序转移的条件和转移的方向，就可以进行这类图形的设计。

（4）状态流程图容易理解，可读性强，能清晰地反映全部控制工艺过程。

2．状态流程图的组成

一个完整的状态流程图如图 3—5—6 所示，在状态流程图中状态包括以下 4 部分：

（1）状态的控制元件，如图 3—5—6 中的 X0。

（2）状态所驱动的对象，如图 3—5—6 中的 Y5。

（3）状态转移条件，即满足什么条件实现状态转移，如图 3—5—6 中的 X3。

（4）状态转移方向，即转移到什么状态去，如图 3—5—6 中的 S21。

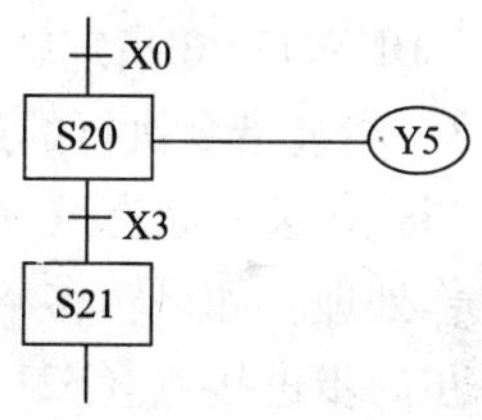

图 3—5—6　状态流程图

状态转移的实现，必须满足两个方面：一是转移条件必须成立，二是前一步当前正在进行。二者缺一不可，否则程序的执行在某些情况下就会混乱。

3．状态流程图编制注意点

（1）初始状态的软元件用 S0～S9，并用双框表示，中间状态软元件用 S20～S899 等状态，用单框表示。若需要在停电恢复后继续原状态运行时，可使用 S500～S899 停电保持状态元件。

（2）状态编程顺序为先进行驱动，再进行转移，不能颠倒。

（3）初始状态可由其他状态驱动，但运行必须用其他方法预先做好驱动，否则状态流程无法向下进行。一般用系统的初始条件，可用 M8002（PLC 从 STOP→RUN 切换时的初始脉冲）进行驱动。

（4）对状态编程时必须使用步进接点指令 STL。程序的最后必须使用步进返回指令 RET，返回主母线。

四、步进顺控指令（STL 和 RET）

FX_{2N}系列 PLC 的步进顺控指令分为 STL 步进接点指令和 RET 步进返回指令。

1. 步进接点指令 STL

（1）梯形图符号

─[|]─。

（2）功能

激活某个状态或称某一步，在梯形图上表现为从主母线上引出的状态接点。

STL 指令具有建立子母线的功能，以使该状态的所有操作均在子母线上进行。

（3）STL 指令在梯形图中的表示

如图 3—5—7 所示。

2. 步进返回指令 RET

（1）梯形图符号

──[RET]。

（2）功能

返回主母线，步进顺序控制程序的结尾必须使用 RET 指令。

步进接点指令只有常开接点，连接步进接点的其他继电器接点用指令 LD 和 LDI 开始。步进返回指令（RET）用于状态（S）流程结束时，返回主程序（母线）。

每个状态的内母线上都将提供三种功能：①驱动负载（OUT Yi）；②指定转移条件（LD/LDI Xi）；③指定转移目标（SET Si），称为状态的三要素。后两个功能是必不可少的。

3. 步进指令执行的过程

当进入某一状态（例如 S20）时，S20 的 STL 接点接通，输出继电器线圈 Y5 接通，执行操作处理。如果转移条件满足（例如 X003 接通），下一步的状态继电器 S21 被置位，则下一步的步进接点（S21）接通，转移到下一步状态，同时将自动复位原状态 S20（即自动断开），完成了步进功能。如图 3—5—8 所示。

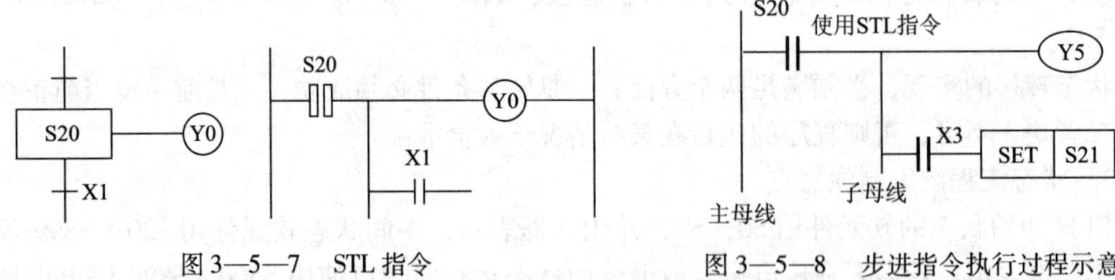

图 3—5—7　STL 指令　　　图 3—5—8　步进指令执行过程示意

上述状态的驱动负载、指定转移目标和指定转移条件三个要素分别是 Y5、S21 和 X3。

4. 注意事项

（1）程序执行完某一步要进入到下一步时，要用 SET 指令进行状态转移，激活下一步，并把前一步复位。

（2）状态不连续转移时，用 OUT 指令，如图 3—5—9 为非连续状态流程图。

（3）允许同一元件的线圈在不同的 STL 接点后多次使用。但要注意，同一定时器不要在相邻的状态中使用，可以隔开一个状态使用。在同一程序段中，同一状态继电器也只能使用一次。

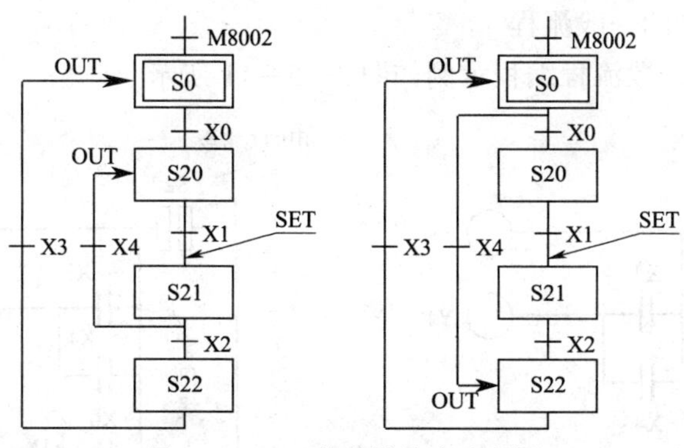

图 3—5—9　非连续状态流程图

（4）STL 触点可以直接驱动或通过别的触点驱动 Y、M、S、T 等元件的线圈和应用指令。

（5）由于 CPU 只执行活动步对应的电路块，所以使用 STL 指令时允许双线圈输出，即不同的 STL 触点可以分别驱动同一元件的一个线圈。但是，同一元件的线圈不能在同时为活动步的 STL 区内出现，在有并行序列的顺序功能图中，应特别注意这一问题。

（6）定时器在下一步运行之前，首先应将它复位。同一定时器的线圈可以在不同的步使用，但是，如果用于相邻的两步，在步的活动状态转移时，该定时器的线圈不能打开，当前值不能复位，将导致定时器的非正常运行。

（7）状态继电器的清零可以用清零指令 RST 或 ZRST 进行复位（例如：ZRST S20 S100）。

五、状态流程图基本编程

1．初始状态编程

初始状态编程示例如图 3—5—10 所示。

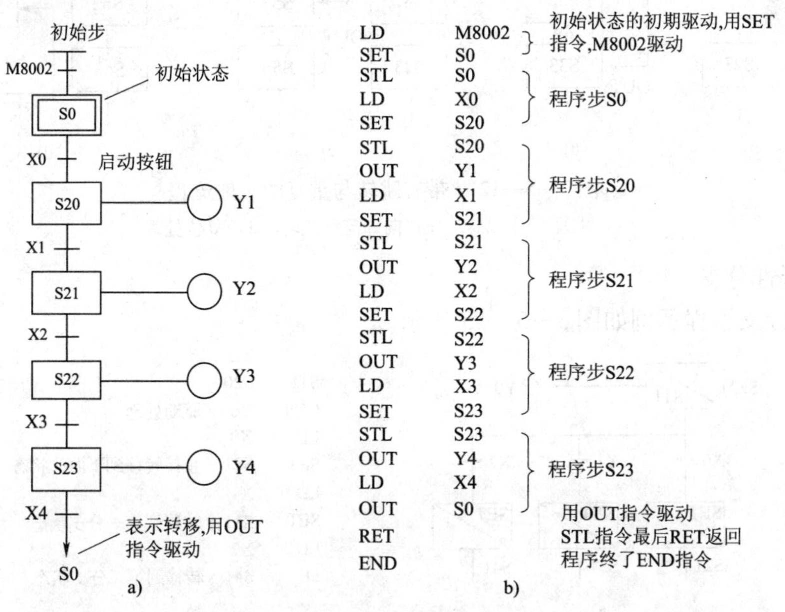

图 3—5—10　初始状态编程示例

a）状态流程图　b）指令语句表

2．无分支与汇合的一般流程

无分支与汇合的一般流程编程示例如图 3—5—11 所示。

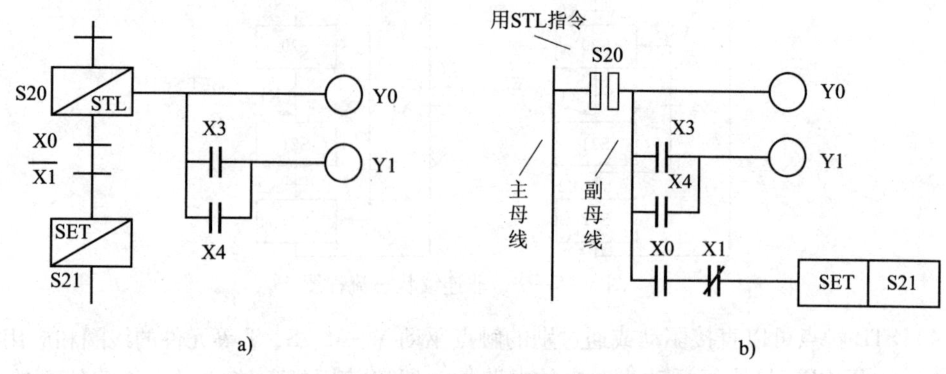

图 3—5—11　无分支与汇合的一般流程编程示例

a）状态流程图　b）步进梯形图

3．带有跳转与重复的一般流程

带有跳转与重复的一般流程示例如图 3—5—12 所示。

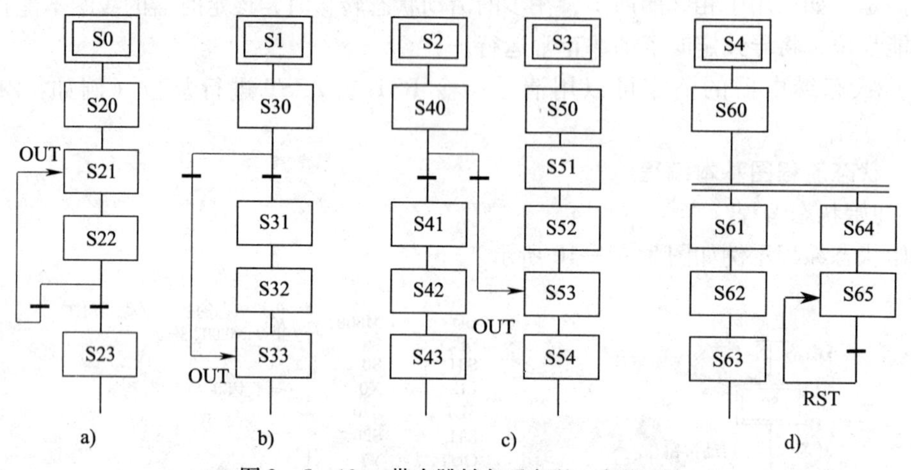

图 3—5—12　带有跳转与重复的一般流程

a）重复　b）跳转　c）向外流程跳转　d）复位处理

4．选择性分支

选择性分支编程示例如图 3—5—13 所示。

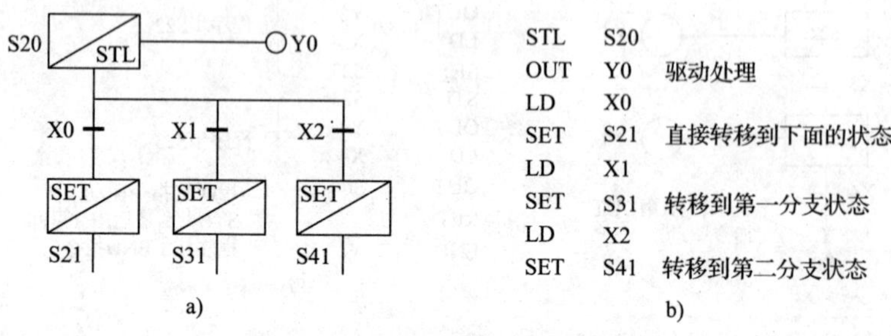

STL	S20	
OUT	Y0	驱动处理
LD	X0	
SET	S21	直接转移到下面的状态
LD	X1	
SET	S31	转移到第一分支状态
LD	X2	
SET	S41	转移到第二分支状态

b)

图 3—5—13　选择性分支编程示例

a）状态流程图　b）指令语句表

5．选择性汇合

选择性汇合编程示例如图3—5—14所示。

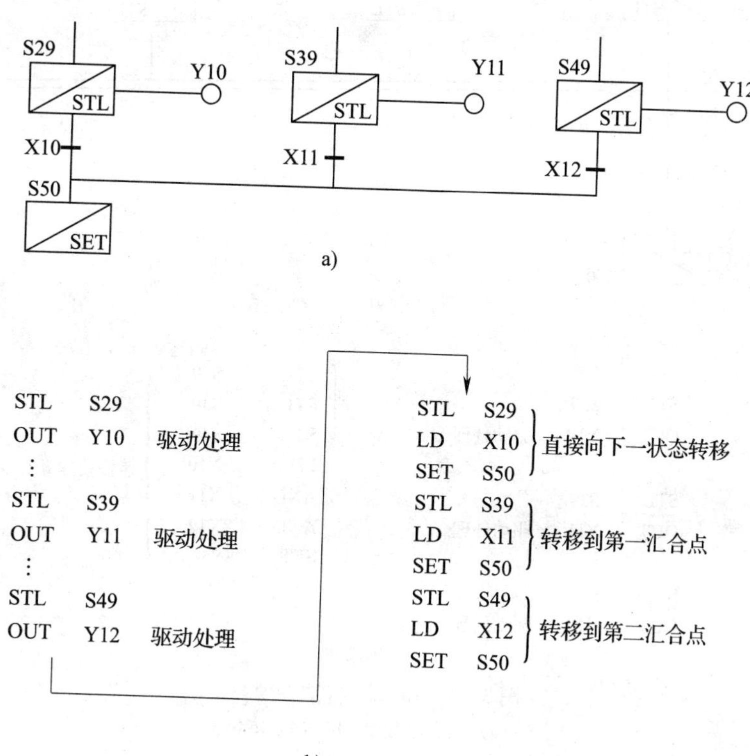

图3—5—14　选择性汇合编程示例

a）状态流程图　b）指令语句表

6．并行分支

并行分支编程示例如图3—5—15所示。

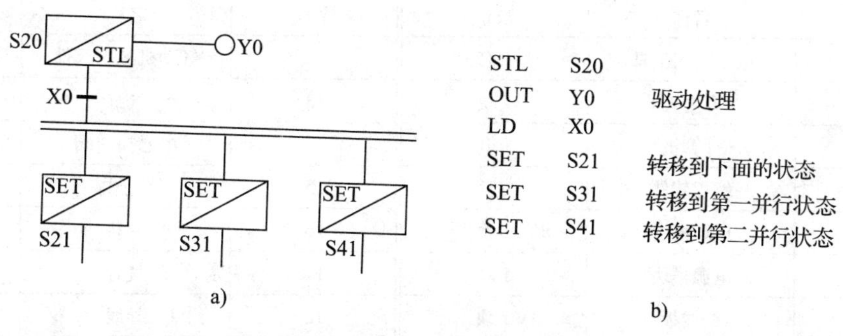

图3—5—15　并行分支编程示例

a）状态流程图　b）指令语句表

7．并行汇合

并行汇合编程示例如图3—5—16所示。

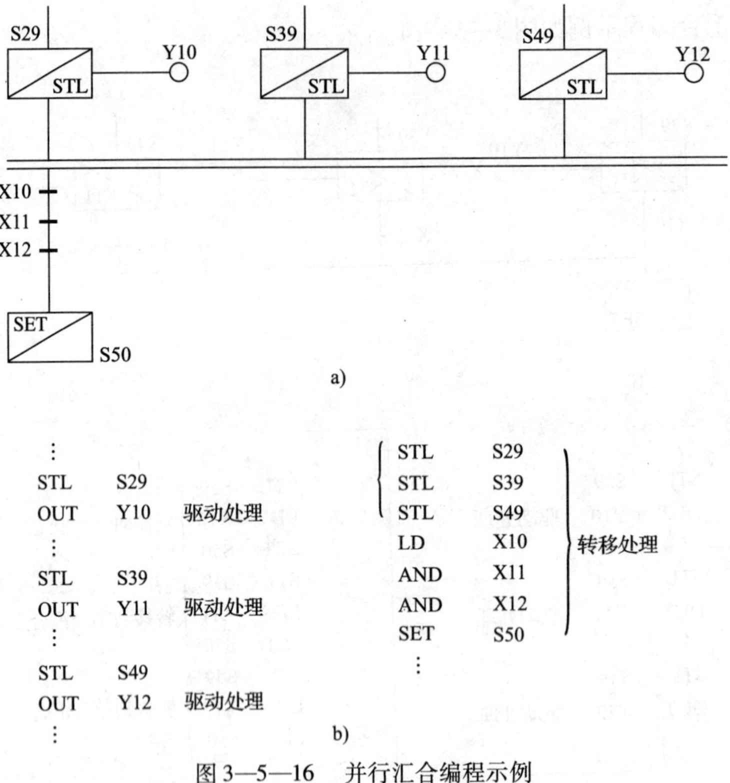

图 3—5—16 并行汇合编程示例

a）状态流程图 b）指令语句表

任务实施

一、工具器材准备

主要实训工具及器材见表 3—5—1。

表 3—5—1 主要实训工具及器材

序号	名称	数量	序号	名称	数量
1	电工通用工具	1 套	12	气动机械手部件	1 套
2	万用表	1 块	13	气缸	2 只
3	计算机	1 套	14	电磁换向阀	3 只
4	编程软件	1 套	15	端子排	1 条
5	PLC 模块	1 台	16	导轨	若干
6	电源模块	1 块	17	气管	若干
7	配线板	1 块	18	导线	若干
8	按钮	2 只	19	号码管	若干
9	熔断器	2 只	20	行线槽	若干
10	断路器	1 只	21	紧固螺栓	若干
11	行程开关	若干	22	二极管	若干

二、机械手控制系统设计

1．输入/输出点分配

机械手将工件从 A 点向 B 点传送，其上升、下降、左移、右移运动都是通过双线圈两位电磁阀来控制驱动气缸实现的。抓手对工件的松夹是由一个单线圈两位电磁阀驱动气缸完成的，只有在电磁阀通电时抓手才能夹紧。

机械手的运动过程如图 3—5—17 所示。

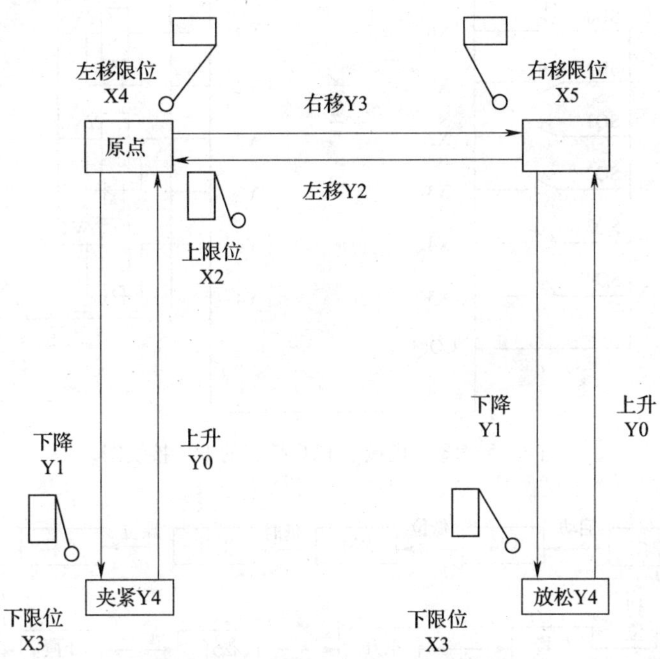

图 3—5—17　机械手的运动过程

PLC 需要六个输入点，五个输出点，输入输出点分配见表 3—5—2。

表 3—5—2　　输入/输出点分配表

输入继电器	输入元件	作用	输出继电器	输出元件	作用
X0	SB0	启动按钮	Y0	YV1	机械手上升
X1	SB1	停止按钮	Y1	YV2	机械手下降
X2	SQ1	上限位开关	Y2	YV3	机械手左移
X3	SQ2	下限位开关	Y3	YV4	机械手右移
X4	SQ3	左限位开关	Y4	YV5	机械手夹紧
X5	SQ4	右限位开关			

2．I/O 接线图

机械手 PLC 控制的 I/O 接线如图 3—5—18 所示。

3．状态流程图

机械手的运动周期划分为九步，依次分别为：初始步、机械手下降至 A 点、工件夹紧、机械手上升、机械手右移、机械手下降至 B 点、工件放松、机械手上升、机械手左移返回原位。如图 3—5—19 所示。

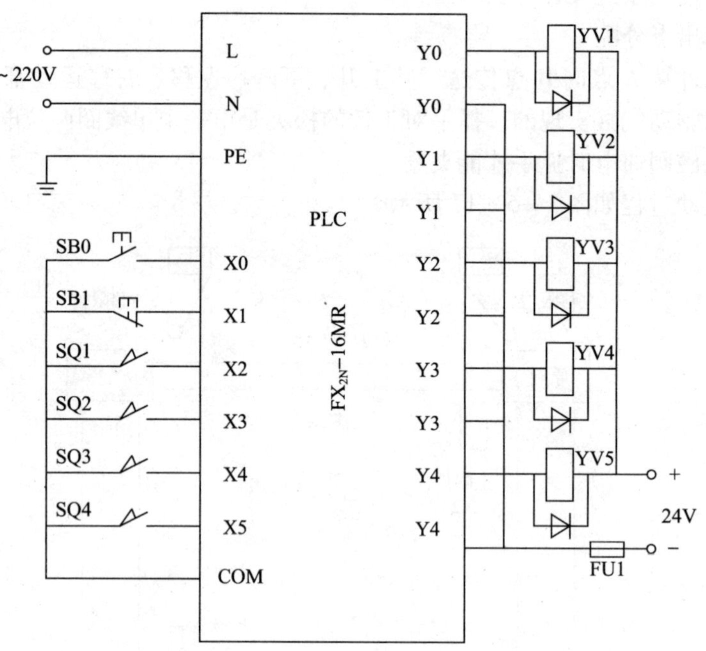

图 3—5—18　机械手 PLC 控制的 I/O 接线图

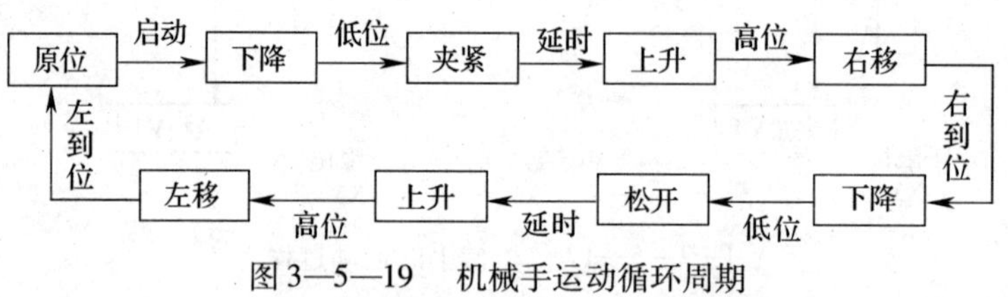

图 3—5—19　机械手运动循环周期

用 S20 ~ S34 表示各状态步，各限位开关、按钮和定时器提供的信号是各步之间的转换条件。仔细分析控制要求，将每一个控制要求细化为若干个独立的不可再分的动作单元，由此画出状态流程图，如图 3—5—20 所示。

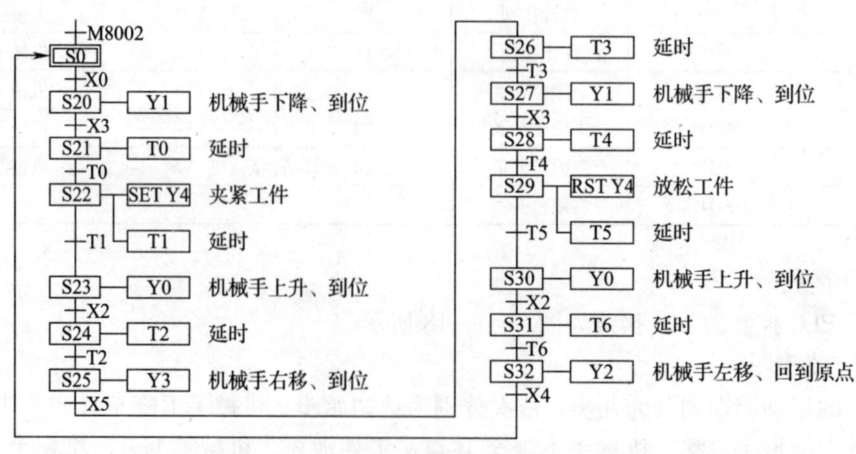

图 3—5—20　机械手状态流程图

机械手的动作流程采用单序列结构。单序列由一系列相继激活的步组成，每一步的后面仅有一个转换条件，每一个转换条件后面仅有一步。

4．控制梯形图

图 3—5—21 所示为机械手的控制梯形图。

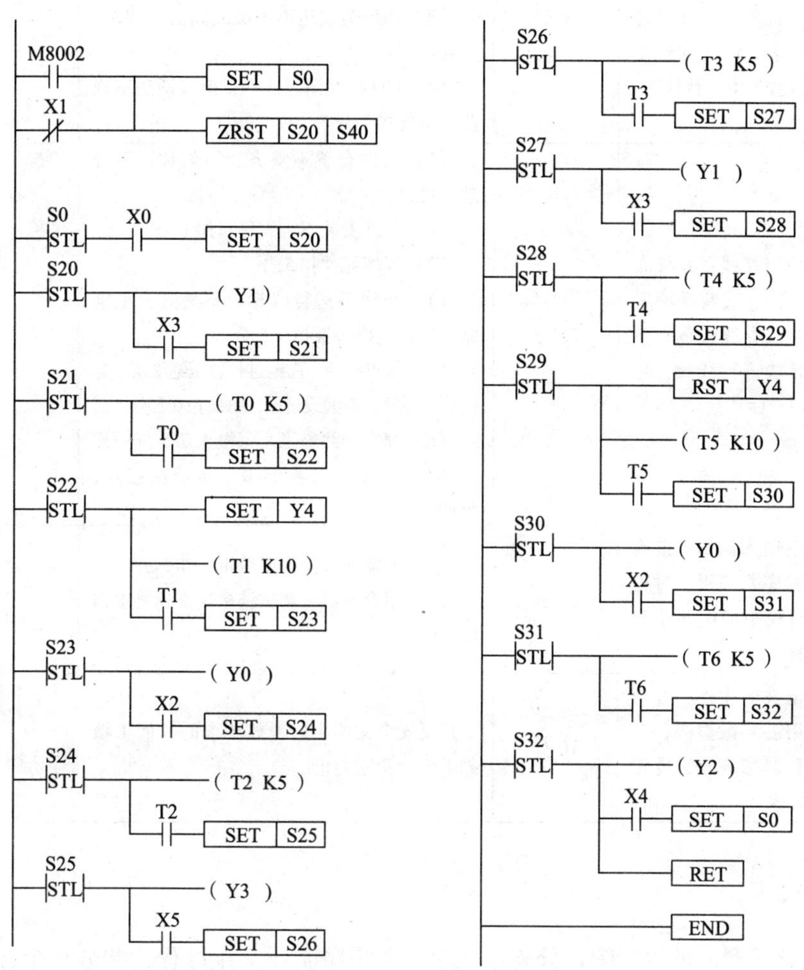

图 3—5—21　机械手控制梯形图

三、安装调试

1．连接好计算机与 PLC，编制机械手控制程序并输入到 PLC 中。

2．安装 PLC 控制线路，检查正确性，确保无误。

3．进行程序调试。

评分标准

评分标准见表 3—5—3。

表 3—5—3　　机械手控制操作技能训练评分表

序号	项目与技术要求	配分	评分标准	检测结果	得分
1	电路设计：根据给定的任务，设计电路，列出 PLC 控制 I/O 元件地址分配表，设计梯形图及 PLC 控制 I/O 接线图	30 分	（1）电路图设计不全或设计有错，每处扣 2 分 （2）I/O 地址遗漏或错误，每处扣 1 分 （3）梯形图表达不正确或画法不规范，每处扣 2 分 （4）I/O 接线图表达不正确或画法不规范，每处扣 2 分		
2	安装与接线：元件布置要合理，安装准确紧固，配线导线坚固、美观，导线进行线槽，导线有端子标号	35 分	（1）元件布置不整齐、不匀称、不合理，每只扣 1 分 （2）元件安装不牢固每只扣 1 分 （3）损坏元件扣 5 分 （4）布线不进行线槽，不美观，主电路、控制电路每根扣 0.5 分 （5）接点松动、露铜过长、压绝缘层，标记线号不清、遗漏或误标，每处扣 0.5 分 （6）损伤导线绝缘，每根扣 0.5 分 （7）不按 PLC 控制 I/O 接线图接线，每处扣 2 分		
3	程序输入调试：正确输入程序并编辑，对程序进行模拟调试并达到设计要求	25 分	（1）不能熟练操作或编辑，扣 5 分 （2）不会调试或调试结果达不到要求扣 10 分		
4	安全文明生产：劳动保护用品穿戴整齐，电工工具佩带齐全，遵守操作规程	10 分	违反安全文明生产考核要求的任何 1 项扣 1 分，扣完为止		

练习题

1. 在某化工产品的生产中，分离过程为一个顺序循环工作过程，共分 6 个工序，由进料阀、洗盐阀、化盐阀、升刀阀、母液阀、盐水阀 6 个电磁阀完成上述过程，各阀的动作见表 3—5—4。当系统启动时，首先进料，5 s 后甩料，延时 5 s 后洗盐，5 s 后升刀，再延时 5 s 后间歇，间歇时间为 5 s，之后重复进料、甩料、洗盐、升刀、间歇工序，重复 8 次后进行清洗，20 s 后再进料，这样为一个周期。请设计其状态转移图。顺序循环动作见表 3—5—4。

表 3—5—4　　顺序循环动作

电磁阀序号	步骤名称	进料	甩料	洗盐	升刀	间歇	清洗
1	进料阀	+	−	−	−	−	−
2	洗盐阀	−	−	+	−	−	+
3	化盐阀	−	−	−	+	−	−
4	升刀阀	−	−	−	+	−	−
5	母液阀	+	+	+	+	+	−
6	盐水阀	−	−	−	−	−	+

2. 冲床运动的示意如图 3—5—22 所示。在初始状态时机械手在最左边，X4 为 ON。冲头在最上面，X3 为 ON。机械手松开（Y0 为 OFF）。按下启动按钮 X0，Y0 变为 ON，工件被夹紧并保持，2 s 后 Y1 变为 ON，机械手右行，直到碰到 X1，以后将顺序完成以下动作：冲头下行，冲头上行，机械手左行，机械手松开，系统最后返回初始状态，各限位开关提供的信号是相应步之间的转换条件。画出控制系统的顺序功能图。

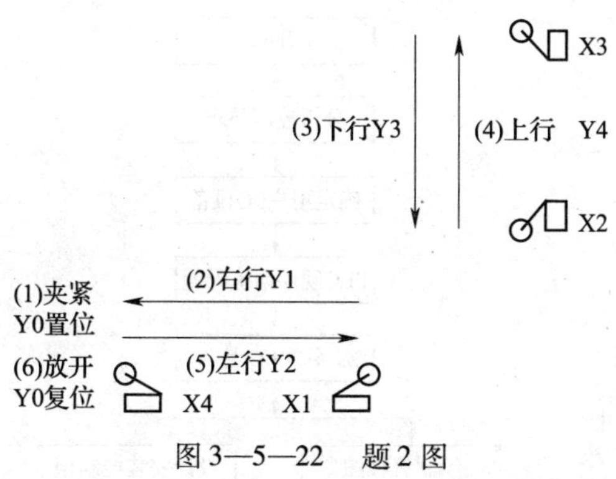

图 3—5—22 题 2 图

课题六 T68 镗床 PLC 改造

任务 PLC 改造 T68 镗床

能力目标

◇ 了解 PLC 控制系统设计与调试的步骤。

◇ 能设计 T68 型普通镗床 PLC 控制的梯形图。

◇ 会对 T68 镗床进行 PLC 改造的安装与调试。

任务引入

某企业的一台 T68 镗床经多年使用，因电气控制回路器件老化造成电气控制故障频繁，需要进行大修改造。该镗床原为传统的继电器接触器控制系统，与之相比，PLC 控制系统具有更好的稳定性、控制柔性、维修方便性。随着 PLC 的普及和推广，其应用领域越来越广泛，特别是在许多新建项目和设备的技术改造中，常常采用 PLC 作为控制装置。因此，确定 T68 镗床控制系统采用 PLC 进行改造。

相关知识

任何一种电气控制系统都是为了实现生产设备或生产过程的控制要求和工艺需要，从而提高产品质量和生产效率。因此，在设计 PLC 应用系统时，应充分发挥 PLC 功能，最大限度地满足被控对象的控制要求；在满足控制要求的前提下，力求使控制系统简单、经济、使用及维修方便；同时要考虑生产的发展和工艺的改进，在选择 PLC 的型号、I/O 点数和存储器容量时，应留有适当的余量，以利于系统的调整和扩充；要保证控制系统安全可靠。

PLC 控制系统设计与调试的一般步骤如图 3—6—1 所示。

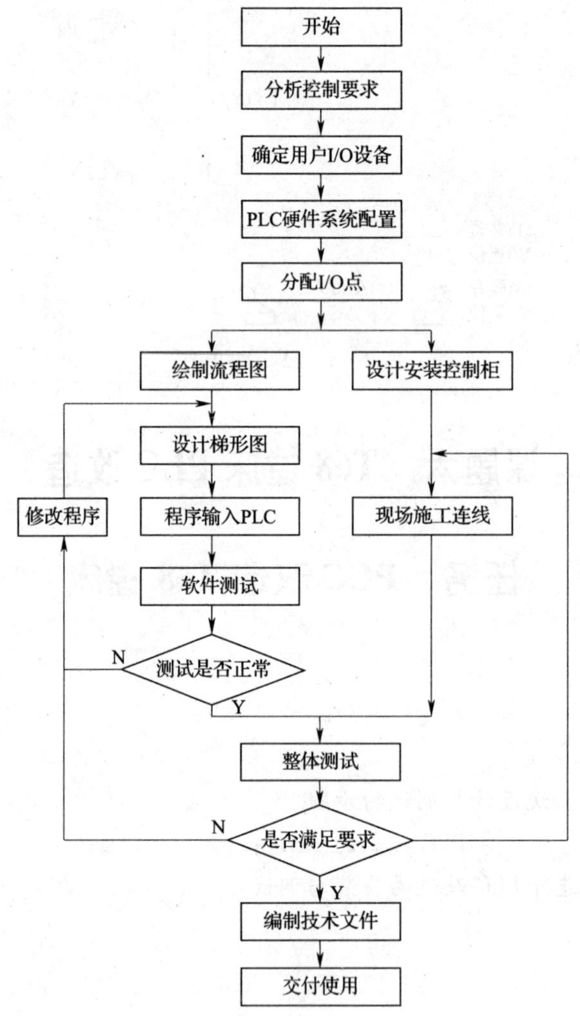

图 3—6—1　PLC 控制系统设计与调试的一般步骤

1. 分析被控对象并提出控制要求

详细分析被控对象的工艺过程及工作特点，了解被控对象机械、电控、液压与气动之间的配合，提出被控对象对 PLC 控制系统的控制要求，确定控制方案，拟定设计任务书。

2. 确定输入/输出设备

根据系统的控制要求，确定系统所需的全部输入设备（如：按钮、位置开关、转换开关及各种传感器等）和输出设备（如：接触器、电磁阀、信号指示灯及其他执行器等），从而确定与 PLC 有关的输入/输出设备，以确定 PLC 的 I/O 点数。

3. 选择 PLC

PLC 选择包括对 PLC 的机型、容量、I/O 模块、电源等的选择。

4. 分配 I/O 点并设计 PLC 外围硬件线路

画出 PLC 的 I/O 点与输入/输出设备的连接图或对应关系表，设计 PLC 的 I/O 连接图和 PLC 外围电气线路图组成系统的电气原理图。

5. 程序设计

(1) 程序设计

根据系统的控制要求，采用合适的设计方法来设计 PLC 程序。程序要以满足系统控制要求为主线，逐一编写实现各控制功能或各子任务的程序，逐步完善系统指定的功能。

(2) 程序模拟调试

用户程序设计完成后，一般先做模拟调试，检验设计的程序是否正确。

6. 安装施工

进行控制柜（台）等硬件的设计及现场施工。

7. 联机调试

联机调试是将通过模拟调试的程序进一步进行设备运行调试，调试过程应循序渐进，从 PLC 先连接输入设备，再连接输出设备，最后接上实际负载等逐步进行调试。

经过一段时间运行，如果设备工作正常、程序不需要修改，应将程序固化到 EPROM 中，并做好备份。

8. 整理和编写技术文件

技术文件包括设计说明书、硬件原理图、安装接线图、电气元件明细表、PLC 程序以及使用说明书等。

任务实施

一、工具器材准备

主要实训工具及器材见表 3—6—1。

表 3—6—1　　主要实训工具及器材

序号	名称	数量	序号	名称	数量
1	电工通用工具	1 套	5	T68 镗床	1 台
2	万用表	1 块	6	三菱 FX_{2N} PLC	1 台
3	计算机	1 套	7	配线板	1 块
4	编程软件	1 套	8		

二、确定改造方案

1. 原镗床的工艺加工方法不变。

2. 在保留主电路的原有元件的基础上，不改变原控制系统电气操作方法。

3. 电气控制系统控制元件（包括按钮、行程开关、热继电器、接触器），作用与原电气线路相同。

4. 主轴和进给启动、制动、低速、高速和变速冲动的操作方法不变。

5. 主电路、照明电路和指示电路同原电路不变，主电路如图 3—6—2 所示，将控制电路的功能改为用 PLC 实现。

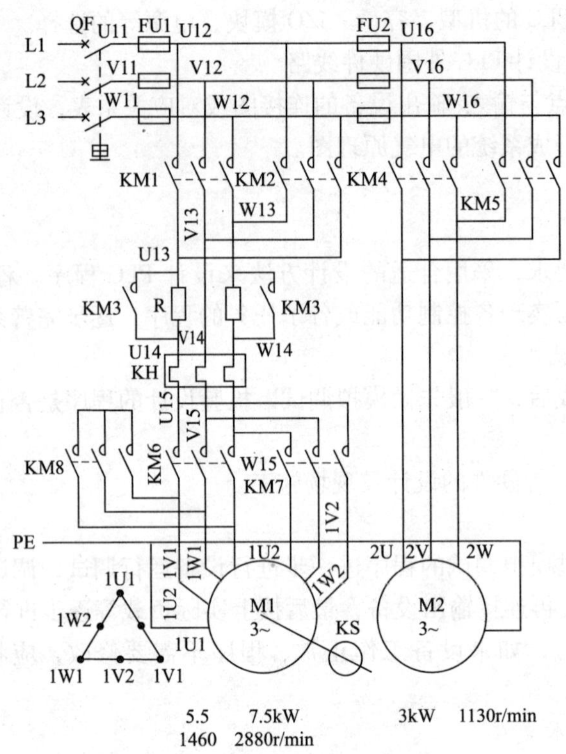

图 3—6—2　T68 镗床主电路

三、控制系统设计

1．输入点的分配

PLC 输入端子分配见表 3—6—2。

表 3—6—2　　　　PLC 输入端子分配

输入信号	PLC 端子号	输入信号	PLC 端子号
主轴电机 M1 停止按钮 SB5	X000、X001	速度继电器反转触点 SR1	X013
M1 反转点动按钮 SB4	X002	进给变速冲动行程开关 SQ3	X014
M1 正转点动按钮 SB3	X003	进给变速冲动行程开关 SQ4	X015
M1 反转按钮 SB2	X004	工作台或主轴箱机动进给限位 SQ5	X016
主轴电动机 M1 正转按钮 SB1	X005	主轴或花盘刀架机动进给限位 SQ6	X017
高低速转换行程开关 SQ	X006	快速电动机 M2 正转限位 SQ7	X020
速度继电器正转触点 SR2	X007、X010	快速电动机 M2 反转限位 SQ8	X021
主轴变速冲动行程开关 SQ1	X011	M1 热继电器触点 KH	X022
主轴变速冲动行程开关 SQ2	X012		

2．输出点的分配

PLC 输出端子分配见表 3—6—3。

表 3—6—3　　　　PLC 输出端子分配

输出信号	PLC 端子号	输出信号	PLC 端子号
M1 正转接触器 KM1	Y000	M2 反转接触器 KM5	Y004
M1 反转接触器 KM2	Y001	M1 低速接触器 KM6	Y005
限流电阻接触器 KM3	Y002	M1 高速 YY 接触器 KM7	Y006
M2 正转接触器 KM4	Y003	M1 高速 YY 接触器 KM8	Y007

3．PLC 的 I/O 接线图

PLC 的 I/O 接线如图 3—6—3 所示。

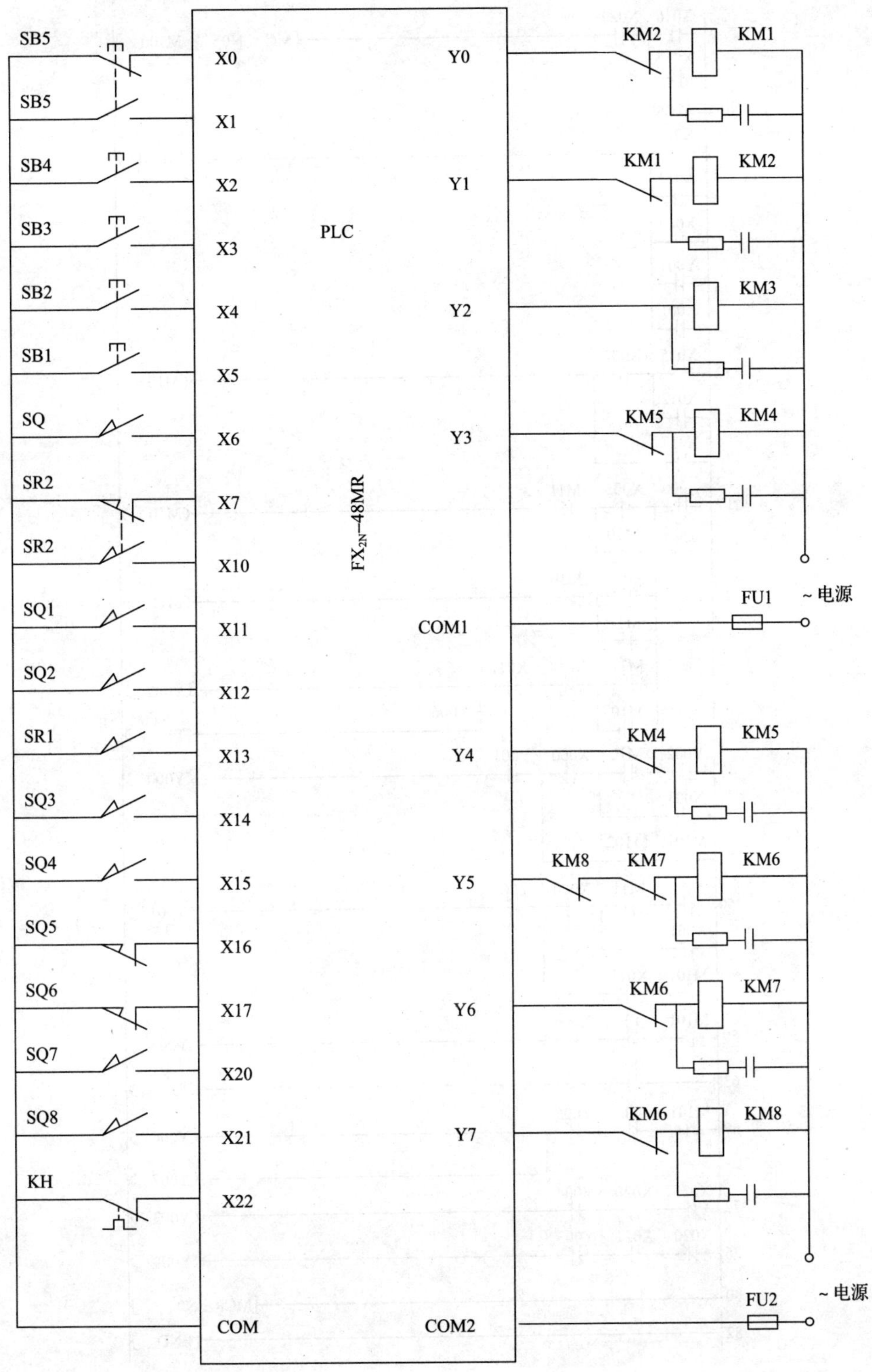

图 3—6—3　PLC 的 I/O 接线

4. 梯形图

T68 型镗床 PLC 控制梯形图如图 3—6—4 所示。

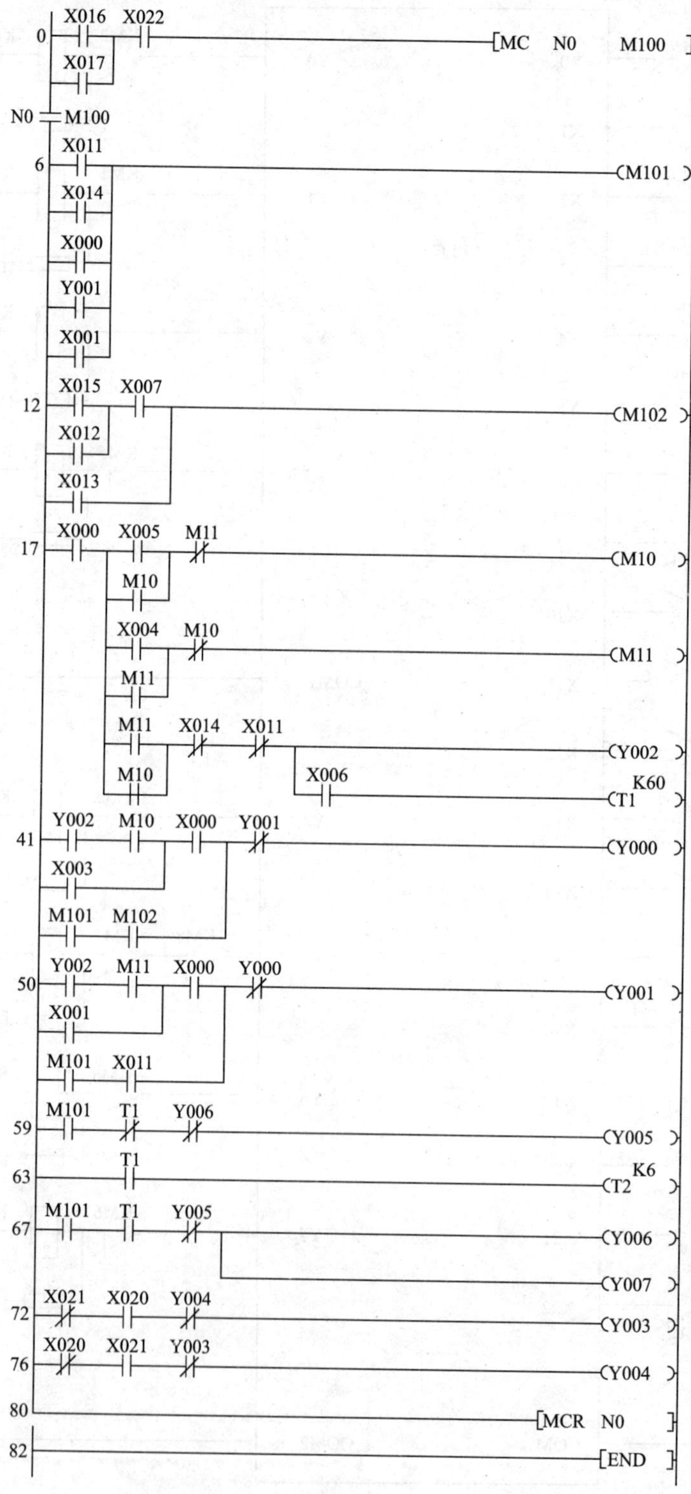

图 3—6—4　T68 型镗床 PLC 控制梯形图

5．指令表

T68 型镗床 PLC 控制指令表如图 3—6—5 所示。

```
0 LD X016
1 OR X017
2 AND X022
3 MC N0 M100
6 LD X011
7 OR X014
8 OR Y000
9 OR Y001
10 OR X001
11 OUT M101
12 LD X015
13 OR X012
14 AND X007
15 OR X013
16 OUT M102
17 LD X000
18 MPS
19 LD X005
20 OR M10
21 ANB
22 ANI M11
23 OUT M10
24 MRD
25 LD X004
26 OR M11
27 ANB
28 ANI M10
29 OUT M11
30 MPP
31 LD M11
32 OR M10
33 ANB
34 ANI X014
35 ANI X011
36 OUT Y002
37 AND X006
38 OUT T1 K60
41 LD Y002
42 AND M10
43 OR X003
44 AND X000
45 LD M101
46 AND M102
47 ORB
48 ANI Y001
49 OUT Y000
50 LD Y002
51 AND M11
52 OR X002
53 AND X000
54 LD M101
55 AND X010
56 ORB
57 ANI Y000
58 OUT Y001
59 LD M101
60 ANI T1
61 ANI Y006
62 OUT Y005
63 LD T1
64 OUT T2 K6
67 LD M101
68 AND T2
69 ANI Y005
70 OUT Y006
71 OUT Y007
72 LDI X021
73 AND X020
74 ANI Y004
75 OUT Y003
76 LDI X020
77 AND X021
78 ANI Y003
79 OUT Y004
80 MCR N0
82 END
```

图 3—6—5　T68 型镗床 PLC 控制指令表

四、安装调试

1．安装 PLC 控制线路。

2．控制程序输入到 PLC 中。

3．进行程序调试。

评分标准

评分标准见表 3—6—4。

表 3—6—4　　T68 镗床 PLC 的改造操作技能训练评分表

序号	项目与技术要求	配分	评分标准	检测结果	得分
1	电路设计：根据给定的任务，设计电路，列出 PLC 控制 I/O 元件地址分配表，设计梯形图及 PLC 控制 I/O 接线图	30 分	（1）电路图设计不全或设计有错，每处扣 2 分 （2）I/O 地址遗漏或错误，每处扣 1 分 （3）梯形图表达不正确或画法不规范，每处扣 2 分 （4）I/O 接线图表达不正确或画法不规范，每处扣 2 分		
2	安装与接线：元件布置要合理，安装准确紧固，配线导线坚固、美观，导线进行线槽，导线有端子标号	35 分	（1）元件布置不整齐、不匀称、不合理，每只扣 1 分 （2）元件安装不牢固每只扣 1 分 （3）损坏元件扣 5 分 （4）布线不进行线槽，不美观，主电路、控制电路每根扣 0.5 分 （5）接点松动、露铜过长、压绝缘层，标记线号不清、遗漏或误标，每处扣 0.5 分 （6）损伤导线绝缘，每根扣 0.5 分 （7）不按 PLC 控制 I/O 接线图接线，每处扣 2 分		
3	程序输入调试：正确输入程序并编辑，对程序进行模拟调试并达到设计要求	25 分	（1）不能熟练操作或编辑，扣 5 分 （2）不会调试或调试结果达不到要求扣 10 分		
4	安全文明生产：劳动保护用品穿戴整齐，电工工具佩带齐全，遵守操作规程	10 分	违反安全文明生产考核要求的每一项扣 1 分，扣完为止		

练习题

1. 说明 PLC 控制系统设计与调试的步骤。
2. 如何选择合适的 PLC 类型？
3. 要求 T68 型普通镗床的主轴在正反转换向延时 5 s，设计其 PLC 控制梯形图。

模块四 变频器应用技术

三相交流电动机在实际运行过程中往往需要改变其转速，交流电动机的调速方法效率最高、性能最好、应用最广的是变频调速。变频调速是以变频器向交流电动机供电，构成开环或闭环系统，实现电动机宽范围内的无级调速，构成高动态性能的调速系统。目前交流变频调速已成为电气调速传动的主流。变频器不但在传统的电力拖动系统中得到广泛应用，而且已扩展到了工业生产的所有领域，以及空调器、洗衣机、电冰箱等家电中。

变频器的产品有许多种类型，本模块介绍的是三菱 FR－A740 变频器。

课题一 认识变频器

任务 变频器的连接

能力目标

◇ 了解变流技术。

◇ 熟悉变频器的电路结构与基本工作原理。

◇ 会拆装三菱 FR－A740 变频器的前盖板与操作面板。

◇ 能识别三菱 FR－A740 变频器接线端子的功能。

任务引入

三菱 FR－ A740 变频器如图 4—1—1 所示，它是一种高性能的矢量变频器。变频器不能单独运行，需要与合适的外部设备正确连接，通过正确的操作与控制才能使其正常运行。

要用好、维护好变频器，首先要熟悉其组成结构，了解它的工作原理，掌握其接线端子的功能与作用。

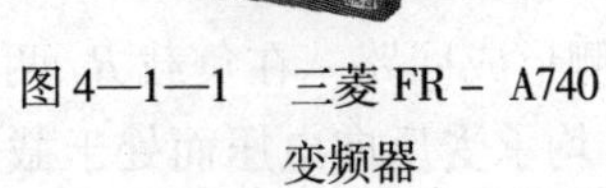

图 4—1—1 三菱 FR－ A740 变频器

相关知识

一、变流技术

1. 整流电路

实现交流电能转换为直流电能的电路称整流电路。一般可通过二极管或开关器件组成的桥式电路来实现。

单相全控桥式整流带电阻性负载的电路如图 4—1—2a 所示。其中 Tr 为整流变压器，V1、V3、V2、V4 组成 a、b 两个桥臂，变压器二次电压 u_2 接在 a、b 两点，$u_2 = U_{2m}\sin\omega t = \sqrt{2}U_2\sin\omega t$，四只晶闸管组成整流桥，负载电阻是纯电阻 R_d。

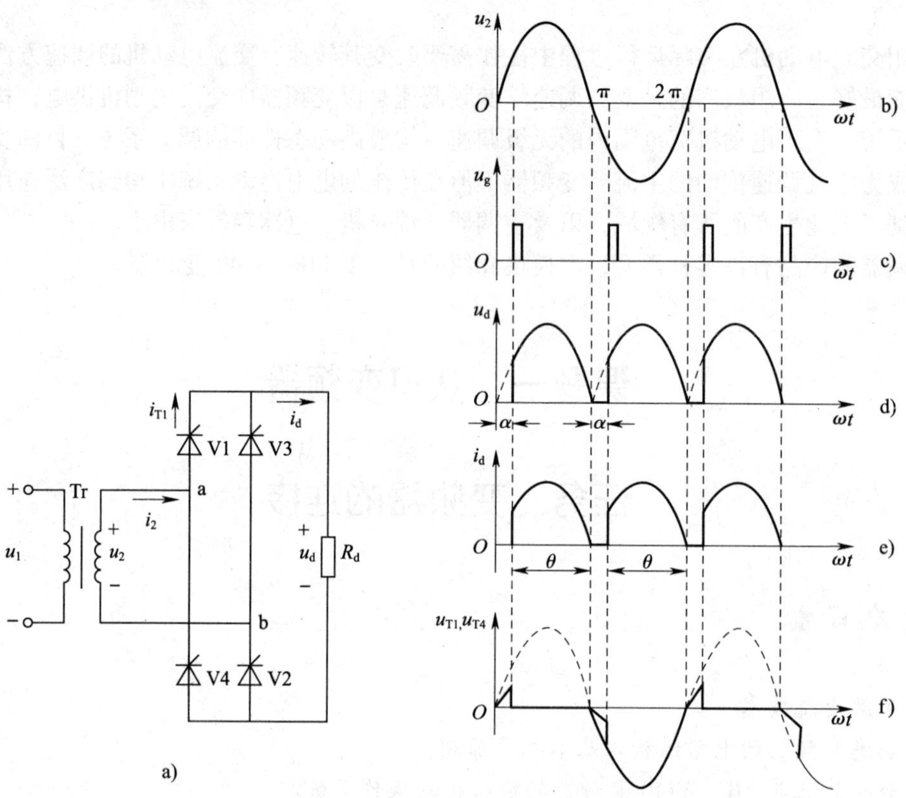

图 4—1—2　单相全控桥式整流带电阻性负载的电路和波形

a）单相全控桥式整流带电阻性负载的电路

b）、c）、d）、e）、f）分别为 u、U_g、U_d、u_d、u_{T1}、u_{T4} 波形

当交流电源电压 u_2 进入正半周时，a 端电位高于 b 端电位，两个晶闸管 V1、V4 同时承受正向电压，如果此时门极无触发信号 u_g，则两个晶闸管仍处于正向截止状态，其等效电阻远大于负载电阻 R_d，电源电压 u_2 将全部加在 V1 和 V2 上，负载上电压 $u_d = 0$。

在 $\omega_t = \alpha$ 时，给 V1 和 V4 同时加触发脉冲，则两晶闸管立即触发导通，电源电压 u_2 将通过 V1 和 V4 加在负载电阻 R_d 上。在 u_2 正半周，V2 和 V3 均承受反向电压而处于截止状态。由于晶闸管导通时管压降可视为零，则负载 R_d 两端的整流电压 $u_d = u_2$。当电源电压 u_2 降到零时，电流 i_d 也降为零，V1 和 V4 截止。

电源电压 u_2 进入负半周时，b 端电位高于 a 端电位，两个晶闸管 V2、V3 同时承受正向电压，在 $\omega t = 2\pi + \alpha$ 时，同时给 V2、V3 加触发脉冲使其导通，电流经 V2、R_d、V3、Tr 二次侧形成回路。在负载 R_d 两端获得与 u_2 正半周相同波形的整流电压和电流，这期间 V1 和 V4 均承受反向电压而处于截止状态。

当 u_2 由负半周电压过零变正时，V3、V4 因电流过零而截止。一个周期过后，V1、V2 在 $\omega_t = 2\pi + \alpha$ 时刻又被触发导通，依此循环。显然，上述两组触发脉冲在相位上相差 180°，这就形成了如图 4—1—2b 至图 4—1—2f 所示的波形图。

由以上电路工作原理可知，在交流电源 u_2 的正、负半周里，V1、V4 和 V2、V3 两组晶闸管轮流触发导通，将交流电变成脉动的直流电。改变触发脉冲出现的时刻，即改变 α 的大小，u_d、i_d 的波形和平均值大小也随之改变。

2. 逆变电路

在实际应用中，需要将直流电能变成交流电能，这种电能的变换过程定义为逆变。把直流电逆变成交流电的电路称为逆变电路。

如果将逆变电路的交流侧接到交流电网上，把直流电逆变成同频率的交流电反送到电网中，称为有源逆变，它用于直流电动机的可逆调速、绕线转子异步电动机的串级调速、高压直流输电和太阳能发电等。如果逆变器的交流侧不与电网连接，而是直接接到负载，即将直流电逆变成某一频率或可变频率的交流电供给负载，则称为无源逆变，它在交流电动机变频调速、感应加热、不停电电源等方面应用十分广泛，本课题主要讨论无源逆变电路的工作原理和实际应用。

(1) 逆变电路的工作原理

逆变电路的主要功能是将直流电逆变成某一频率或可变频率的交流电供给负载。最基本的逆变电路是单相桥式逆变电路，它可以很好地说明逆变电路的工作原理，其电路结构如图 4—1—3a 所示。

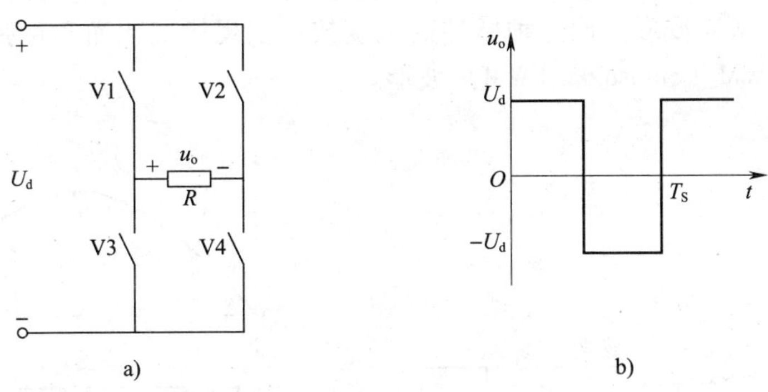

图 4—1—3　单相桥式逆变电路和波形

a) 单相桥式逆变电路　b) 逆变器输出电压 u_o 波形

u_d 为输入直流电压，R 为逆变器的输出负载。当开关管 V1、V4 导通，V2、V3 截止时，逆变器输出电压 $u_0 = U_d$；当开关管 V1、V4 截止，V2、V3 导通时，输出电压 $u_0 = -U_d$。当以频率 f_s 交替切换 V1、V4 和 V2、V3 时，则在电阻 R 上获得如图 4—1—3b 所示的交变电压波形，其周期 $T_s = 1/f_s$，这样，就将直流电压 u_d 变成了交流电压 U_d。u_0 含有各次谐波，如果想得到正弦波电压，则可通过滤波器滤波获得。

图 4—1—3a 中主电路开关管 V1 ~ V4，实际是各种半导体开关器件的一种理想模型。逆变电路中常用的开关器件有快速晶闸管、可关断晶闸管（GTO）、功率晶体管（GTR）、功率场效应晶体管（MOSFET）和绝缘栅晶体管（IGBT）。

(2) PWM 型变频电路

将可控整流电路和一个逆变电路结合到一起就组成了变频电路。图 4—1—4 所示即为交一直一交变频电路的结构。

变频器中的逆变电路通常采用 PWM（Pulse Width Modulation）逆变方式。PWM 型变频器就是对逆变电路开关器件的通断进行控制，使输出端得到一系列幅值相等而宽度不相等的脉冲，用这些脉冲来代替正弦波或所需要的波形。PWM 逆变电路主要具有以下特点：

①可以得到相当接近正弦波的输出电压。

②整流电路采用二极管，可获得接近 1 的功率因数。

③只用一级可控的功率环节，电路结构较简单。

④通过对输出脉冲宽度的控制就可改变输出电压，大大加快了变频器的动态响应。

1）SPWM 波形与等效正弦波。在采样控制理论中有一个重要的结论：冲量相等而形状不同的窄脉冲加在具有惯性的环节上时，其效果基本相同。冲量即指窄脉冲的面积。这里所说的效果基本相同，指环节的输出响应波形基本相同。

把图 4—1—5a 所示的正弦半波波形分成 N 等份，就可把正弦半波看成由 N 个彼此相连的脉冲所组成的波形。这些脉冲宽度相等，都等于 π/N，但幅值不等，且脉冲顶部不是水平直线，而是曲线，各脉冲的幅值按正弦规律变化。如果把上述脉冲序列用同样数量的等幅而不等宽的矩形脉冲序列代替，使矩形脉冲的中点和相应正弦等分的中点重合，且使矩形脉冲和相应正弦部分面积（冲量）相等，就得到图 4—1—5b 所示的脉冲序列。这就是 PWM 波形。可以看出，各脉冲的宽度是按正弦规律变化的。根据冲量相等效果相同的原理，PWM 波形和正弦半波是等效的。对于正弦波的负半周，也可以用同样的方法得到 PWM 波形。像这种脉冲的宽度按正弦规律变化而和正弦波等效的 PWM 波形，也称为 SPWM（Sinusoidal PWM）波形。

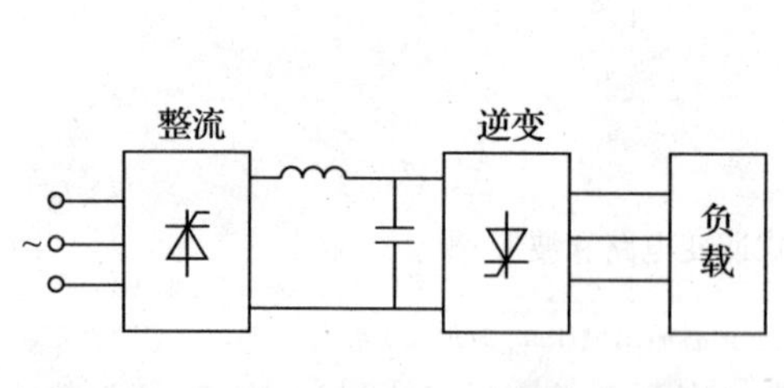

图 4—1—4　交—直—交变频电路结构

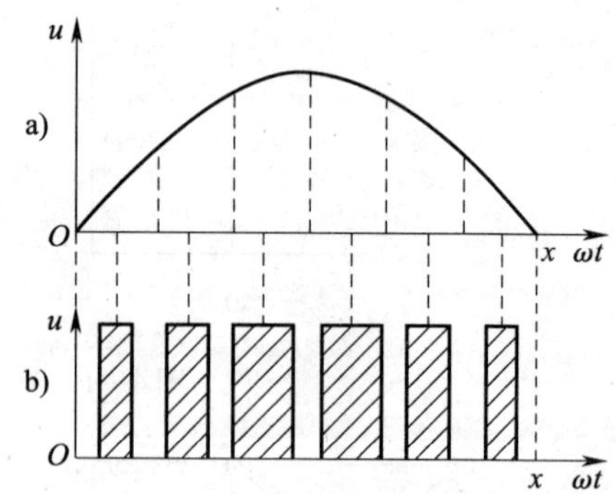

图 4—1—5　正弦波与 SPWM 波形

a）正弦波正半波　b）等效的 SPWM 波形

2）SPWM 波形产生原理。SPWM 波形可用计算机产生，即对给定的正弦波用计算机算出相应脉冲的宽度，通过控制电路输出相应波形；或用专门集成电路产生，如产生三相 SPWM 波形的专用集成电路芯片有 HEF4752，SLE4520 等；也可采用模拟电路产生，其方法是以正弦波为调制波，对以等腰三角波为载波的信号进行“调制”，原理如图 4—1—6 所示。

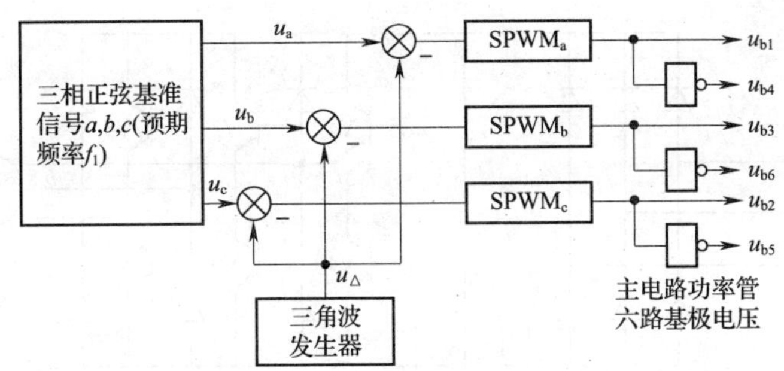

图 4—1—6　三相 PWM 控制电路原理

采用模拟电路产生 SPWM 波形，就是用一个正弦波发生器产生可以调频、调幅的正弦波信号（调制波），然后用三角波发生器生成幅值恒定的三角波信号（载波），将它们在电压比较器中进行比较，最后输出 SPWM 调制电压脉冲。图 4—1—7 所示为 SPWM 法调制 SPWM 脉冲的原理图。

三角波电压和正弦波电压分别接在电压比较器的“－”“＋”输入端。当 $u_{\Delta} < u_{\sin}$ 时，电压比较器输出高电平；反之则输出低电平。SPWM 脉冲宽度（电平持续时间的长短）由三角波和正弦波交点之间的距离决定，两者的交点随正弦波电压的大小而改变，因此，在电压比较器的输出端就可以输出幅值相等而脉冲宽度不等的 SPWM 电压信号。图 4—1—8 所示为 SPWM 调制波示意图。

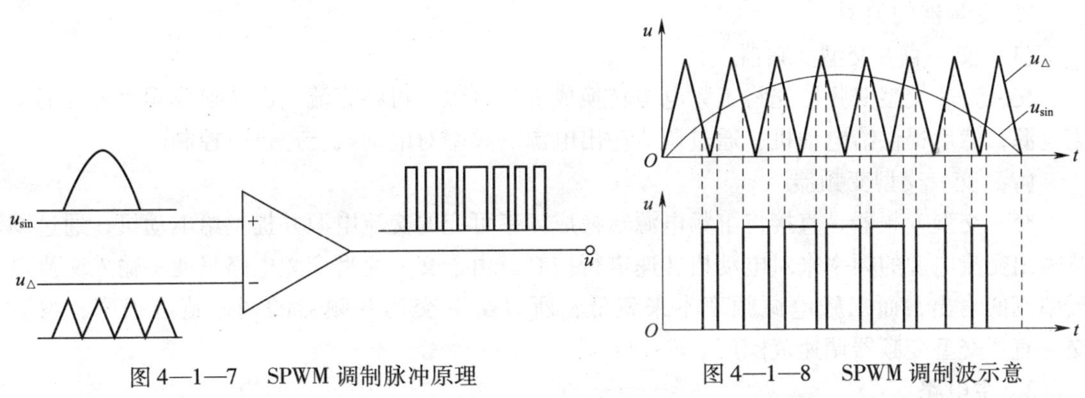

图 4—1—7　SPWM 调制脉冲原理　　　图 4—1—8　SPWM 调制波示意

3）SPWM 变频器的主电路。电路原理及输出线电压的波形如图 4—1—9 所示。图 4—1—9a 中，V1 ~ V6 为六只大功率晶体管，并各有一个与之反并联的续流二极管，来自控制电路的 SPWM 波形作为基极控制电压，加在各功率管的基极上。按相序和频率要求，将参考信号振荡器上产生的频率和电压协调控制的三路正弦波信号，与等腰三角波发生器传来的载波信号一同送入电压比较器，从而产生三路 SPWM 波形，经反相电路后，可得到六路 SPWM 信号，分别加在 V1 ~ V6 六只功率晶体管的基极，作为驱动控制信号。当逆变器工作于双极性工作方式时，可得到如图 4—1—9b 所示的线电压波形。

二、变频器电路结构

变频器是一种典型的采用变频技术的电控装置。变频器的功能是将工频（50 Hz 或 60 Hz）交流电源转换成频率可变的交流电源提供给电动机，通过改变输出电源的频率对电动机进行调速控制。

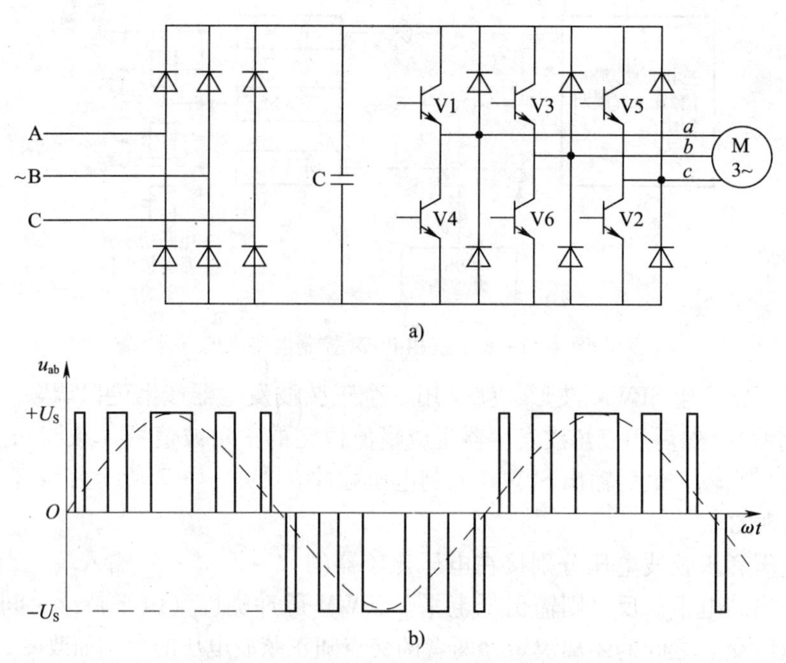

图 4—1—9　SPWM 变频调速器的主电路原理与线电压的波形

a）SPWM 变频调速器的主电路原理　b）SPWM 变频调速器的线电压波形

1. 变频器的类型

（1）交 - 直 - 交型变频器

交 - 直 - 交型变频器先将工频电源转换成直流电源，再将直流电源转换成频率可变的交流电源，然后提供给电动机，通过调节输出电源的频率对电动机转速进行控制。

（2）交 - 交型变频器

交 - 交型变频器是直接将工频电源转换成频率可变的交流电源并提供给电动机，通过调节输出交流电源的频率来对电动机转速进行控制。由于交 - 交型变频电路只能将输入交流电频率调低输出，而工频电源频率本来就低，所以交 - 交型变频器的调速范围很窄，没有交 - 直 - 交型变频器调速范围广。

2. 主电路

通用变频器一般都是交 - 直 - 交型变频器，变频器的基本构成如图 4—1—10 所示。其主电路由整流电路、中间直流电路和逆变器电路三部分组成，主电路的基本结构如图 4—1—11 所示。

（1）整流电路

1）二极管整流电路。由 VD1 ~ VD6 组成三相不可控整流桥将电源的三相交流全波整流成直流。整流电路因变频器输出功率大小不同而异。功率较小的，输入电源多用单相 220 V，整流电路为单相全波整流桥；功率较大的，一般用三相 380 V 电源，整流电路为三相桥式全波整流电路。

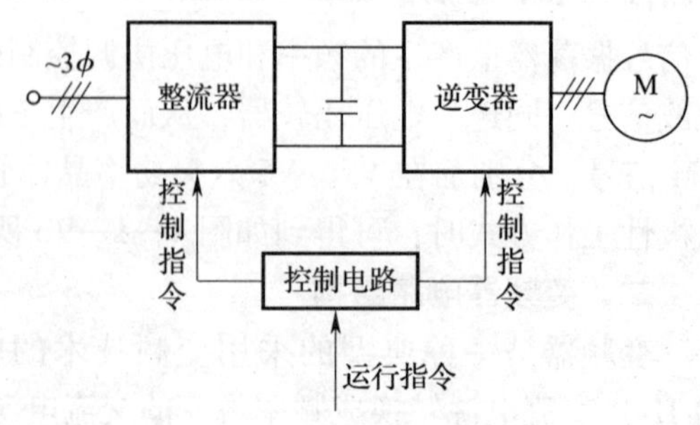

图 4—1—10　变频器的基本构成

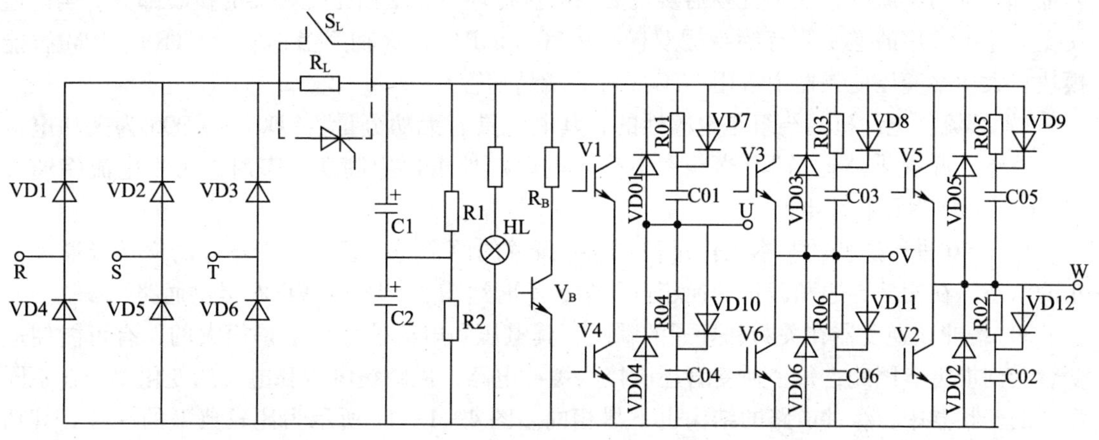

图 4—1—11　电压型交－直－交变频器主电路的基本结构

设电源的线电压为 U_L，那么三相全波整流后平均直流电压 U_D 的大小为：$U_D = 1.35U_L$。我国三相电源的线电压为 380 V，故全波整流后的平均电压是 513 V。

2）滤波。整流电路输出的整流电压是脉动的直流电压，必须加以滤波。

滤波电容器 C 的作用除了滤除整流后的电压纹波外，还在整流电路与逆变器之间起去耦作用，以消除相互干扰，这就给作为感性负载的电动机提供必要的无功功率。因而，中间直流电路电容器的电容量必须较大，起到储能作用，所以中间直流电路的电容器又称储能电容器。

由于受到电解电容的电容量和耐压能力的限制，滤波电路通常由若干个电容器并联成一组，又由两个电容器组串联而成，如图 4—1—11 中的 C1 和 C2。因为电解电容的电容量有较大的离散性，故电容器组 C1 和 C2 的电容量常不能完全相等，这将使它们承受的电压 U_{D1} 和 U_{D2} 不相等。为了使 U_{D1} 和 U_{D2} 相等，在 C1 和 C2 旁各并联一个阻值相等的均压电阻 R1 和 R2。

3）限流。由于储能电容大，加之在接入电源时电容器两端的电压为零，故当变频器刚合上电源的瞬间，滤波电容器 C 的充电电流是很大的。过大的冲击电流将可能使三相整流桥的二极管损坏。为了保护整流桥，在变频器刚接通电源后的一段时间里，电路内串入限流电阻 R_L，其作用是将电容器 C 的充电电流限制在允许的范围以内。当 C 充电到一定程度时，令 S_L 接通，将 R_L 短路。

在有些变频器中，S_L 用晶闸管代替，如图 4—1—11 中虚线所示。

4）电源指示。电源指示灯除了表示电源是否接通以外，还有一个十分重要的功能，即在变频器切断电源后，显示滤波电容器 C 上的电荷是否已经释放完毕。

由于 C 的容量较大，而切断电源又必须在逆变电路停止工作的状态下进行，所以 C 没有快速放电的回路，其放电时间往往长达数分钟。又由于 C 上的电压较高，如电荷不放完，在维修变频器时，将对人身安全构成威胁。所以，HL 完全熄灭后才能接触变频器内部的导电部分。

（2）逆变器电路

1）逆变管。V1 ~ V6 组成逆变桥，把 VD1 ~ VD6 整流后的直流电再“逆变”成频率、幅值都可调的交流电，这是变频器实现变频的执行环节，因而是变频器的核心部分。当前通用变频器中常用的逆变管有绝缘栅双极晶体管（IGBT）、大功率晶体管（GTR）、IPM 智能模块；大功率变压变频器中常用 GTO（可关断晶闸管）。

2）续流。电动机的绕组是电感性的，其电流具有无功分量，VD01～VD06 为无功电流返回直流电源提供“通道”。当频率下降、电动机处于再生制动状态时，再生电流将通过 VD01～VD06 返回直流电路。

V1～V6 进行逆变的基本工作过程：同一桥臂的两个逆变管，处于不停的交替导通和截止的状态。在交替导通和截止的换相过程中，不时地需要 VD01～VD06 提供通路。

3）缓冲。逆变器在关断和导通的瞬间，其电压和电流的变化率是很大的，有可能使逆变管受到损害。因此，每个逆变管还应接入缓冲电路，以减缓电压和电流的变化率。在不同型号的变频器中，缓冲电路的结构也不尽相同。图 4—1—11 所示为比较典型的一种。其功能如下：

逆变管 V1～V6 每次由导通状态切换成截止状态的关断瞬间，集电极（C 极）和发射极（E 极）间的电压 U_{CE}将迅速地由近乎 0 V 上升至直流电压值 U_D。这过高的电压增长率将导致逆变管的损坏。因此，C01～C06 的功能便是降低 V1～V6 在每次关断时的电压增长率。

V1～V6 每次由截止状态切换成导通状态的接通瞬间，C01～C06 上所充的电压（等于 U_D）将向 V1～V6 放电。此放电电流的初始值将是很大的，并且将叠加到负载电流上，导致 V1～V6 的损坏。因此，R01～R06 的功能是限制逆变管在接通瞬间 C01～C06 的放电电流。

R01～R06 的接入，又会影响 C01～C06 在 V1～V6 关断时降低电压增长率的效果。VD7～VD12接入后，在 V1～V6 的关断过程中，使 R01～R06 不起作用；而在 V1～V6 的接通过程中，又迫使 C01～C06 的放电电流流经 R01～R06。

（3）制动电阻和制动单元

1）制动电阻 R_L。当电动机的工作频率下降时。它的转子转速将超过此时的同步转速，使得电动机处于再生制动状态，拖动系统的动能要反馈到直流电路中，使直流电压 U_D 不断上升，甚至可能达到危险值。因此，必须将再生到直流电路的能量消耗掉，使 U_D 保持在允许范围内。制动电阻 R_B 就是用来消耗这部分能量的。

2）制动单元 V_B。由大功率晶体管 GTR 或 IGBT 及其驱动电路构成。其功能是控制流经 R_B 的放电电流 I_B。

3. 控制电路

控制电路的基本结构如图 4—1—12 所示，它主要由主控板、键盘与显示板、电源板、外接控制电路等构成。

（1）主控板

主控板是变频器运行的控制中心，其主要功能为：

1）接受从键盘输入的各种信号。

2）接受从外部控制电路输入的各种信号。

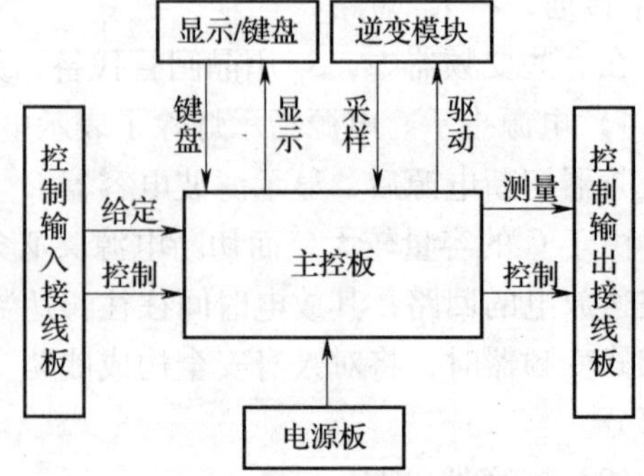

图 4—1—12　通用变频器控制电路基本结构

3）接受内部的采样信号，如主电路中电压与电流的采样信号、各部分温度的采样信号、各逆变管工作状态的采样信号等。

4）完成 SPWM 调制，将接受的各种信号进行判断和综合运算，产生相应的 SPWM 调制指令，并分配给各逆变管的驱动电路。

5）发出显示信号，向显示板和显示屏发出各种显示信号。

6）发出保护指令，变频器必须根据各种采样信号随时判断其工作是否正常，一旦发现异常工况，必须发出保护指令进行保护。

7）向外电路发出控制信号及显示信号，如正常运行信号、频率到达信号、故障信号等。

（2）键盘与显示板

键盘用以向主控板发出各种信号或指令，不同类型的变频器配置的键盘是不一样的，尽管形式不一样，但基本的原理和构成都差不多。

显示板是将主控板提供的各种数据进行显示，大部分变频器配置了液晶显示屏，它可以完成各种指示功能。

（3）电源板

变频器的电源板主要给主控、驱动、外控等电路提供电源。

（4）外接控制电路

外接控制电路包括外接给定电路、外接输入控制电路、外接输出电路等。

任务实施

一、工具器材准备

主要实训工具及器材见表 4—1—1。

表 4—1—1　　主要实训工具及器材

序号	名称	数量	序号	名称	数量
1	电工通用工具	1 套	3	三菱 FR－A740 变频器	1 台
2	万用表	1 块			

二、变频器的拆卸

1．变频器的外观结构

变频器从外观结构上看，有开启式和封闭式两种，开启式的散热性能好，但接线端子外露，适用于电气柜内部安装，封闭式的接线端子全部在内部，不打开盖子看不到内部结构。三菱 FR－740变频器如图 4—1—13 所示，其主要由操作面板、前盖板、机身、USB 接线口等部件组成。正面盖板与机身侧面分别标有容量铭牌（见图 4—1—14）和定额铭牌（见图 4—1—15）。

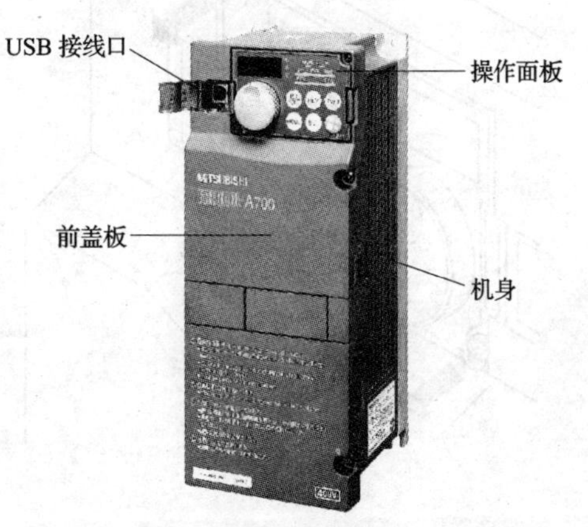

图 4—1—13　三菱 FR－A740 系列变频器

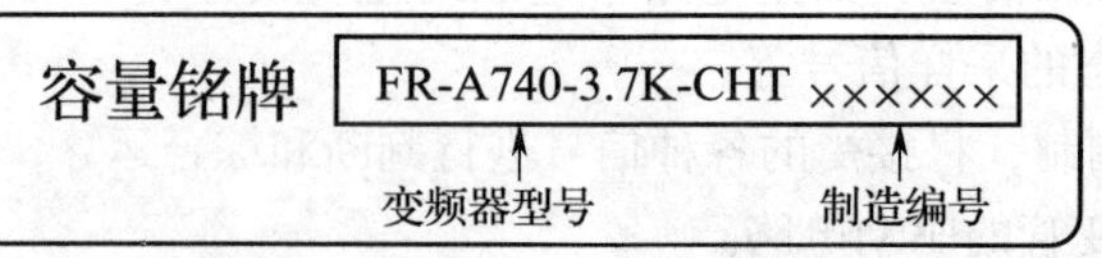

图 4—1—14　三菱 FR－A740 变频器容量铭牌

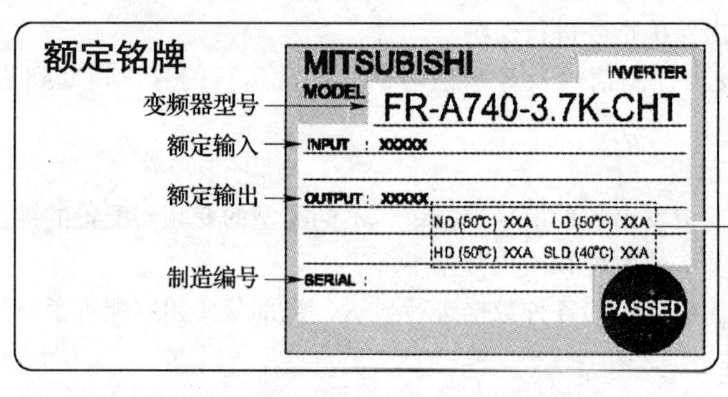

	过载电流额定值	环境温度
SLD	110% 60s，120% 3s	40°C
LD	120% 60s，150% 3s	50°C
ND	150% 60s，200% 3s	50°C
HD	200% 60s，250% 3s	50°C

图 4—1—15　三菱 FR－A740 变频器定额铭牌

2．前端盖的拆卸

（1）操作面板的拆卸

1）松开操作面板的两处螺钉（螺钉不能拆下），图 4—1—16 所示。

2）按住操作面板左右两侧的插销，把操作面板往前拉出后卸下，如图 4—1—17 所示。

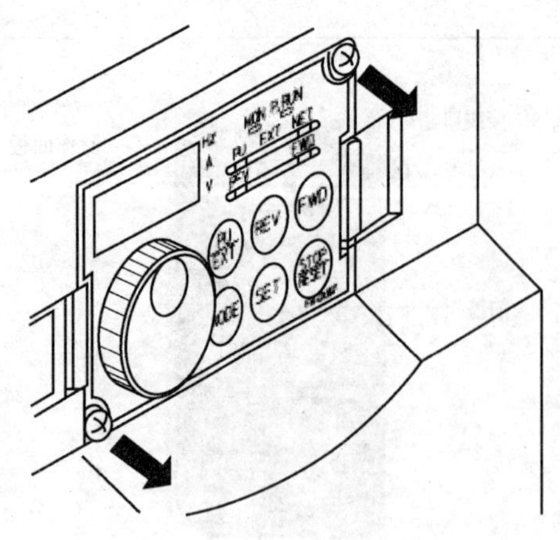

图 4—1—16　松开螺钉

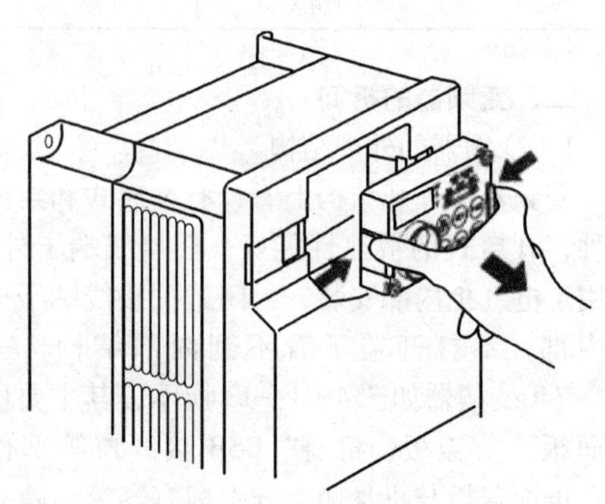

图 4—1—17　卸下操作面板

（2）前盖板的拆卸

1）22 kW 以下变频器。对于 22 kW 以下变频器先松开盖板的固定螺钉，如图 4—1—18a 所示。然后一边按着表面护盖上的安装卡爪，一边以左边的固定卡爪为支点向上拉，然后取下。如图 4—1—18b 所示。

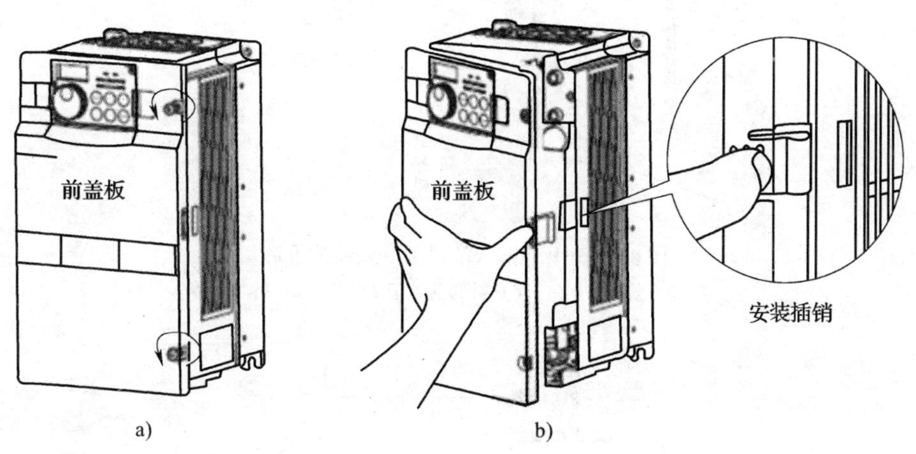

图 4—1—18　拆下面板

a）松开螺钉　b）取下面板

2）30 kW 以上变频器。对于 30 kW 以上变频器先拆下安装盖板 1 用的螺钉，如图 4—1—19a 所示；然后卸下前盖板 2 的螺钉，如图 4—1—19b 所示；最后按住前盖板 2 上右边的两个安装插销并以左面的固定插销为支点向身前拉，就可以将其拆下。如图 4—1—19c 所示。

三、变频器端子

拆除操作面板、前盖板后，FR－A740 变频器的结构布局如图 4—1—20 所示。其接线端子如图 4—1—21 所示，主要分为三部分：主电路端子、接地端子、控制电路端子和通信端子，各端子的名称及功能如下：

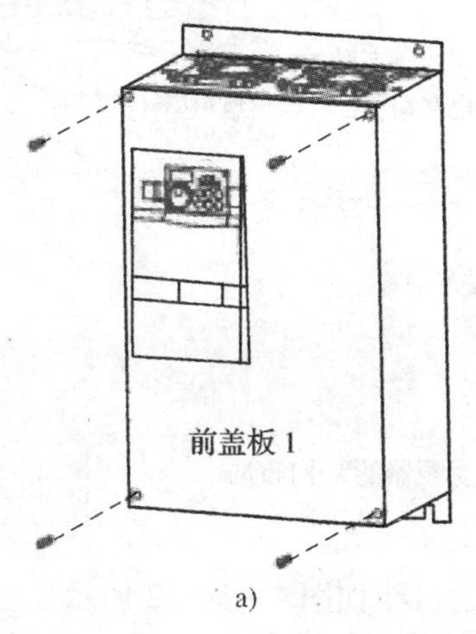

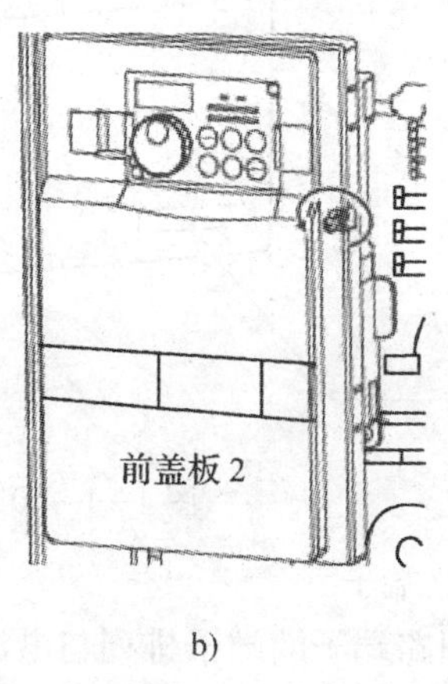

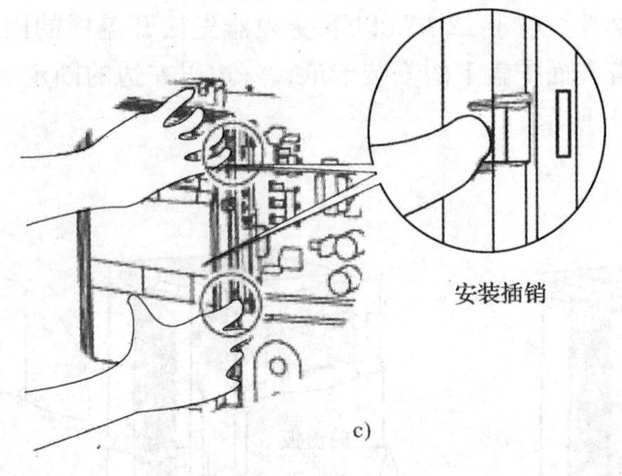

图 4—1—19　30 kW 以上变频器的拆卸

a）拆卸前盖板 1 螺钉　b）拆卸前盖板 2 螺钉　c）拆下端盖

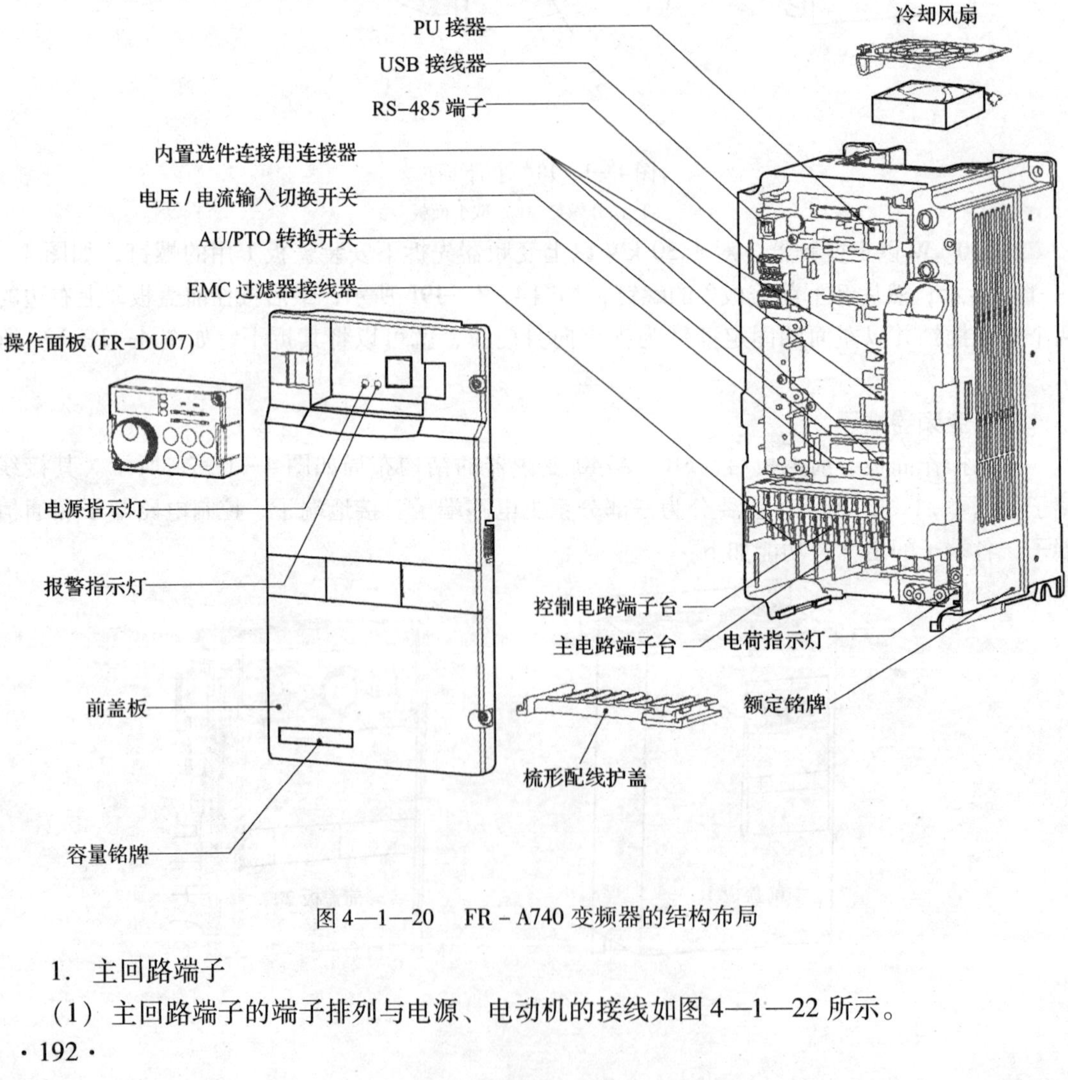

PU 接器
USB 接线器
RS-485 端子
内置选件连接用连接器
电压 / 电流输入切换开关
AU/PTO 转换开关
EMC 过滤器接线器
冷却风扇
操作面板 (FR-DU07)
电源指示灯
报警指示灯
前盖板
容量铭牌
控制电路端子台
主电路端子台
电荷指示灯
额定铭牌
梳形配线护盖

图 4—1—20　FR－A740 变频器的结构布局

1. 主回路端子

（1）主回路端子的端子排列与电源、电动机的接线如图 4—1—22 所示。

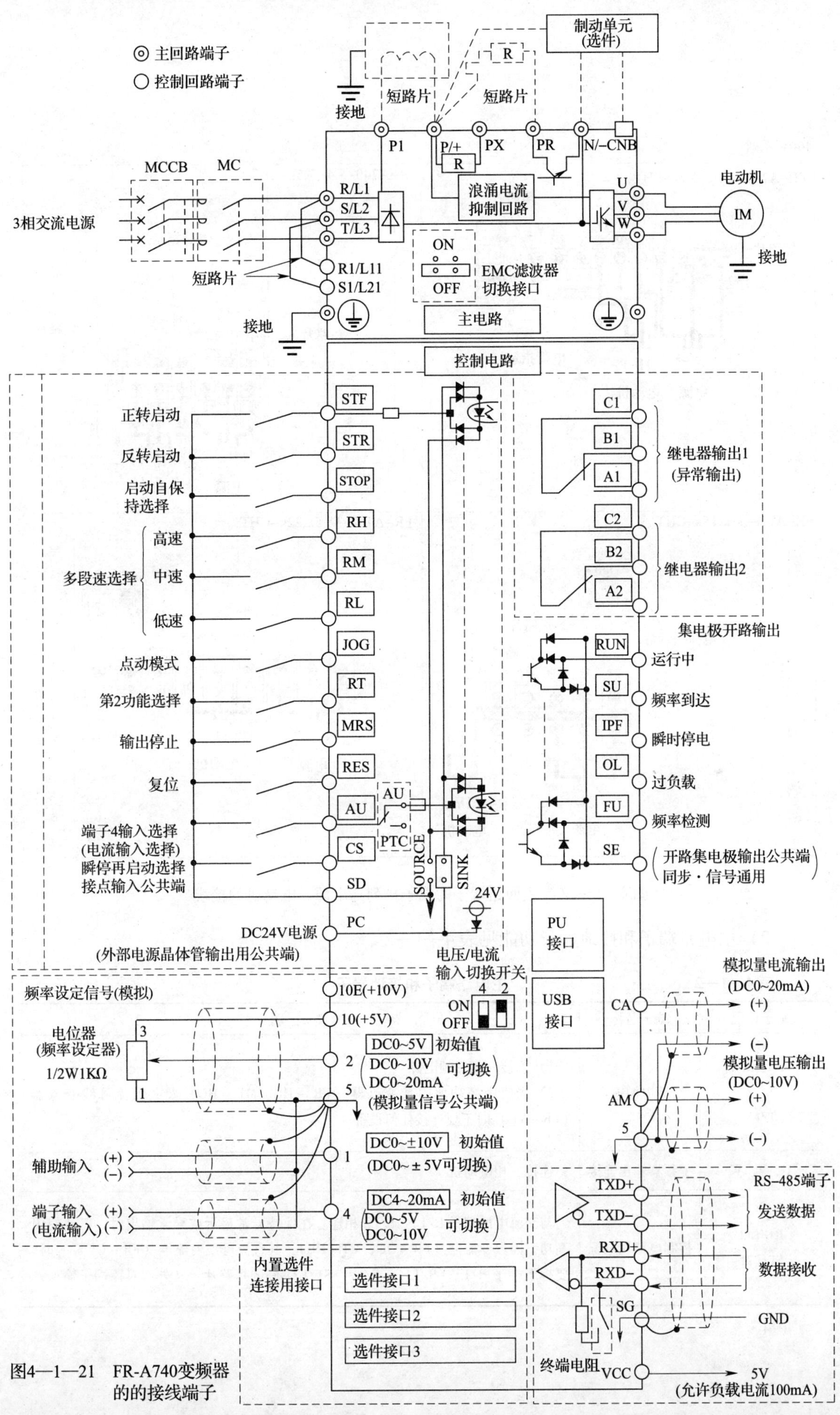

图4—1—21 FR-A740变频器的的接线端子

400V 系列

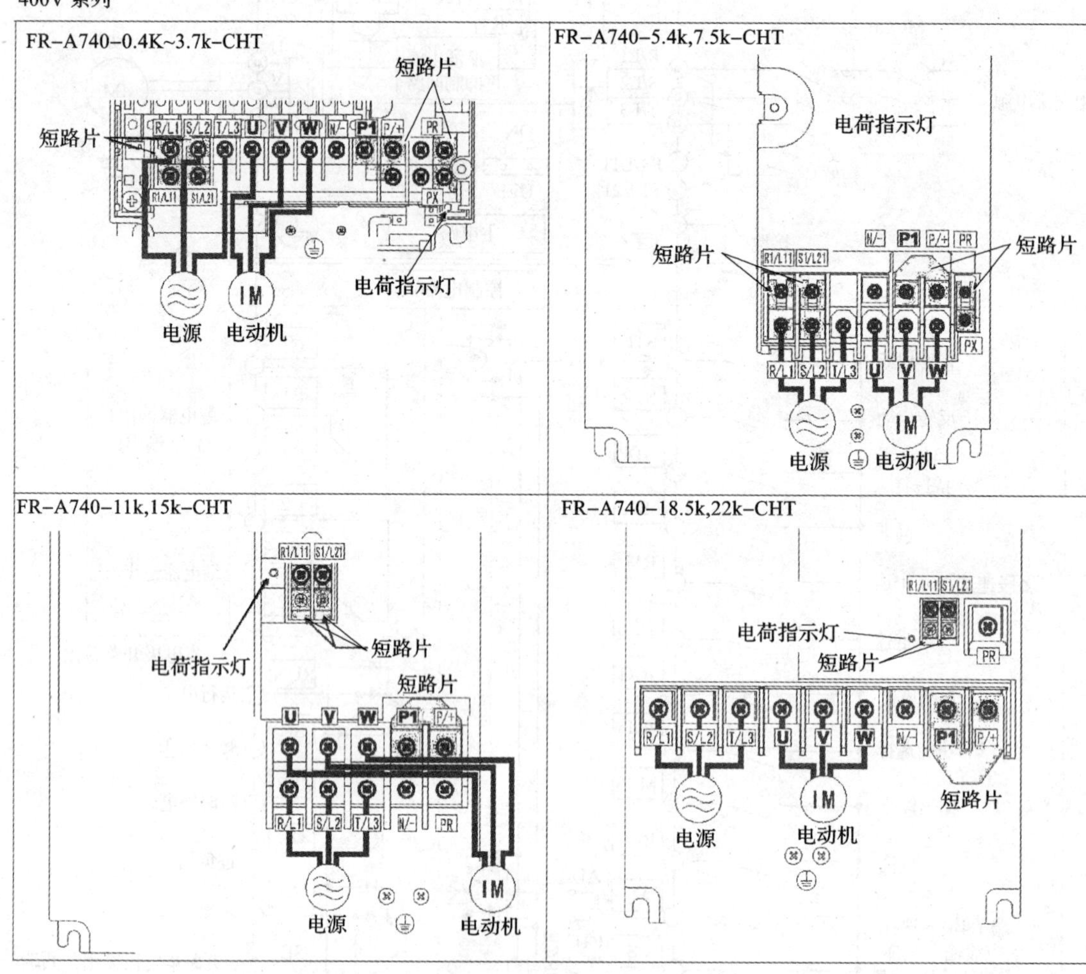

图 4—1—22　主回路端子的端子排列与电源、电动机的接线

（2）主电路端子和接地端子功能见表 4—1—2。

表 4—1—2　　主电路端子和接地端子

端子标记	端子名称	说　明
R/L1 S/L2 T/L3	交流电源输入	1）连接三相工频电源 2）当使用高功率因数变流器（FR－HC、MT－HC）及共直流母线变流器（FR－VC）时不要连接任何设备
U、V、W	变频器输出连接	连接三相电动机
R1/L11 S1/L21	控制电路用电源	与交流电源端子 R/L1、S/L2 相连。在保持异常显示或异常输出时，以及使用高功率因数变流器（FR－HC、MT－HC），其直流母线变流器（FR－CV）等时，要拆下端子 R/L1－R/L11、S/L2－S1/L21 间的短路片，从外部对该端子输

续表

端子标记	端子名称	说　明
R1/L11 S1/L21	控制电路用电源	入电源。在主回路电源（R/L1、S/L2、T/L3）设为 ON 的状态下，不能将控制回路用电源（R1/L11、S1/L21）设为 OFF，以免可能造成变频器的损坏。当控制回路用电源（R1/L11、S1/L21）为 OFF 的情况下，在回路设计上要保证主电源（R/L1、S/L2、T/L3）同时也为 OFF。控制电路用电源容量 15 kW 以下为 60 kV·A,18.5 kW 以上为 80 kV·A
P/+、PR	制动电阻连接（22 kW 以下）	拆下端子 PR、PX 间的短路片（7.5 kW 以下），连接在端子 P/+—PR 间连接作为任选件的制动电阻器（FR－ABR）。22 kW 以下的产品通过连接制动电阻，可以得到更大的再生动力
P/+、N/－	连接制动单元	连接制动单元（FR－BU2、FR－BU、BU、MT－BU5），共直流母线变流器（FR－CV）电源再生转换器（MT－RC）及高功率因数变流器（FR－HC、MT－HC）
P/+、P1	连接改善功率因数直流电抗器	对于 55 kW 以下的产品要拆下端子 P/+－P1 间的短路片，连接上 DC 电抗器。75 kW 以上的产品已标准配备有 DC 电抗器，必须连接。FR－A740－55k 通过 LD 或 SLD 设定并使用时，必须设置 DC 电抗器（选件）
PR、PX	内置制动器回路连接用	端子 PR、PX 间连接有短路片（初始状态）的状态下，内置的制动器回路为有效（7.5 kW 以下的产品已配备）
⏚	变频器接地	变频器箱体的接地端子，应良好接地

2．控制电路端子的功能

（1）控制电路的端子排列如图 4—1—23 所示。

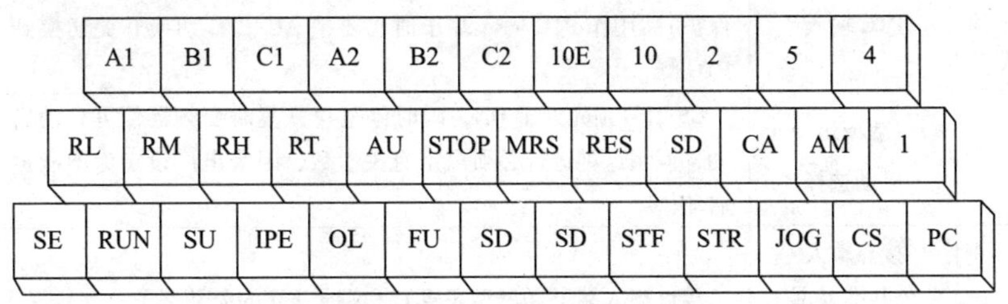

图 4—1—23　控制电路的端子排列

（2）控制电路输入端子见表 4—1—3。

表 4—1—3　　控制电路输入端子的功能

分类	端子标记	端子名称	端子功能说明		额定规格
接点输入	SFT	正转启动	STF 信号处于 ON 正转，处于 OFF 停转	STF、STR 信号同时为 ON 时变成停止指令	输入电阻 4.7 kΩ，开路电压 DC 21～27 V，短路时 DC 4～6 mA
	STR	反转启动	STR 信号 ON 为反转，OFF 为停止		
	STOP	启动自保持选择	使 STOP 信号处于 ON，可以选择启动信号自保持		
	RH、RM、RL	多段速度选择	RH、RM 和 RL 信号的组合可以选择多段速度		

续表

分类	端子标记	端子名称	端子功能说明	额定规格
接点输入	JOG	点动模式选择	JOG 信号为 ON 时选择点动运行（初期设定），用启动信号（STF 和 STR）可以点动运行	输入电阻 4.7 kΩ，开路时电压 DC21～27 V，短路时DC4～6 mA
		脉冲列输入	JOG 端子也可以作为脉冲列输入端子使用。在作为脉冲列输入端子使用时，有必要变更 Pr. 291 的设定值	输入电阻 2 kΩ，短路时 DC8～13 mA
	RT	第 2 功能选择	RT 信号为 ON 时，第 2 功能被选择。设定了“第 2 转矩提升”“第 2V/F（基准频率）”时，可以用 RT 信号处于 ON 时选择这些功能	输入电阻 4.7 kΩ，开路时电压 DC21～27 V，短路时DC4～6 mA
	MRS	输出停止	MRS 信号为 ON 时（20 ms 以上），变频器输出停止，用电磁制动停止电动机时用于断开变频器的输出	
	RES	复位	复位用于解除保护回路动作的保持状态。使端子 RES 信号处于 ON 在 0.1 s 以上，然后断开。工厂出厂时，通常设置为复位。根据 Pr. 75 的设定，仅在变频器报警发生时可能复位，复位解除后约 1 s 恢复	
	AU	端子 4 输入选择	只有把 AU 信号设置为 ON 时端子 4 才能用（频率设定信号 DC4～20 mA 之间可以操作）。AU 信号置为 ON 时端子 2（电压输入）的功能将无效	
		PTC 输入	AU 端子也可以作为 PTC 输入端子使用（电动机的热继电器保护）。用作 PTC 输入端子时，要把 AU/PTC 切换开关切换到 PTC 侧	
	CS	瞬停再启动选择	CS 信号预先处于 ON，瞬时停电再恢复时变频器便可自动启动，但用这种运行必须设定有关参数，因为出厂设定为不能再启动	
	SD	接点输入公共端（漏型、初始设定）	接点输入端子（漏型逻辑）和端子 FM 的公共端子	
		外部晶体管公共端（源型）	在源型逻辑时连接可编程控制器等的晶体管输出（开放式集电器输出）时，将晶体管输出用的外部电源公共端连接到该端子上，可防止因漏电而造成的误动作	
		DC24 V 电源公共端	DC24 V 0.1 A 电源（端子 PC）的公共输出端子。端子 5 和端子 SE 绝缘	
	PC	外部晶体管公共端（漏型）（初始设定）	在漏型逻辑时连接可编程控制器等的晶体管输出（开放式集电器输出）时，将晶体管输出用的外部电源公共端连接到该端子上，可防止因漏电而造成的误动作	电源电压范围：DC19.2～28.8 V，允许负载电流 100 mA
		接点输入公共端（源型）	接点输入端子（源型逻辑）的公共端子	
		DC24 V 电源	可以作为 DC24 V、0.1 A 的电源使用	

续表

分类	端子标记	端子名称	端子功能说明	额定规格
频率设定	10E	频率设定用电源	按出厂状态连续频率设定电位器时，与端子 10 连接。当连接到 10E 时，要改变端子 2 的输入规格	DC10 V，允许负载电流 10 mA
	10			DC5 V，允许负载电流 10 mA
	2	频率设定（电压）	当输入 5 V（10 V、20 mA）时成最大输出频率。输出频率与输入成正比。DC0 ~5 V（出厂值）与 DC0 ~10 V、0 ~20 mA 的输入切换用 Pr. 73 进行控制。电流输入为（0 ~20 mA）时，电流/电压输入切换开关设为 ON	电压输入的情况下，输入电阻 10 kΩ ±1kΩ，最大许可电压 DC20 V。电流输入的情况下输入电阻 245 kΩ ±5 Ω，最大许可电流 30 mA
	4	频率设定（电流）	如果输入 DC4 ~20 mA（或 0 ~5 V、0 ~10 V），当 20 mA 时成最大输出频率，输出频率与输入成正比。只有 AU 信号置为 ON 时此输入信号才会有效（端子 2 的输入将无效）。4 ~20 mA（出厂值），DC0 ~5 V、DC0 ~10 V 的输入切换用 Pr. 267 进行控制。电压输入为 0 ~5 V/0 ~10 V 时，电流/电压输入切换开关设为 OFF	
	1	辅助频率设定	输入 DC0 ~5 或 0 ~10 V 时，端子 2 或 4 的频率设定信号与这个信号相加，用参数单元 Pr. 73 进行输入 DC0 ~5 V 或 DC0 ~10 V（出厂设定）的切换	输入电阻 10 kΩ ±1 kΩ，最大许可电压 DC ±20 V
	5	频率设定公共端	频率设定信号（端子 2、1 或 4）和模拟输出端子 CA、AM 的公共端子，请不要接大地	

（3）控制电路输出端子见表 4—1—4。

表 4—1—4　　控制电路输出端子的功能

<table>
<tr><th>分类</th><th>端子标记</th><th>端子名称</th><th colspan="2">端子功能说明</th><th>额定规格</th></tr>
<tr><td rowspan="2">触点输出</td><td>A1、B1、C1</td><td>继电器输出 1（异常输出）</td><td colspan="2">指示变频器因保护功能动作时输出停止的转换接点。故障时 B－C 间不导通（A－C 间导通），正常时 B－C 间导通（A－C 间不导通）</td><td rowspan="2">接点容量 AC230 V，0.3 A（功率因数 0.4），DC30 V，0.3 A</td></tr>
<tr><td>A2、B2、C2</td><td>继电器输出 2</td><td colspan="2">1 个继电器输出（常开/常闭）</td></tr>
<tr><td rowspan="3">集电极开路</td><td>RUN</td><td>变频器正在运行</td><td colspan="2">变频器输出频率为启动频率（初始值 0.5 Hz）以上时为低电平，正在停止或正在直流制动时为高电平</td><td rowspan="3">容许负载为 DC24 V，0.1 A（打开的时候最大电压下降 2.8 V）</td></tr>
<tr><td>SU</td><td>频率到达</td><td>输出频率达到设定频率的 ±10%（出厂值）时为低电平，正在加/减速或停止时为高电平</td><td rowspan="2">报警代码（4 位）输出</td></tr>
<tr><td>OL</td><td>过负载报警</td><td>当失速保护功能动作时为低电平，当失速保护功能解除时为高电平</td></tr>
</table>

续表

<table>
<tr><th>分类</th><th>端子标记</th><th>端子名称</th><th colspan="2">端子功能说明</th><th>额定规格</th></tr>
<tr><td rowspan="3">集电极开路</td><td>1PF</td><td>瞬时停电</td><td>瞬时停电，电压不足保护动作时为低电平</td><td rowspan="2">报警代码（4位）输出</td><td rowspan="2">允许负载为DC24 V,0.1 A（打开的时候最大电压下降2.8 V）</td></tr>
<tr><td>FU</td><td>频率检测</td><td>输出频率为任意设定的检测频率以上时为低电平，未达到时为高电平</td></tr>
<tr><td>SE</td><td>集电极开路输出公共端</td><td colspan="2">端子 RUN、SU、OL、IPF、FU 的公共端子</td><td></td></tr>
<tr><td>脉冲输出</td><td>CA</td><td>模拟电流输出</td><td colspan="2" rowspan="2">可以从多种监示项目中选一种作为输出信号。输出信号与监示项目的大小成正比</td><td>允许负载阻抗200～450 Ω，输出信号DC0～20 mA</td></tr>
<tr><td>模拟输出</td><td>AM</td><td>模拟电压输出</td><td>输出信号DC0～10 V，许可负载电流1 mA（负载阻抗10 kΩ），分辨率8位</td></tr>
</table>

（4）通信端子的功能见表4—1—5。

表4—1—5　　通信端子的功能

<table>
<tr><th>分类</th><th colspan="2">端子标记</th><th>端子名称</th><th>端子功能说明</th></tr>
<tr><td rowspan="6">RS－485</td><td colspan="2"></td><td>PU接口</td><td>通过PU接口，进行RS－485通信（仅1对1连接）</td></tr>
<tr><td rowspan="5">RS－485端子</td><td>TXD＋</td><td rowspan="2">变频器传输端子</td><td rowspan="5">通过RS－485端子，进行RS－485通信
遵守标准：E1A－485（RS－485）
通信方式：多站点通信
通信速率：300～38400 bit/s
最长距离：500 m</td></tr>
<tr><td>TXD－</td></tr>
<tr><td>RXD＋</td><td rowspan="2">变频器接收端子</td></tr>
<tr><td>RXD－</td></tr>
<tr><td>SG</td><td>接地</td></tr>
<tr><td>USB</td><td colspan="2"></td><td>USB连接器</td><td>与个人计算机通过USB连接后，可以实现FR－Configurator的操作
接口：支持USB1.1
传输速率：12 Mbit/s
连接器：USB B连接口（B插口）</td></tr>
</table>

（5）改变控制的逻辑。输入信号出厂设定为漏型逻辑，为了转换控制逻辑，需要转换控制电路端子台背面的跳线接线器，输出信号不论插头位置如何，均可使用漏型逻辑及源型逻辑。

1）松开控制回路端子板底部的两个安装螺钉（螺钉不能被卸下），把端子板从控制回路端子背面拉下，如图4—1—24所示。

2）将控制回路端子排内的漏型逻辑（SINK）跳线接口切换为源型逻辑（SOURCE）可切换到源型逻辑模式，如图4—1—25所示。

3）将控制回路端子板重新安装上并用螺钉把它固定好，如图4—1—26所示。

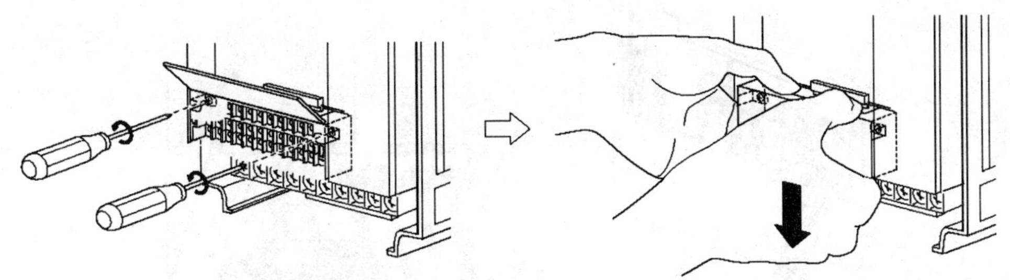

图 4—1—24　松开安装螺钉，拉下端子板

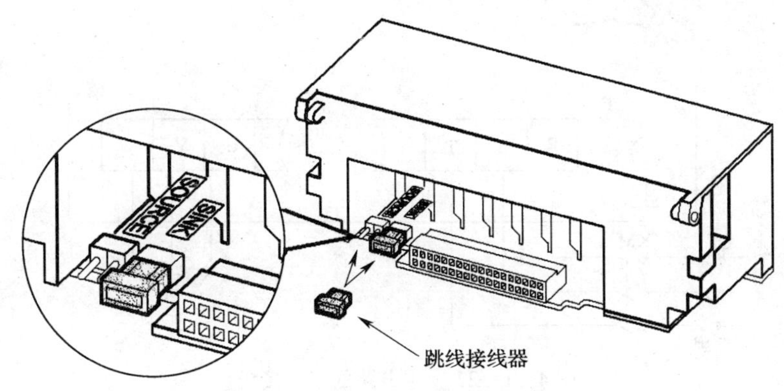

图 4—1—25　切换逻辑模式

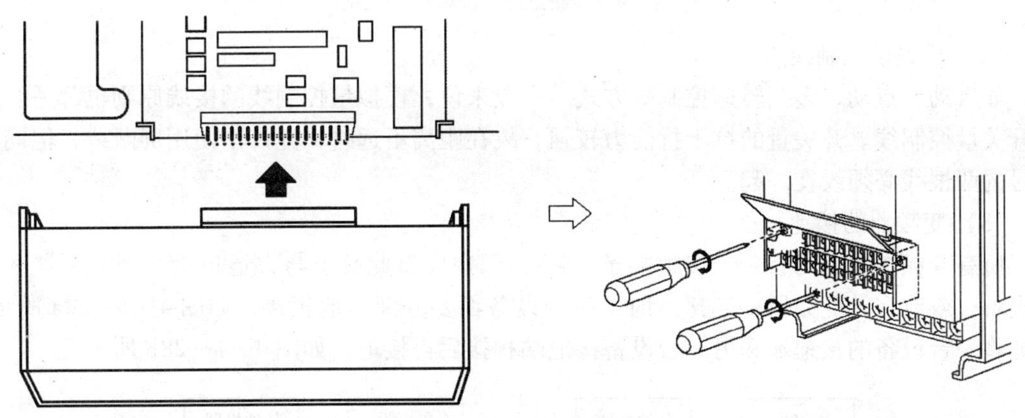

图 4—1—26　改变控制的逻辑

四、变频器的接线

1．主电路的接线

变频器主电路的基本接线如图 4—1—27 所示。变频器的输入和输出端是绝对不允许接错的，否则将引起两相间的短路而将变频器烧坏。

2．控制电路的接线

（1）模拟量控制线

模拟量控制线主要包括输入侧的给定信号线、输入侧的频率信号线和电流信号线。

模拟量信号的抗干扰能力较差，因此必须使用屏蔽线。屏蔽层靠近变频器的一端，应接控制电路的公共端（COM），而不要接到变频器的“E”端或大地，屏蔽线的另一端应悬空。

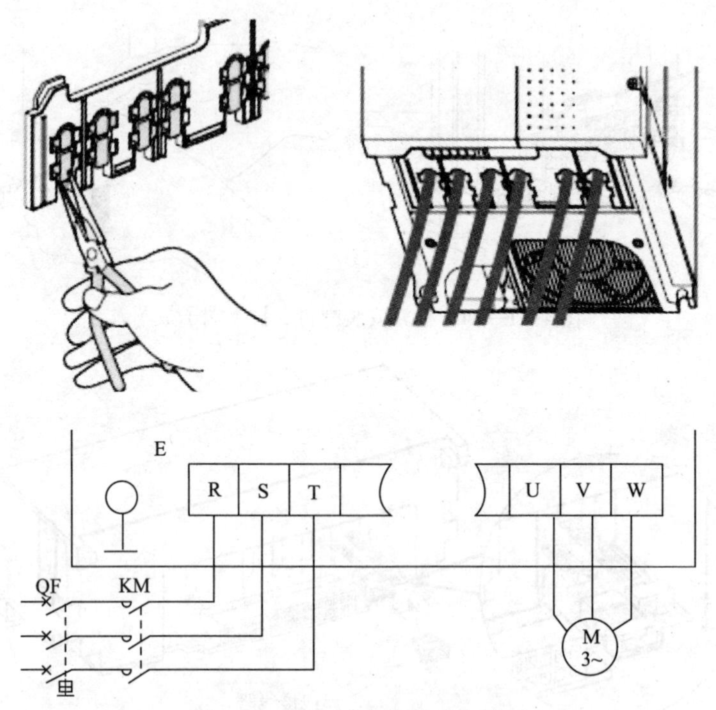

图 4—1—27　主电路的基本接线

QF—低压断路器　KM—交流接触器　R、S、T—变频器的输入端，接电源进线

U、V、W—变频器的输出端，接电动机

（2）开关量控制线

如启动、点动、多挡转速控制等方式。一般来说，模拟量控制线的接线原则也都适合用于开关量控制线。开关量的抗干扰能力较强，故在距离不远时，允许不使用屏蔽线，但同一信号的两根线必须绞在一起。

（3）变频器的接地

所有变频器都专门有一个接地端子“E”，用户应将此端子与大地相接。当变频器和其他设备，或有多台变频器一起接地时，每台设备都要分别与地相接，如图 4—1—28a 所示，不能将一台设备的接地端和另一台设备接地端相接后再接地，如图 4—1—28b 所示。

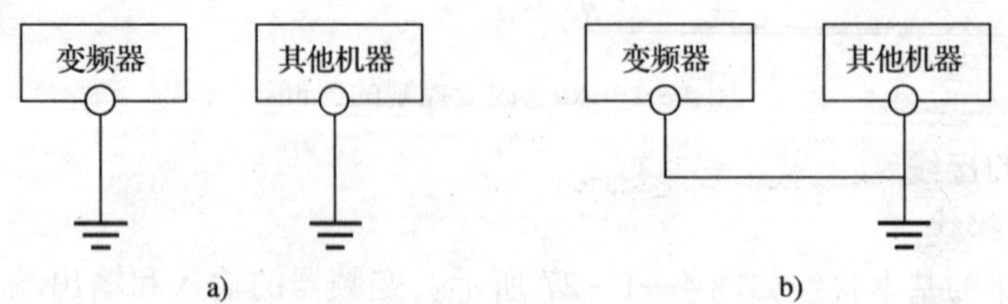

图 4—1—28　变频器和其他设备的接地

a）正确接法　b）错误的接法

（4）控制电路的端子排列及接线

1）端子 SD、SE 和 5 为 I/O 信号的公共端子，应相互隔离，不要将这些公共端子互相连接或接地。在布线时应避免端子 SD－5、SE－5 相互连接的布线方式。

2）控制回路端子的接线应使用屏蔽线或双绞线，而且必须与主回路、强电回路（含 220 V 继电器控制）分开布线。

3）由于控制回路的频率输入信号是微小电流，所以在触点输入的场合，为了防止接触不良，微小信号触点应使用两个并联的触点或使用双生触点，如图 4—1—29 所示。

4）控制回路的输入端子不要接触强电。

5）故障输出端子（A、B、C）上务必接上继电器线圈或指示灯。

6）电路端子的导线建议使用 0.75 mm^2 的导线。若使用 1.25 mm^2 以上的电线，在配线数量多或者配线方法不正确时，会发生表面护盖松动、操作面板接触不良等情况。

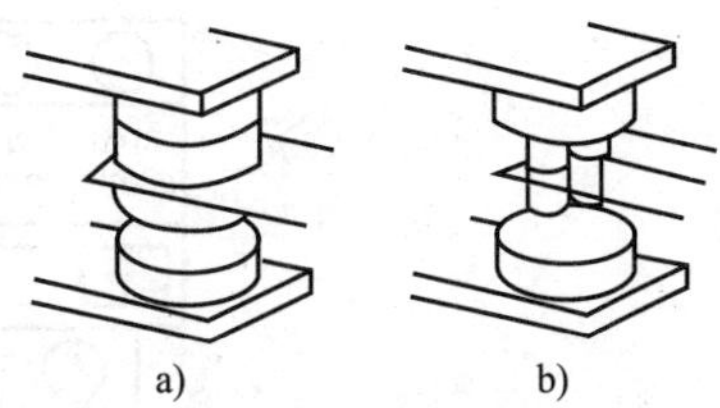

图 4—1—29　触点的使用

a）微小信号触点　b）双生触点

7）对于 75 kW 以上的控制电路，接线时务必断开主电路，将变压器侧面的橡胶塞子刻痕切开捅破，如图 4—1—30 所示。

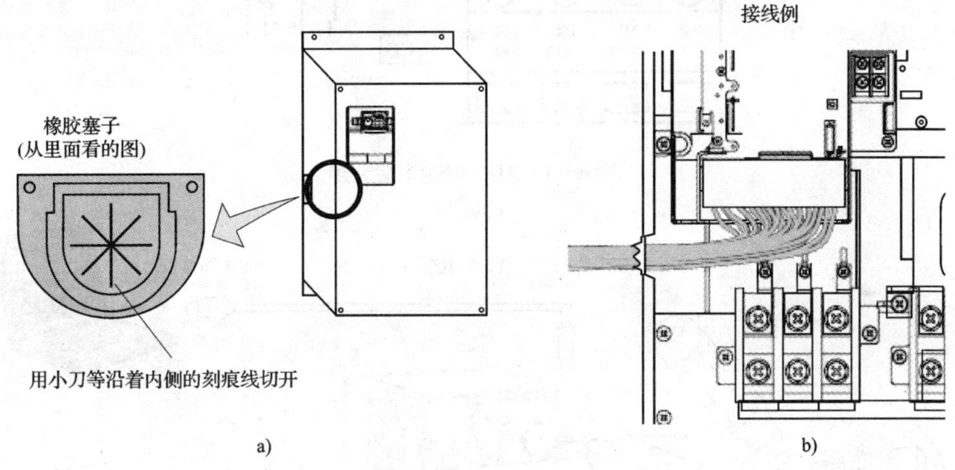

图 4—1—30　75 kW 以上的控制电路接线

3. 通信运行

（1）通信连接 RS－485 端子排

如图 4—1—31 所示。

（2）USB 连接器

通过 USB 连接器电缆连接计算机和变频器。使用 FR－Configurator 进行参数设定和监视等。USB 连接器与计算机的连接如图 4—1—32。

五、变频器前盖板的安装

1. 前盖板的安装

（1）22 kW 以下变频器

先将表面护盖左侧的两处固定卡爪插入机体的接口，如图 4—1—33a 所示。然后以固定卡爪部分为支点确实地将表面护盖压进机体（也可以带操作面板安装，但要注意接口完全连接好），如图 4—1—33b 所示。最后拧紧安装螺钉，如图 4—1—33c 所示。

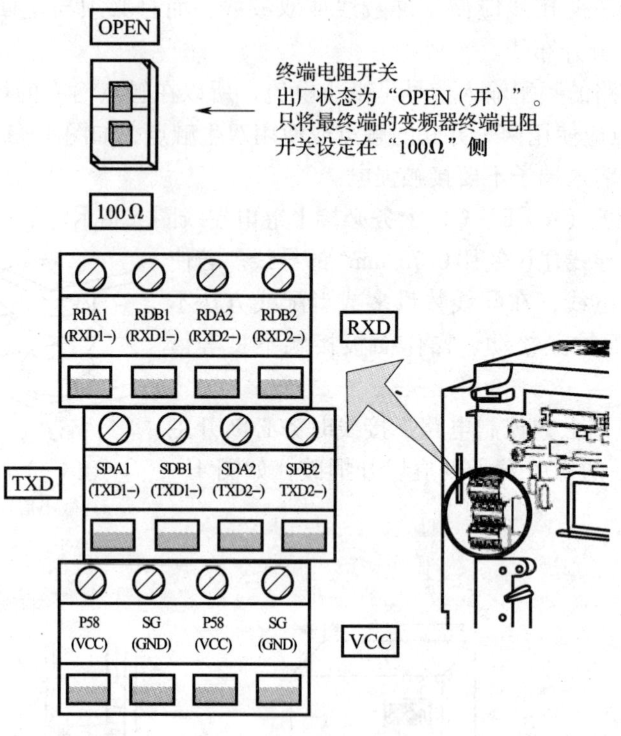

图 4—1—31　RS485 端子排

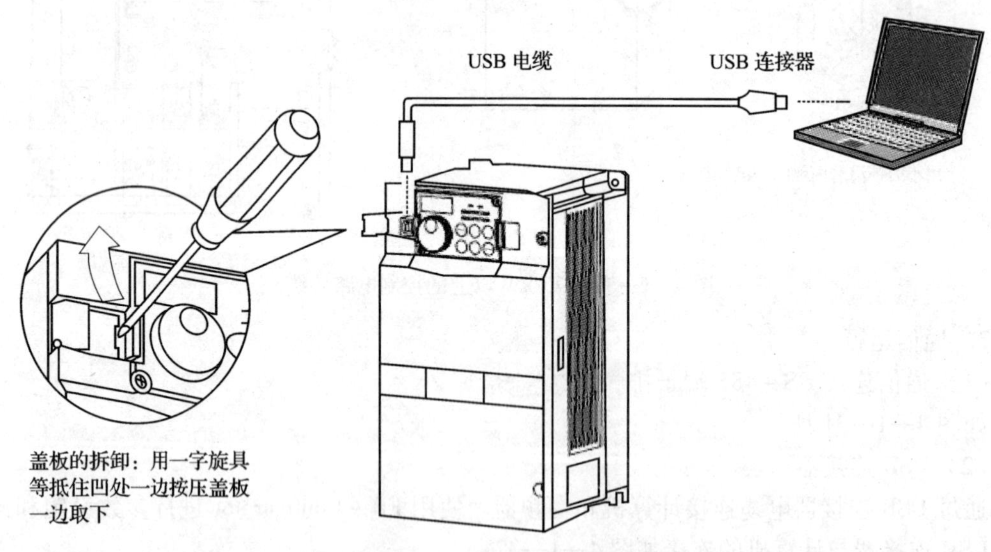

图 4—1—32　USB 连接器与计算机的连接

（2）30 kW 以上变频器

先将盖板 2 的左侧两处固定插销插入主机的插入口，如图 4—1—34a 所示。然后以盖板插销为支点，把前盖板 2 完全推入机身（也可以带操作面板安装，但要注意将接口完全连接好），如图 4—1—34b 所示。拧紧安装前盖板 2 的螺钉，如图 4—1—34c 所示。最后拧紧安装前盖板 1 的螺钉，如图 4—1—34d 所示。

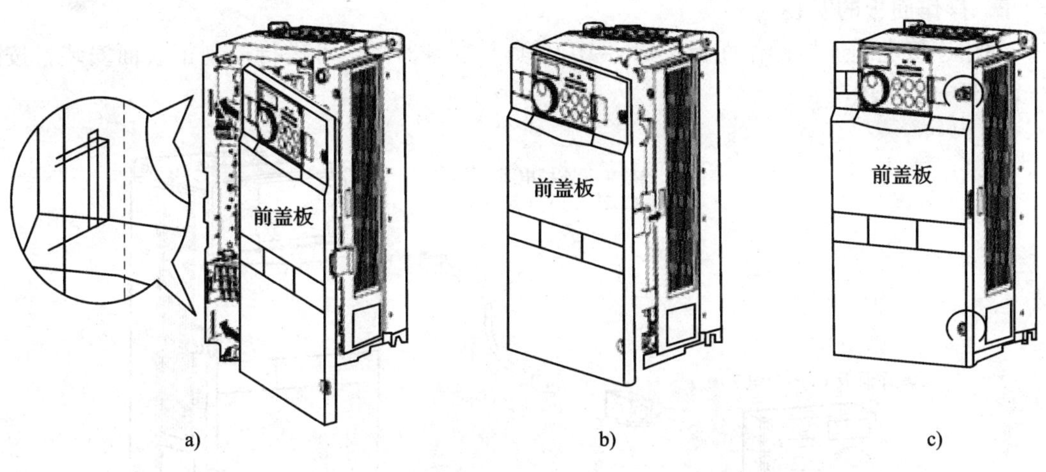

图 4—1—33 安装面板

a）插入接口 b）将护盖压进机体 c）拧紧安装螺钉

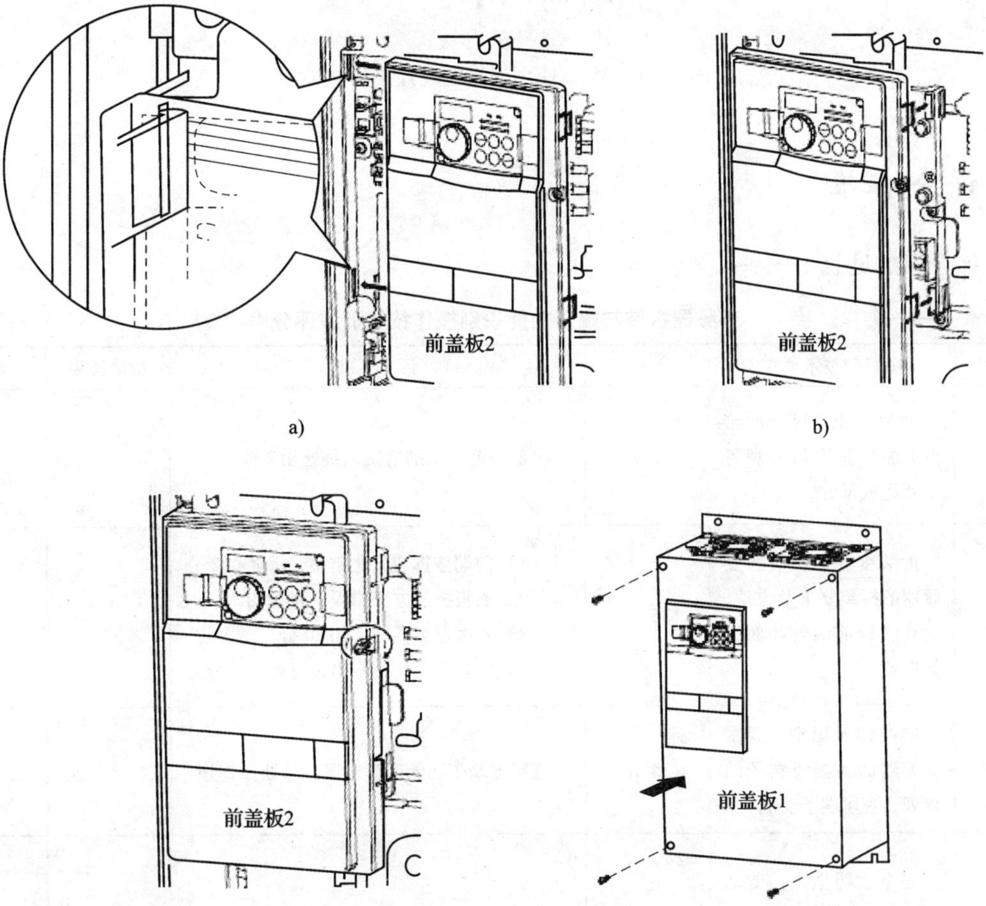

前盖板2

前盖板2

a)

b)

前盖板2

前盖板1

c)

d)

图 4—1—34 30 kW 以上变频器的安装

a）插入接口 b）将护盖压进机体 c）拧紧前盖板 2 螺钉 d）拧紧前盖板 1 螺钉

2. 操作面板的安装

使用连接电缆连接操作面板（FR－DU07）与变频器时，可进行控制柜表面安装，按图4—1—35进行操作。

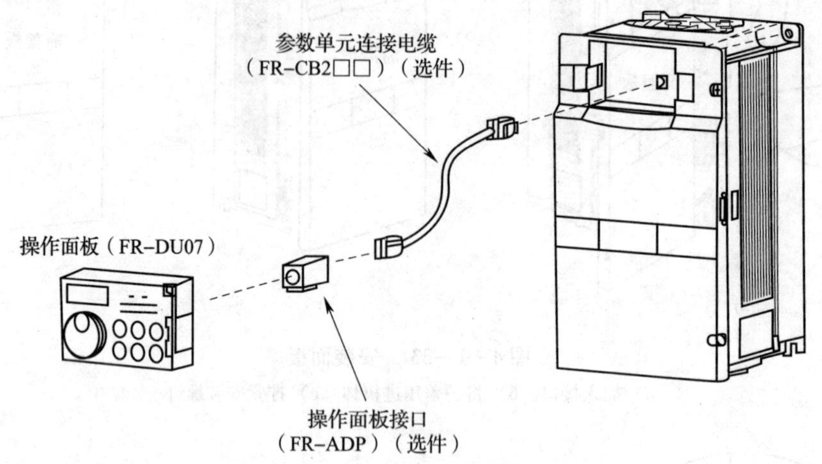

图4—1—35 使用连接电缆连接操作面板

评分标准

评分标准见表4—1—6。

表4—1—6 变频器拆装与端子功能识别操作技能训练评分表

序号	项目与技术要求	配分	评分标准	检测结果	得分
1	外观认识：根据所给变频器，指出其外观各主要组成部分	20分	各部分名称识别错误，每处扣2分		
2	拆装变频器：按照变频器的拆装要求及方法，对其进行前端盖和面板的拆装	35分	（1）前端盖拆装方法错误，每处扣2分 （2）面板拆装方法错误，每处扣2分 （3）变频器被损坏，扣20分 （4）拆装工具使用不当，每处扣5分		
3	接线端子识别：观察变频器的各接线端子的排列，理解端子功能	35分	变频器端子功能理解错误，每处扣2分		
4	安全文明生产：劳动保护用品穿戴整齐，电工工具佩带齐全，遵守操作规程	10分	违反安全文明生产考核要求的任何1项扣1分，扣完为止		

练习题

1. 变频器通常由哪几部分组成?
2. 简述变频器前盖板的拆卸与安装步骤。
3. 简述变频器操作面板的拆卸与安装步骤。
4. 简述变频器各端子的基本功能。

知识链接

一、西门子 MM4 系列变频器

西门子变频器有多个系列和品种，广泛应用于自动控制、过程控制、运动控制的各种场合。它的主流产品有 MicroMaster410/420/430/440，其中，MM440 变频器适用于多种变速器驱动装置。西门子 MM4 系列变频器如图 4—1—36 所示。

图 4—1—36　西门子 MM4 系列变频器

二、西门子 MM440 变频器

MM440 变频器如图 4—1—37 所示，其可以通过状态显示屏 SDP 上的 LED 指示变频器的状态，基本操作面板 BOP、高级操作面板 AOP，或通过 Drive Monitor 或 STARTER 等软件进行调试。对于很多用户来说，利用 SDP 和制造厂的默认设置值就可以使变频器成功地投入运行。如果工厂的默认设置值不适合实际设备情况，则可以利用 BOP 和 AOP 修改参数使之匹配。其模拟量接线端子如图 4—1—38 所示。

图 4—1—37　MM440 变频器

图 4—1—38　MM440 模拟量接线端子

课题二　变频器操作模式设置

任务　变频器的基本设置

能力目标

◇ 了解变频器基本操作模式。

◇ 熟悉 FR－A700 系列变频器操作面板 FR－DU07 的功能。

◇ 能对 FR－DU07 操作面板进行基本操作。

任务引入

变频器的操作面板是变频器接受命令、显示参数与信息的主要单元。各种变频器的操作面板不完全一样，但基本功能相类似，一般面板上会设有按键、旋钮、监视器、指示灯等。三菱 FR－A700 系列变频器的操作面板 FR－DU07 如图 4—2—1 所示，它的基本操作包括运行模式切换、监视器与频率设定、参数设定和报警历史等，本任务将具体介绍如何进行这些基本操作。

相关知识

三菱 FR－A700 系列变频器的操作面板 FR－DU07 主要由 LED 监视器、LCD 监视器、调整旋钮、操作键和控制键等部分组成。

1. LED 监视器

LED 监视器由 7 段 LED 4 位显示。显示设定频率、输出频率等各种监视数据以及报警代码等。

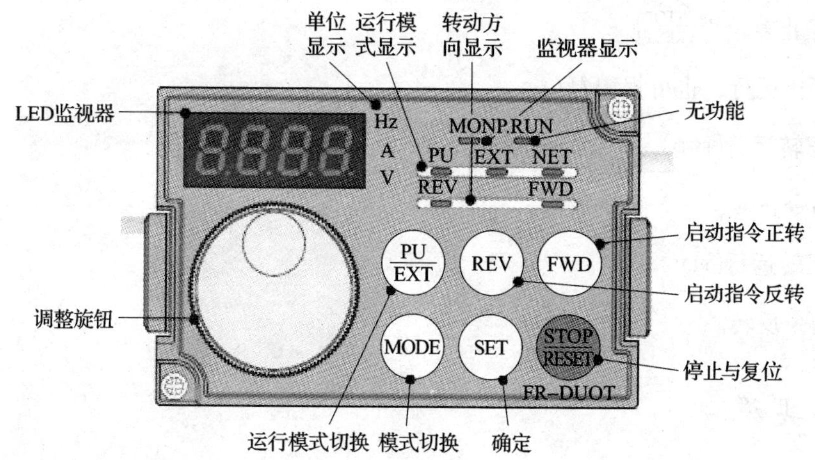

图 4—2—1　FR－A700 系列变频器操作面板

2. LCD 监视器指示信号

LCD 监视器指示信号主要有三种功能。

（1）显示下列运行状态

FWD：正转运行；REV：反转运行；STOP：停止。

（2）显示选择的运行模式

PU：PU 运行模式时灯亮；EXT：外部运行模式时灯亮；NET：网络运行模式时灯亮；MON：监视选择模式时灯亮。

（3）单位显示

Hz：显示频率时灯亮；A：显示电流时灯亮；V：显示电压时灯亮。

3. 操作键

操作键用于更换画面、变更数据和设定频率等。

（1）模式转换键(MODE)

用来更改工作模式，由现行画面转换为菜单画面，或者由运行/跳闸模式转换至初始画面。如显示、运行及程序设定模式等。

（2）旋钮

用于快速增加或减小数据。

（3）运行模式切换键(PU/EXT)

运行模式切换键。PU 运行模式与外部运行模式的切换。外部运行模式（用另行设置的频率和启动信号进行）的情况下按此键，使运行模式显示 EXT 亮灯（组合运行模式应改变 Pr. 79）。

（4）确定设置键(SET)

用于确定各类设置。

（5）停止复位键(STOP/REST)

用于停止运行；也可报警复位。

（6）正转运行(FWD)

启动指令正转。

（7）反转运行(REV)

启动指令反转。

任务实施

一、工具器材准备

主要实训工具及器材见表4—2—1。

表4—2—1　　主要实训工具及器材

序号	名称	数量	序号	名称	数量
1	电工通用工具	1套	7	低压断路器	1只
2	万用表	1块	8	端子排	1条
3	三菱FR-A740变频器	1台	9	导线	若干
4	1.1 kW电动机	1台	10	号码管	若干
5	钳形电流表	1只	11	行线槽	若干
6	交流接触器	1只	12	紧固螺栓	若干

二、键盘面板基本操作

基本操作包括运行模式切换、监视器与频率设定、参数设定和报警历史等，基本操作模式切换如图4—2—2所示。

1. 锁定操作

FR-740操作（长按(MDOE)2 s），可以防止参数变更或防止发生意外启动或停止，使操作面板的M旋钮与键盘操作无效化。操作步骤见表4—2—2。

Pr. 161设置为“10”或“11”，然后按住(MDOE)键2 s，此时M旋钮与键盘操作无效。M旋钮与键盘操作无效化后操作面板会显示HOLD字样。操作锁定未解除时，无法通过按键操作来实现PU停止的解除。(STOP/REST)键引发的停止与复位功能在操作锁定状态下依然有效。

在此状态下如果想使M旋钮与键盘操作有效，按(MDOE)键2 s。

2. 监视输出电流和输出电压操作

在监视器模式中按(SET)键可以循环显示输出频率、输出电压和输出电流。FR-740变频器的监视操作见表4—2—3。

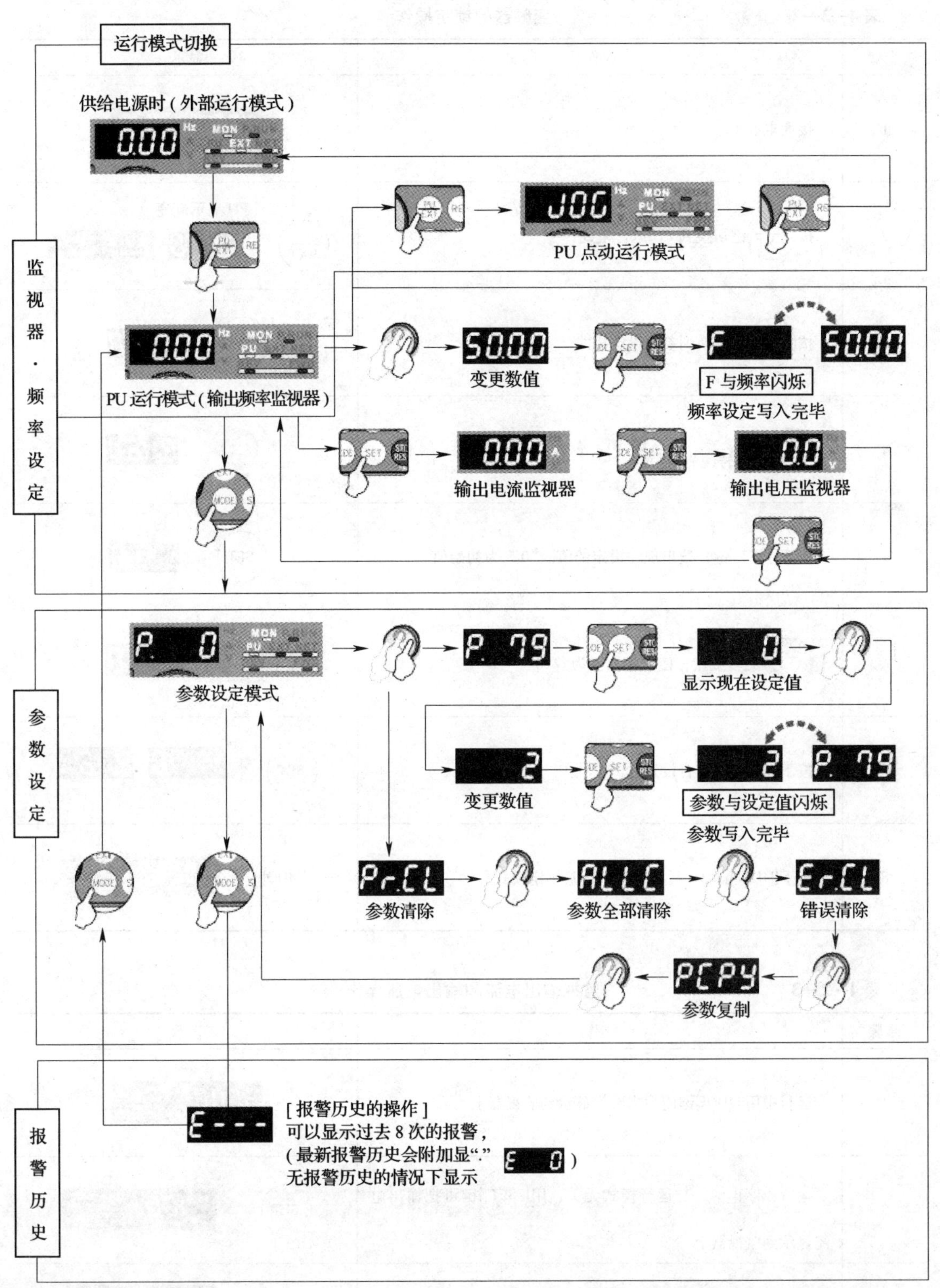

图 4—2—2　键盘面板基本操作

表 4—2—2　　变频器的锁定操作

步骤	操作	显示
1	接通电源	 0.00 MON EXT
2	按 PU/EXT 键切换到 PU 运行模式	PU 显示灯亮  PU/EXT ⇨ 0.00 PU
3	按 MDOE 键切换到参数设定模式	 MDOE ⇨ P. 0
4	 旋转调节到 P.161 (Pr. 161)	 ⇨ P.161
5	按下 SET 键，读出现在设定的值。“0” 为初始值	SET ⇨ 0
6	 旋转旋钮，使设定值变为“10”	⇨ 10
7	按下 SET 键进行设置	 SET ⇨ 10 P.161
8	按下 MDOE 键 2 s 后，切换到键盘锁定模式	 MDOE ⇨ HOLd MON PU

表 4—2—3　　监视输出电流和输出电压操作

步骤	操作	显示
1	运行中用 MDOE 键使输出频率显示到监视器上	 50.00 Hz MON EXT FWD
2	运行或停止中，与运行模式无关，用 SET 键可把输出电流显示到监视器上	 SET ⇨ 1.00 A MON EXT FWD
3	再次按下 SET 键时输出电压显示到监视器上	 SET ⇨ 448.0 V MON EXT FWD

3. 第一优先监视操作

持续按下(SET)键 1 s，可设置监视器最先显示的内容。

4. 显示当前设定频率操作

按下 M 旋钮（ ）时，就会显示现在的设定频率。

5. 变更参数设定值操作

变更参数设定值的操作见表 4—2—4（以变更上限频率为例）。

表 4—2—4　　变更上限频率的操作

步骤	操作	显示
1	接通电源	0.00 Hz MON EXT
2	按(PU/EXT)键切换到 PU 运行模式	PU 显示灯亮。(PU/EXT) → 0.00 PU
3	按下(MDOE)键切换到参数设定模式	(MDOE) → P. 0
4	旋转 旋钮，调节到 Pr. 1	→ P. 1
5	按下(SET)键读取当前设定的值。显示“120. 0”（初始值）	(SET) → 120.0 Hz
6	旋转 ，变更为设定值“50. 00”	→ 50.00 Hz
7	按下(SET)键进行设置	(SET) → 50.00 Hz P. 1

操作过程中，旋转 旋钮可以读取其他参数，按(SET)键再次显示设定值，按 2 次(SET)键显示下一个参数，(MDOE)键按 2 次后，返回到频率监视器。

如有 Er1 ~ Er4 显示，则表示下列错误：

Er1—禁止写入错误；

Er2—运行中写入错误；

Er3—校正错误；

Er4—模式指定错误。

6．参数清除和全部清除操作

通过设定 Pr. CL 进行参数清除，ALLC 参数全部清除 = "1"，使参数将恢复为初始值（如果设定为 Pr. 77 参数写入选择 = "1"，则无法清除）。参数清除和全部清除操作见表 4—2—5。

表 4—2—5　　参数清除和全部清除操作

步骤	操作	显示
1	接通电源	 0.00 Hz MON EXT
2	按 PU/EXT 键切换到 PU 运行模式	PU 显示灯亮。PU/EXT → 0.00 PU 
3	按 MDOE 键切换到参数运行设定模式	 MDOE → P 0
4	旋转旋钮，找到 Pr. CL（ALLC） 	 → Pr.CL ALLC
5	按 SET 键读取当前设定值显示"0"	SET → 0
6	旋转旋钮按钮改变设定值"1" 	→ 1
7	按 SET 键进行设置	 SET → 1 Pr.CL ALLC

操作过程中，旋转旋钮可以读取其他参数，按 SET 键再次显示设定值，按 2 次 SET 键显示下一个参数。

三、试运行操作

1．运行前的检查和准备

（1）核对接线是否正确，特别要注意检查变频器的输出端 U、V、W 不能连接至电源，并确认接地端子 E（G）接地良好，如图 4—2—3 所示。

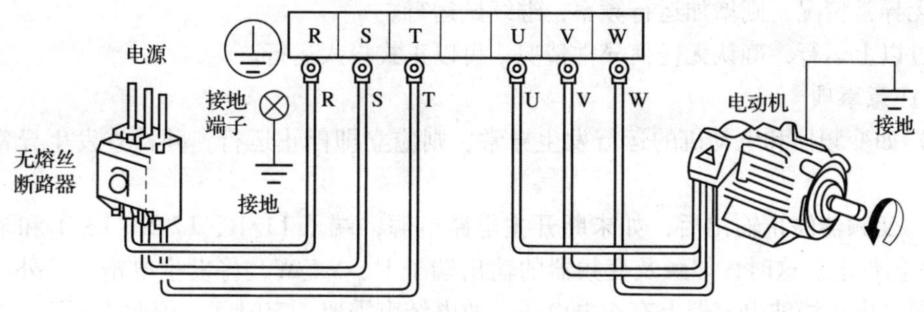

图 4—2—3　电源变频器电动机连接示意图

（2）确认端子间或各暴露的带电部位没有短路或对地短路情况。

（3）确认端子连接、插接式连接器和螺钉等均紧固无松动现象。

（4）确认电动机没有连接机械负载。

（5）投入电源前，使所有开关都处于断开状态，保证投入电源时，变频器不会启动，并不发生异常动作。

投入电源后，变频器键盘面板显示无异常，内装的冷风扇应正常运行。

（6）选择合适的运行方法。变频器的运行方法有多种，按应用要求和运行规定选择最合适的操作方法。通常采用的操作方法有两种，见表 4—2—6。

表 4—2—6　　常用的操作方法

操作方法	频率设定	运行命令
键盘面板操作	键盘上按键 (旋钮)	键盘上按键 FWD、REV、STOP/REST
由外部端子信号操作	电位器或模拟电压、电流	触点输入 端子 FWD－CM 端子 REV－CM

2. 试运行

确认无异常情况后，进行试运行。操作步骤如下：

（1）设定为键盘运行方式（产品出厂时，设定为键盘运行方式）。

（2）电源投入后，确定 LED 闪烁显示频率 0. 00 Hz。

（3）按键设定 5 Hz 左右的低频率。

（4）正转时操作按 FWD 键，反转时按 REV 键，停车时按 STOP/REST 键。

（5）检查以下各点：

1）电动机旋转方向是否符合要求。

2）电动机旋转是否平稳（无啸叫声和振动）。

3）加速/减速运行是否平稳。

如无异常情况，则增加运行频率，继续试运行。

经过以上运行，确认无任何异常情况，可以正式投入运行。

3. 注意事项

（1）如变频器和电动机的运行发生异常，则应立即停止运行，并检查发生异常情况的原因。

（2）变频器停止输出后，如未断开主电路电源，端子 L1/R、L2/S、L3/T 和辅助电源 RO、TO 仍带电。这时，如触及变频器的输出端子 U、V、W，将发生电击。另外，即使切除主电源，由于滤波电容器上有充电电压，放电结束需要一定时间，因此也不要触及电路。

（3）主电源切除后，接触电气线路前，需确认电源显示灯灭或低于安全电压后才能接触变频器内部电路。

评分标准

评分标准见表 4—2—7。

表 4—2—7　　变频器的试运行、面板基本操作技能训练评分表

序号	项目与技术要求	配分	评分标准	检测结果	得分
1	面板按键功能：根据所给变频器的操作面板，叙述各按键的名称功能	20 分	按键名称及功能理解错误，每处扣 2 分		
2	变频器试运行：按照操作步骤对变频器进行试运行	35 分	（1）主电路接线错误，扣 10 分 （2）运行方法选择错误，扣 5 分 （3）变频器面板操作生疏，每处扣 2 分 （4）电动机运行不平稳或旋转方向不符合要求，扣 5 分		
3	面板基本操作：按照操作步骤及方法，进行键盘锁定、监视、变更上限频率、参数清除操作	35 分	（1）面板基本操作方法错误，每处扣 2 分 （2）操作后未达到预期功能，每处扣 5 分		
4	安全文明生产：劳动保护用品穿戴整齐，电工工具佩带齐全，遵守操作规程	10 分	违反安全文明生产考核要求的任何 1 项扣 1 分，扣完为止		

练习题

1. 简述变频器 FR－DU07 面板的组成及各按键功能。
2. 简述键盘锁定、监视、变更上限频率、参数清除操作的步骤。
3. 变频器试运行时的注意事项。

4．采用变更上限操作方法，将变频器的上限频率从 50 Hz 变更至 60 Hz。

知识链接

西门子 MM440 变频器可以通过状态显示屏 SDP 指示变频器状态，利用基本操作面板 BOP、高级操作面板 AOP 进行操作，如图 4—2—4 所示。在变频器能够正常驱动异步电动机之前，需要对变频器的参数进行适当的设置，如设定电动机的功率因数、额定电压、额定转速等参数。

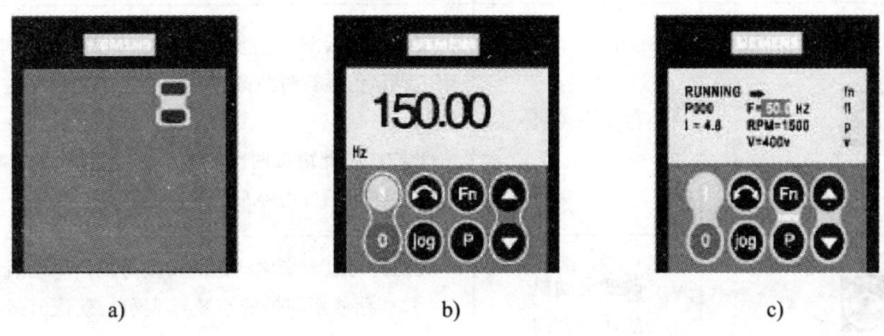

图 4—2—4　MM440 变频器操作面板

a）状态显示屏 SDP　b）基本操作面板 BOP　c）高级操作面板 AOP

1．状态显示屏 SDP

SDP 上有两个 LED 指示灯，用于指示变频器的运行状态。如图 4—2—5 所示。使用变频器上的 SDP 可以进行以下操作：

（1）启动和停止电动机。

（2）电动机反向。

（3）故障复位。

采用 SDP 进行操作时，变频器向预设定必须与电动机的额定功率、电压、额定电流、额定频率相兼容。

2．基本操作面板 BOP

利用基本操作面板 BOP，可以更改变频器的各个参数。如图 4—2—6 所示。BOP 具有五位数字的七段显示，用于显示参数的序号和数值，报警和故障信息，以及该参数的设定值和实际值。

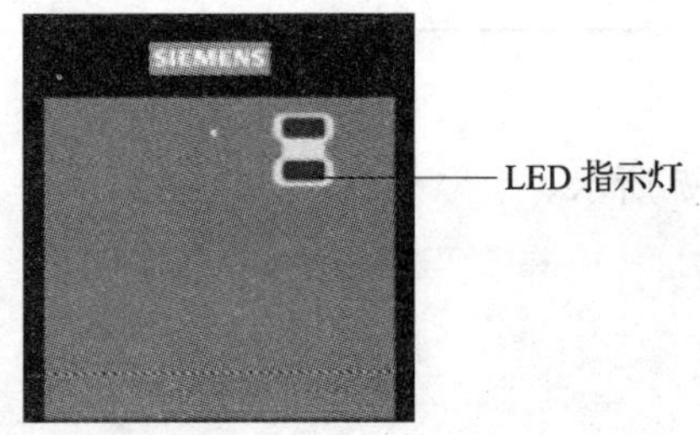

图 4—2—5　SDP 状态显示屏

图 4—2—6　基本操作面板 BOP

基本操作面板 BOP 上的按钮名称及功能见表 4—2—8。

表 4—2—8　　MM440 变频器 BOP 上的按键及其功能

显示/按钮	功能	功能的说明
r0000	状态显示	LCD 显示变频器当前的设定值
I	启动电动机	按此键启动变频器。缺省值运行时此键是被封锁的。为了使此键的操作有效，应设定 P0700 = “1”
0	停止电动机	OFF1：按此键，变频器将按选定的斜坡下降速率减速停车。默认值运行时此键被封锁：为了允许此键操作，应设定 P0700 = “1” OFF2：按此键按两次（或一次，但时间较长）电动机将在惯性作用下自由停车。此功能总是“使能”
	改变电动机的转动方向	按此键可以改变电动机的转动方向。电动机的反向用负号（-）表示或用闪烁的小数点表示。默认值运行时此键是被封锁的，为了使此键的操作有效，应设定 P0700 = “1”
jog	电动机点动	在变频器无输出的情况下按此键，将使电动机启动，并按预设定的点动频率运行。释放此键时，变频器停车。如果变频器/电动机正在运行，按此键将不起作用
Fn	功能	此键用于浏览辅助信息。变频器运行过程中，在显示任何一个参数时按下此键并保持 2 s 时间不动将显示以下参数值：（1）直流回路电压；（2）输出电流；（3）输出频率；（4）输出电压；（5）由 P0005 选定的数值
P	访问参数	按此键可设置和访问参数
	增加数值	按此键可增加面板上显示的参数数值，或作为增加频率值
	减少数值	按此键可减少面板上显示的参数数值，或作为减少频率值

3. 高级操作面板 AOP

高级操作面板 AOP 是可选件，如图 4—2—7 所示。

（1）AOP 的特点

1）清晰的多种语言文本显示。

2）多组参数组的上传和下载功能。

3）可以通过 PC 编程。

4）具有连接多个站点的功能，最多可以连接 30 台变频器。

（2）AOP 按键的功能

1）按下绿色按键，启动电动机。

2）在电动机转动时按下键。使电动机升速到50 Hz。

3）在电动机达到 50 Hz 时按下键，电动机速度及其显示值都降低。

4）用红色按键停止电动机。

5）用键改变电动机的旋转方向。

图 4—2—7　高级操作面板 AOP

课题三　变频器的 PU 操作

任务　变频器的 PU 操作

能力目标

◇ 了解变频器的基本参数功能及其意义。

◇ 熟悉 FR－A740 变频器的 PU 面板操作。

◇ 能设置变频器的基本参数。

◇ 会用 FR－A740 变频器的 PU 面板操作控制电动机运行。

任务引入

正在装配中的一台数控车床，其主轴驱动系统为变频器调速，现在需用 PU 模式（操作面板）进行主轴的正、反转、连续和点动控制的调试，通过参数设置来改变变频器输出频率从而对电动机进行调速控制。运行频率分别设定为：第一次，25 Hz；第二次，35 Hz；第三次，45 Hz。变频器控制三相异步电机的结构如图 4—3—1 所示。本任务将学习如何完成这一操作调试。

相关知识

变频器的 PU 操作方式不需要控制端子的接线，完全用操作面板上的操作按键即可对变频器进行启停控制，它是变频器的基本运行方式之一。

一、变频器的基本参数

变频器控制电动机运行，其各种性能和运行方式都是通过不同的参数设定来实现的，不同的参数都定义了不同的功能，不同的变频器，其参数的多少是不一样的。总体来说，有基本功能参数、运行参数、定义控制端子功能参数、附加功能参数、运行模式参数等。理解这些参数的意义，是应用变频器的基础。

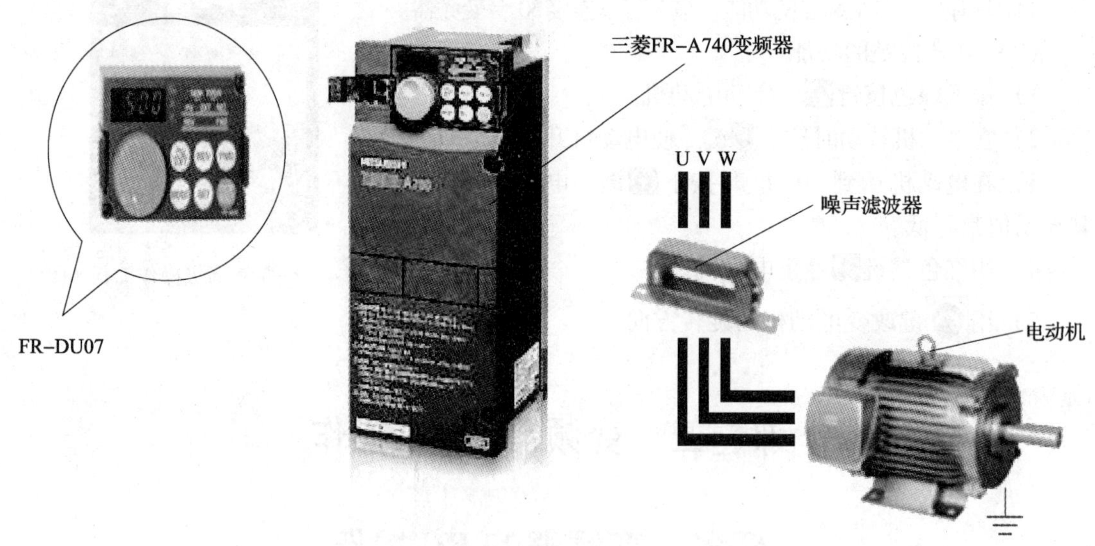

图 4—3—1　变频器控制三相异步电机

1．给定频率

给定频率即用户根据生产工艺的需求所设定的变频器输出频率。如原来工频供电的风机电动机现改为变频调速供电，就可设置给定频率为 50 Hz。其设置方法有两种：一种是用变频器的操作面板来输入频率的数字量 50；另一种是从控制接线端上用外部给定（电压或电流）信号进行调节，最常见的形式就是通过外接电位器来完成。

（1）给定频率方式的选择

1）面板给定方式。通过面板上的键盘设置给定频率。

2）外接给定方式。通过外部的模拟量或数字输入给定端口，将外部频率给定信号输入变频器。

3）通信接口给定方式。由计算机或其他控制器通过通信接口进行给定。

（2）外接给定信号的选择

1）电压信号。电压信号一般有 0 ~ 5 V、0 ~ ±5 V、0 ~ 10 V、0 ~ ±10 V 等几种。

2）电流信号。电流信号一般有 0 ~ 20 mA、4 ~ 20 mA 两种。

2．输出频率

输出频率即变频器实际输出的频率。当电动机所带的负载变化时，为使拖动系统稳定运行，变频器的输出频率会根据系统情况不断地调整，因此输出频率是在给定频率附近经常变化的。

3．基准频率

基准频率也叫基本频率，用 f_b 表示。一般以电动机的额定频率 f_N 作为基准频率 f_b 的给定值。

基准电压是指输出频率到达基准频率时变频器的输出电压，基准电压通常取电动机的额定电压 U_N。基准电压和基准频率的关系如图 4—3—2 所示。

4．上限频率和下限频率

上限频率和下限频率是指变频器输出的最高、最低频率，常用 f_H 和 f_L 来表示。根据驱动系统所带的负载不同，有时要对电动机的最高、最低转速给予限制，以保证驱动系统的安全运行和产品的质量。另外，对于由主操作面板的误操作及外部指令信号的误动作引起的频率过高和过低，设置上限频率和下限频率可起到保护作用。常用的方法就是给变频器的上限频率和下限频率赋值。当变频器的给定频率高于上限频率 f_H 或者是低于下限频率 f_L 时，变频器的输出频率将被限制在上限频率或下限频率。

5. 点动频率

点动频率是指变频器在点动时的给定频率。生产机械在调试以及每次新的加工过程开始前常需进行点动，以观察整个驱动系统各部分的运转是否良好。为防止意外，大多数点动运转的频率都较低。如果每次点动前都将给定频率修改成点动频率是很麻烦的，所以一般的变频器都提供了预置点动频率的功能。如果预置了点动频率，则每次点动时，只需要将变频器的运行模式切换至点动运行模式即可。

6. 启动频率

启动频率是指电动机开始启动时的频率，常用 f_S 表示。这个频率可以从 0 开始，但是对于惯性较大或是摩擦转矩较大的负载，需加大启动转矩。使实际启动频率加大至 f_S，此时启动电流也较大。一般的变频器都可以预置启动频率，一旦预置该频率，变频器对小于启动频率的运行频率将不予理睬。

给定启动频率的原则是在启动电流不超过允许值的前提下，驱动系统能够顺利启动。

7. 多挡转速频率

由于工艺上的要求，很多生产机械在不同的阶段需要在不同的转速下运行。为方便这种负载，大多数变频器均提供了多挡频率控制功能。它是通过几个开关的通、断组合来选择不同的运行频率。

8. 转矩提升

用于设定电动机启动时的转矩大小，通过设定此参数，补偿电动机绕组上的电压降，改善电动机低速时的转矩性能。设定过小，启动力矩不够，一般最大值设定为 10%，如图 4—3—3 所示。

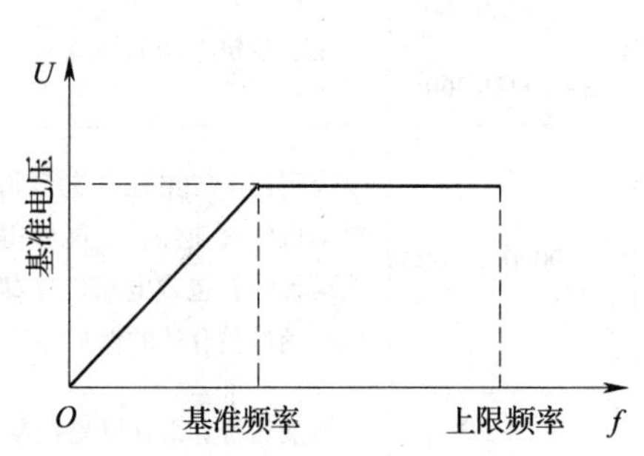

图 4—3—2　基准电压和基准频率的关系

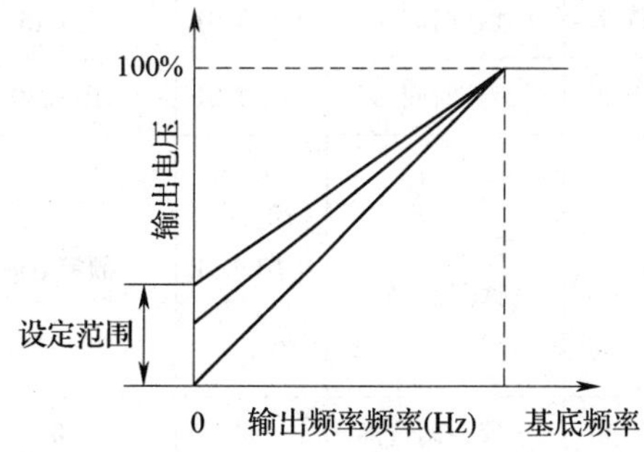

图 4—3—3　转矩提升功能

9. 负载类型选择

用于选择与负荷特性最适宜的变频器输出特性。

10. 电动机参数

电动机的参数主要有电动机容量、极数、额定电流、额定电压、额定频率等。

二、FR－A700 变频器的简单模式参数

FR－A700 变频器的简单模式参数可以在初始设定值不作任何改变的状态下，实现单纯的变频器可变速运行，根据负荷或运行要求等设定必要的参数，可以在操作面板（FR—DU07）进行参数的设定、变更及操作。

通过 Pr. 160 用户参数组读取选择的设定，仅显示简单模式参数（初始设定时将显示全部的参数）。Pr. 160 = “9999”时，只能显示简单模式参数；Pr. 160 = “0”时，可以显示简单模式参数和扩展模式参数；Pr. 160 = “1”时，可以显示用户参数组中登录的参数。简单模式参数见表 4—3—1。

表 4—3—1　　简单模式参数

序号	参数	名称	单位	初始值	范围	用途
1	Pr. 0	转矩提升（%）	0. 1%	6%、4%、3%、2%、1. 5%、1%	0 ~ 30%	对低频区的电压降低进行补偿，以改善电动机在低速范围内的电动机转矩降低现象
2	Pr. 1	上限频率/Hz	0. 01	120、60	0 ~ 120	限制电动机的速度
3	Pr. 2	下限频率/Hz	0. 01	0	0 ~ 120	限制电动机的速度
4	Pr. 3	基准频率/Hz	0. 01	50	0 ~ 400	使变频器的输出（电压，频率）符合电动机的额定值
5	Pr. 4	多段速设定（高速）/Hz	0. 01	50	0 ~ 400	预先通过参数设定运行速度，并通过切换接点端子应用这些设定
6	Pr. 5	多段速设定（中速）/Hz	0. 01	30	0 ~ 400	
7	Pr. 6	多段速设定（低速）/Hz	0. 01	10	0 ~ 400	
8	Pr. 7	加速时间/s	0. 1/0. 01	5 s/15	0 ~ 3 600/360	用于设定电动机加减速时间
9	Pr. 8	减速时间/s	0. 1/0. 01	10 s/30	0 ~ 3 600/360	
10	Pr. 9	电子过电流保护器/A	0. 01/0. 1	额定电流	0 ~ 500/0 ~ 3 600	设定电子过电流的电流值，进行电动机的过热保护。能够得到在低速运行时，包含电动机冷却能力降低在内的最合适的保护特性
11	Pr. 60	节能控制选择	1	0	0、4、9	节能运行和最佳励磁控制
12	Pr. 79	运行模式选择	1	0	0、1、2、3、4、6、7	选择变频器的运行模式
13	Pr. 125	端子 2 频率设定增益频率/Hz	0. 01	50	0 ~ 400	能够任意设定输出频率对频率设定信号（DC0 ~ 5 V，0 ~ 10 V）的大小

续表

序号	参数	名称	单位	初始值	范围	用途
14	Pr. 126	端子4频率设定增益频率/Hz	0.01	50	0~400	能够任意设定输出频率对频率设定信号（4~20 mA）的大小
15	Pr. 160	用户参数组读取选择	1	0	0、1、9 999	可以限制通过操作面板或参数单元读取的参数

任务实施

一、工具器材准备

主要实训工具及器材见表4—3—2。

表4—3—2　　主要实训工具及器材

序号	名称	数量	序号	名称	数量
1	电工通用工具	1套	8	低压断路器	1只
2	万用表	1块	9	端子排	1条
3	三菱FR-A740变频器	1台	10	导线	若干
4	电动机	1台	11	号码管	若干
5	钳形电流表	1只	12	行线槽、盖板	若干
6	交流接触器	1只	13	紧固螺栓	若干
7	三联按钮	1只			

二、PU面板操作方式

变频器有一个PU接口，操作面板通过PU接口与变频器内部电路连接，拆下前盖板可以见到PU接口。PU操作运行是将控制信号从PU接口输入来控制变频器运行。面板操作、计算机通信操作都是PU操作，这里以面板操作为例。

变频器的接线图如图4—3—4所示。

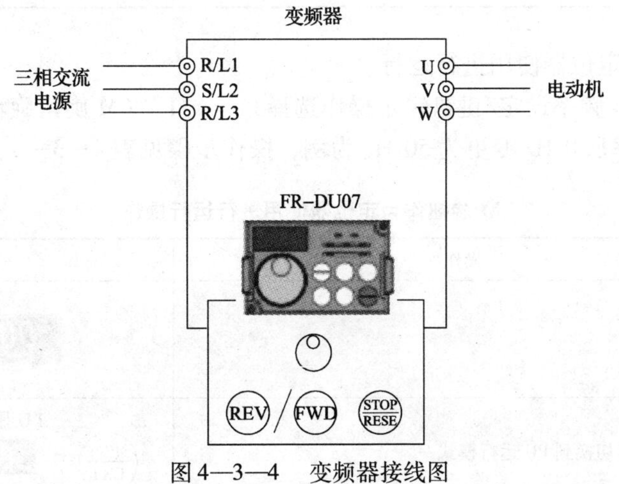

图4—3—4　变频器接线图

1．用旋钮设定频率运行

按下旋钮显示频率，用旋钮可以方便地调节频率。

以 30 Hz 运行为例，操作步骤见表 4—3—3。

表 4—3—3　　用旋钮设定频率运行的操作

步骤	操作	显示
1	接通电源	0.00 MON EXT
2	按 PU/EXT 键切换到 PU 运行模式	PU 显示亮灯 PU/EXT ⇒ 0.00 PU
3	旋转旋钮直接设定频率（闪烁 5 s 左右）	⇒ 30.00 闪烁 5s 左右
4	数值闪烁时，按 SET 键进行频率设定。如果不按 SET 键，闪烁 5 s 后回到 0. 00 Hz（显示）。那时，再回到第 3 步重做	SET ⇒ 30.00 F
5	闪烁 3 s 左右后显示“0. 00”，根据 FWD 或 REV 运行	FWD (REV) ⇒ 0.00 3s 后 → 30.00 MON PU FWD
6	再变更设定的频率时，回到 3、4 步（从以前设定的频率开始）	
7	按下 STOP/REST 键停止	STOP/RESET ⇒ 30.00 → 0.00 MON PU

2．M 旋钮作为定位器使用进行运行

先设置 Pr. 161（频率设定/键盘锁定操作选择）＝“1”（M 旋钮旋转调节模式）。以运行中将频率从 0 Hz 变更为 50 Hz 为例，操作步骤见表 4—3—4。

表 4—3—4　　M 旋钮作为定位器使用进行运行操作

步骤	操作	显示
1	接通电源	0.00 MON EXT
2	按 PU/EXT 键切换到 PU 运行模式	PU 显示灯亮 PU/EXT ⇒ 0.00 PU

续表

步骤	操作	显示
3	将 Pr. 161 变更为“1”	
4	按下 FWD 或 REV 运行变频器	FWD → 0.00
5	旋钮旋转调节到“50.00”，闪烁的频率数将成为设定值。不需要按 SET 键	0 → 50.00 闪烁5秒左右。

如果“50.00”闪烁后回到“0.00”，Pr. 161 频率设定/键盘锁定操作选择的设定值不为“1”。运行或停止中都可以通过旋转旋钮来进行频率的设定。

3. 通过开关发出启动指令

3 速设定，启动指令用 FWD/REV 发出。设定 Pr. 79 运行模式选择为“4”。端子 RH 的出厂值为 50 Hz，RM 的出厂值为 30 Hz，RL 的出厂值为 10 Hz。2 个（或 3 个）端子同时设置为 ON 时，可以用 7 速运行。接线图和速度图分别如图 4—3—5 和图 4—3—6 所示。操作步骤见表 4—3—5。

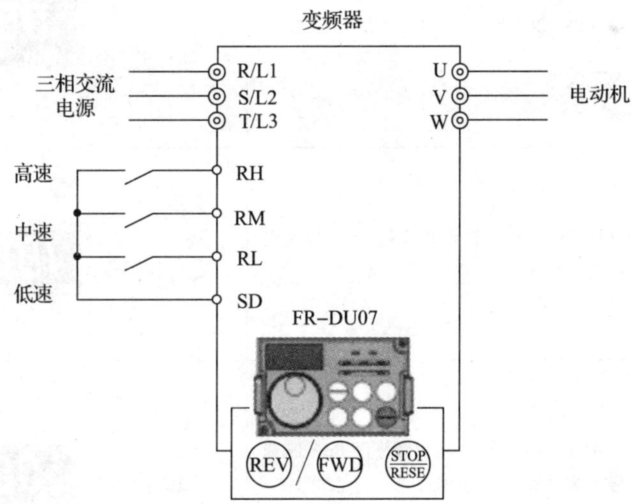

图 4—3—5　开关发出启动指令的接线

4. 通过模拟信号进行频率设定

启动指令用 FWD/REV 发出。设置 Pr. 79 运行模式选择为“4”。

以电位器从变频器供给 5 V 的电源进行运行（端子 10）为例。接线图如图 4—3—7 所示。操作步骤见表 4—3—6。

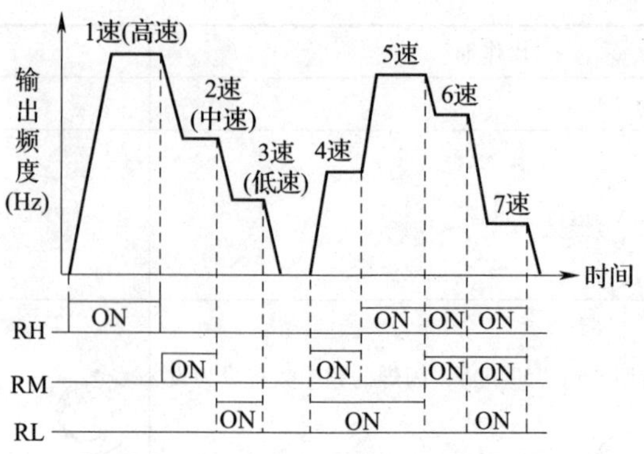

图 4—3—6　运行速度曲线

表 4—3—5　　通过开关发出启动指令操作

步骤	操作	显示
1	接通电源	0.00 Hz MON EXT
2	将 Pr. 79 变更为“4”	
3	按下 FWD 或 REV 键，FWD 或 REV 闪烁。在没有频率指令的情况下闪烁	FWD ⇨ 0.00 Hz MON PU EXT FWD 闪烁
4	将低速信号（RL）置 ON。输出频率随 Pr. 7 加速时间上升，慢慢变为“10.00”（10 Hz）	低速 ⇨ 10.00 Hz MON PU EXT FWD 闪烁
5	将低速信号（RL）置为 OFF。输出频率随 Pr. 8 减速时间下降，慢慢变为“0.00”（0 Hz）	低速 ⇨ 0.00 Hz MON PU EXT FWD
6	启动开关 STOP/REST 置为 OFF FWD 或 REV 灯灭	0.00 Hz MON PU EXT

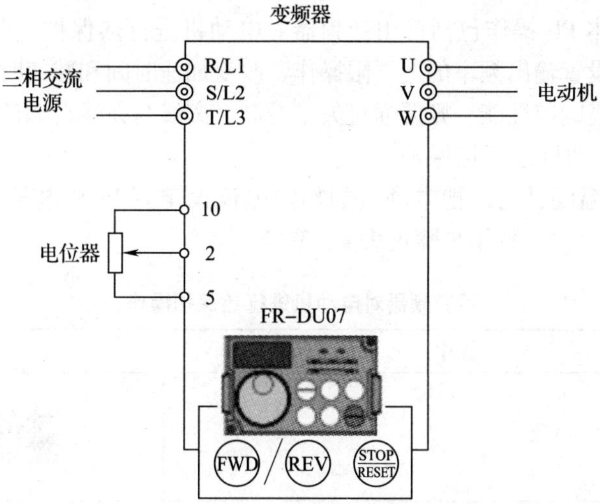

变频器

三相交流电源 R/L1 S/L2 T/L3 U V W 电动机

电位器 10 2 5

FR–DU07

FWD / REV STOP RESET

图 4—3—7　模拟信号进行频率设定的接线

表 4—3—6　　通过模拟信号进行频率设定操作

步骤	操作	显示
1	接通电源	 0.00 Hz MON EXT
2	将 Pr. 79 变更为“4”	
3	启动：按下 FWD 或 REV 键，显示运行状态的 FWD 或 REV 闪烁。正转与反转同时为 ON 时不启动。运行中两个都变为 ON 时，减速后停止	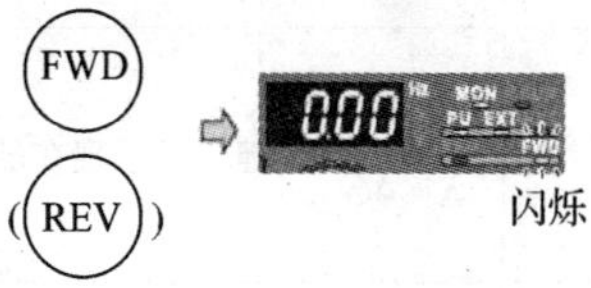 FWD (REV) ⇨ 0.00 Hz MON PU EXT FWD 闪烁
4	加速→恒速：电位器慢慢向右旋转到最大，显示的频率数值根据 Pr. 7 加速时间逐渐增大至“50.00”	 ⇨ 50.00 Hz MON PU EXT FWD
5	减速：电位器慢慢向左旋转到最小，显示的频率数值根据 Pr. 8 减速时间逐渐变小，最终显示为“0.00”，运行状态显示的 FWD 或 REV 闪烁，电动机停止运行	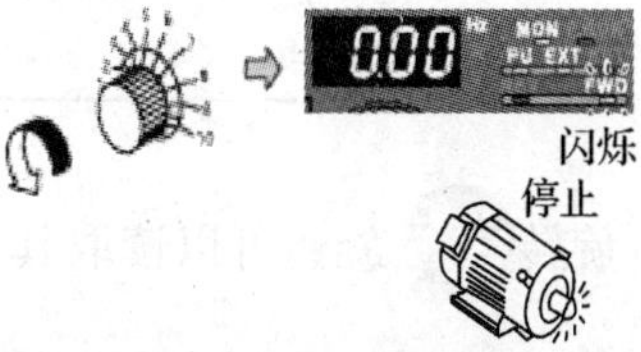 ⇨ 0.00 Hz MON PU EXT FWD 闪烁 停止
6	停止：按下 STOP/REST 键，显示运行状态的 FWD 或 REV 灯灭	 STOP RESET ⇨ 0.00 Hz MON PU EXT

三、变频器运行前的基本 PU 操作

变频器参数的基本 PU 操作包括：用变频器对电动机进行热保护、电动机额定频率设置、提高启动转矩操作、设置输出频率的上下限操作、改变加速时间和减速时间的操作。电动机高启动转矩、高精度、高响应性能，则要通过矢量控制、离线与在线自动调整等方法来实现。

1．用变频器对电动机进行热保护

为了防止电动机温度过高，把电动机的额定电流设定到 Pr. 9 电子过电流保护。以电动机的额定电流 7. 5 A 为例，操作步骤见表 4—3—7。

表 4—3—7　　用变频器对电动机进行热保护操作

步骤	操作	显示
1	接通电源	0.00 Hz MON EXT
2	按 PU/EXT 键切换到 PU 运行模式	PU/EXT ⇨ PU显示亮灯。 0.00 PU
3	按 MDOE 键切换到参数运行设定模式	MODE ⇨ P. 0
4	旋转旋钮调节到 P. 9（Pr. 9 电子过电流保护）	⇨ P. 9
5	按 SET 键，显示现在的值	⇨ 7.50 A
6	旋转旋钮，调节到“7. 50”（7. 5 A）	7.50 A
7	按 SET 键进行设置	SET ⇨ 7.50 A P. 9 闪烁…参数设置完毕

旋转旋钮可以读取其他参数，按 SET 键再次显示设定值，按 2 次 SET 键显示下一个参数。

操作注意：

①电子过电流保护功能在变频器的电源复位及复位信号的输入后恢复到初始状态，所以应尽量避免不必要的复位或电源断电。

②连接多台电动机时，电子过电流保护功能无效，每个电动机应设置外部热继电器。

③变频器与电动机的容量差较大，设置值变小时电子过电流的保护作用降低，在这种情况下使用外部热继电器。

④特殊电动机不能用电子过电流来进行保护，要使用外部热继电器。

⑤电机内置的 PTC 热敏电阻输出，可以输入到 PTC 信号（AU 端子）。

2．设置电动机的额定频率

以电动机的额定频率为 60 Hz 为例，操作步骤见表 4—3—8。

表 4—3—8　　设置电动机的额定频率操作

步骤	操作	显示
1	接通电源	0.00 Hz MON EXT
2	按 PU/EXT 键切换到 PU 运行模式	PU/EXT → PU显示亮灯。0.00 PU EXT NET
3	按 MDOE 键切换到参数运行设定模式	MODE → P. 0
4	旋转旋钮调节到 P. 3（Pr. 3 基准频率）	→ P. 3
5	按 SET 键，显示现在的设定值（50 Hz）	SET → 50.00 Hz
6	旋转旋钮设定为 60 Hz	→ 60.00 Hz
7	按 SET 键进行设定	SET → 60.00 Hz P. 3 闪烁…参数设置完毕

3．提高启动时的转矩

Pr. 0 转矩提升的设定范围见表 4—3—9。

表 4—3—9　　Pr. 0 转矩提升的设定

参数编号	名称	初始值		设定范围	说明
0	转矩提升	0.4～0.75 kW	6%	0～30%	可以根据负载的情况，提高低频时电动机的启动转矩
		1.5～3.7 kW	4%		
		5.5～7.5 kW	3%		
		11～55 kW	2%		
		75 kW 以上	1%		

输出电压与基底频率的关系如图 4—3—8 所示。

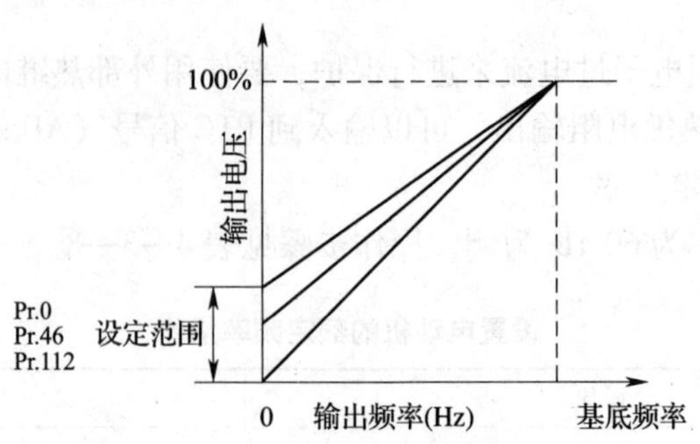

图 4—3—8 输出电压与基底频率的关系

图 4—3—8 中，Pr. 46 为第 2 转矩提升，Pr. 112 为第 3 转矩提升。

以每次把 Pr. 0 的设定值提高 1% （最多每次提高 10%）为例，操作步骤见表 4—3—10。

表 4—3—10 **提高启动时的转矩操作**

步骤	操作	显示
1	接通电源	0.00 Hz MON EXT
2	按 PU/EXT 键切换到 PU 运行模式	PU/EXT ➡ 0.00 PU；PU显示时亮灯。
3	按 MDOE 键切换到参数运行设定模式	MDOE ➡ P. 0（显示以前读出的参数编号）
4	旋转旋钮调节到 P. 0	➡ P. 0
5	按 SET 键读取当前设定值。显示“6. 0”（0. 75 k 的初始值为 6%）	SET ➡ 6.0（初始值根据容量不同而不同。）
6	旋转旋钮改变设定值为“7. 0”	➡ 7.0
7	按 SET 键进行设定	SET ➡ 7.0 P. 0 闪烁…参数设置完毕

操作注意：

（1）如果设定值过大，可能会引起 OL（过电流），后转为 E. OC1（加速中过电流故障）或 E. THM（过负荷）、E. THT（变频器过负荷）。

（2）保护功能动作时，取消启动指令，每次把 Pr. 0 的设定值降下 1% 后再试。

4. 设置输出频率的上下限

设置输出频率的上下限可以限制电动机的速度，频率设置范围见表 4—3—11。

表 4—3—11　　上下限频率设置范围

参数编号	名称	初始值		设定范围	说明
1	上限频率	55 kW 以下	120 Hz	0～120 Hz	设定输出频率上限
		75 kW 以上	60 Hz		
2	下限频率	0 Hz		0～120 Hz	设定输出频率下限

以设置上限频率 50 Hz 为例，操作步骤见表 4—3—12。

表 4—3—12　　设置输出频率的上限操作

步骤	操作	显示
1	接通电源	0.00 Hz MON EXT
2	按 PU/EXT 键切换到 PU 运行模式	PU/EXT → 0.00 PU　PU 显示亮灯。
3	按 MDOE 键切换到参数运行设定模式	MDOE → P. 0（显示以前读出的参数编号）
4	旋转旋钮调节到 P. 1（Pr. 1）	→ P. 1
5	按 SET 键读取当前设定值。 显示“120. 0”（初始值）	SET → 120.0 Hz
6	旋转旋钮改变设定值为“50. 00”	→ 50.00 Hz
7	按 SET 键进行设定	SET → 50.00 Hz　P. 1 闪烁……参数设置完毕

操作注意：

（1）将频率设置在 Pr. 2 以下，也只会输出 Pr. 2 设定的值（不会变为 Pr. 2 以下）。

（2）设定 Pr. 1 后，旋转旋钮也不能设定比 Pr. 1 更高的值。

（3）如果要达到 120 Hz 以上的高速运行，则要设定 Pr. 18 的高速上限频率。

（4）当 Pr. 2 设定值高于 Pr. 13 启动频率设定值时，即使指令频率没有输入，只要启动信号为 ON，电动机就在 Pr. 2 设定的频率下运行。

5．改变加速时间与减速时间

加速时间与减速时间设定范围见表 4—3—13。

表 4—3—13　　改变加速时间与减速时间设定范围

参数编号	名称	初始值		设定范围	说明
7	加速时间	7.5 kW 以下	5 s	0～3 600/360 s	设定电动机的加速时间
		11 kW 以上	15 s		
8	减速时间	7.5 kW 以下	5 s	0～3 600/360 s	设定电动机的减速时间
		11 kW 以上	15 s		

以加速时间从 5 s 变更为 10 s 为例，操作步骤见表 4—3—14。

表 4—3—14　　改变加速时间操作

步骤	操作	显示
1	接通电源	0.00 Hz MON EXT
2	按 PU/EXT 键切换到 PU 运行模式	PU/EXT ➡ 0.00 PU 显示亮灯。
3	按 MDOE 键进行参数设定	MDOE ➡ P. 0（显示以前读出的参数编号）
4	旋转旋钮调节到 P. 7（Pr. 7）	➡ P. 7
5	按 SET 键读取当前设定值。显示“5. 0”（初始值）	SET ➡ 5.0（初始值根据容量不同而不同）

续表

步骤	操作	显示
6	旋转旋钮改变设定值为“10.0”	10.0
7	按SET键进行设定	SET → 10.0 P. 7 闪烁……参数设置完毕

旋转旋钮可以读取其他参数。按SET键再次显示设定值，按两次SET键显示下一个参数。

四、PU 操作

1. 主电路的连接

（1）输入端子 R/L1、S/L2、T/L3 接三相电源。

（2）输出端子 U、V、W 接电动机。

输入、输出端子的接线图如图 4—3—9 所示。

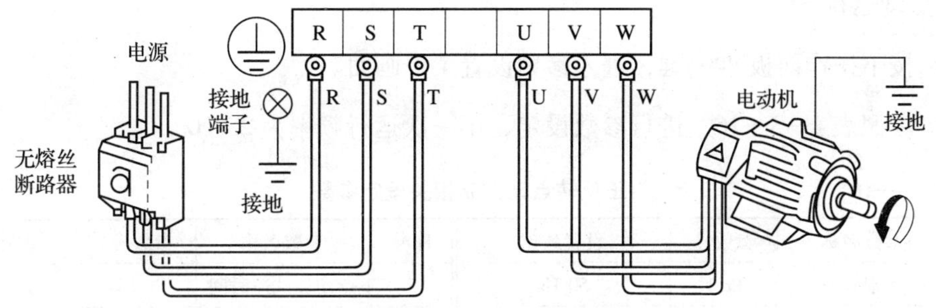

图 4—3—9 变频器主回路输入输出端子连接图

（3）经检查无误后通电。

2. 控制电动机正反转连续运行的操作

图 4—3—10 所示为电动机正反方向的运行曲线，设定参数见表 4—3—15。

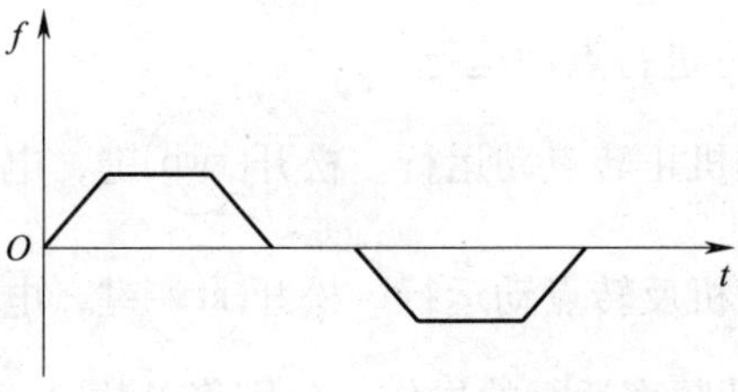

图 4—3—10 正反方向的运行曲线图

表 4—3—15　　正反转连续运行相关设定参数

序号	参数名称	参数号	设置数据	序号	参数名称	参数号	设置数据
1	加速时间	Pr. 7	5 s	5	上限频率	Pr. 1	50 Hz
2	减速时间	Pr. 8	3 s	6	下限频率	Pr. 2	0 Hz
3	加、减速基准频率	Pr. 20	50 Hz	7	运行模式	Pr. 79	1
4	基准频率	Pr. 3	50 Hz				

（1）按下操作面板(MDOE)键进入参数设置菜单画面，进行参数设定。第一次运行频率为 25 Hz。

（2）参数设置完毕按(MDOE)键切换到运行监视模式。

（3）按下(FWD)键，电动机正转连续运行；按下(STOP/REST)键，电动机逐渐减速停止。

（4）按下(REV)键，电动机反转连续运行；按下(STOP/REST)键，电动机逐渐减速停止。

（5）35 Hz、45 Hz 正、反转运行频率的调试操作。在运行操作模式下，旋动旋钮分别改变运行频率的设定值为 35 Hz、45 Hz，按下(SET)键确认，其他操作同上。

3．点动运行

（1）按下操作面板(MDOE)键，进入参数设置菜单画面。

（2）参照表 4—3—16，进行参数设定，第一次运行频率为 25 Hz。

表 4—3—16　　正反转点动控制相关设定参数

序号	参数名称	参数号	设置数据	序号	参数名称	参数号	设置数据
1	上限频率	Pr. 1	50 Hz	5	点动加减速时间	Pr. 16	5 s
2	下限频率	Pr. 2	0 Hz	6	加减速基准频率	Pr. 20	50 Hz
3	基准频率	Pr. 3	50 Hz	7	运行模式选择	Pr. 79	0
4	点动频率	Pr. 15	25 Hz、35 Hz、45 Hz				

（3）参数设置完毕再次按(MDOE)键切换为运行监视模式状态，按下(PU/EXT)键，将其切换为 JOG 点动模式，切换结束即可进行点动运行。

（4）按下(FWD)键，电动机正转点动运行。松开(FWD)键，电动机将逐渐减速停止运行。

（5）按下(REV)键，电动机反转点动运行。松开(REV)键，电动机将逐渐减速停止运行。

（6）35 Hz 和 45 Hz 点动频率运行的操作，分别将参数 Pr. 15 设定 35 Hz 和 45 Hz 即可，其他同上。

评分标准

评分标准见表4—3—17。

表4—3—17　　变频器的正、反转PU操作技能训练评分表

序号	项目与技术要求	配分	评分标准	检测结果	得分
1	PU基本操作方式：按操作步骤及方法掌握PU基本操作方式	20分	变频器PU基本操作4种方式错误，每处扣5分		
2	变频器基本运行操作：按照操作步骤对变频器进行运行前的基本操作	30分	变频器运行前的5种基本操作错误，每处扣6分		
3	变频器正反转PU操作：按照操作步骤及方法，对变频器进行正反转连续与点动运行操作	40分	（1）主电路接线错误，扣10分 （2）变频器控制电动机正反转连续运行错误，扣15分 （3）变频器控制电动机正反转点动运行错误，扣15分		
4	安全文明生产：劳动保护用品穿戴整齐，电工工具佩带齐全，遵守操作规程	10分	违反安全文明生产考核要求的每1项扣1分，扣完为止		

练习题

1. 有一台三相异步电动机，功率5.5 kW，转速960 r/min，额定电流12.6 A，额定电压380 V。变频器已与电源和电动机连接，需要对变频器进行PU设置操作，从而实现电动机的正反转控制，如图4—3—11所示。在运行操作中运行频率分别设定为：第一次20 Hz；第二次30 Hz；第三次50 Hz。

2. 在［PU］运行模式下，设定Pr.1 = “50”，Pr.2 = “3”，Pr.3 = “50”，Pr.7 = “5”，Pr.8 = “3”，运行频率分别为40 Hz，35 Hz，试操作运行。

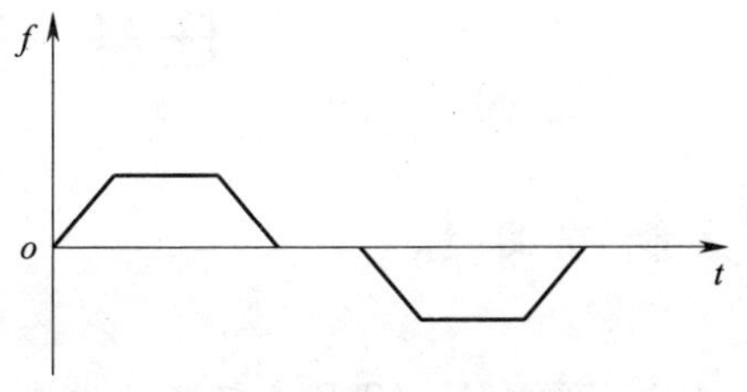

图4—3—11　题1图

3. 有一台三相异步电动机，功率3 kW，转速1 430 r/min，额定电流6.82 A，额定电压380 V。用PU模式通过参数设置来改变变频器的点动输出频率和加减速时间，从而进行调速和定位控制。运行操作中点动运行频率分别设定为：第一次5 Hz；第二次10 Hz；第三次20 Hz。

知识链接

西门子 MM440 变频器的参数系统非常庞大，其有三个用户访问级：标准级、扩展级和专家级。用户可根据需要进行快速调试（P0010 = “1”），快速调试的参数见表 4—3—18。

表 4—3—18　　快速调试的参数

序号	参数号	参数名称	状态	序号	参数号	参数名称	状态
1	P0100	欧洲/北美	C	14	P0700	选择命令源	C、T
2	P0205	变频器的应用对象	C	15	P10001	选择频率设定值	C、T
3	P0300	选择电动机的类型	C	16	P1080	最小频率	C、U、T
4	P0304	电动机的额定电压	C	17	P1082	最大频率	C、T
5	P0305	电动机的额定电流	C	18	P1120	斜坡上升时间	C、U、T
6	P0307	电动机的额定功率	C		P1121	斜坡下降时间	C、U、T
7	P0308	电动机的额定功率因数	C	19	P1135	OFF3 停车时的斜坡下降时间	C、U、T
8	P0309	电动机的额定效率	C	20	P1300	控制方式	C、T
9	P0310	电动机的额定频率	C	21	P1500	选择转矩设定值	C、T
10	P0311	电动机的额定速度	C	22	P1910	选择电动机数据自动检测	C、T
11	P0320	电动机的磁化电流	C、T	23	P1960	速度控制优化	C、T
12	P0335	电动机的冷却	C、T	24	P3900	快速调试结束	C
13	P0640	电动机的过载倍数	C、U、T				

参数的调试状态可能有三种状态：调试 C；运行 U；准备运行 T。

课题四　变频器的外部操作

任务　变频器的外部操作

能力目标

◇ 了解 FR－A740 变频器的扩展功能参数的功能及其意义。
◇ 会设置 FR－A740 变频器的扩展功能参数。
◇ 能进行变频器的外部运行模式操作。

任务引入

一条装配线的输送带由一台三相异步电动机所驱动，功率 1.1 kW，转速 1 400 r/min，额定电流 2.75 A，额定电压 380 V。现在需用变频器的外部端子输入信号，对电动机正反转、连续和点动进行调速控制，电动机运行频率分别设定为第一次 25 Hz；第二次 35 Hz；第三次 45 Hz。本任务将学习如何完成这一控制操作。

相关知识

外部运行操作就是利用变频器控制端子的外部接线功能来控制电动机的启动、停止、变速、换向的一种方法。FR－A740 变频器是通过设置 Pr. 79 的值来进行运行模式切换选择。

一、部分扩展功能参数

本课题中，要进行外部参数设置，除了前面已经涉及的基本参数以外，还需要了解一些重要的扩展功能参数，见表 4—4—1。

表 4—4—1　　部分扩展功能参数

序号	参数号	名称	设定范围	初始值
1	Pr. 10	直流制动动作频率	0～120 Hz、9 999	3 Hz
2	Pr. 11	直流制动动作时间	0.1～10.0 s、8888	0.5 s
3	Pr. 12	直流制动动作电压	0.1%～30%	4、2、1%
4	Pr. 13	启动频率	0～60 Hz	0.5 Hz
5	Pr. 14	适用负载选择	0～5	1
6	Pr. 17	MRS 端子输入选择	0、2、4	0
7	Pr. 73	模拟量输入的选择	0～7、10～17	1
8	Pr. 78	逆转防止选择	0、1、2	0
9	Pr. 80	电动机（容量）	0.4～55 kW、9 999/0～3 600 kW、9 999 kW	9 999 kW
10	Pr. 81	电动机（极数）	2、4、6、8、10、12、14、16、18、20、112、122、9 999	9 999
11	Pr. 82	电动机励磁电流	0～500 A、9 999/0～3 600 A、9 999 A	9 999 A
12	Pr. 83	电动机额定电压	0～1 000 V	400 V
13	Pr. 84	电动机额定频率	10～120 Hz	50 Hz
14	Pr. 160	用户参数组读取选择	0、1、999	0
15	Pr. 178	STF 端子功能的选择	0～2、22～28、37、42～44、60、64～71、74、9 999	60

续表

序号	参数号	名称	设定范围	初始值
16	Pr. 179	STR 端子功能的选择	0 ~ 20、22 ~ 28、37、42 ~ 44、61、62、64 ~ 71、74、9 999	61
17	Pr. 180	RL 端子功能选择	0 ~ 20、22 ~ 28、37、42 ~ 44、62、64 ~ 71、74、9 999	0
18	Pr. 181	RM 端子功能选择		1
19	Pr. 182	RH 端子功能选择		2
20	Pr. 183	RT 端子功能选择		3
21	Pr. 184	AU 端子功能选择	0 ~ 20、22 ~ 28、37、42 ~ 44、62 ~ 71、74、9 999	4
22	Pr. 185	JOG 端子功能选择	0 ~ 20、22 ~ 28、37、42 ~ 44、62、64 ~ 71、74、9 999	5
23	Pr. 186	CS 端子功能选择		6
24	Pr. 187	MRS 端子功能选择		24
25	Pr. 188	STOP 端子功能选择		25
26	Pr. 189	RES 端子功能选择		62
27	Pr. 190	RUN 端子功能选择	0 ~ 8、10 ~ 20、25 ~ 28、30 ~ 36、39、41 ~ 47、64、70、84、85、90 ~ 99、100 ~ 108、110 ~ 116、120、125 ~ 128、130 ~ 136、139、141 ~ 147、164、170、184、185、190 ~ 199、9 999	0
28	Pr. 191	SU 端子功能选择		1
29	Pr. 192	IPF 端子功能选择		2
30	Pr. 193	OL 端子功能选择		3
31	Pr. 194	FU 端子功能选择		4
32	Pr. 195	ABC1 端子功能选择	0 ~ 8、10 ~ 20、25 ~ 28、30 ~ 36、39、41 ~ 47、64、70、84、85、90、91、94 ~ 99、100 ~ 108、110 ~ 116、120、125 ~ 128、130 ~ 136、139、141 ~ 147、164、170、184、185、190、191、194 ~ 199、9 999	99
33	Pr. 196	ABC2 端子功能选择		9 999
34	Pr. 15	点动频率	0 ~ 400 Hz	5 Hz
35	Pr. 16	点动加减速时间	0 ~ 3 600、360 s	0.5 s
36	Pr. 291	脉冲列输入选择	0、1	0

二、几个功能参数的意义

1. Pr. 10、Pr. 11、Pr. 12

Pr. 10、Pr. 11、Pr. 12 分别为直流制动动作频率、直流制动动作时间和直流制动动作电压，三个参数的作用关系如图 4—4—1 所示。

2. Pr. 13

此参数为设定电动机开始启动时的频率，如果设定频率（运行频率）设定的值较此值小，电动机不运转。Pr. 13 的值低于 Pr. 2 的值，即使没有运行频率（即为“0”），启动后电动机也将运行在 Pr. 2 的设定值。参数含义如图 4—4—2 所示。

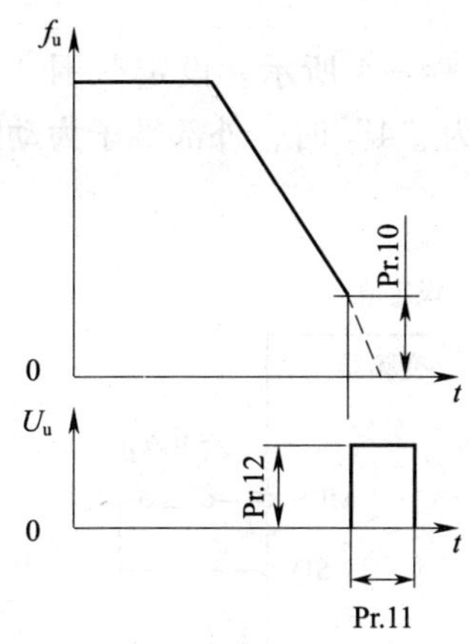

图 4—4—1 Pr. 10，Pr. 11，Pr. 12 参数作用关系

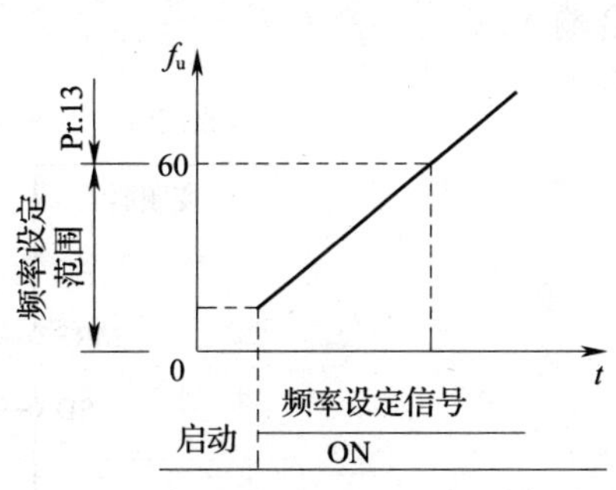

图 4—4—2 图 Pr. 13 参数含义

3. Pr. 14

Pr. 14 可以选择与负载特性最适宜的输出特性（U/f 特性），设定范围为“0”“1”“2”“3”“4”“5”，各设定值的说明见表 4—4—2。其中“0”“1”两个设定值较为常用，含义如图 4—4—3 所示。

表 4—4—2　　Pr. 14 设定值的说明

参数编号	名称	初始值	设定范围	说明
14	荷负	0	0	恒转矩负荷
			1	变转矩负荷
			2	恒转矩升降（反转时提升 0%）
			3	恒转矩升降（正转时提升 0%）
			4	RT 信号 ON，恒转矩负荷 RT 信号 OFF，恒转矩升降反转时提升 0%
			5	RT 信号 ON，恒转矩负荷 RT 信号 OFF，恒转矩升降正转时提升 0%

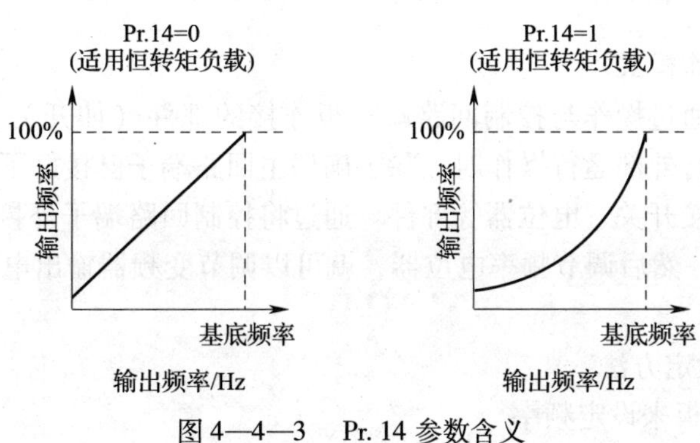

图 4—4—3　Pr. 14 参数含义

4. Pr. 17

用于输出停止 MRS 端子的逻辑选择，如图 4—4—4 所示。设定范围“0”“2”“4”。“0”为常开输入，“2”为常闭输入。此参数设定为“4”时，外部端子为动断输入，通信为动合输入。

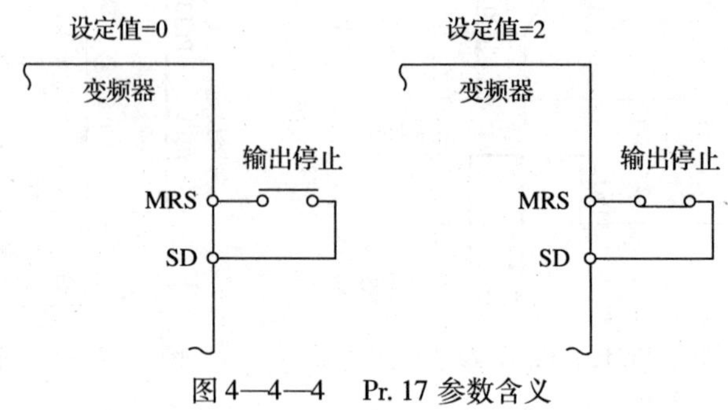

图 4—4—4　Pr. 17 参数含义

任务实施

一、工具器材准备

主要实训工具及器材见表 4—4—3。

表 4—4—3　　主要实训工具及器材

序号	名称	数量	序号	名称	数量
1	电工通用工具	1 套	8	低压断路器	1 只
2	万用表	1 块	9	端子排	1 条
3	三菱 FR－A740 变频器	1 台	10	导线	若干
4	1.1 kW 电动机	1 台	11	号码管	若干
5	钳形电流表	1 只	12	行线槽、盖板	若干
6	交流接触器	1 只	13	紧固螺栓	若干
7	开关	2 只			

二、外部运行操作模式

外部运行操作是通过操作与控制回路端子板连接的部件（如开关、继电器等）来控制变频器的运行。在进行外部运行操作时，除了确保主回路端子已接好了电源和电动机外，还要给控制回路端子外接开关、电位器等部件。通过将控制回路端子外接的正转（STF）或反转（STR）开关接通，然后调节频率电位器，就可以调节变频器输出电源的频率，驱动电动机以合适的转速运行。

1. 外部运行的设定方法

（1）通过操作面板来设定频率

外部控制运行基本接线如图 4—4—5 所示。

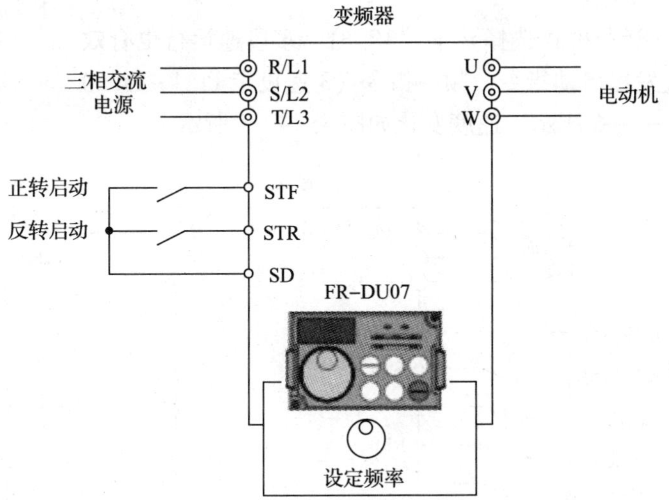

图 4—4—5　外部控制运行基本接线

设置 Pr. 79 运行模式选择为“3”（外部/PU 组合运行模式 1）。启动指令用端子 STF（STR）—SD 置为 ON 来进行。操作步骤见表 4—4—4。

表 4—4—4　　通过操作面板来设定频率操作

步骤	操作	显示
1	接通电源	0.00 Hz MON EXT
2	将 Pr. 79 变更为“3”	
3	将启动开关（STF 或 STR）置为 ON（电动机按操作面板的频率设定模式运转）	ON 正转 反转 → 50.00 Hz MON PU EXT FWD
4	旋转（旋钮图）旋钮可以改变运行频率。调节到要设定的值显示在监视器上。约闪烁 5 s	→ 40.00 约闪烁 5 s
5	数值闪烁时按 (SET) 键设定频率（如果不按 (SET) 键，闪烁 5 s 后回到原设定的频率）	(SET) → 40.00 F
6	将启动开关（STF 或 STR）置为 OFF。根据 Pr. 8 减速时间减速后电动机停止运行	正转 反转 OFF → 停止

操作注意：

①设置为 Pr. 178（STF 端子功能）=“60”，或 Pr. 179（STR 端子功能）=“61”，全

部为出厂值。

②设定 Pr. 79（运行模式选择）＝“3”时，多段速运行也有效。

（2）通过开关发出启动指令、频率指令（3 速设定 Pr. 4 ~ Pr. 6）

接线图如图 4—4—6 所示，速度变化如图 4—4—7 所示。

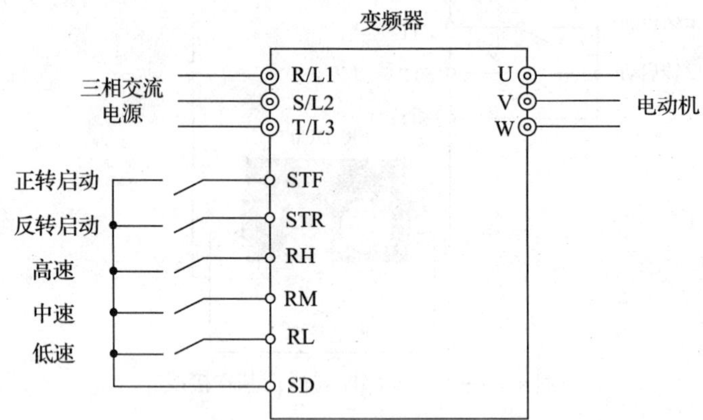

图 4—4—6　通过开关发出启动指令、频率指令接线

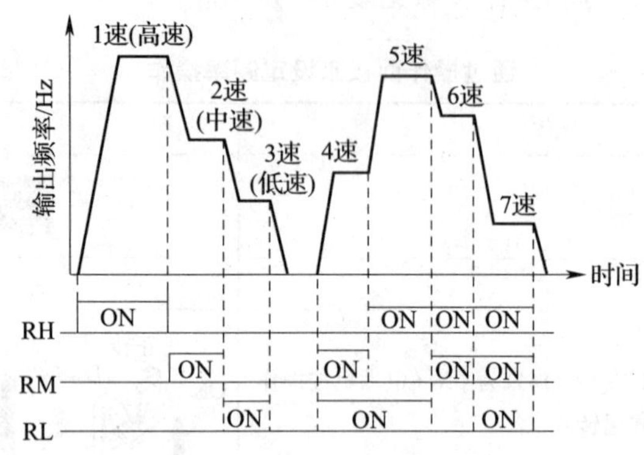

图 4—4—7　速度变化曲线

用端子 STF（STR）—SD 发出启动指令，端子 RH、RM、RL、STR—SD 进行频率设定。初始值 RH 为 50 Hz，RM 为 30 Hz，RL 为 10 Hz。2 个（或 3 个）端子同时置为 ON 时，可以 7 速运行。

以设定 Pr. 4 =“40”为例，操作步骤见表 4—4—5。

表 4—4—5　　通过开关发出启动指令、频率指令操作

步骤	操作	显示
1	电源 ON→运行确认：在初始值中电源 ON 时为外部运行模式［EXT］。在不显示的情况下用 PU/EXT 键来设定［EXT］外部运行模式。经过上述步骤后还是不能切换运行模式时应在 Pr. 79 的设定中改为外部运行模式	ON ⇨ 0.00 Hz MON EXT

续表

步骤	操作	显示
2	将 Pr. 4 变更为“40.00”（40 Hz）	
3	将高速开关（RH）置为 ON	高速 中速 低速 ON …
4	将启动开关（STF 或 STR）置为 ON。这时候显示“40.00”（40 Hz）。RM 置为 ON 时 30 Hz。RL 置为 ON 时显示 10 Hz	正转 反转 ON 40.00
5	停止：将启动开关（STF 或 STR）置为 OFF。根据 Pr. 8 减速时间电动机停止	正转 反转 OFF 停止

（3）电压输入模拟信号进行频率设定

频率设定从变频器供给的 5 V 电源引入（接端子 10），接线如图 4—4—8 所示，操作步骤见表 4—4—6。

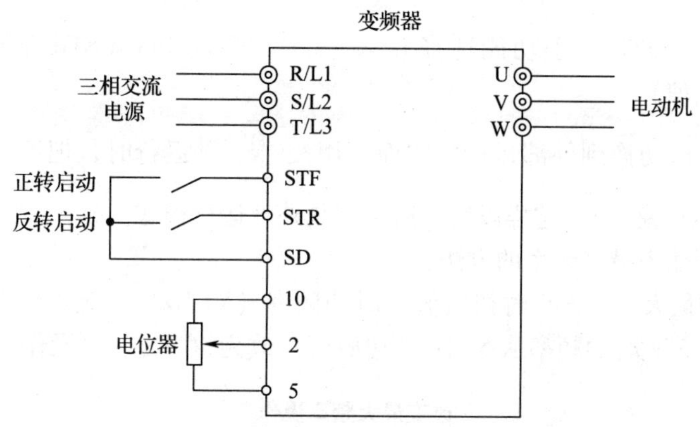

图 4—4—8　电压输入模拟信号进行频率设定接线

表 4—4—6　电压输入模拟信号进行频率设定操作

步骤	操作	显示
1	电源 ON→运行确认：在初始值中电源 ON 时为外部运行模式［EXT］，不显示的情况下用 (PU/EXT) 键来设定［EXT］外部运行模式。经过上述步骤后还是不能切换运行模式时，在 Pr. 79 的设定中改为外部运行模式	ON 0.00 MON EXT

续表

步骤	操作	显示
2	启动：启动开关（STF 或 STR）置为 ON。运行状态显示的 FWD 或 REV 灯亮。正转与反转同时 ON 时不启动，运行中两个都变为 ON 时，减速后停止	正转 反转 ON 0.00 MON EXT FWD 闪烁
3	加速→恒速：电位器慢慢向右旋转到最大。监视器的显示值根据 Pr. 7 加速时间慢慢变大，最后变为“50.00”（50.00 Hz）	50.00 MON EXT FWD
4	减速：电位器慢慢向左旋转到最小。监视器显示值随 Pr. 8 减速时间慢慢变小，最后变为“0.00”（0.00 Hz）。电动机停止运行	0.00 MON EXT FWD 停止 闪烁
5	停止：启动开关（STF 或 STR）置为 OFF	正转 反转 OFF 0.00 MON PU EXT

操作注意：

①设置 Pr. 178（STF 端子功能选择）＝“60”或 Pr. 179（STR 端子功能选择）＝“61”（全部为初始值）。

②如果需通电后切换到外部运行状态而不用按 PU/EXT 键运行时，把 Pr. 79 运行模式选择设为“2”（外部运行模式），这样以后一启动就是外部运行模式。

（4）改变电压输入最高频率的方法

改变电位器的最大值（5 V 时初始值）时的频率（50 Hz）设定。例在 DC0 ~ 5 V 输入频率设定器中，把 5 V 时的频率从 50 Hz（初始值）改为 40 Hz 时，操作步骤见表 4—4—7。

表 4—4—7　改变最大频率操作

步骤	操作	显示
1	旋转 按钮显示 P. 125（Pr. 125）	P.125
2	按 SET 键显示当前设定值“50.00”（50.00 Hz）	SET 50.00

续表

步骤	操作	显示
3	旋转 按钮调节到“40.00”（40.00 Hz）	40.00 Hz
4	按 SET 键进行设定，闪烁设置完毕	SET ⇒ 40.00 P.125
5	模式/监视确认，按两下 MDOE 键设置为频率监视器	MDOE ⇒ 0.00 Hz MON PU
6	启动开关（STF 或 STR）置为 ON。电位器慢慢向右旋转到最大	

（5）电流输入模拟信号进行频率设定

启动指令由 STF（STR）—SD 的 ON 来发出。AU 信号设置为 ON。设定 Pr. 79 操作运行选择 = “2”（外部运行模式）。接线图如图 4—4—9 所示，操作步骤见表 4—4—8。

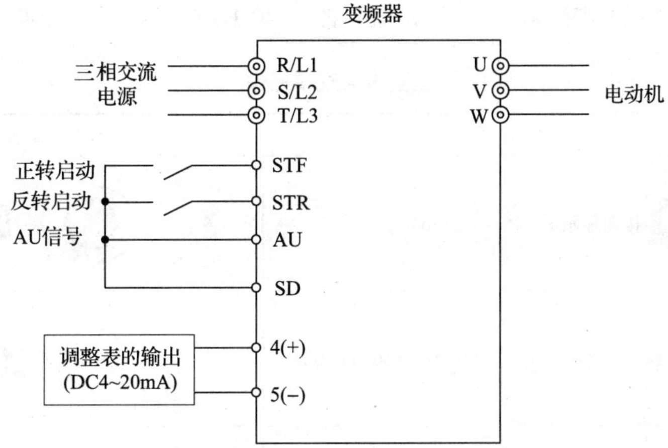

图 4—4—9　电流输入模拟信号进行频率设定接线

表 4—4—8　　电流输入模拟信号进行频率设定操作

步骤	操作	显示
1	电源 ON→运行确认：在初始值中电源 ON 时为外部运行模式［EXT］，不显示的情况下用 PU/EXT 键来设定［EXT］外部运行模式。如果经过上述步骤后还是不能切换运行模式，可在 Pr. 79 的设定中改为外部运行模式	ON ⇒ 0.00 Hz MON EXT
2	启动：启动开关（STF 或 STR）置为 ON。运行状态显示的 FWD 或 REV 亮灯。正转与反转同时 ON 时不启动，运行中两个都变为 ON 时，减速后停止	正转 反转 ON ⇒ 0.00 Hz MON EXT FWD 闪烁

续表

步骤	操作	显示
3	加速→恒速：输入 20 mA。监视器的显示值根据 Pr. 7 加速时间慢慢变大，最后变为“50.00”（50.00 Hz）	 调整表的输出（DC4~20mA）⇨ 50.00 Hz MON EXT FWD
4	减速：4 mA 输入。监视器显示值随 Pr. 8 减速时间慢慢变小，最后变为“0.00” 0.00 Hz。FWD 或 REV 灯闪烁。电动机停止运行	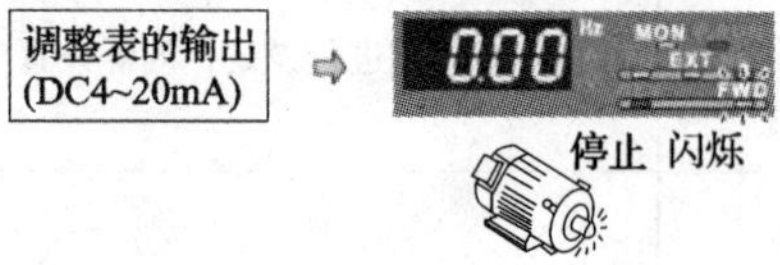 调整表的输出（DC4~20mA）⇨ 0.00 Hz MON EXT FWD 停止 闪烁
5	停止：启动开关（STF 或 STR）置为 OFF	 正转 反转 OFF ⇨ 0.00 Hz MON PU EXT

操作注意：

应设置 Pr. 184 AU 端子功能选择 = “4”（AU 信号，初始值）。

（6）改变电流输入最高频率的方法

改变电流最大输入（20 mA 初始值）时的频率（50 Hz）。例在 4 ~ 20 mA 输入频率设定器中，要把 20 mA 时的频率 50 Hz（初始值）改为 40 Hz 时，操作步骤见表 4—4—9。

表 4—4—9　　改变最大频率操作

步骤	操作	显示
1	旋转按钮显示 P. 126（Pr. 126） 	 ⇨ P.126
2	按 SET 键显示当前设定值“50.00”（50.00 Hz）	 SET ⇨ 50.00 Hz
3	旋转按钮调节到“40.00”（40.00 Hz） 	 ⇨ 40.00 Hz
4	按 SET 键进行设定	 SET ⇨ 40.00 P.126 闪烁设置完毕
5	模式/监视确认，按两下 MDOE 键设置为频率监视器	 MDOE ⇨ 0.00 Hz MON PU
6	启动开关（STF 或 STR）置为 ON 后输入 20 mA 的电流	

2. 外部端子信号控制正、反转运行操作

（1）连续运行

1）按图4—4—5进行电路接线。

2）相关参数设置。按下操作面板(MDOE)键进入参数设置菜单，按表4—4—10所给参数进行设置。

表4—4—10　　正、反转连续控制设定参数

参数代码	功能	设定数据
Pr. 0	转矩提升	4%
Pr. 1	上限频率	50 Hz
Pr. 2	下限频率	0 Hz
Pr. 3	基准频率	50 Hz
Pr. 7	加速时间	5 s
Pr. 8	减速时间	3 s
Pr. 9	电子过电流保护	2.9 A
Pr. 10	直流制动动作频率	5 Hz
Pr. 11	直流制动动作时间	1 s
Pr. 12	直流制动动作电压	4%
Pr. 13	启动频率	0.5 Hz
Pr. 14	适用负荷选择	0
Pr. 17	MRS端子输入选择	0
Pr. 20	加减速基准频率	50 Hz
Pr. 21	加减速时间单位	0
Pr. 73	模拟量输入的选择	1
Pr. 77	参数写入选择	0
Pr. 78	逆转防止选择	0
Pr. 79	运行模式选择	0，1，2
Pr. 80	电动机（容量）	1.1 kW
Pr. 81	电动机（极数）	4极
Pr. 82	电动机励磁电流	2.75 A
Pr. 83	电动机额定电压	380 V
Pr. 84	电动机额定频率	50 Hz
Pr. 125	端子2设定增益频率	50 Hz
Pr. 161	频率设定操作选择	0
Pr. 178	STF端子功能的选择	60
Pr. 179	STR端子功能的选择	61
Pr. 187	MRS端子功能	24
Pr. 188	STOP端子功能	25
Pr. 189	RES端子功能	62

3）接通 SD 与 STF，电动机按设定频率值正向连续运行。断开 SD 与 STF，电动机停转。

4）接通 SD 与 STR，电动机按设定频率值反向连续运行。断开 SD 与 STR，电动机停转。

（2）点动运行

1）按图 4—4—10 进行电路接线。

2）相关参数设置

按下操作面板(MDOE)键进入参数设置菜单，按表 4—4—11 所给参数进行设置。

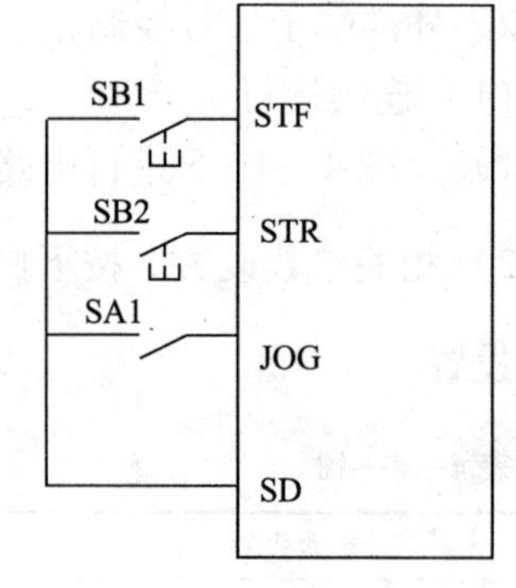

图 4—4—10　点动控制外部连接图

表 4—4—11　　点动控制设定参数

参数代码	功能	设定数据
Pr. 1	上限频率	50 Hz
Pr. 2	下限频率	0 Hz
Pr. 3	基准频率	50 Hz
Pr. 9	电子过流保护	2.7 A
Pr. 14	适用负荷选择	0
Pr. 15	点动频率	5 Hz，10 Hz，20 Hz
Pr. 16	点动加减速时间	5 s
Pr. 20	加减速基准频率	50 Hz
Pr. 21	加减速时间单位	0
Pr. 77	参数写入选择	0
Pr. 78	逆转防止选择	0
Pr. 79	运行模式选择	0
Pr. 80	电动机（容量）	1.1 kW
Pr. 81	电动机（极数）	4 极
Pr. 82	电动机励磁电流	2.75 A
Pr. 83	电动机额定电压	380 V
Pr. 84	电动机额定频率	50 Hz
Pr. 178	STF 端子功能的选择	60
Pr. 179	STR 端子功能的选择	61
Pr. 291	JOG 端子模式选择	0

3）接通 JOG 与 SD，观察监视显示内容为 JOG 字样即可进行点动正、反转运行。

4）按下 SB1 按钮，STF 与 SD 接通，电动机正向点动运行。松开 SB1 按钮（断开 STF 与 SD），电动机将减速停止运行。

5）按下 SB2 按钮，STR 与 SD 接通，电动机反向点动运行。松开 SB2 按钮（断开 STR 与 SD），电动机将减速停止运行。

6）35 Hz、45 Hz 点动频率运行的操作步骤和方法只需将参数设定 Pr. 15 改为 35 Hz 和 45 Hz 即可，其他同上。

操作注意：

①接线完毕后一定要认真检查，以防损坏变频器。

②在进行变频器内部端子接线时用力不得过大，以防损坏接线端子。

③在送电和停电过程中要注意安全，特别是在停电后必须待面板 LED 显示全部熄灭后方可打开盖板。

④在进行变频器参数设定操作时，应认真观察 LED 监视器显示内容，以免发生错误。

评分标准

评分标准见表 4—4—12。

表 4—4—12　　变频器的正、反转外部运行模式操作技能训练评分表

序号	项目与技术要求	配分	评分标准	检测结果	得分
1	外部基本操作方式：按操作步骤及方法掌握外部运行模式的基本操作方式	30 分	变频器外部基本操作 6 种方式错误，每处扣 5 分		
2	变频器正反转：外部运行操作按照操作步骤及方法，对变频器进行正反转连续与点动运行操作	60 分	（1）主电路接线错误，扣 10 分 （2）变频器控制电动机正反转连续运行错误，扣 20 分 （3）变频器控制电动机正反转点动运行错误，扣 20 分 （4）变频器操作不熟练，每处扣 5 分		
3	安全文明生产：劳动保护用品穿戴整齐，电工工具佩带齐全，遵守操作规程	10 分	违反安全文明生产考核要求的每 1 项扣 1 分，扣完为止		

练习题

1. 改变最高频率的两种方法有哪些？试分别用两种方法将电动机的最高频率设置为 40 Hz。

2. 根据图 4—4—11 所示的正反转运行曲线，结合表 4—4—13 所示的参数设定值，对变频器进行正反转运行的外部操作。其中，三相异步电动机功率 3 kW，转速 960 r/min，额定电流 7. 23 A，额定电压 380 V。

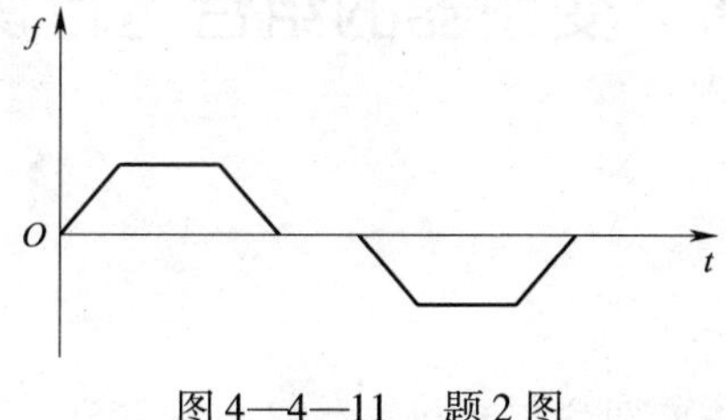

图 4—4—11　题 2 图

表 4—4—13　　　　　　　　　　　　　　　**参数设定表**

参数名称	参数号	设置数据	参数名称	参数号	设置数据
上升时间	Pr. 7	4 s	上限频率	Pr. 1	50 Hz
下降时间	Pr. 8	3 s	下限频率	Pr. 2	0 Hz
加、减速基准频率	Pr. 20	50 Hz	运行模式	Pr. 79	1
基底频率	Pr. 3	50 Hz			

运行频率分别设定为：第一次 20 Hz；第二次 30 Hz；第三次 50 Hz。通过设定不同的运行频率进行观察比较。

知识链接

西门子 MM440 变频器也有基于端子排输入的变频器控制操作方法。表 4—4—14 中给出了 MM440 变频器常用控制方法的参数设置。

表 4—4—14　　　　　　**西门子 MM440 变频器常用控制方法的参数设置**

序号	P0700	P1000	命令源	频率源
1	1	1	BOP	MOP
2	1	2	BOP	端子排的模拟量设定
3	2	1	端子排数字输入端 DIN	MOP
4	2	2	端子排数字输入端 DIN	端子排的模拟量设定
5	2	3	端子排数字输入端 DIN	固定频率
6	6	2	通信板 CB（PROFIBUS）	端子排的模拟量设定
7	6	6	通信板 CB（PROFIBUS）	通信板 CB（PROFIBUS）

从表 4—4—14 中可以看到，当 P0700 的参数值为“2”时，控制命令源来自端子排的输入端 5、6、7、8、16、17 等引脚（依次为 DIN1、DIN2、DIN3、DIN4、DIN5、DIN6）。如果 P1000 为“3”，则频率源为预先设定的固定频率值；如果 P1000 为“2”，则频率源为模拟量输入端。

详细设置可参看西门子 MM440 变频器使用手册。

课题五　变频器的组合运行操作

任务　变频器的组合运行操作

能力目标

◇ 了解 FR－A740 变频器的组合模式功能参数及其意义。

◇ 会设置 FR－A740 变频器的组合模式功能参数。

◇ 能进行 FR－A740 变频器的组合运行模式操作。

任务引入

FR－A740 变频器的运行模式除了前面所介绍的外部运行、PU 运行模式外，还有 PU 与外部组合运行，网络运行模式（使用 RS－485 端子通信选件时）。组合运行操作是应用操作面板（FR－DU07）、参数单元（FR－PU04－CH）和外部接线共同控制变频器运行的一种方法。FR－A740 变频器的组合模式有组合模式 1、组合模式 2 两种控制运行方式。

有一台三相异步电动机，功率 1.1 kW，额定电流 2.52 A，额定电压 380 V。现在需要分别用组合模式 1（外部信号控制电动机的启停、PU 模式设定频率，见图 4—5—1）与组合模式 2（用外部信号设定频率、PU 模式控制电动机的启停，见图 4—5—2）两种方式来控制电动机。本任务将介绍如何完成这一控制操作。

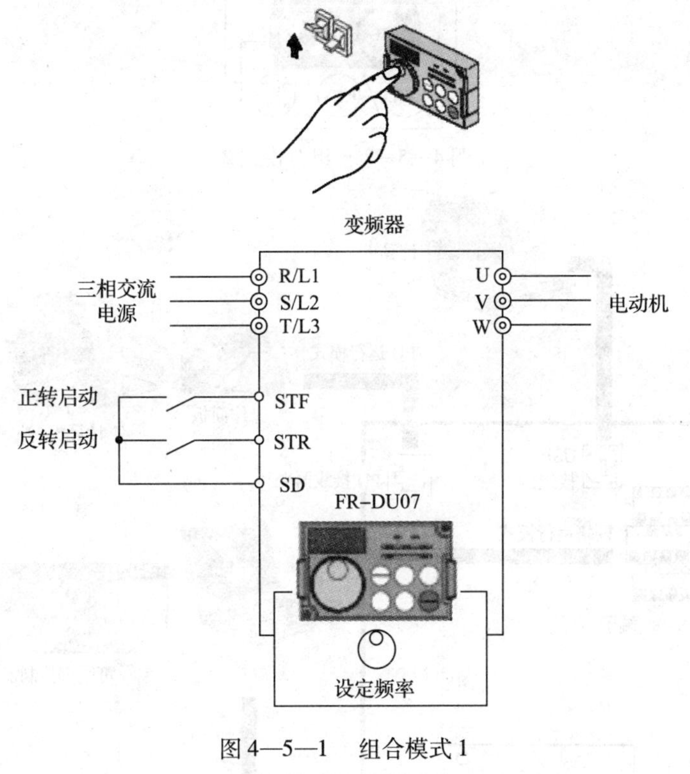

图 4—5—1　组合模式 1

相关知识

一、运行模式选择

1. 运行模式

运行模式是指输入变频器的启动指令及设定频率的方式。FR－A740 变频器的各种运行模式如图 4—5—3 所示。

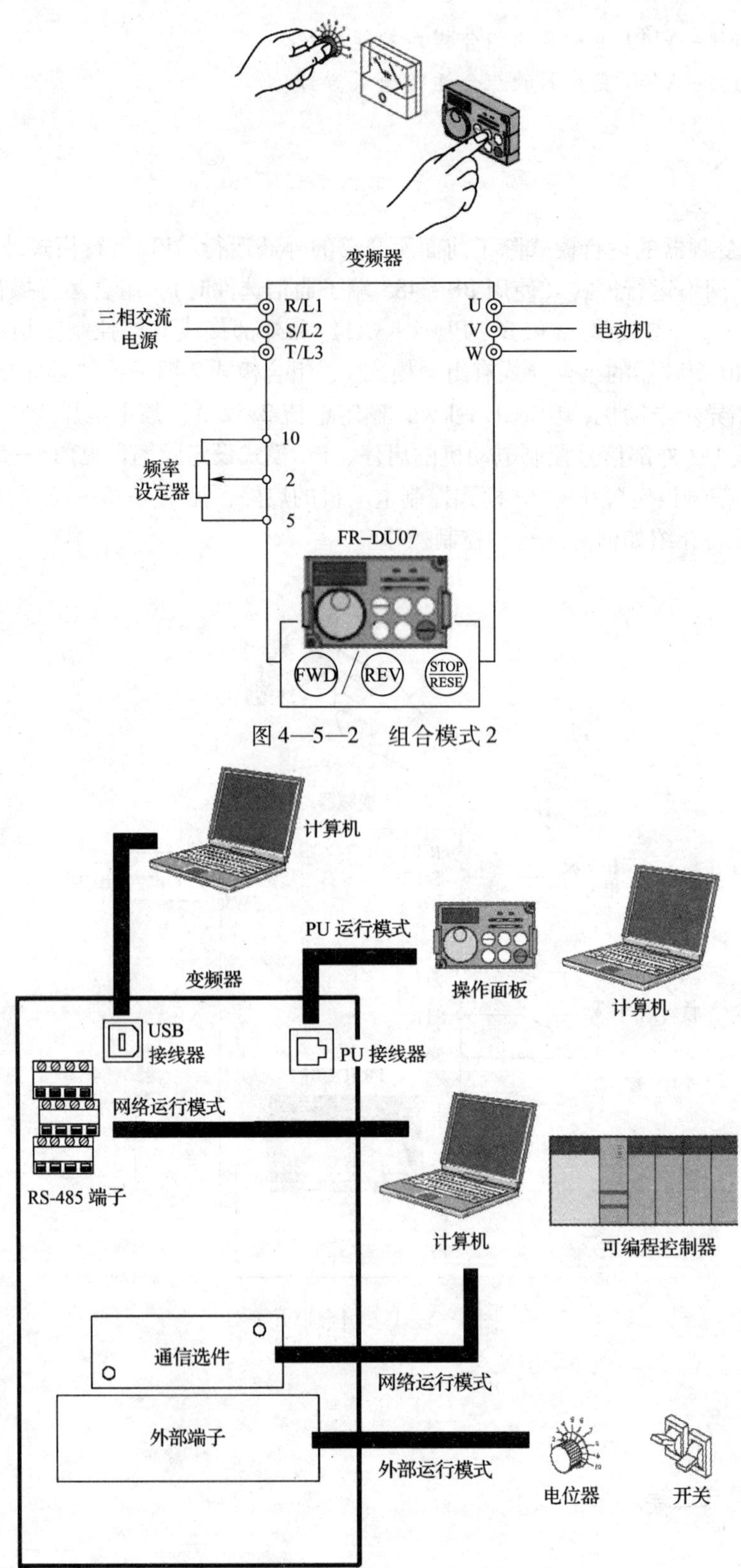

图 4—5—2　组合模式 2

图 4—5—3　FR－A740 变频器的各种运行模式

2. 运行模式选择

FR－A740 变频器的运行模式选择由参数 Pr. 79 来确定，参数 Pr. 79 的设定值与变频器运行模式的对应关系见表 4—5—1。

表 4—5—1　　参数 Pr. 79 的设定值与变频器运行模式的对应关系

<table>
<tr><th>参数编号</th><th>名称</th><th>初始值</th><th>设定范围</th><th colspan="2">内　容</th><th>LED 显示
：灭灯
：亮灯</th></tr>
<tr><td rowspan="10">79</td><td rowspan="10">运行模式选择</td><td rowspan="10">0</td><td>0</td><td colspan="2">（1）外部/PU 切换模式中（用 PU/EXT 键可以切换 PU 与外部运行模式）
（2）电源投入时为外部运行模式</td><td>外部运行模式
PU 运行模式</td></tr>
<tr><td>1</td><td colspan="2">PU 运行模式固定</td><td></td></tr>
<tr><td>2</td><td colspan="2">外部运行模式固定
可以用来切换外部和网络运行模式</td><td>外部运行模式
网络运行模式</td></tr>
<tr><td rowspan="3">3</td><td colspan="2">外部/PU 组合运行模式 1</td><td rowspan="6"></td></tr>
<tr><td>运行频率</td><td>启动信号</td></tr>
<tr><td>用 PU（FR－DU07/FR－DU04－CH）设定或外部信号输入［多段速度设定，端子 4－5 间（AU 信号 ON 时有效）］</td><td>外部信号输入（端子 STF，STR）</td></tr>
<tr><td rowspan="3">4</td><td colspan="2">外部/PU 组合运行模式 2</td></tr>
<tr><td>运行频率</td><td>启动信号</td></tr>
<tr><td>外部信号输入（端子 2，4，1，JOG，多段速选择等）</td><td>用 PU（FR－DU07/FR－DU04－CH）输入</td></tr>
<tr><td>6</td><td colspan="2">切换模式
运行时可进行 PU 操作，外部操作和网络操作的切换</td><td>PU 运行模式
外部运行模式
网络运行模式</td></tr>
</table>

续表

参数编号	名称	初始值	设定范围	内容	LED 显示 ▭：灭灯 ▭：亮灯
79	运行模式选择	0	7	外部运行模式（PU 操作互锁） X12 信号 ON 可切换到 PU 运行模式 （正在外部运行时输出停止） X12 信号 OFF 禁止切换到 PU 运行模式	PU 运行模式 PU EXT NET 外部运行模式 PU EXT NET

二、运行模式的切换操作

1．运行模式切换

运行模式的切换如图 4—5—4 所示。

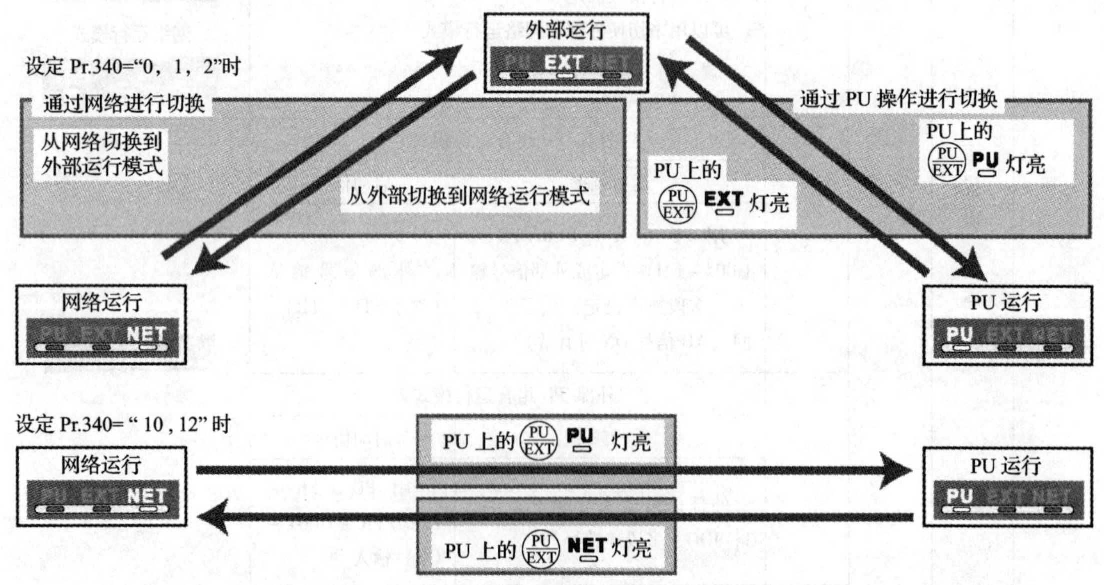

如图 4—5—4　运行模式的切换

2．运行模式的切换操作

运行模式的切换操作见表 4—5—2。

3．运行模式选择流程

运行模式选择流程如图 4—5—5 所示。

表 4—5—2　　　　　　　　　　　　运行模式的切换操作

运行模式切换	切换操作与运行状态
外部运行→PU 运行	在操作面板、参数单元中进行 PU 运行模式。旋转方向与外部操作相同，设定频率为电位器等的设定值（当电源 OFF 或变频器复位时此设定值消失）
外部运行→网络运行	通过通信发送变更到网络运行模式的指令。旋转方向与外部操作相同，设定频率为电位器（频率设定电位器）等的设定值（当电源 OFF 或变频器复位时此设定值消失）
PU 运行→外部运行	按操作面板、参数单元的外部运行键。旋转方向由外部运行输入信号决定，设定频率由外部频率设定信号决定
PU 运行→网络运行	通过通信发送变更到网络运行模式的指令。旋转方向、设定频率与 PU 运行时相同
网络运行→外部运行	通过通信发送变更到外部模式的指令。旋转方向由外部运行输入信号决定，设定频率由外部频率设定信号决定
网络运行→PU 运行	通过操作面板、参数单元切换到 PU 运行模式。旋转方向、设定频率信号与网络运行时相同

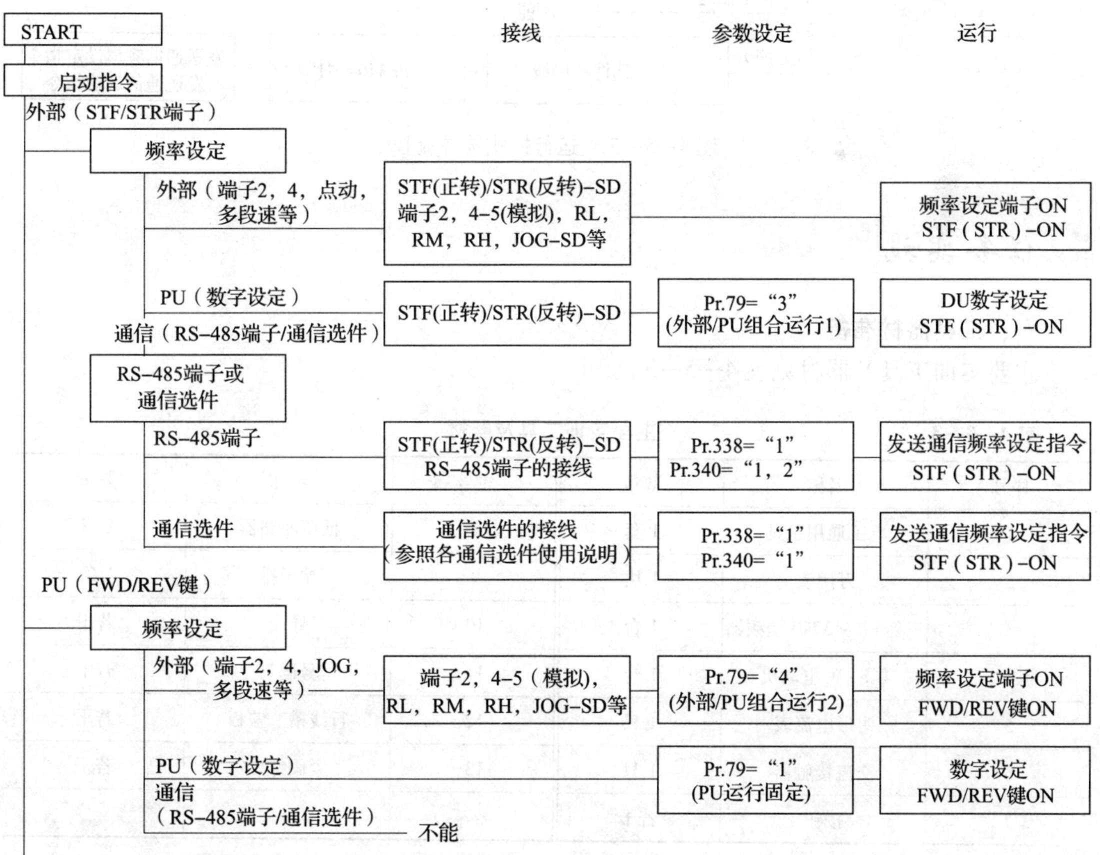

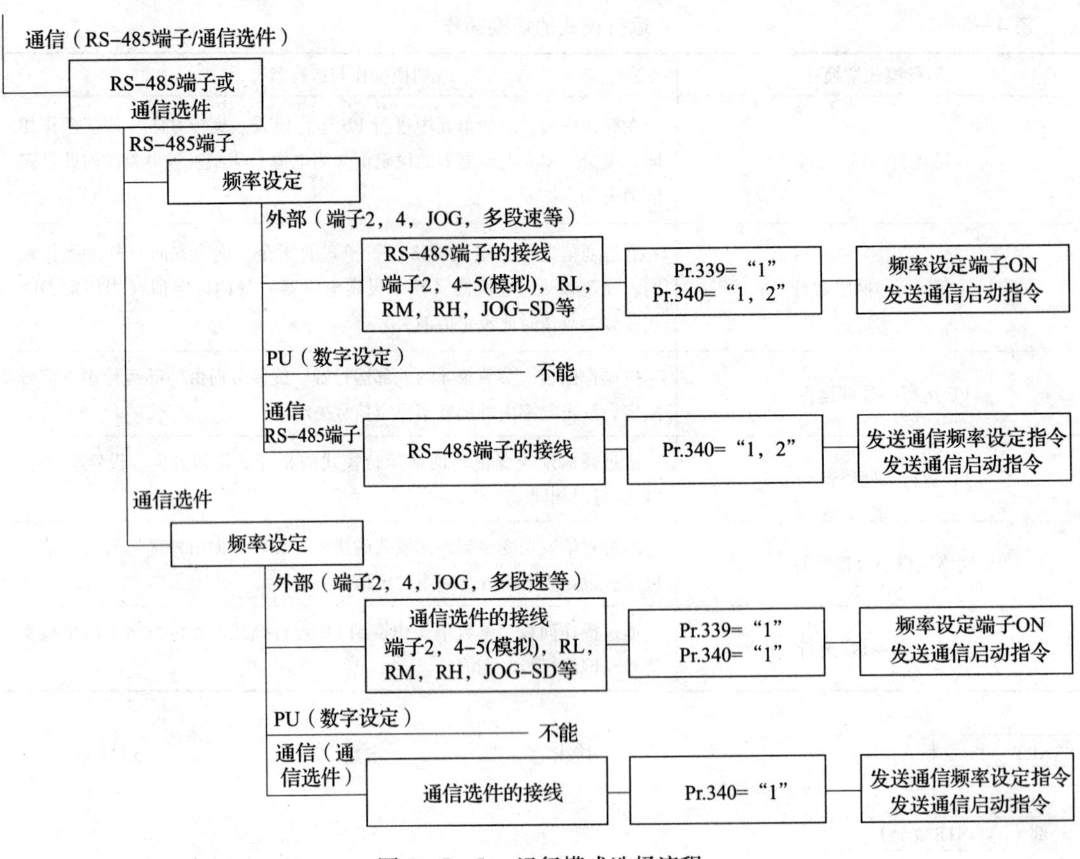

图 4—5—5　运行模式选择流程

任务实施

一、工具器材准备

主要实训工具及器材见表 4—5—3。

表 4—5—3　　主要实训工具及器材

序号	名称	数量	序号	名称	数量
1	电工通用工具	1 套	8	低压断路器	1 只
2	万用表	1 块	9	端子排	1 条
3	三菱 FR－A740 变频器	1 台	10	导线	若干
4	1.1 kW 电动机	1 台	11	号码管	若干
5	钳形电流表	1 只	12	行线槽、盖板	若干
6	交流接触器	1 只	13	紧固螺栓	若干
7	按钮	若干			

二、FR－A740 三菱变频器组合控制运行线路的连接

1．主电路的连接

输入端子 R/L1、S/L2、T/L3 接三相电源，输出端子 U、V、W 接电动机。

2．组合模式 1 控制电动机运行的操作与调试

（1）外端子控制回路的连接

外端子控制回路按图 4—5—6 进行接线。

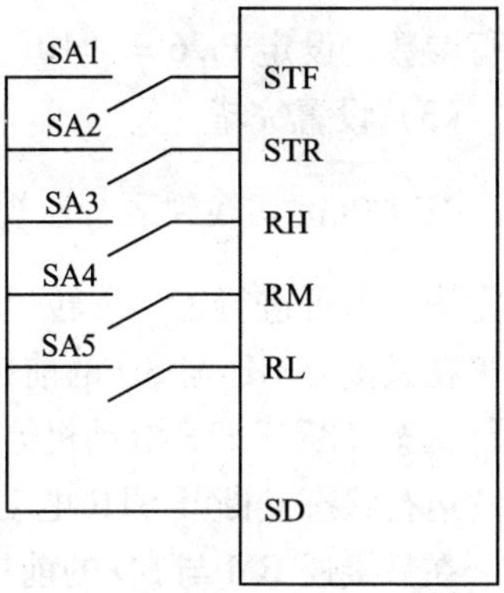

SA1 STF SA2 STR SA3 RH SA4 RM SA5 RL SD

图 4—5—6　组合模式 1 接线图

（2）参数设置

按下操作面板 (MDOE) 键进入参数设置菜单，按表 4—5—4 所给参数进行设置（表中 Pr. 79 运行操作模式在本次组合模式 1 控制运行时设定为“3”，PU 和 EXT 灯同时亮）。

表 4—5—4　组合模式 1 控制设定参数

参数代码	功能	设定数据
Pr. 1	上限频率	50 Hz
Pr. 2	下限频率	0 Hz
Pr. 3	基准频率	50 Hz
Pr. 4	多段速（高速）	50 Hz
Pr. 5	多段速（中速）	30 Hz
Pr. 6	多段速（低速）	10 Hz
Pr. 7	加速时间	4 s
Pr. 8	减速时间	2 s
Pr. 9	电子过流保护	2. 7 A
Pr. 14	适用负荷选择	0
Pr. 20	加减速基准频率	50 Hz
Pr. 21	加减速时间单位	0
Pr. 77	参数写入选择	0
Pr. 78	逆转防止选择	0
Pr. 79	运行模式选择	3
Pr. 80	电动机（容量）	1. 1 kW
Pr. 81	电动机（极数）	2 极
Pr. 82	电动机励磁电流	2. 52 A
Pr. 83	电动机额定电压	380 V
Pr. 84	电动机额定频率	50 Hz
Pr. 178	STF 端子功能的选择	60
Pr. 179	STR 端子功能的选择	61
Pr. 180	RL 端子功能的选择	0
Pr. 181	RM 端子功能的选择	1
Pr. 182	RH 端子功能的选择	2

设定 Pr. 4 = “50”为 RH 端子对应的运行参数，设定 Pr. 5 = “30”为 RM 端子对应的运行参数，设定 Pr. 6 = “10”为 RL 端子对应的运行参数。

（3）设置完毕

按(MDOE)键切换到运行监视模式画面，此时 MON 灯亮。组合操作模式 1 相关功能参数设定完毕，即可进行正、反转运行操作。

在只接通 RH 与 SD 的前提下，接通 SD 与 STF，电动机将工作在高速、正转 50 Hz 连续运行状态，断开 STF 电动机停止。反转时接通 SD 与 STR，电动机将工作在高速、反转50 Hz 连续运行状态。断开 STR 电动机停止。

在只接通 RM 与 SD 的前提下，接通 SD 与 STF，电动机将工作在中速、正转 30 Hz 连续运行状态，断开 STF 电动机停止。反转时接通 SD 与 STR，电动机将工作在中速、反转30 Hz 连续运行状态。断开 STR 电动机停止。

在只接通 RL 与 SD 的前提下，接通 SD 与 STF，电动机将工作在低速、正转 10 Hz 连续运行状态，断开 STF 电动机停止。反转时接通 SD 与 STR，电动机将工作在低速、反转10 Hz 连续运行状态。断开 STR 电动机停止。

3. 组合模式 2 控制电动机运行的操作与调试

（1）外端子控制回路的连接。外端子控制回路按图 4—5—2 进行接线。

（2）参数设置。按下操作面板(MDOE)键进入参数设置菜单，按表 4—5—5 设定相关参数（表中 Pr. 79 运行操作模式在本次组合模式 2 控制运行时设定为“4”，PU 和 EXT 灯同时亮）。

表 4—5—5　　　　组合模式 2 控制设定参数

参数代码	功能	设定数据
Pr. 1	上限频率	50 Hz
Pr. 2	下限频率	0 Hz
Pr. 3	基准频率	50 Hz
Pr. 7	加速时间	3 s
Pr. 8	减速时间	5 s
Pr. 9	电子过流保护	2. 7 A
Pr. 14	适用负荷选择	0
Pr. 20	加减速基准频率	50 Hz
Pr. 21	加减速时间单位	0
Pr. 77	参数写入选择	0
Pr. 78	逆转防止选择	0
Pr. 79	运行模式选择	4
Pr. 80	电动机（容量）	1. 1 kW
Pr. 81	电动机（极数）	4 极
Pr. 82	电动机励磁电流	2. 52 A

续表

参数代码	功能	设定数据
Pr. 83	电动机额定电压	380 V
Pr. 84	电动机额定频率	50 Hz
Pr. 178	STF 端子功能的选择	60
Pr. 179	STR 端子功能的选择	61

（3）按下 FWD 键，转动电位器，电动机正向逐渐加速。按下 STOP/REST 键，电动机减速停转。

（4）按下 REV 键，转动电位器，电动机反向逐渐加速。按下 STOP/REST 键，电动机减速停转。

评分标准

评分标准见表 4—5—6。

表 4—5—6　　变频器的组合运行模式操作技能训练评分表

序号	项目与技术要求	配分	评分标准	检测结果	得分
1	组合运行基本操作：按操作步骤及方法掌握组合运行模式的基本操作方式	20 分	（1）操作模式设定错误，扣 10 分 （2）参数设定错误，扣 10 分		
2	变频器正反转组合运行：操作按照操作步骤及方法，对变频器进行正反转组合运行操作	70 分	（1）RH 与 SD 导通，不能正转运行，扣 15 分 （2）RH 与 SD 导通，不能反转运行，扣 15 分 （3）RL 与 SD 导通，不能正转运行，扣 15 分 （4）RL 与 SD 导通，不能反转运行，扣 15 分 （5）变频器操作不熟练，每处扣 5 分		
3	安全文明生产：劳动保护用品穿戴整齐，电工工具佩带齐全，遵守操作规程	10 分	违反安全文明生产考核要求的每 1 项扣 1 分，扣完为止		

练习题

1. 简述变频器组合运行模式的操作步骤及注意事项。

2. 工厂车间的生产工段之间运送钢材等重物时常使用平板车，它的运行速度曲线如图 4—5—7 所示。图中的正方向是装载时的运行速度，反方向是放下重物后空载返回的速度，前进、后退的加减速时间由变频器的加、减速参数来设定，当前进到接近放下重物的位置时，减速到 10 Hz 运行，以减小停止时的惯性；同样，当后退到接近装载位置时，减速到 10 Hz 运行，按照组合模式 2 进行设定连接运行。

3．有一运料小车，在生产线上往返运料，需要高、中、低三挡速度，其运行曲线如图 4—5—8 所示。

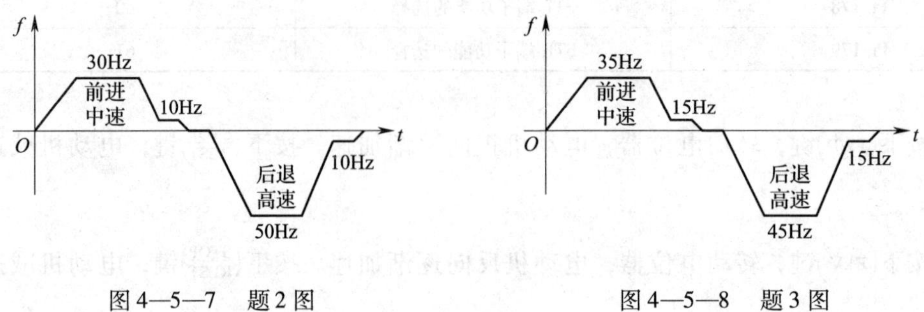

图 4—5—7　题 2 图　　　　图 4—5—8　题 3 图

图中正方向是装载时的运行速度，反方向是放下重物空载返回的速度，前进、后退的加速时间由变频器的加减速参数来设定，当前进到接近放下重物的位置时，减速到 10 Hz 运行，以减小停止的惯性；同样，当后退到接近装载的位置时，减速到 5 Hz 运行。按照组合模式 1 设定连接运行。

知识链接

在网络化、集成化程度越来越高的自动化控制系统中，单机操作、本地化操作已经不能满足控制功能的要求。由此，出现了在网络平台上由 PLC 实现的变频器控制系统。图 4—5—9 为西门子 CPU 315－2 PN/DP 型 PLC 的变频器控制系统。系统中采用 WinCC 监控软件对变频器的运行状态进行监控，并发布控制命令。315－2PN/DP 与 MM440 的连接比较简单，硬件只需将 PROFIBUS－DP 电缆的接头连接 PLC 的 DP 接口和 MM440 的 PROFIBUS 模板接口即可。

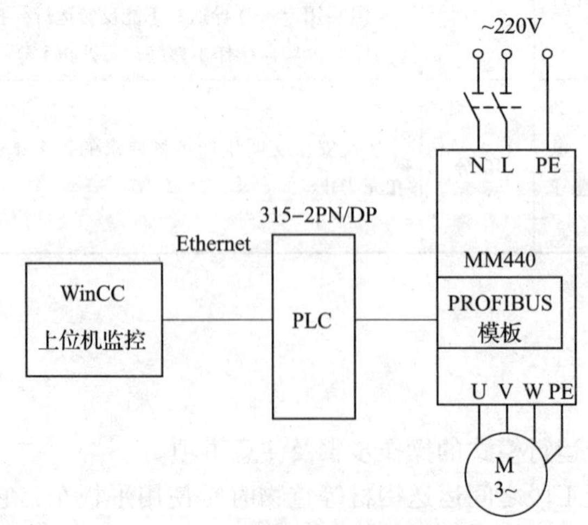

图 4—5—9　PROFIBUS 网络平台的变频器控制结构图

模块五　伺服控制技术

伺服控制系统是一种能够跟踪输入的指令信号，经过变换、放大，然后去驱动机械部件按指令信号动作，从而获得精确的位置、速度及动力输出的自动控制系统。如火控雷达系统（见图5—0—1）就是一个典型的伺服控制过程，它是以运动的目标为输入指令要求，雷达要一直跟踪目标，为火控系统提供目标方位。数控机床伺服系统是以数控机床移动部件（如工作台、主轴或刀具等）的位置和速度为控制对象的自动控制系统（见图5—0—2），其接受CNC装置发出的指令，经过一定的信号转换、功率放大，由伺服电动机带动传动机构转化为移动部件的机械运动（主要是转动和平动）。伺服系统是数控机床的重要组成部分，是CNC装置和机床本体的联系环节，其性能直接影响数控机床的精度、移动部件的运动速度和跟踪精度等技术指标。

图5—0—1　火控雷达系统

图5—0—2　数控机床伺服控制

一、伺服系统的结构组成

伺服控制系统的结构、类型繁多，但从自动控制理论的角度来分析，伺服控制系统一般包括控制器、被控对象、执行环节、检测环节、比较环节五部分。伺服系统组成原理框图如图5—0—3所示。

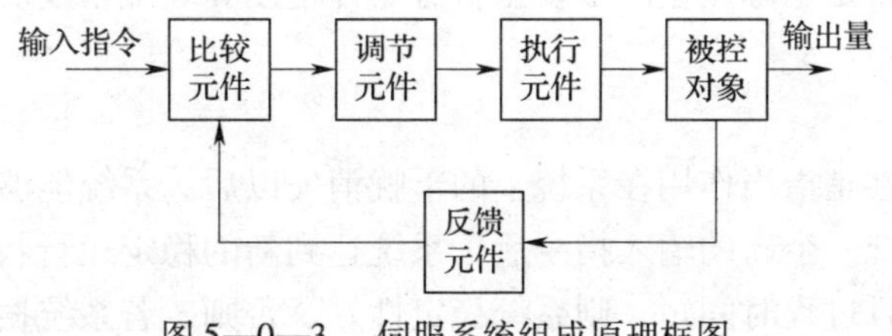

图5—0—3　伺服系统组成原理框图

1．比较环节

比较环节是将输入的指令信号与系统的反馈信号进行比较，以获得输出与输入间的偏差信号的环节，通常由专门的电路或计算机来实现。

2．控制器

控制器通常是计算机或单片机控制电路，其主要任务是对比较元件输出的偏差信号进行变换处理，以控制执行元件按要求动作。

3．执行元件

执行元件的作用是按控制信号的要求，将输入的各种形式的能量转化成机械能，驱动被控对象工作。执行元件一般为各种电动机或液压、气动伺服机构等。

4．被控对象

被控对象是指被控制的机构或装置，是直接完成系统功能的主体。一般包括传动系统、执行装置和负载。

5．检测环节

检测环节是能够对输出进行测量，并转换成比较环节所需要的量纲的装置。一般包括传感器和转换电路。

二、伺服系统的分类

伺服系统的分类见表5—0—1。

表5—0—1　　伺服系统分类表

分类方法	伺服系统的类型
被控量特性	位移、速度、力矩、温度、湿度、磁场、光等各种参数
驱动元件	电气伺服系统、液压伺服系统、气动伺服系统
电动机类型	直流伺服系统、交流伺服系统、步进电机控制伺服系统
控制原理	开环控制伺服系统、闭环控制伺服系统、半闭环控制伺服系统

三、伺服系统的主要技术性能

伺服系统的技术性能主要体现为精度、响应速度、稳定性、负载能力和工作频率范围等指标参数，同时还要求其体积小、质量轻、可靠性高和成本低等。

1．系统精度

伺服系统精度指的是输出量复现输入信号要求的精确程度，一般以误差的形式表现，即动态误差、稳态误差和静态误差。稳定的伺服系统的输入变化以一种振荡衰减的形式反映出来，振荡的幅度和过程产生了系统的动态误差。当系统振荡衰减到一定程度以后，称为稳态，此时的系统误差就是稳态误差。由设备自身零件精度和装配精度所决定的误差通常指静态误差。

2．稳定性

伺服系统的稳定性是指当作用在系统上的干扰消失以后，系统能够恢复到原来稳定状态的能力。或者当给系统一个新的输入指令后，系统达到新的稳定运行状态的能力。如果系统能够进入稳定状态，且过程时间短，则系统稳定性好。否则，若系统振荡越来越强烈，或系统进入等幅振荡状态，则属于不稳定系统。

3．响应特性

响应特性指的是输出量跟随输入指令变化的反应速度，决定了系统的工作效率。响应速度与许多因素有关，如计算机的运行速度、运动系统的阻尼、质量等。

4．工作频率

工作频率通常是指系统允许输入信号的频率范围。当工作频率信号输入时，系统能够按技术要求正常工作。而其他频率信号输入时，系统不能正常工作。

课题一　步进驱动系统

任务　装调检修步进驱动系统

能力目标

◇ 了解步进电动机及其驱动器的类型与特点。

◇ 熟悉步进电动机及其驱动器的结构组成、控制原理与特性。

◇ 会连接与调试西门子 STEPDRIVE C/C + 步进驱动系统。

◇ 能够分析步进电动机驱动系统的故障。

任务引入

在自动化设备的工作过程中，常需要按照一定的程序控制机械运动的速度与位移。对于速度和精度要求不高的一些运动控制系统经常采用步进驱动装置（见图 5—1—1），如经济型数控机床的进给驱动。步进驱动装置属开环驱动系统，其采用步进电动机（见图 5—1—2）作为执行元件，实现进给运动。

图 5—1—1　步进驱动装置

图 5—1—2　步进电动机

数控机床的开环控制伺服驱动系统结构如图 5—1—3 所示，它没有位置反馈回路和速度反馈回路，因而不需使用位置、速度测量装置以及复杂的控制调节电路，系统结构简单可靠、成本低、与机床容易配接、控制使用方便。因而，步进驱动装置在工业设备的控制中得到广泛的应用。如西门子 STEPDRIVE C/C + 步进驱动装置等组成的 SINUMERIK 802S base line 数控系统是一个较为常见的经济型数控系统。

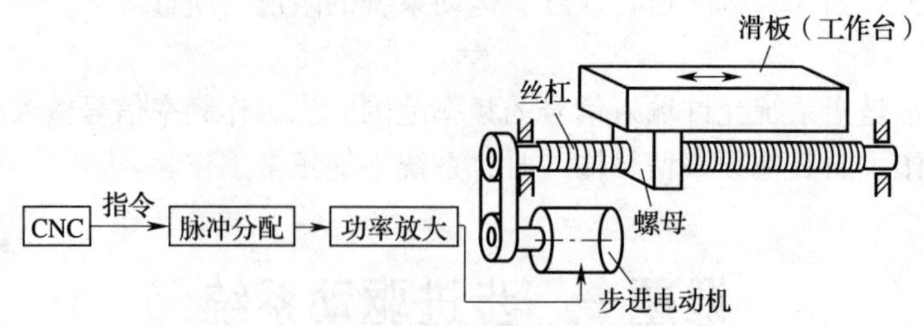

图 5—1—3　步进电动机进给驱动系统结构图

本任务将学习步进驱动装置的结构组成及特性，数控装置与步进电动机驱动系统的连接和控制，西门子 STEPDRIVE C/C + 步进驱动系统的调试方法，及分析步进电动机驱动系统故障的方法等内容。

相关知识

步进驱动装置由于系统对移动部件的实际位移量不进行检测，因此无法通过反馈自动进行误差检测和校正。另外，步进电动机的步距角误差、齿轮与丝杠等部件的传动误差，最终都将影响实际位移值的精度。特别是在负载转矩超过步进电动机的输出转矩时，将导致“丢步”，使加工出错。因此，开环控制仅适用于加工精度要求不高，负载较轻且变化不大的简易、经济型数控机床上。

一、步进电动机

1. 步进电动机的种类

步进电动机的分类方式很多，常见的分类方式有按产生力矩的原理、按输出力矩的大小以及按定子和转子的数量进行分类等。根据不同的分类方式，可将步进电动机分为多种类型，见表 5—1—1。

表 5—1—1　　步进电动机的分类

分类方式	具体类型
力矩产生的原理	（1）反应式：转子无绕组，由被励磁的定子绕组产生反应力矩实现步进运行 （2）激磁式：定、转子均有励磁绕组（或转子用永久磁钢），由电磁力矩实现步进运行
输出力矩大小	（1）伺服式：输出力矩只能驱动较小的负载，要与液压扭矩放大器配用，才能驱动机床工作台等较大的负载 （2）功率式：输出力矩可以直接驱动机床工作台等较大的负载
定子数	（1）单定子式；（2）双定子式；（3）三定子式；（4）多定子式
各相绕组分布	（1）径向分布式：电动机各相按圆周依次排列 （2）轴向分布式：电动机各相按轴向依次排列

2．步进电动机的工作原理

由图 5—1—3 可知，在开环伺服系统中指令信号是单向流动的，没有反馈信息。步进电动机驱动电路每接收一个指令脉冲，就控制步进电动机转过一个固定的角度，该角度即对应于工作台移动的一个位移值，该位移值称为脉冲当量。只要控制指令脉冲的数量，即可控制工作台移动的位移，而指令脉冲的频率对应工作台的移动速度。

以三相步进电动机为例，其结构如图 5—1—4 所示。它的定子有 6 个磁极，分为三对，每个磁极上均有控制绕组，每对磁极上的绕组可以串联或并联，但绕线方向应使电流流过时产生的磁场方向一致。转子是带齿的铁心（反应式）或磁钢（混合式），无绕组。当定子三相绕组按一定的顺序依次通电时，ABC 三对磁极依次产生气隙磁场，吸引转子一步步地转动，每步转过的角度称为步距角。同一种步进电动机可以有多种通电方式，如三相电动机有三相三拍、三相六拍两种通电方式。

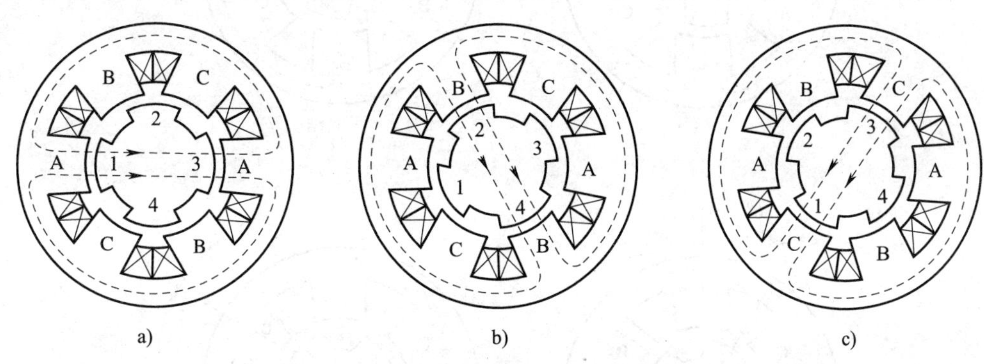

图 5—1—4　三相步进电动机的结构

a）A 相通电　b）B 相通电　c）C 相通电

（1）三相三拍控制

所谓“三相”，是指步进电动机有三相定子绕组。图 5—1—4a 中 A 相通电，则转子上的 1、3 齿被磁场 A 吸住，转子停留在该位置上。A 相断电，B 相通电，磁极 A 产生的磁场消失，磁极 B 产生磁场，距其最近的 2、4 齿被吸引，转子的位置逆时针转过 30°，如图 5—1—4b 所示。接着控制 B 相断电，C 相通电，转子又逆时针旋转 30°，磁极 C 产生的磁场将 1、3 齿吸住，如图 5—1—4c 所示。以此类推，只要定子绕组按 A→B→C→A→…轮流通电，步进电动机即以步距角 30°一步步地逆时针旋转。如果绕组通电顺序变为 A→C→B→A→…，同样道理，步进电动机将以步距角 30°顺时针旋转。这种控制方式称为单拍控制，“单”是指每次只有一相绕组通电。由于这种控制方法每次只有一相通电，在绕组通电切换的瞬间，电动机将失去自锁力矩，容易造成失步。另外，只有一相绕组吸引转子，易在平衡位置附近产生振荡，稳定性不好，故单三拍控制方式很少采用。

另一种三相三拍控制方式称为双三拍，这种方式同时有两组绕组通电，通电顺序为 AB→BC→CA→AB→…（逆时针旋转）或 AC→CB→BA→AC→…（顺时针旋转）双三拍控制方式的步距角仍为 30°。由于双三拍控制每次都有两相通电，且切换过程中总有一相绕组保持通电，所以工作比较稳定。

“三拍”是指每三次转换为一个循环，第四次则重复第一次的通电情况。其他相数的步进电动机以此类推。

（2）三相六拍控制

三相六拍控制方式步进电动机的绕组通电顺序为 A→AB→B→BC→C→CA→A→…。即首先 A 相通电，然后 AB 两相通电，再使 A 相断电而 B 相保持通电状态，接着 BC 两相同时通电，以此类推。每切换一次，步进电动机将逆时针旋转 15°，如图 5—1—5 所示。如通电顺序改为 A→AC→C→CB→B→BA→A→…，则步进电动机以步距角 15°顺时针旋转。

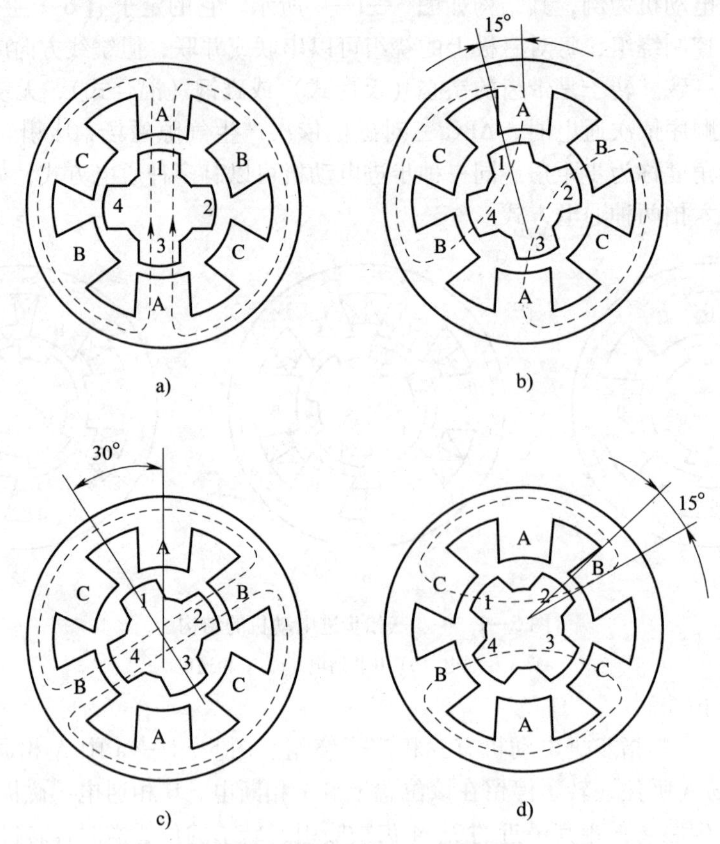

图 5—1—5　三相六拍控制

a）A 相通电　b）AB 相通电　c）B 相通电　d）BC 相通电

六拍控制方式的步距角比三拍控制方式小一半，因而精度更高，且转换过程中始终保证有一个绕组通电，工作稳定，因此这种方式被大量采用。

为得到较小的步距角，定子和转子上均匀分布着许多等距齿槽。图 5—1—6 为径向式三相步进电动机的结构，定子铁心上有 6 个均匀分布的磁极，沿直径分布的两个磁极上的线圈串联，构成一相励磁绕组。磁极与磁极之间的夹角为 60°，每个定子磁极上均匀分布 5 个齿，齿槽距相等，齿距角 θ 为 9°。转子铁心上无绕组，只有均匀分布的 40 个齿，齿槽距相等，齿距角为 360°/40 = 9°，与定子磁极上的齿距角相等。三相定子磁极上的齿依次错开 1/3 齿

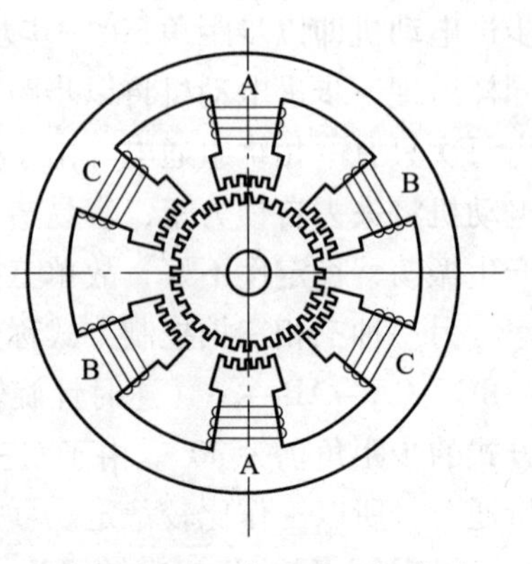

图 5—1—6　径向式三相步进电动机的结构

距（即3°）。由此可知，当径向式步进电动机以单三拍或双三拍运行时，其步距角为3°。当径向式步进电动机以三相六拍运行时，其步距角为1.5°。

从以上分析，可得出步距角计算方法，设步进电动机的定子为 m 相，转子有 Z 个齿，则单相轮流通电或双相轮流通电控制的步进电动机一转所需的步数为 mZ，而单、双相轮流通电控制的步进电动机一转所需的步数为 $2mZ$，设 K 为与通电系数有关的参数，单拍时 $K=1$，双拍时 $K=2$，则步距角 θ 为：

$$\theta = \frac{360°}{m \times Z \times K}$$

3. 步进电动机的特点

（1）步进电动机的驱动装置接收指令脉冲信号，控制步进电动机的通电顺序，将脉冲信号变为角位移，角位移与输入脉冲数成严格的比例关系，无累积误差。

（2）步进电动机的转速与控制脉冲频率成正比，改变控制脉冲的频率即可在很宽的范围内调节电动机的转速。

（3）改变绕组的通电顺序，可以方便地控制电动机的正反转。

（4）在没有控制脉冲输入时，只要维持绕组电流不变，电动机即可有电磁力矩维持其定位位置，不需附加机械制动装置，即具有自整步能力。

4. 步进电动机的主要特性参数

（1）步距角

步进电动机的步距角，反映步进电动机定子绕组的通电状态每改变一次，转子转过的角度。它是决定步进伺服系统脉冲当量的重要参数。数控机床中常见的反应式步进电动机的步距角一般为0.5°～3°。步距角越小，数控机床的控制精度越高。

（2）矩角特性

矩角特性是步进电动机的一个重要特性，它是指步进电动机产生的静态转矩与失调角的变化规律。

（3）启动频率 f_q

空载时，步进电动机由静止突然启动，并进入不丢步的正常运行所允许的最高频率，称为启动频率或突跳频率。若启动时频率大于突跳频率，步进电动机就不能正常启动。空载启动时，步进电动机定子绕组通电状态变化的频率不能高于该突跳频率。

（4）连续运行的最高工作频率 f_{max}

步进电动机连续运行时，它所能接受的，即保证不丢步运行的极限频率，称为最高工作频率。它是定子绕组通电状态最高变化频率的参数，决定了步进电动机的最高转速。

（5）加减速特性

步进电动机的加减速特性是描述步进电动机由静止到工作转速和由工作转速到静止的加减速过程中，定子绕组通电状态的变化频率与时间的关系。当要求步进电动机启动到大于突跳频率的工作转速时，变化速度必须逐渐上升；同样，从最高工作频率或高于突跳频率的工作转速停止时，变化速度必须逐渐下降。逐渐上升和下降的加速时间、减速时间不能过小，否则会出现失步或超步。用加速时间常数 T_a 和减速时间常数 T_d 来描述步进电动机的升速和降速特性，如图5—1—7所示。

除以上介绍的几种特性外，矩频特性和动态特性等也都是步进电动机很重要的特性。其中，矩频特性所描述的是步进电动机连续稳定运行时输出转矩与频率之间的关系；动态特性所描述的是步进电动机各相定子绕组通断电时的动态过程，它决定了步进电动机的动态精度。

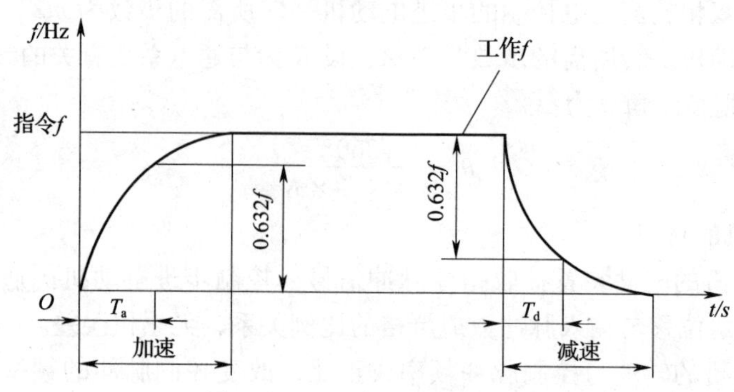

图 5—1—7　加减速特性曲线

二、步进电动机驱动器

步进电动机由于采用脉冲方式工作，且需按一定规律分配脉冲，因此，在步进电动机控制系统中，需要步进驱动器来驱动电动机工作。图 5—1—8 所示为某步进电动机驱动器。数控机床所用的功率步进电动机要求控制驱动系统必须有足够的驱动功率。为了保证步进电动机不失步地启停，还要求控制系统具有升降速控制环节。组成普通步进电动机驱动器的电路一般包括：电源电路、光电隔离电路、环形脉冲分配电路、功率 MOSFET 管驱动电路、H 桥驱动电路、过流检测与保护电路等。系统框图如图 5—1—9 所示。

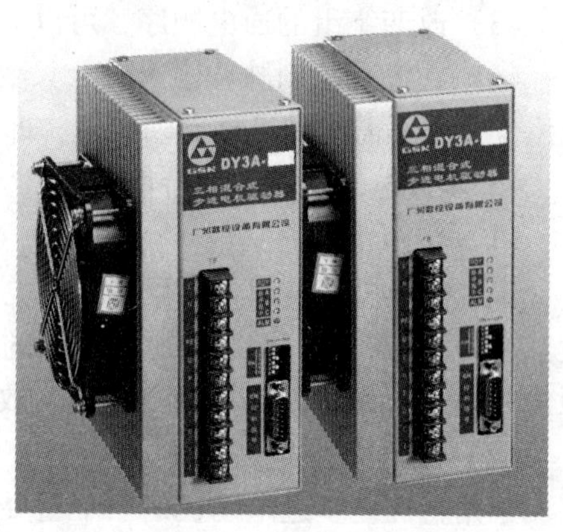

图 5—1—8　步进电动机驱动器

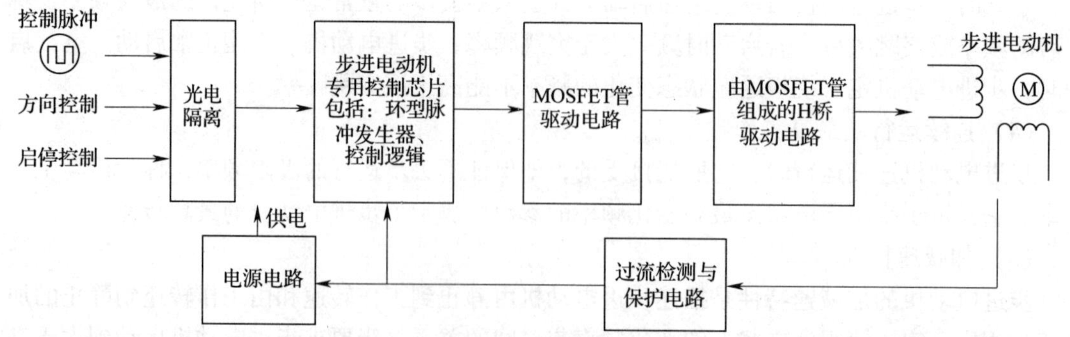

图 5—1—9　步进电动机驱动器系统示意框图

控制脉冲是一个来自数控装置或其他微处理器的 TTL 电平时钟信号，其输入的脉冲个数就是步进电动机要走的步数，其频率则决定了电动机启动、旋转、停止的速度和加速度；方向控制信号与启停控制信号均是 TTL 逻辑电平，可以是微处理器的输出，也可以是电平开关信号，其中方向控制决定了步进电动机是按顺时针旋转还是按逆时针旋转，启停控制则可用于紧急情况下的电动机停止旋转，切断电源。

1．脉冲分配控制

脉冲分配控制用于控制步进电动机的通电运行方式，其作用是将数控装置送来的一系列指令脉冲按照一定的顺序和分配方式处理，控制各相绕组的通电、断电。脉冲分配控制有软件和硬件两种实现方法。如用硬件实现，则实现这一功能的硬件称为环形分配器。环形分配器可用数字集成电路系列中的基本门电路和触发器构成，但这样构成的环形分配器过于复杂。实用的环形分配器均是集成化的专用电路芯片，这些芯片通常还包括除脉冲分配控制之外的其他功能。

（1）硬件环形分配器

图 5—1—10 为三相硬件环形分配器的驱动控制示意图。图中 CLK 为数控装置发出的脉冲信号，每个脉冲信号的上升沿或下降沿到来时，输出则改变一次线圈的通电状态。DIR 为数控装置发出的方向信号，其电平的高低即对应电动机绕组通电顺序的改变方向，即控制步进电动机的正反转。FULL/HALF 用于控制电动机的整步或半步控制。

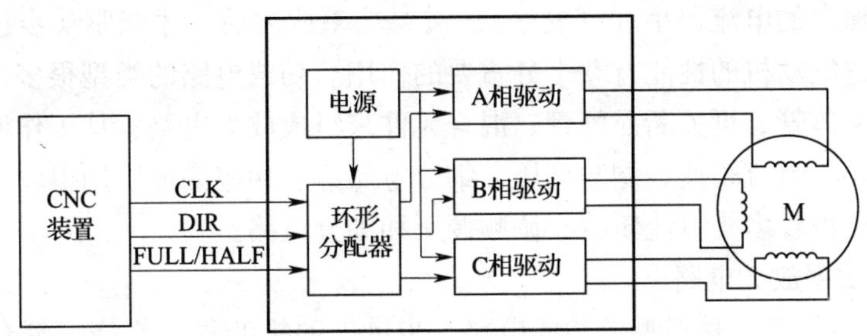

图 5—1—10　三相硬件环形分配器的驱动控制

（2）软件脉冲分配的控制

软件脉冲分配需由数控装置中的计算机软件完成，由数控装置直接控制步进电动机各绕组的通断电。图 5—1—11 为三相软环分的驱动控制示意图。

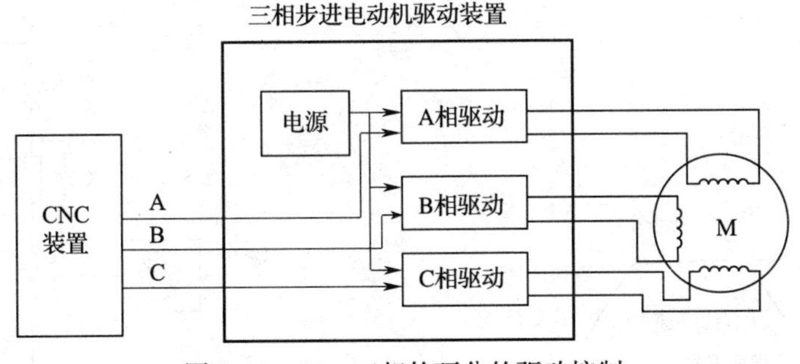

图 5—1—11　三相软环分的驱动控制

2．速度控制

数控系统发出的进给脉冲，经驱动放大后转化为步进电动机定子绕组通/断电状态的变化，决定了步进电动机转子的转速，经减速齿轮、丝杠、螺母传动，带动工作台的进给移动。因此，开环系统的进给速度 ν 为

$$\nu = 60 \times \delta \times f$$

式中，f 为输入到步进电动机的脉冲频率（Hz），δ 为脉冲当量（mm/脉冲），ν 的单位

为 mm/min。

对于硬件环分，只要控制 CLK 的频率就可控制步进电动机的速度。对于软件环分，则要控制相邻两次软件环分输出状态之间的延时时间，即控制步进电动机线圈通电状态的变化频率。实现延时的方法分为两种，一种是纯软件延时，另一种是定时中断。

数控机床的加工过程中，要求步进电动机能够实现平滑的启动、停止或变速，这就要求对步进电动机的控制脉冲频率作相应的处理。为了防止步进电动机在变速过程中出现过冲或失步现象，步进电动机的频率不能突变。即当步进电动机的速度变化较大时，必须按一定规律完成平滑的升速或降速过程。

现代 CNC 系统中，软件控制自动升降速非常方便。在计算机控制的步进系统中，只要按一定规律改变延时子程序中延时时间常数或定时器中定时时间常数的大小，即可完成步进电动机速度的改变。在具体实现时，可按直线规律或指数规律进行加、减速控制，如图 5—1—12 所示。

3．步进电动机伺服系统的功率驱动

环形分配器输出的电流很小（毫安级），需要功率放大后，才能驱动步进电动机。放大电路的结构对步进电动机的性能有着十分重要的作用。功放电路的类型很多，从使用元件来分，可以用功率晶体管、可关断晶闸管、混合元件来组成放大电路；从工作原理来分有单电压、高低电压切换、恒流斩波、调频调压、细分电路等。功率晶体管用得较为普遍。从工作原理上讲，目前用得较多是恒流斩波、调频调压和细分电路。

（1）单电压功率放大电路

图 5—1—13 所示是一种典型的功放电路，步进电动机的每一相绕组都有一套这样的电路。图中 L 为步进电动机励磁绕组的电感，Ra 为绕组的电阻，Rc 是限流电阻，为了减少回路的时间常数 $L/(R_a+R_c)$，电阻 Rc 并联一电容 C，使回路电流上升沿变陡，提高了步进电动机的高频性能和启动性能。续流二极管 VD 和阻容吸收回路 Rc，是功率管 VT 的保护电路，在 VT 由导通到截止瞬间释放电动机电感产生的高的反电动势。

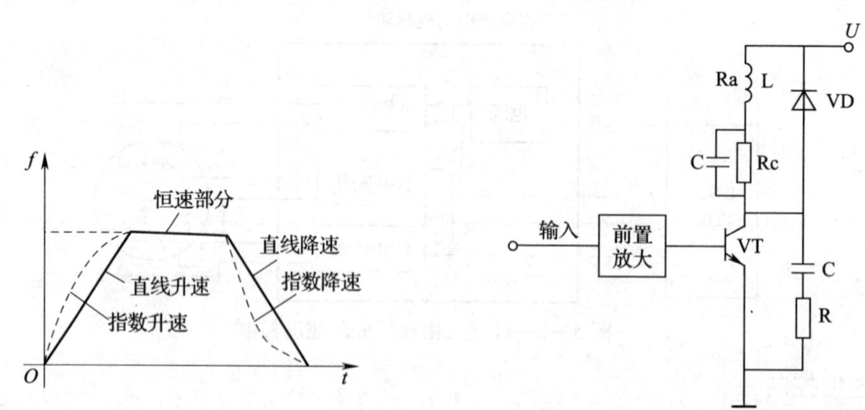

图 5—1—12　直线、指数规律进行加、减速控制　　图 5—1—13　单电源功率放大电路原理图

此电路的优点是电路结构简单，不足之处是 Rc 消耗能量大，电流脉冲前后沿不够陡，在改善了高频性能后，低频工作时会使振荡有所增加，使低频特性变坏。

（2）高低电压功率放大电路

图 5—1—14 所示是一种高低电压功率放大电路。图中电源 U_1 为高电压，电源为 80 ~ 150 V，U_2 为低电压电源，为 5 ~ 20 V。在绕组指令脉冲到来时，脉冲的上升沿同时使 VT1 和 VT2 导通。由于二极管 VD1 的作用，使绕组只加上高电压 U_1，绕组的电流很快达到规定值。到达规定值后，VT1 的输入脉冲先变成下降沿，使 VT1 截止，电动机由低电压 U_2 供电，维持规定电流值，直到 VT2 输入脉冲下降沿到来 VT2 截止。下一绕组循环这一过程。由于采用高压驱动，电流增长快，绕组电流前沿变陡，提高了电动机的工作频率和高频时的转矩。同时由于额定电流是由低电压维持，只需阻值较小的限流电阻 Rc，故功耗较低。不足之处是在高低压衔接处的电流波形在顶部有下凹，影响电动机运行的平稳性。

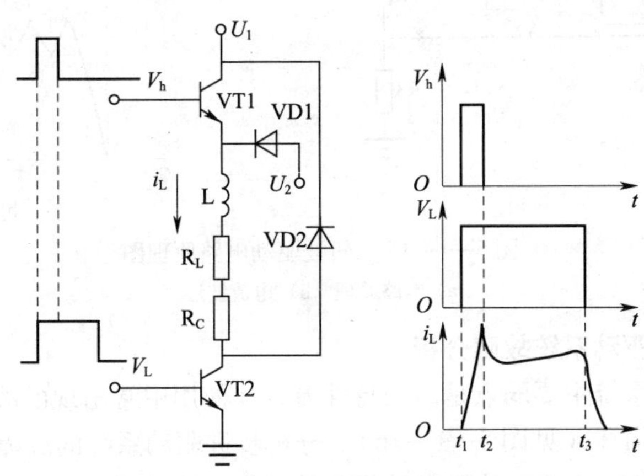

图 5—1—14　高低压驱动电路原理图

（3）斩波恒流功放电路

斩波恒流功放电路如图 5—1—15a 所示。该电路的特点是工作时 V_{in} 端输入方波步进信号：当 V_{in} 为“0”电平，由与门 A2 输出 V_b 为“0”电平，功率管（达林顿管）VT 截止，绕组 W 上无电流通过，采样电阻 R3 上无反馈电压，A1 放大器输出高电平；而当 V_{in} 为高电平时，由与门 A2 输出的 V_b 也是高电平，功率管 VT 导通，绕组 W 上有电流，采样电阻 R3 上出现反馈电压 V_f，由分压电阻 R1、R2 得到设定电压 V_{ref} 与反馈电压 V_f 相比较，来决定 A1 输出电平的高低，从而控制 V_{in} 信号能否通过与门 A2。若 $V_{ref} > V_f V_{in}$ 信号通过与门，形成 V_b 正脉冲，打开功率管 VT；反之，$V_{ref} < V_f$ 时 V_{in} 信号被截止，无 V_b 正脉冲，功率管 VT 截止。这样在一个 V_{in} 脉冲内，功率管 VT 会多次通断，使绕组电流在设定值上下波动。各点的波形如图 5—1—15b 所示。

在这种控制方法中，绕组上的电流大小和外加电压大小 $+U$ 无关，由于采样电阻 R3 的反馈作用，使绕组上的电流可以稳定在额定的数值上，是一种恒流驱动方案，所以对电源的要求很低。

这种驱动电路中绕组上的电流不随步进电动机的转速而变化，从而保证在很大的频率范围内，步进电动机都输出恒定的转矩。这种驱动电路虽然复杂但绕组的脉冲电流边沿陡，由于采样电阻 R3 的阻值很小（一般小于 1 Ω），所以主回路电阻较小，系统的时间常数较小，反应较快，功耗小、效率高。这种功放电路在实际中经常使用。

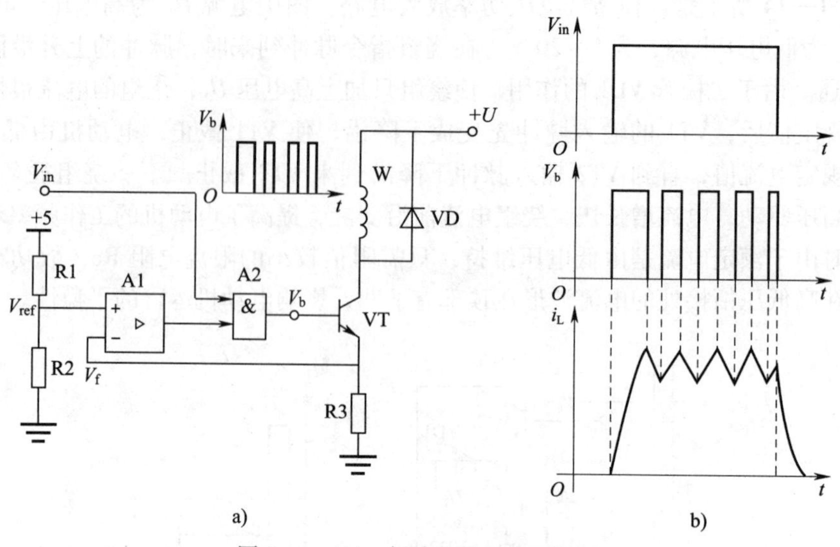

图 5—1—15　斩波驱动电路原理图

a）电路原理　b）电流波形

三、步进电动机驱动系统故障分析

步进电动机驱动系统主要弱点是高频特性差，在使用中常出现的故障是失步和步进电动机驱动电源的功率管损坏（见图 5—1—16）。分析步进驱动系统的故障一般从步进电动机矩频特性和步距角两个方面入手，步进电动机驱动常见故障见表 5—1—2。

图 5—1—16　步进电动机驱动电路板

表 5—1—2　　步进电动机驱动常见故障

故障现象	故障可能原因
电动机过热	1. 工作环境过于恶劣，环境温度过高 2. 参数设置不当 3. 电压过高

续表

故障现象	故障可能原因
电动机启动后堵转	1. 指令频率太高 2. 负载转矩太大 3. 加速时间太短 4. 负载惯量太大 5. 电源电压降低
电动机运转不均匀，有抖动	1. 指令脉冲不均匀 2. 指令脉冲太窄 3. 指令脉冲电平不正确 4. 指令脉冲电平与驱动器不匹配 5. 脉冲信号存在噪声 6. 脉冲频率与机械发生共振
电动机运转不规则，正、反转摇摆	指令脉冲频率与电动机发生共振
电动机定位不准	1. 加、减速时间太短 2. 存在干扰噪声 3. 控制系统屏蔽不良
电动机不运转	1. 驱动器无直流供电电压 2. 驱动器熔丝熔断 3. 驱动器报警（过电压、欠电压、过电流、过热） 4. 驱动器与电动机连线断开 5. 驱动器使能信号被封锁 6. 接口信号线接触不良 7. 指令脉冲太窄，频率过高，脉冲电平太低 8. 电动机故障
在工作正常的状况下，电动机突然停止	1. 驱动电源故障 2. 电动机故障 3. 杂物卡住、机械卡死
工作噪声特别大，电动机还有进二退一现象	1. 电动机相序接线错误 2. 电动机运行在低频区或共振区 3. 纯惯性负载，正反转频繁 4. 电动机故障
电动机尖叫后不转	1. 输入脉冲频率太高引起堵转 2. 输入脉冲的突跳频率太高 3. 输入脉冲的升速曲线不够理想引起堵转
步进电动机失步或多步	1. 负载过大，超过电动机的承载能力 2. 负载忽大忽小 3. 负载的转动惯量过大，启动时失步，停车时过冲 4. 传动间隙大小不均 5. 传动间隙产生的零件有弹性变形 6. 电动机工作在振荡失步区 7. 干扰 8. 电动机故障

任务实施

一、工具器材准备

主要实训工具及器材见表5—1—3。

表5—1—3　　主要实训工具及器材

序号	名称	数量	序号	名称	数量
1	电工通用工具	1套	6	24 V直流电源	1套
2	万用表	1块	7	380 V/85 V变压器	2只
3	西门子802S系统	1套	8	低压断路器	若干
4	步进电动机驱动器	2套	9	接近开关	若干
5	步进电动机	2台	10	导轨	若干

二、SINUMERIK 802S base line系统的连接

STEPDRIVE C/C+步进驱动器如图5—1—17所示。

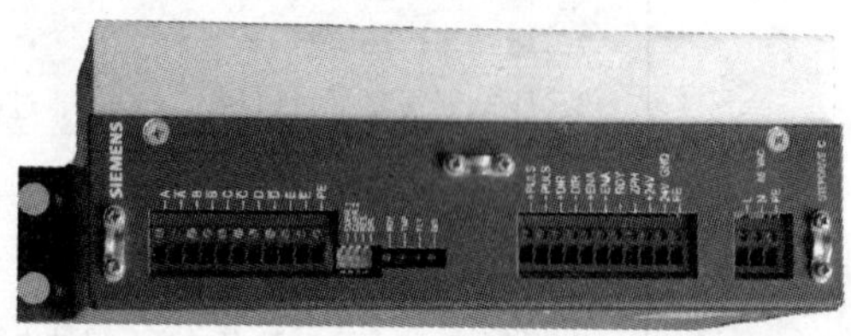

图5—1—17　STEPDRIVE C/C+步进驱动器

（1）驱动器的连接

STEPDRIVE C/C+步进驱动器与SINUMERIK 802S base line系统的连接如图5—1—18所示。

（2）驱动模块的设置

西门子的STEPDRIVE C/C+驱动模块可以通过DIL开关设定与电流型号相应的电流。如图5—1—19、图5—1—20所示。注意，如果设定的电流对于所选的电流太大，则电动机可能因此过热而损坏。

DIL开关设定与电动机型号相应的电流关系见表5—1—4。

三、SINUMERIK 802S base line系统的调试

1. 调试步骤

（1）接通主电路电源，打开24 V电源。

（2）检查LED DIS。

（3）接通系统启动给出“使能”信号。黄灯LED DIS熄灭，绿灯LED RDY亮，驱动处于运行准备状态，电动机也已经通电。

（4）系统给出脉冲，发出“脉冲”信号，电动机按照“DIR”所给定的方向旋转。

2. 回参考点的配置

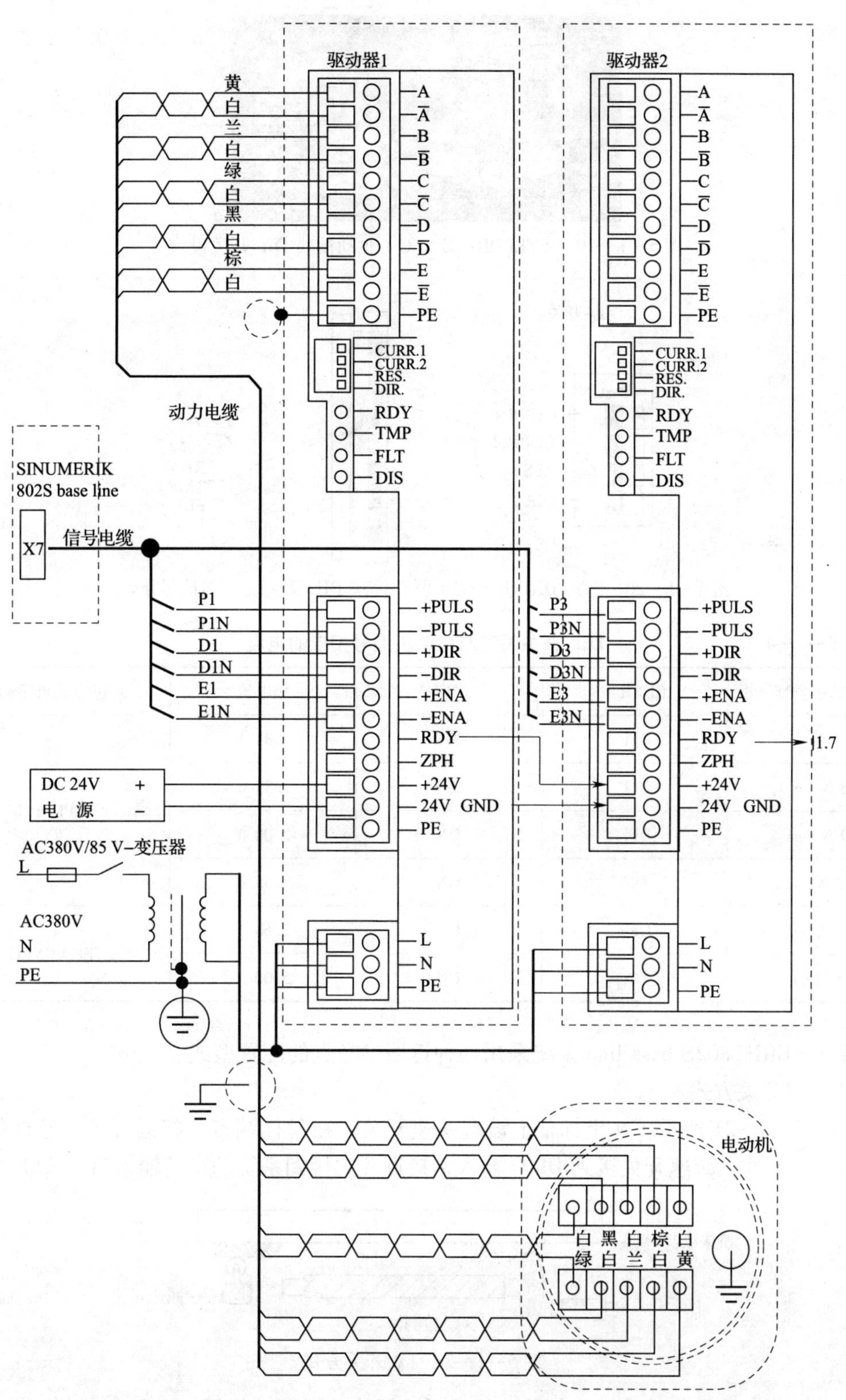

图 5—1—18　STEPDRIVE C/C＋步进驱动器与 SINUMERIK 802S base line 系统的连接

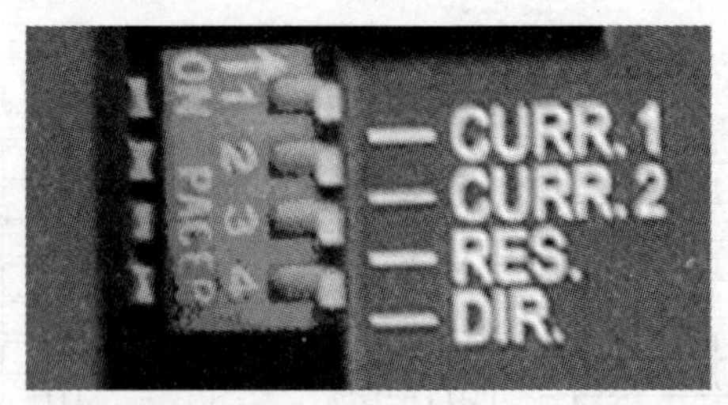

图 5—1—19　STEPDRIVE C/C + 驱动模块 DIL 开关设定

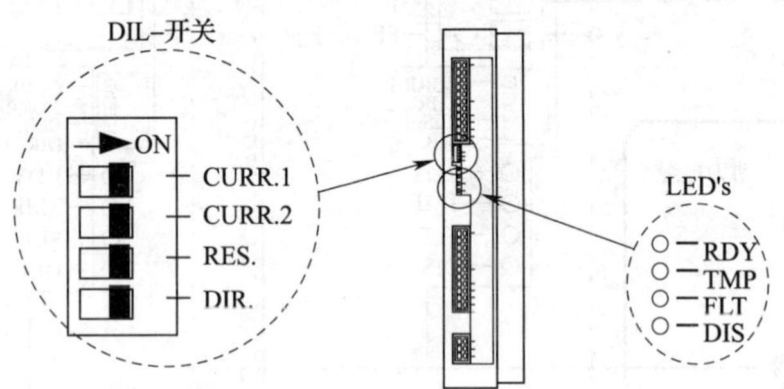

图 5—1—20　STEPDRIVE C/C + 驱动模块 DIL 开关设定与信号指示

表 5—1—4　　DIL 开关设定与电动机型号相应的电流

电动机类型	CURR 1	CURR 2	相电流	步进电动机驱动器
3. 5 N · m	OFF	OFF	1. 35 A	STEPDRIVEC
6 N · m	OFF	OFF	1. 35 A	
9 N · m	OFF	ON	2. 00 A	
12 N · m	ON	ON	2. 55 A	
18 N · m	OFF	ON	3. 60 A	STEPDRIVEC +
25 N · m	ON	ON	5. 00 A	

SINUMERIK 802S base line 系统采用两种返回参考点的配置型式。

（1）双开关方式

如图 5—1—21 所示，在坐标轴上设有减速开关。在丝杠端有一接近开关，丝杠每转一转产生一个脉冲。减速开关接到 DI/O 输入，接近开关接到系统的高速输入口（X20）。

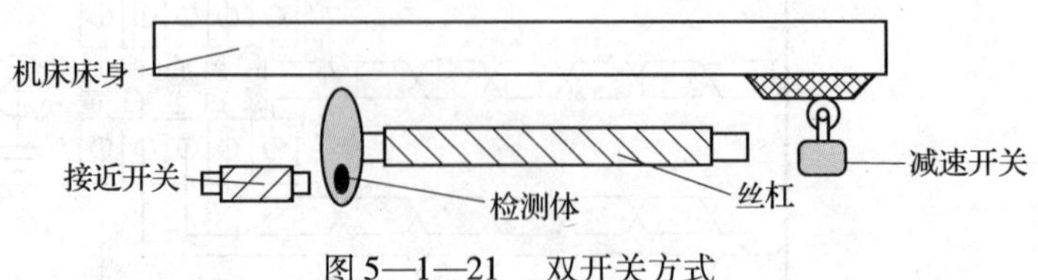

图 5—1—21　双开关方式

该方式可高速寻找减速开关信号，然后低速寻找接近开关信号。返回参考点的速度快且精度高，并且接近开关还可以用作旋转监控。

（2）单开关方式

如图 5—1—22 所示，在坐标轴上有一接近开关，结构较简单。该方式只能设定一个返回参考点速度。返回参考点的精度与接近开关的品质及所设定的返回参考点速度有关。

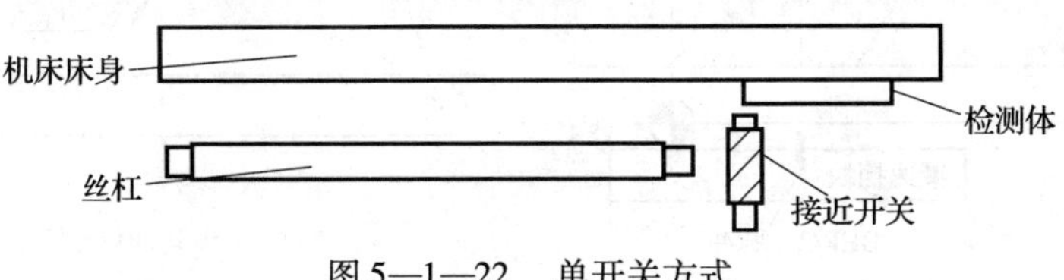

图 5—1—22　单开关方式

当步进电动机与丝杠有齿轮减速时，如图 5—1—23 所示型式。

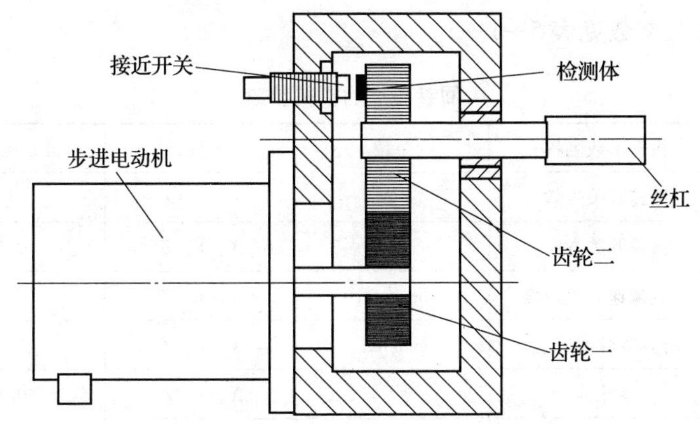

图 5—1—23　步进电动机与丝杠有齿轮减速时接近开关的安装方式

3. 回参考点的相关参数设置

（1）接近开关信号（零脉冲）在减速开关之前

参数 MD34050 设置为“0”，遇减速开关后反向寻找接近开关信号，零脉冲信号过程如图 5—1—24 所示。

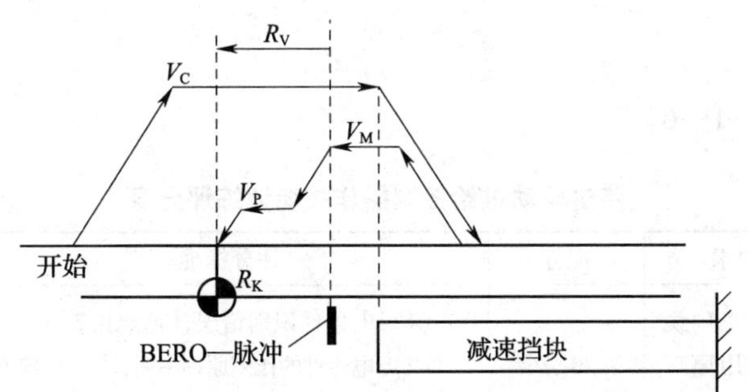

图 5—1—24　反向寻找接近开关零脉冲信号过程

（2）接近开关信号（零脉冲）在减速开关之后

参数 MD34050 设置为“1”，遇减速开关后同向寻找接近开关信号，零脉冲过程如图 5—1—25 所示。

（3）无减速开关的返回参考点过程

如图 5—1—26 所示。

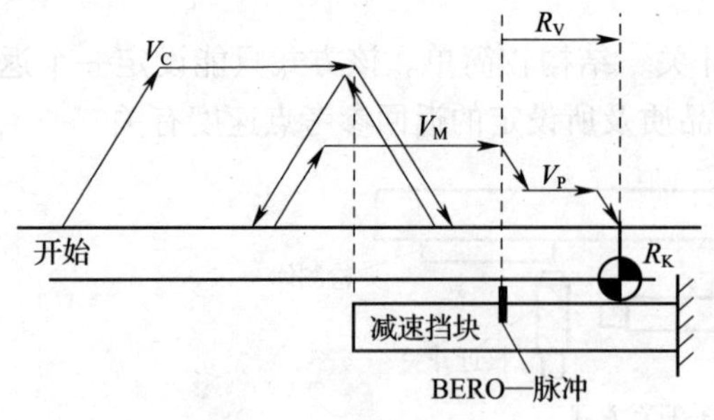

图 5—1—25　同向寻找接近开关零脉冲信号过程

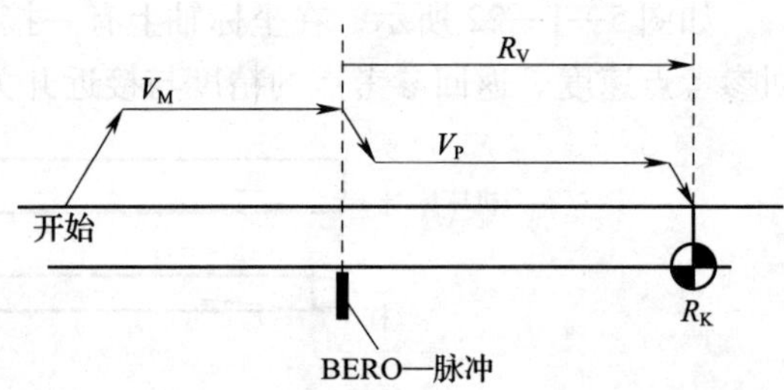

图 5—1—26　无减速开关的返回参考点过程

（4）回参考点的相关参数

回参考点的相关参数见表 5—1—5。

表 5—1—5　　回参考点的相关参数

参数号	机床参数名称	单位	轴	举例值	生效方式
34000	减速开关生效		X、Y、Z	1	RE
34010	减速开关方向		X、Y、Z	0/1	RE
34020	寻找减速开关速度	mm/min	X、Y、Z	2 000	RE
34040	寻找零脉冲速度	mm/min	X、Y、Z	300	RE
34050	零脉冲		X、Y、Z	0/1	RE
34060	寻找接近开关最大距离	mm	X、Y、Z	200	RE
34070	参考点定位速度	mm/min	X、Y、Z	200	RE
34080	零脉冲后的位移	mm	X、Y、Z	−2	RE
34100	参考点位置	mm	X、Y、Z	100	RE

评分标准

评分标准见表 5—1—6。

表 5—1—6　　步进驱动进给控制操作技能训练评分表

序号	项目与技术要求	配分	评分标准	检测结果	得分
1	电气控制图：正确说明各电器件的作用原理与相关电路的控制原理	20 分	（1）电器件识别错误，每处扣 2 分 （2）电器件的作用原理不明，每处扣 2 分 （3）电路的控制原理不明，每处扣 2 分		
2	STEPDRIVE C/C + 的驱动模块接口：正确说明西门子 STEPDRIVE C/C + 的驱动模块系统各部件的连接与接口	10 分	（1）不能识别接口，扣 2 分 （2）不能识别接口信号，每处扣 1 分 （3）不能正确设定 DIL 开关，扣 2 分		

续表

序号	项目与技术要求	配分	评分标准	检测结果	得分
3	系统组装连接：按要求完成系统组装连接	20分	（1）元件布置不整齐、不匀称、不合理，每只扣1分 （2）元件安装不牢固每只扣1分 （3）损坏元件扣5分 （4）布线不进行线槽，不美观，主电路、控制电路每根扣1分 （5）接点松动、露铜过长、压绝缘层，标记线号不清、遗漏或误标，每处扣1分 （6）损伤导线绝缘，每根扣2分 （7）不按接线图接线，每处扣2分		
4	参数设定：正确设定参数	10分	（1）参数设定错误，每个扣2分 （2）参数设定不合适，每个扣1分		
5	运行调试：操作运行，观察运行结果是否符合要求	20分	（1）调试步骤不正确，每处扣3分 （2）操作方法不当，每处扣3分 （3）运行结果不符合要求，每处扣5分		
6	排除故障：正确判断排除操作过程中出现的故障	10分	（1）断电不验电每个扣2分 （2）工具及仪表使用不当每次扣2分 （3）检查故障的方法不正确扣2分 （4）不能排除故障点每个扣2分 （5）排除故障后通电时车不成功扣5分		
7	安全文明生产：劳动保护用品穿戴整齐，电工工具佩带齐全，遵守操作规程	10分	违反安全文明生产考核要求的每1项扣1分，扣完为止		

练习题

1. 叙述步进电动机的工作原理与特点。
2. 叙述步进电动机功率驱动电路的类型与特点。
3. 叙述STEPDRIVE C/C+模块的调试步骤。
4. 如何设定STEPDRIVE C/C+步进驱动器与SINUMERIK 802S base line系统的连接信号？
5. 什么是开环控制系统？
6. 如何控制步进驱动系统的进给速度？
7. 伺服系统主要由哪几部分组成？

知识链接

SINUMERIK 802S base line 集成了所有的 CNC、PLC、HMI、I/O 于一个单一的部件，是在 SINUMERIK 802S 基础上开发的经济型数控控制系统。图 5—1—27 所示为 SINUMERIK 802S base line 数控系统，它可以控制 2～3 个步进电动机轴和一个伺服主轴或变频器。

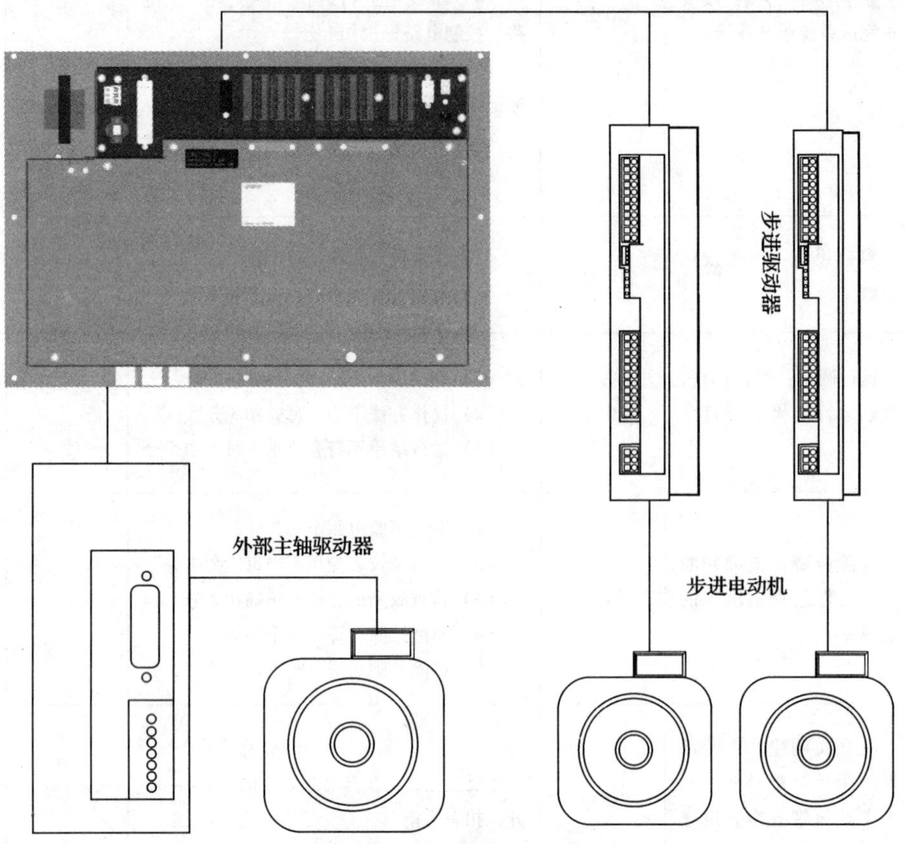

图 5—1—27　SINUMERIK 802S base line 数控系统组成

1．SINUMERIK 802S base line 的接口

（1）CNC 电源（X1）。

（2）RS232 通信接口（X2）。

（3）主轴编码器接口（X6）。

（4）驱动器接口（X7）。

（5）手轮连接接口（X10）。

（6）高速输入接口（X20）。

（7）数字输入接口（X100～X105）。

（8）数字输出接口（X200、X201）。

2．SINUMERIK 802S base line 系统的连接

SINUMERIK 802S base line CNC 与步进驱动器等器件的连接如图 5—1—28 所示。

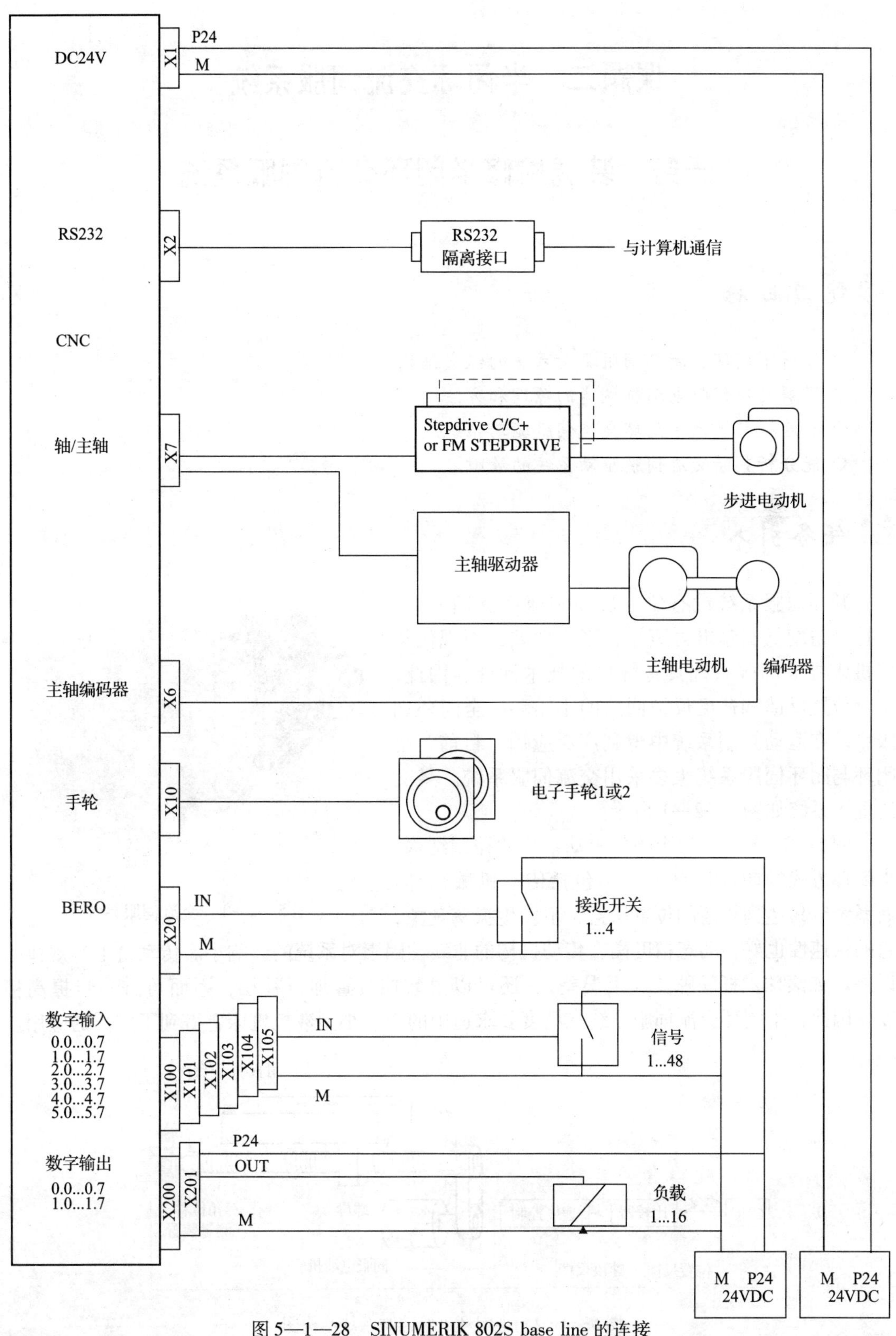

图 5—1—28 SINUMERIK 802S base line 的连接

课题二　半闭环交流伺服系统

任务　装调检修半闭环交流伺服系统

能力目标

◇ 了解半闭环、闭环伺服驱动系统的组成结构。
◇ 了解交流伺服电动机调速的原理和方法。
◇ 会连接与调试半闭环交流伺服驱动系统。
◇ 能分析判断交流伺服驱动系统的故障。

任务引入

开环伺服系统没有位置反馈和速度反馈回路，其控制精度低、输出力矩小、稳定性差，而现代数控机床要求伺服系统具备优良的技术性能，因此，带有位置反馈和速度反馈回路的半闭环、全闭环伺服系统在运动控制系统中得到广泛应用。目前，半闭环与闭环伺服系统大多采用交流伺服系统。某交流伺服系统如图 5—2—1 所示。

图 5—2—1　交流伺服系统

图 5—2—2 所示为半闭环驱动系统的控制结构。半闭环方式的闭环环路短（不包括传动机械），因而系统容易达到较高的位置增益，不发生振荡现象，它的快速性也好，动态精度高，传动机构的非线性因素对系统的影响小。传动链上有规律的误差（如滚珠丝杆间隙及螺距误差），还可以由数控装置加以补偿，因而可进一步提高精度。因此，半闭环交流伺服系统在精度要求适中的中、小型数控机床上得到了广泛的应用。

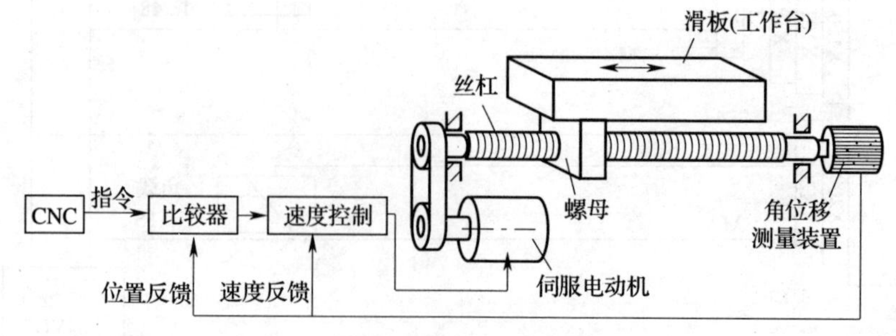

图 5—2—2　半闭环进给控制系统结构图

本任务将介绍半闭环驱动系统的组成结构，与外部器件的连接方法，参数设置，控制和调试方法，半闭环驱动系统故障的分析判断，以典型的 KT270 全数字交流伺服驱动器为例展开学习与探究。

相关知识

半闭环位置检测方式一般是将位置检测元件安装在电动机的轴上（通常已由电动机生产厂家装好），用以精确控制电动机的角度，然后通过滚珠丝杠等传动机构，将电动机的角度变化转换成工作台的直线位移。位置检测元件不直接安装在进给坐标的最终运动部件上，而是经过机械传动部件的位置转换，称为间接测量。也就是说坐标运动的传动链有一部分在位置闭环以外，在环外的传动误差可以得到系统的补偿，如果滚珠丝杠的精度足够高且间隙小，其精度要求一般可以得到满足。但如果传动机构的误差过大或误差不稳定，则数控系统难以补偿。例如由传动机构的扭曲变形所引起的弹性变形，因其与负载力矩有关，故无法补偿。由制造与安装所引起的重复定位误差，以及由于环境温度与丝杠温度的变化所引起的丝杠螺距误差也难以补偿。

一、交流伺服电动机

1．交流伺服电动机系统的特点

交流伺服电动机无电刷、结构简单，转子的转动惯量较直流电动机小，使得动态响应好，且输出功率较大（较直流电动机提高 10% ~70%）。因此，在数控机床上交流伺服电动机已经取代了直流伺服电动机，并且得到了广泛地应用。

交流伺服电动机分为交流永磁式伺服电动机和交流感应式伺服电动机。交流永磁式电动机相当于交流同步电动机，其具有硬的机械特性及较宽的调速范围，常用于进给系统；感应式相当于交流感应异步电动机，它与同容量的直流电动机相比，质量可轻 1/2，价格仅为直流电动机的 1/3，常用于主轴驱动系统。

2．交流伺服电动机调速的原理和方法

交流电动机的旋转机理都是由定子绕组产生旋转磁场使转子运转。交流永磁式伺服电动机的转速和外加电源频率存在严格的恒定关系，所以电源频率不变时，它的转速是不变的。而交流感应式伺服电动机由于需要转速差才能在转子上产生感应磁场，所以电动机的转速比其同步转速小，外加负载越大，转速差越大。旋转磁场的同步速度由交流电的频率来决定。频率低，转速低；频率高，转速高。因此，这两类交流电动机的调速方法主要是用改变供电频率来实现。

交流伺服电动机的速度控制可分为标量控制法和矢量控制法。标量控制法是开环控制，矢量控制法是闭环控制。对于简单的调速系统可使用标量控制法，对于要求较高的系统使用矢量控制法。无论用何种控制法都是改变电动机的供电频率，从而达到调速目的。

矢量控制是将交流电动机模拟成直流电动机，用对直流电动机的控制方法来控制交流电动机。其方法是以交流电动机转子磁场定向，把定子电流分解成与转子磁场方向相平行的磁化电流分量 i_d 和相垂直的转矩电流分量 i_q，分别对应直流电动机中的励磁电流 i_f 和电枢电流 i_a。在转子旋转坐标系中，分别对磁化电流分量 i_d 和转矩电流分量 i_q 进行控制，以达到对实际的交流电动机控制的目的。

3．交流伺服电动机主要技术性能参数

某交流伺服电动机的主要参数如下：

额定输出功率［kW］	3.5（连续）
额定转矩［N·m］	16.7（连续）
额定速度［r/min］	2 000
最大速度［r/min］	3 000
瞬时允许速度［r/min］	3 450
最大转矩［N·m］	50.1
额定电流［A］	16
最大电流［A］	48
编码器分辨率［pulse/rev］	262 144

二、编码器

半闭环的位置检测器件一般采用旋转编码器，如图 5—2—3 所示。

图 5—2—3　编码器

旋转编码器是一种旋转式测量装置，通常安装在被测轴上，随被测轴一起转动，可将被测轴的角位移转换成增量脉冲形式或绝对式的代码形式，相应有增量式和绝对式两种类型。

根据编码器的结构，其分为光电式、接触式、电磁感应式三种。从精度和可靠性方面来看，光电式编码器优于其他两种。

1．脉冲编码器的工作原理

如图 5—2—4 所示，在码盘的边缘上设有间距相等的透光缝隙，码盘的两侧分别安装光源与光敏元件（光电池、光敏三极管等）。当码盘随被测轴一起旋转时，每转过一个缝隙就有一次光线的明暗变化，投射到光敏元件上的光强就发生变化，光敏元件把光线的明暗变化转变成电信号的变化。然后，经放大、整形处理后，输出脉冲信号。脉冲的个数就等于转过的缝隙数。如果将脉冲信号送到计数器中计数，就可以测出码盘转过的角度。测出单位时间内脉冲的数目，就可以求出码盘的旋转速度。脉冲编码器的结构如图 5—2—5 所示。

光电编码器主要由 LED（带聚光镜的发光二极管）、光栏板、码盘、光敏元件及信号处理电路（印制电路板）等组成。

光电编码器的测量精度取决于它所能分辨的最小角度，而这与码盘圆周的条纹数有关，即分辨角，如条纹数为 1 024，则分辨角 $\alpha = 360°/1\ 024 = 0.352°$。

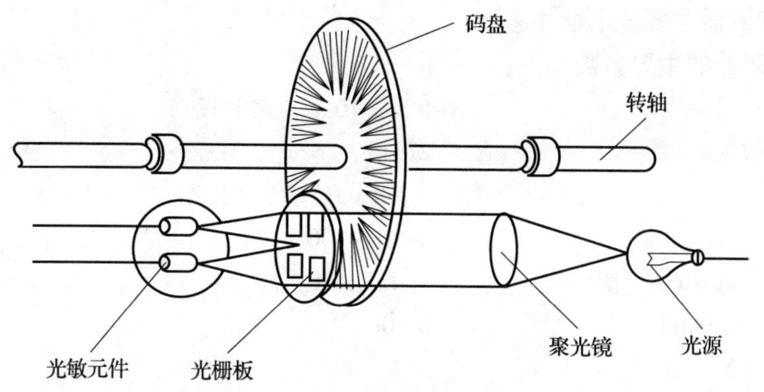

图 5—2—4　脉冲编码器工作原理

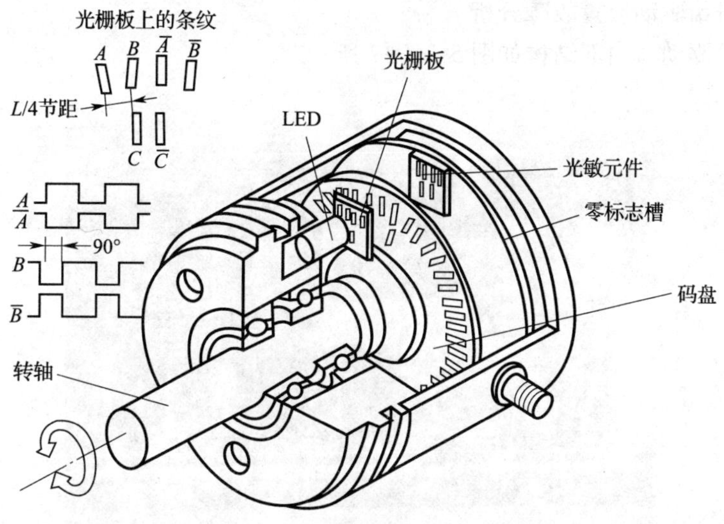

图 5—2—5　脉冲编码器的结构

为了判别码盘的旋转方向，实际应用的光电编码器的光栅板上有两组条纹 A 和 B，A 组与 B 组的条纹彼此错开 1/4 节距，两组条纹相对应的光敏元件所产生的信号彼此相差 90°相位，用于辨向。若 A 信号超前 B 信号 90°，对应电动机为正向旋转，B 信号超前 A 信号 90°，对应电动机为反向旋转。数控系统正是利用这一相位关系来判断方向的，输出波形如图5—2—6所示。

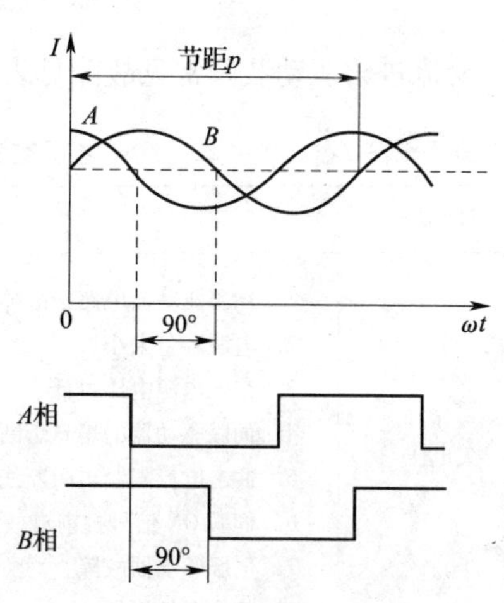

图 5—2—6　编码器的输出信号

光电编码器的输出信号 A、$\overline{A}$和 B、$\overline{B}$为差动信号。差动信号大大提高了传输的抗干扰能力。

此外，在光电码盘的里圈里还有一条透光条纹 C，用以每转产生一个脉冲，该脉冲信号又称一转信号或零标志脉冲，作为测量基准。同样，该脉冲也以差动形式 C、$\overline{C}$输出。

每转发出的脉冲数是脉冲编码器的一个重要参数。数控机床上常用的脉冲编码器每转的脉冲数有：1 024 p/r、2 048 p/r 和 4 096 p/r 等。

2. 脉冲编码器主要技术性能参数

某脉冲编码器的主要参数如下：

电源	5 V ±10%，≤0.12 A
每转脉冲数	2 048
输出信号	A、$\overline{A}$，B、$\overline{B}$，Z、$\overline{Z}$
温度范围［°C］	-10 ~ 100
转子惯量［kg · cm²］	<4.3 ×10⁻²
最高转速［r/min］	6 000
启动转矩［N · cm］	<1

在现代交流伺服电机内部，一般都设有编码器。

三、交流进给驱动装置故障分析

某交流进给驱动器内部结构如图 5—2—7 所示。

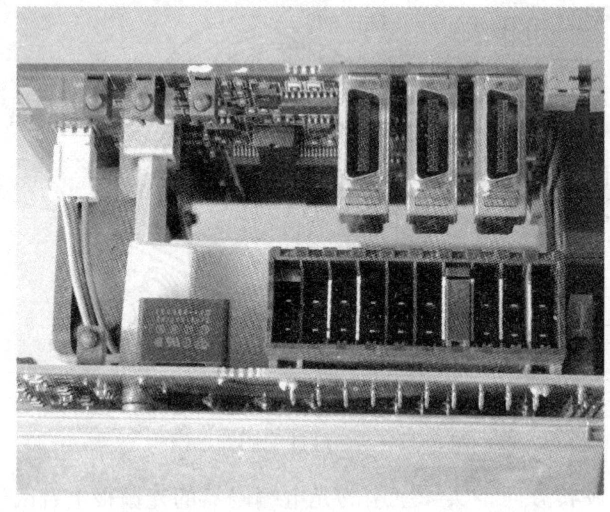

图 5—2—7　交流进给驱动器内部结构

交流进给驱动装置常见故障见表 5—2—1。

表 5—2—1　　交流进给驱动装置常见故障

故障现象	故障可能原因
欠电压	1. 伺服驱动器电路板故障 2. 电源容量太小 3. 交流电源电压过低 4. 伺服驱动器的熔丝熔断 5. 冲击电流限制电阻断线（电源电压是否异常，冲击电流限制电阻是否过载） 6. 伺服 ON 信号提前有效 7. 伺服驱动器故障 8. 整流器件损坏

续表

故障现象	故障可能原因
欠电压	9．发生瞬时停电 10．电动机主电路用电缆短路 11．伺服电动机短路 12．伺服驱动器故障
过电压	1．伺服驱动器电路板故障 2．交流电源电压过高 3．伺服驱动器故障 4．电源电压过高，整流器母线电压超过了规定值 5．内部或外接的再生放电电路故障（包括接线断开或破损等） 6．伺服驱动器故障 7．使用转速高，负载转动惯量过大 8．加、减速时间过短，在降速过程中引起过电压
过电流	1．伺服驱动器的电路板与热开关连接不良 2．伺服驱动器故障 3．U、V、W 与地线连接错误 4．电动机与驱动器不匹配 5．伺服电动机的 U、V、W 与地线之间短路 6．伺服电动机的 U、V、W 之间短路 7．再生电阻配线错误 8．伺服驱动器的 U、V、W 与地线之间短路 9．伺服驱动器的安装方法（方向、与其他部分的间隔）不适合 10．位置速度指令发生剧烈变化 11．负载是否过大，是否超出再生处理能力等 12．因负载转动惯量大并且高速旋转，动态制动器停止，制动电路故障
伺服电动机过热	1．伺服电动机的环境温度超过了规定值 2．伺服电动机过载 3．编码器内的热保护器故障 4．电流设定错误 5．电动机本身内部匝间短路而引起的过热 6．有风扇冷却的电动机，若风扇损坏，也可使电动机过热 7．驱动器与电动机配合不当 8．电动机轴承故障
过载	1．负载过大 2．加减速时间设定过小 3．负载有冲击现象 4．编码器故障，编码器反馈脉冲与电动机转角不成比例变化，有跳跃

续表

故障现象	故障可能原因
伺服超差	1. 设置的允许伺服偏差是否太小 2. 控制系统与驱动放大模块之间，控制系统与位置检测之间，驱动放大器与伺服电动机的连线不可靠 3. 位置增益不符合要求 4. 驱动放大器输出电压不正常 5. 电动机轴与传动机械间配合有松动或间隙
飞车现象（失控）	1. 位置传感器或速度传感器的信号反相，或者电枢线接反，即整个系统不是负反馈而变成正反馈 2. 速度指令给的不正确 3. 位置传感器或速度传感器的反馈信号没有接或者是接线断开 4. 控制系统或伺服控制板有逻辑故障 5. 电源板有故障而引起的逻辑混乱
电动机不转	1. 控制模式选择不当 2. 信号源选择不当 3. 转矩限制禁止设定不当 4. 转矩限制被设置成0 5. 限位开关开路，驱动禁止 6. 没有伺服ON信号 7. 指令脉冲禁止有效 8. 轴承锁死
转速不均匀	1. 增益时间常数选择不当 2. 速度或位置指令不稳定 3. 伺服ON、转矩限制、指令脉冲禁止信号有抖动 4. 信号线接触不良
定位精度不好	1. 指令脉冲波形不好 2. 指令脉冲上有噪声干扰 3. 位置环增益太小 4. 指令脉冲频率过高
初始位置变动	1. Z相脉冲丢失 2. 原点接近开关，输出抖动 3. 编码器信号有噪声
电动机异常响声、振动	1. 速度指令包含噪声 2. 增益太高 3. 机械共振 4. 电动机的机械故障

续表

故障现象	故障可能原因
编码器出错	1. 电池连接不良、未连接 2. 电池电压低于规定值 3. 伺服单元故障 4. 无 A 相和 B 相脉冲 5. 引线电缆短路或破损而引起通信错误 6. 接地、屏蔽不良

任务实施

一、工具器材准备

主要实训工具及器材见表 5—2—2。

表 5—2—2　　主要实训工具及器材

序号	名　称	数量	序号	名　称	数量
1	电工通用工具	1 套	9	低压断路器	2 只
2	万用表	1 块	10	滤波器	1 只
3	交流伺服驱动器	1 套	11	变压器	1 只
4	24 V 直流电源	1 套	12	行程开关	若干
5	交流伺服电动机	1 台	13	转换开关	若干
6	按钮	若干	14	接触器	1 只
7	急停按钮	1 只	15	继电器	1 只
8	可调电位器	1 只	16	阻容吸收器	1 只

二、KT270 交流伺服驱动器

KT270 全数字交流伺服驱动器如图 5—2—8 所示，其操作简便，仅四键就能很方便地进行调试、运行、监视及参数设置。监视功能允许显示 24 个参数状态，包括电动机回转速度、反馈脉冲、指令脉冲、输入与输出端口电平及电动机电流等。KT270 全数字交流伺服驱动器有脉冲位置及模拟速度两种输入控制方式，可设置位置指令脉冲的倍率（电子齿轮输入）和位置输出脉冲的倍率（电子齿轮输出），控制模式分位置、速度二种。其适用于车床、铣床、加工中心等机械加工设备的多种机械传动的驱动控制，还能满足印染、包装以及自动化流水线上的各种机械传动的需要。

1. KT270 标准接线

（1）KT270 - FX 用于位置控制的标准接线如图 5—2—9 所示。

（2）KT270 - FX 用于速度控制的标准接线如图 5—2—10 所示。

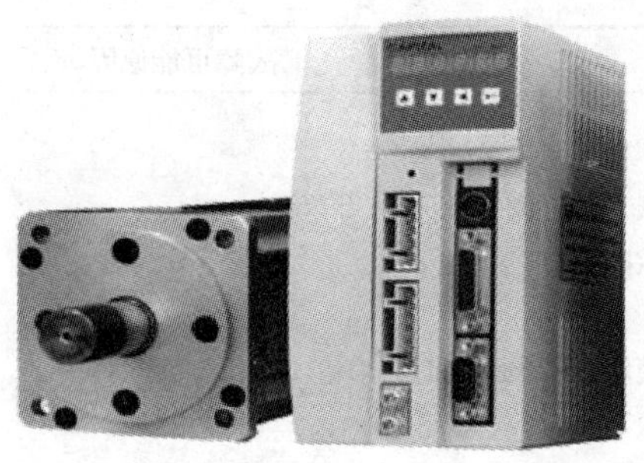

图 5—2—8　KT270 全数字交流伺服驱动器

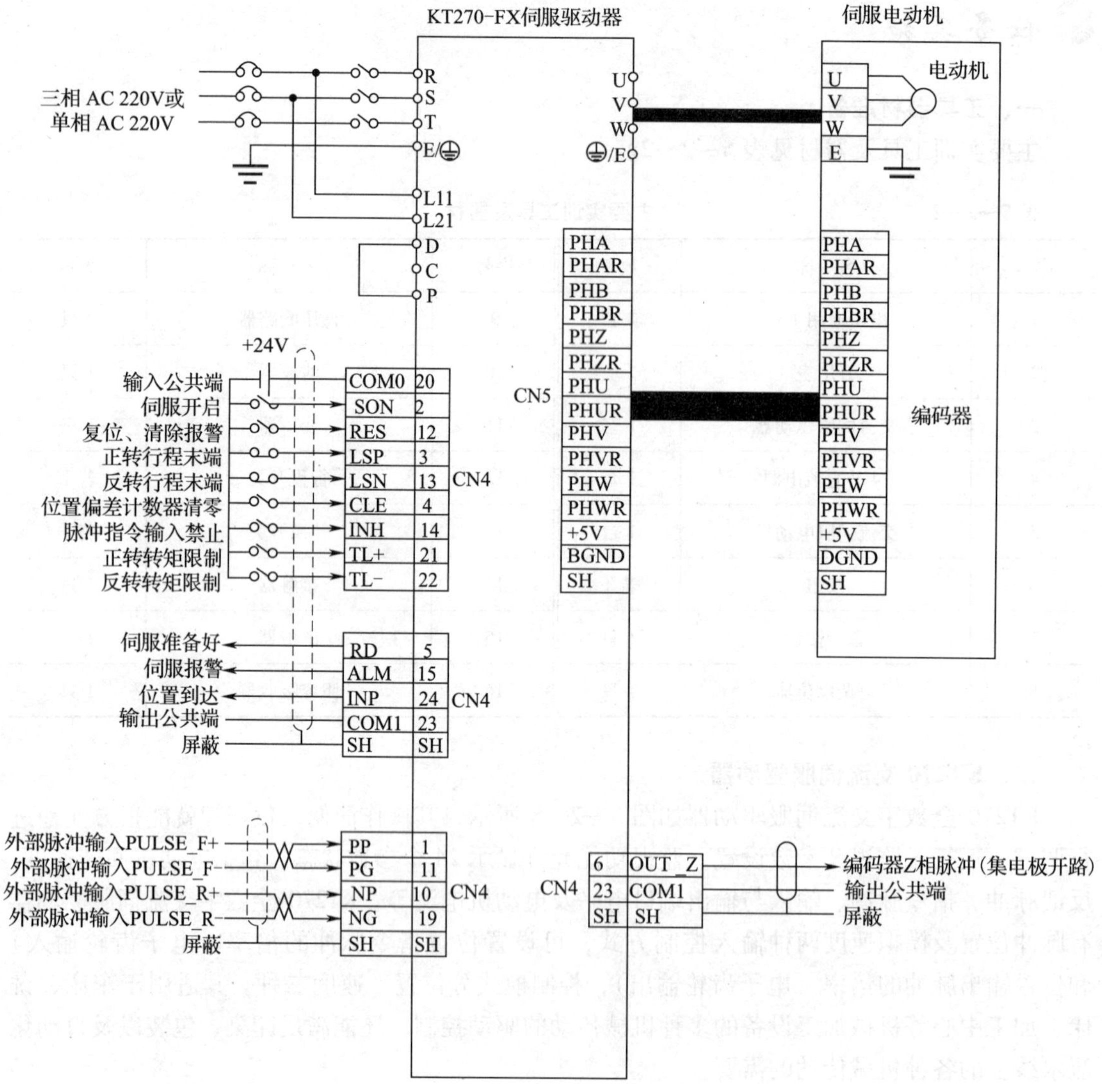

KT270-FX伺服驱动器

伺服电动机

三相 AC 220V或
单相 AC 220V

R
S
T
E/⏚
L11
L21
D
C
P

U
V
W
⏚/E

U
V
W
E
电动机

+24V

输入公共端 COM0 20
伺服开启 SON 2
复位、清除报警 RES 12
正转行程末端 LSP 3
反转行程末端 LSN 13 CN4
位置偏差计数器清零 CLE 4
脉冲指令输入禁止 INH 14
正转转矩限制 TL+ 21
反转转矩限制 TL− 22

伺服准备好 RD 5
伺服报警 ALM 15
位置到达 INP 24 CN4
输出公共端 COM1 23
屏蔽 SH SH

外部脉冲输入PULSE_F+ PP 1
外部脉冲输入PULSE_F- PG 11
外部脉冲输入PULSE_R+ NP 10 CN4
外部脉冲输入PULSE_R- NG 19
屏蔽 SH SH

CN5
PHA
PHAR
PHB
PHBR
PHZ
PHZR
PHU
PHUR
PHV
PHVR
PHW
PHWR
+5V
BGND
SH

编码器
PHA
PHAR
PHB
PHBR
PHZ
PHZR
PHU
PHUR
PHV
PHVR
PHW
PHWR
+5V
DGND
SH

CN4
6 OUT_Z 编码器Z相脉冲（集电极开路）
23 COM1 输出公共端
SH SH 屏蔽

图 5—2—9　KT270 − FX 位置控制标准接线

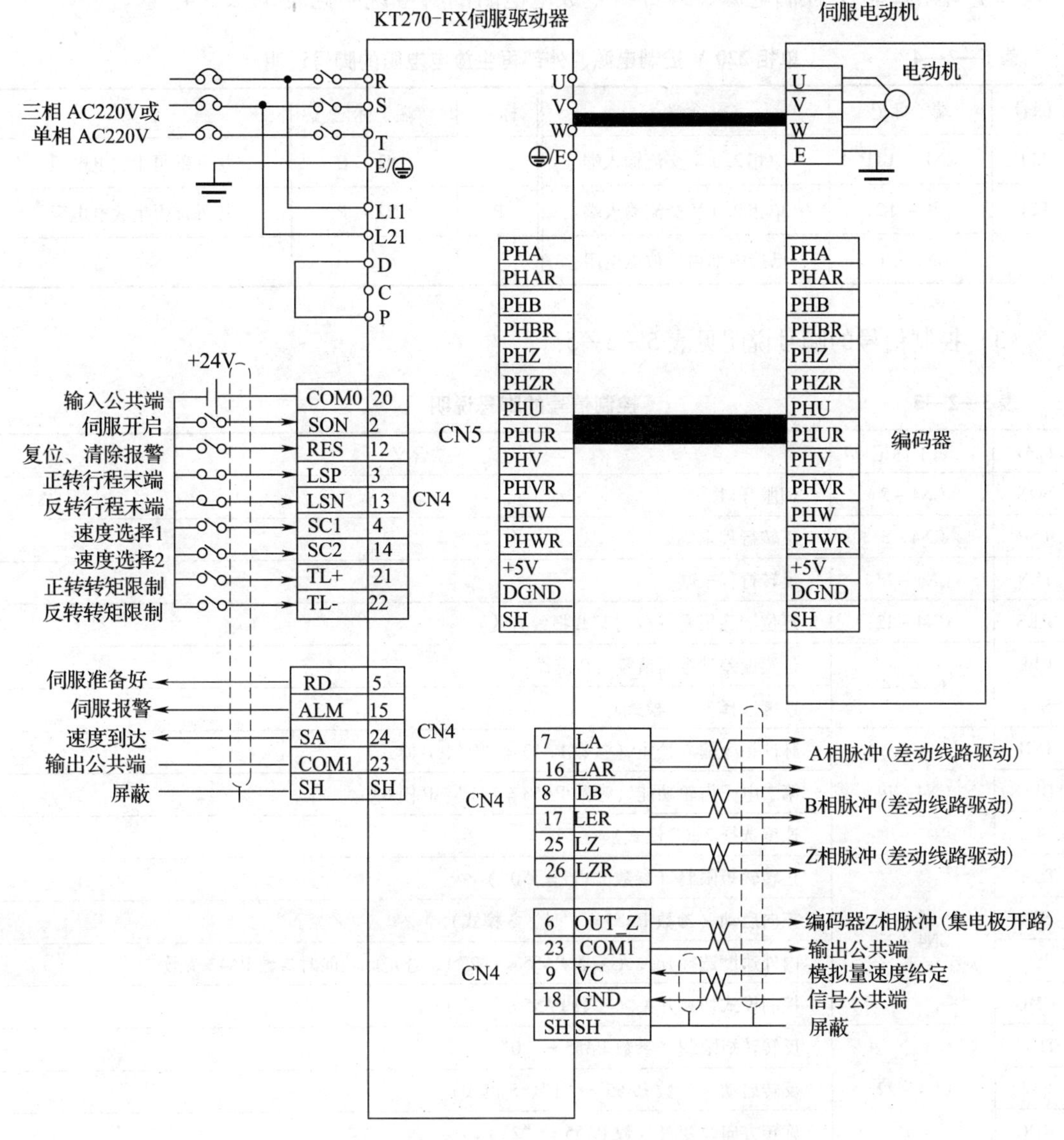

图 5—2—10　KT270－FX 速度控制标准接线

2. 信号说明

(1) 三相 220 V 电源、电动机端子的脚号说明见表 5—2—3。

表 5—2—3　　电源、电机端子的脚号说明

标号	端子标记	含　义	标号	端子标记	含　义
R	CN1－R	三相 220 V 交流输入端	U	CN2－U	三相交流输出端
S	CN1－S	三相 220 V 交流输入端	V	CN2－V	三相交流输出端
T	CN1－T	三相 220 V 交流输入端	W	CN2－W	三相交流输出端
E	CN1－E	接地	E	CN2－E	电动机接地

（2）单相 220 V 控制电源、外部再生放电电阻的脚号说明见表 5—2—4。

表 5—2—4　　单相 220 V 控制电源、外部再生放电电阻的脚号说明

标号	端子标记	含义	标号	端子标记	含义
L11	CN1 - L11	单相 220 V 交流输入端	C	CN2 - C	接外部再生放电电阻
L21	CN1 - L21	单相 220 V 交流输入端	P	CN2 - P	接外部再生放电电阻
D	CN2 - D	已接内部再生放电电阻			

（3）控制信号的脚号说明见表 5—2—5。

表 5—2—5　　控制信号的脚号说明

标号	端子标记	含义
SON	CN4 - 2	伺服开启
LSP	CN4 - 3	正转行程末端
LSN	CN4 - 13	反转行程末端
RES	CN4 - 12	复位清除报警（仅对某些报警有效）
CLE	CN4 - 4	位置偏差计数器清零（P 模式）
SC1		速度选择 1（S 模式）
INH	CN4 - 14	脉冲指令输入禁止（参数 PA53 = “0”、P 模式）
DEG		第二电子齿轮功能（参数 PA53 = “1”、P 模式）
SC2		速度选择 2（S 模式）
TL +	CN4 - 21	正转转矩限制（参数 PA55 = “0”）
ST1		正向启动（参数 PA55 = “1”、S 模式）
ISC		内外速度选择开关（参数 PA55 = “2”），选定此功能时参数 PA42 失效
CMC		控制模式切换开关（参数 PA55 = “3”）
TL -	CN4 - 22	反转转矩限制（参数 PA55 = “0”）
ST2		反转启动（参数 PA55 = “1”、S 模式）
RDC		旋转方向改变（参数 PA55 = “2”）
COM0	CN4 - 20	输入公共端
ALM	CN4 - 15	伺服报警
RD	CN4 - 5	伺服准备好
INP	CN4 - 24	位置到达（参数 PA57 = “0”、P 模式）
SA		速度到达（参数 PA53 = “0”、S 模式）
COM1	CN4 - 23	输出公共端
CDO	CN4 - 6	电动机电流检测输出（参数 PA56 = “0”）
TDO		转矩限制中（参数 PA56 = “1”）
ZSP		零速到达（参数 PA56 = “2” 时，由参数 PA29 决定）
OUT_ Z		编码器 Z 相脉冲（参数 PA56 = “3”）

（4）编码器连接口的脚号说明见表 5—2—6。

表 5—2—6　　编码器连接口的脚号说明

脚号	端子标记	含义	脚号	端子标记	含义
PHA	CN5－1	编码器 A 相脉冲	PHAR	CN5－6	编码器 A 相脉冲
PHB	CN5－2	编码器 B 相脉冲	PHBR	CN5－7	编码器 B 相脉冲
PHZ	CN5－3	编码器 Z 相脉冲	PHZR	CN5－8	编码器 Z 相脉冲
PHU	CN5－4	位置检测 U 相信号	PHUR	CN5－9	位置检测 U 相信号
PHV	CN5－5	位置检测 V 相信号	PHVR	CN5－10	位置检测 V 相信号
PHW	CN5－11	位置检测 W 相信号	PHVR	CN4－12	位置检测 W 相信号
+5 V	CN5－13	电源	DGND	CN5－14	数字信号地
SH	金属壳	屏蔽			

（5）数字齿轮（编码器输出）与速度的脚号说明见表 5—2—7。

表 5—2—7　　数字齿轮（编码器输出）与速度的脚号说明

脚号	端子标记	含义	脚号	端子标记	含义
LA	CN4－7	A 相脉冲（差动线路驱动）	LAR	CN4－16	A 相脉冲（差动线路驱动）
LB	CN4－8	B 相脉冲（差动线路驱动）	LBR	CN4－17	B 相脉冲（差动线路驱动）
LZ	CN4－25	Z 相脉冲（差动线路驱动）	LZR	CN4－26	Z 相脉冲（差动线路驱动）
VC	CN4－9	速度指令（S 模式）	GND	CN4－18	信号公共端
SH	金属壳	屏蔽			

注：以上表格中，S 模式表示速度控制模式。

3. 参数

KT270 交流伺服驱动器参数见表 5—2—8。

表 5—2—8　　KT270 交流伺服驱动器参数一览表

序号	名称	控制模式	参数范围	出厂值	单位
0	密码	P，S	0～9 999	315	
1	匹配参数@	P，S	0～59	0*	
2	软件版本@	P，S	*	*	
3	初始显示状态	P，S	0～21	0	
4	控制模式选择	P，S	0～6	0	
5	速度比例增益	P，S	5～2 000	150*	Hz
6	速度积分时间常数	P，S	1～1 000	10*	ms
7	加减速时间常数	P，S	0～10 000	0*	ms
8	速度检测低通滤波器	P，S	20～500	100*	%
9	位置比例增益	P	1～1 000	40*	1/s
10	位置前馈增益	P	0～100	0	%

续表

序号	名称	控制模式	参数范围	出厂值	单位
11	位置前馈低通滤波器截止频率	P	1 ~ 1 200	300 *	Hz
12	位置指令脉冲倍率分子	P	1 ~ 32 767	1	
13	位置指令脉冲倍率分母	P	1 ~ 32 767	1	
14	位置指令脉冲输入方式	P	0 ~ 2	0	
15	位置指令脉冲方向取反	P	0 ~ 1	0	
16	定位完成范围	P	0 ~ 30 000	20	脉冲
17	位置超差检测范围	P	0 ~ 30 000	200	×100 脉冲
18	位置超差错误无效	P	0 ~ 1	0	
19	位置指令平滑滤波器	P	0 ~ 31	0	级
20	行程末端输入无效	P，S	0 ~ 3	0	
21	JOG 运行速度	S	-3 000 ~ 3 000	120	r/min
22	输入信号电平取反	P，S	0 ~ 255	0	
23	最高速度限制	P，S	0 ~ 4 000	2 400 *	r/min
24	内部速度 1	S	-3 000 ~ 3 000	0	r/min
25	内部速度 2	S	-3 000 ~ 3 000	100	r/min
26	内部速度 3	S	-3 000 ~ 3 000	300	r/min
27	内部速度 4	S	-3 000 ~ 3 000	-100	r/min
28	到达速度	S	20 ~ 3 000	500	r/min
29	零速度	P，S	50	5 ~ 200	r/min
30	直线速度换算分子	P，S	1 ~ 32 767	10	
31	直线速度换算分母	P，S	1 ~ 32 767	1	
32	直线速度小数点位置	P，S	0 ~ 5	3	
33	非制动条件下，母线电压过压阀值	P，S	0 ~ 10 000	100	
34	内部正转转矩限制	P，S	0 ~ 300	250 *	%
35	内部反转转矩限制	P，S	-300 ~ 0	-250 *	%
36	外部正转转矩限制	P，S	0 ~ 300	100	%
37	外部反转转矩限制	P，S	-300 ~ 0	-100	%
38	试运行、JOG 运行转矩限制	S	0 ~ 300	100	%
39	电动机电流检测阀值	P，S	3 ~ 240	100	%
40	输出电子齿轮倍率分子	P，S	1 ~ 16 383	1	
41	输出电子齿轮倍率分母	P，S	1 ~ 16 383	1	
42	内外速度指令选择	S	0 ~ 1	1	
43	速度指令输入增益	S	10 ~ 3 000	200 *	（r/min）/ V
44	速度指令方向取反	S	0 ~ 1	0	
45	速度指令零偏补偿	S	-5 000 ~ 5 000	0	
46	模拟速度指令输入低通滤波器	S	1 ~ 20 000	1 000	Hz

续表

序号	名称	控制模式	参数范围	出厂值	单位
47	外部转矩模拟指令增益 *	T	1 ~ 25	1	（%）/V
48	外部转矩模拟指令偏置 *	T	-100 ~ 100	0	
49	外部最小输入模拟量	S	0 ~ 100	0	r/min
50	备用				
51	备用				
52	备用				
53	动态电子齿轮有效	P	0 ~ 1	0	
54	第二位置指令脉冲倍率分子	P	1 ~ 32 767	1	
55	多功能输入接口选择	P，S	0 ~ 3	0	
56	多功能输出接口选择	P，S	0 ~ 3	0	
57	输出信号电平改变	P，S	0 ~ 15	0	
58	输入端子去抖动时间常数		1 ~ 1 000	3	0.1 ms
59	驱动器型号@				

“＊”标志参数对不同型号电动机其数值不一样。

“@”标志为只读参数。

三、连接运行

1. 电源连接

KT270 交流伺服驱动器电源连接如图 5—2—11 所示。

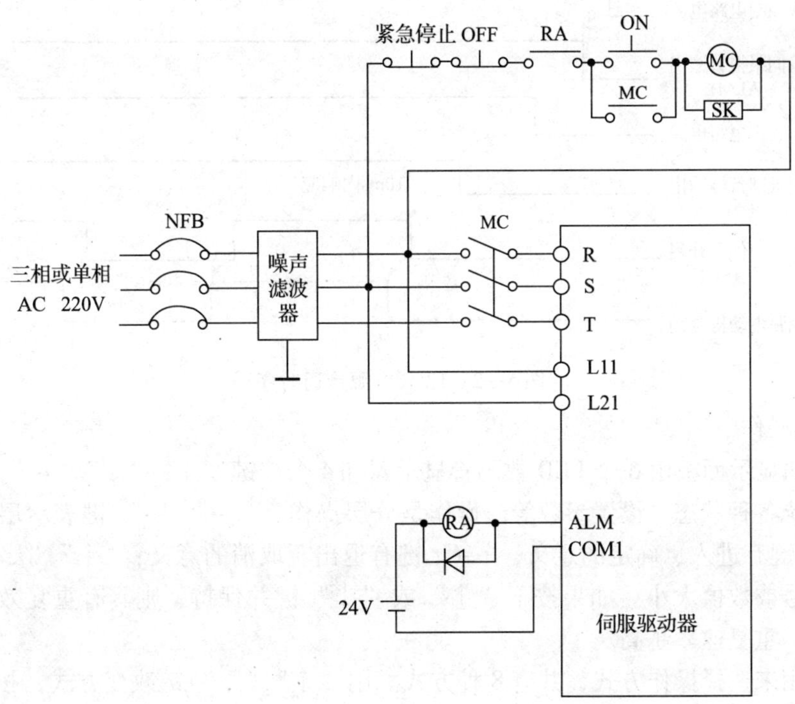

图 5—2—11 KT270 - FX 交流伺服驱动器电源连接

通电运行的注意事项：

（1）驱动器及电动机必须可靠接地。

（2）建议驱动器电源装设隔离变压器及电源滤波器，以保证安全性及提高抗干扰能力。

（3）必须检查确认接线无误后，才能接通电源。

（4）必须接入一个紧急停止电路，确保发生故障时，能立即切断电源。

（5）驱动器故障报警后，重新启动之前须确认故障已排除、SON 信号断开。

（6）驱动器及电动机断电后至少 10 min 内不得拆卸，防止电击。

2. 电源接通次序

（1）通过电磁接触器将电源接入主电路电源输入端子（三相接 R、S、T，单相接 L11、L21）。KT270 控制电路的电源 L11、L21 同时或先于主电路电源 R、S、T 接通。如果仅接通了控制电路的电源，伺服准备好信号（RD）无效（输出三极管断开）。

（2）主电路电源接通后约延时 1.5 s，伺服准备好信号（RD）有效，此时可以接受伺服开启（SON）信号，驱动器检测到 SON 有效，电动机被激励，处于运行状态。检测到 SON 无效或有报警，电动机不被激励，处于自由状态。

（3）当伺服开启（SON）与电源一起接通时，电动机约在 1.5 s 后被激励。

（4）频繁接通断开电源，可能损坏软启动电路和能耗制动电路，断电后，至少经过10 s 才能接通电源。

（5）如果是驱动器或电动机过热引起的故障，在将故障原因排除后，还要经过30 min冷却，才能再次接通电源。

电源接通时序如图 5—2—12 所示，报警时序如图 5—2—13 所示。

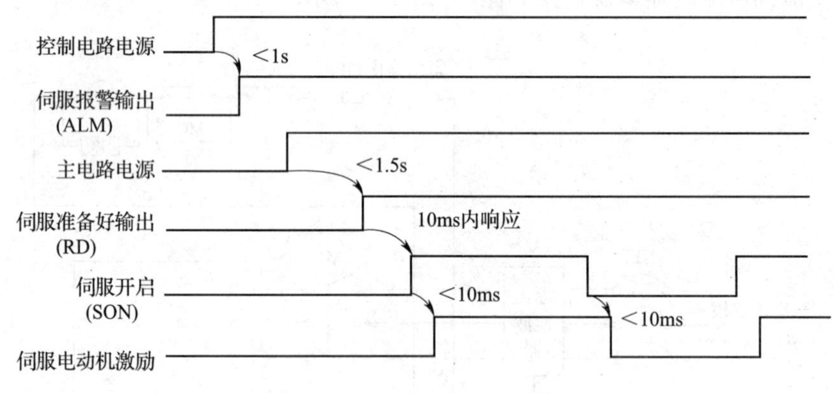

图 5—2—12　电源接通时序

3. 键盘操作

KT270 的显示面板由 6 个 LED 数码管显示器和 4 个按键“↑”“↓”“←”“↵”组成，用来显示系统各种状态、设置参数等。操作是分层操作，“←”“↵”键表示层次的后退和前进，“↵”键有进入、确定的意义，“←”键有退出、取消的意义；“↑”“↓”键表示增加、减少序号或数值大小。如果按下“↑”或“↓”键并保持，则具有重复效果，并且保持时间越长，重复速率越高。

第 1 层用来选择操作方式，共有 8 种方式。用“↑”“↓”键改变方式，按“↵”键进入第 2 层的选定方式，按“←”键从第 2 层退回第 1 层，如图 5—2—14 所示。

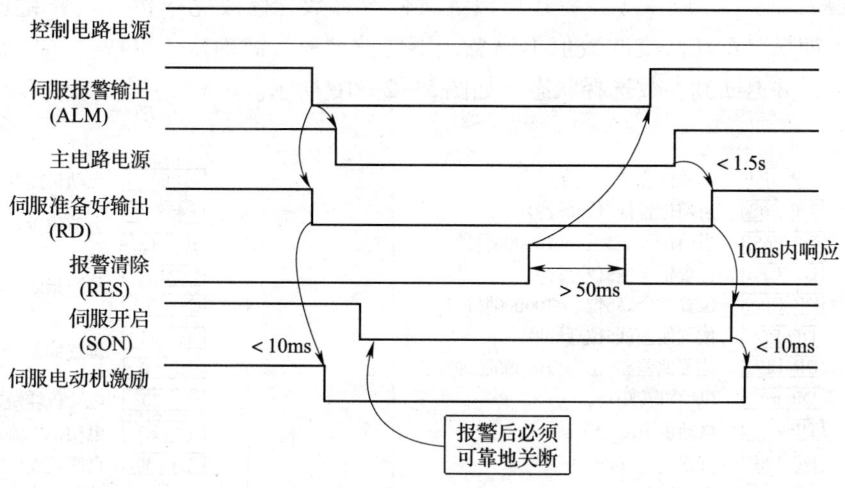

图 5—2—13　报警时序

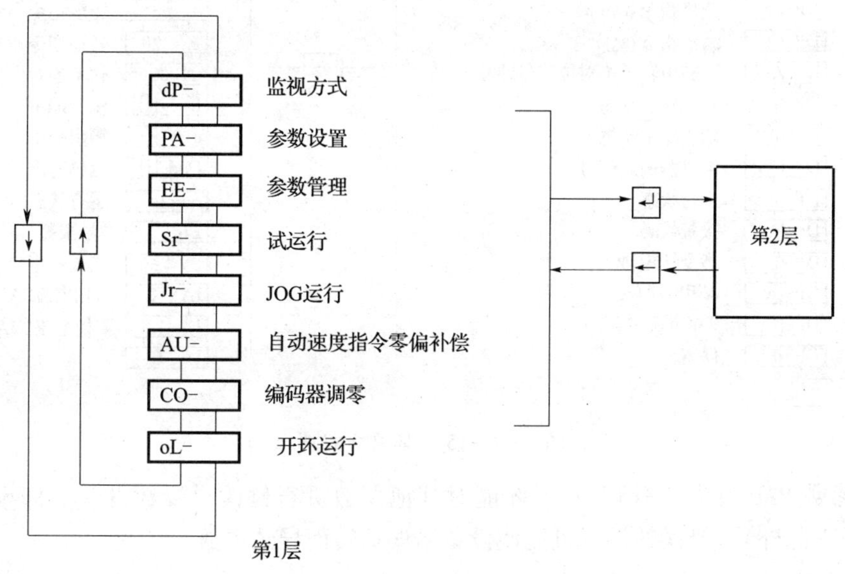

图 5—2—14　操作方式选择

4．监视方式

在第 1 层中选择“dP ＿”，并按“↵”键就进入监视方式。共有 24 种显示状态，用“↑”“↓”键选择需要的显示模式，再按“↵”键，就进入具体的显示状态，如图 5—2—15 所示。

5．参数设置

在第 1 层中选择“PA ＿”，并按“↵”就进入参数设置方式。用“↑”“↓”键选择参数号，按“↵”键，显示该参数的数值，用“↑”“↓”键可以修改参数值。按“↑”或“↓”键一次，参数增加或减少“1”，按下并保持“↑”或“↓”键，参数能连续增加或减少。参数值被修改时，最右边的 LED 数码管小数点点亮，按“↵”键确定修改数值有效，此时右边的 LED 数码管小数点熄灭，修改后的数值将立刻反映到控制中（参数 PA40、PA41

除外），此后按“↑”或“↓”键还可以继续修改参数，修改完毕按“←”键退回到参数选择状态。如果对正在修改的数值不满意，不要按“↵”键确定，可按“←”键取消，参数恢复原值，并退回到参数选择状态，如图 5—2—16 所示。

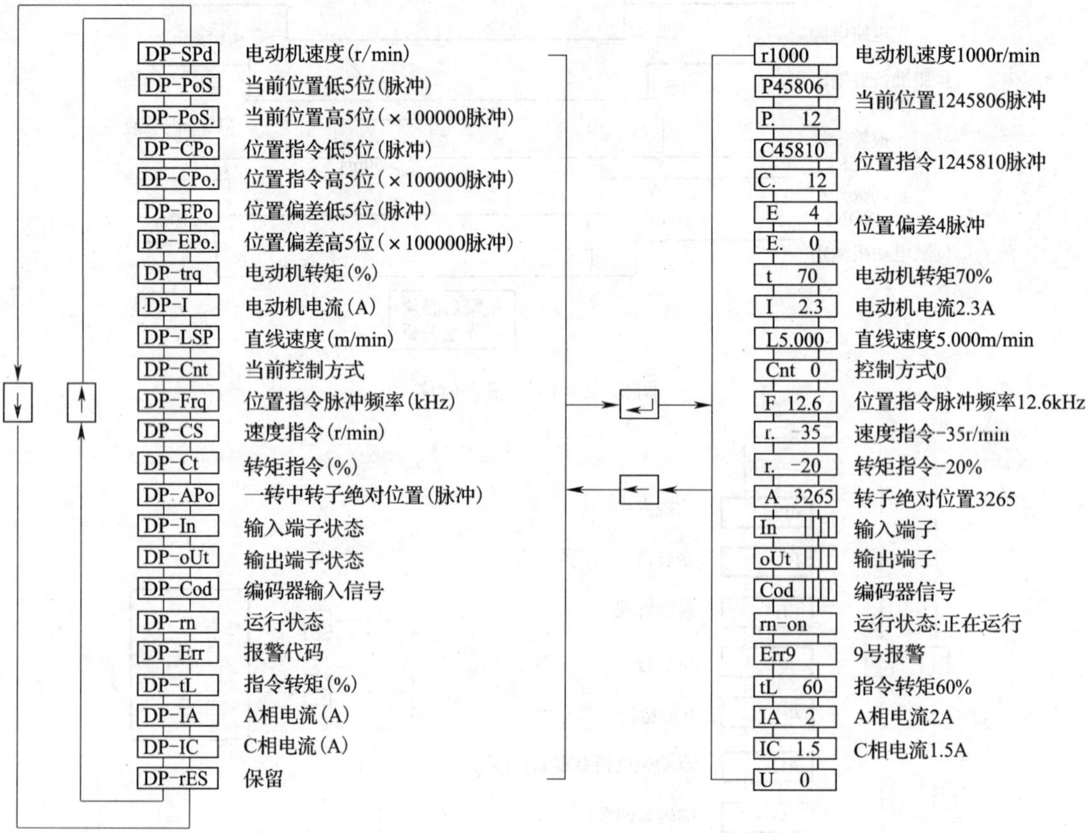

DP-SPd
电动机速度(r/min)
DP-PoS
当前位置低5位(脉冲)
DP-PoS.
当前位置高5位(×100000脉冲)
DP-CPo
位置指令低5位(脉冲)
DP-CPo.
位置指令高5位(×100000脉冲)
DP-EPo
位置偏差低5位(脉冲)
DP-EPo.
位置偏差高5位(×100000脉冲)
DP-trq
电动机转矩(%)
DP-I
电动机电流(A)
DP-LSP
直线速度(m/min)
DP-Cnt
当前控制方式
DP-Frq
位置指令脉冲频率(kHz)
DP-CS
速度指令(r/min)
DP-Ct
转矩指令(%)
DP-APo
一转中转子绝对位置(脉冲)
DP-In
输入端子状态
DP-oUt
输出端子状态
DP-Cod
编码器输入信号
DP-rn
运行状态
DP-Err
报警代码
DP-tL
指令转矩(%)
DP-IA
A相电流(A)
DP-IC
C相电流(A)
DP-rES
保留
r1000
电动机速度1000r/min
P45806
P. 12
当前位置1245806脉冲
C45810
C. 12
位置指令1245810脉冲
E 4
E. 0
位置偏差4脉冲
t 70
电动机转矩70%
I 2.3
电动机电流2.3A
L5.000
直线速度5.000m/min
Cnt 0
控制方式0
F 12.6
位置指令脉冲频率12.6kHz
r. -35
速度指令-35r/min
r. -20
转矩指令-20%
A 3265
转子绝对位置3265
In
输入端子
oUt
输出端子
Cod
编码器信号
rn-on
运行状态:正在运行
Err9
9号报警
tL 60
指令转矩60%
IA 2
A相电流2A
IC 1.5
C相电流1.5A
U 0

图 5—2—15　监视方式选择

须将参数 PA0 设为“315”后，才能对其他参数进行修改。参数设置立即生效（参数 PA40、PA41 除外），错误的设置可能使设备错误运转而导致事故。

PA- 0
参数PA0
PA- 1
参数PA1
PA- 58
参数PA58
PA- 59
参数PA59
1000.

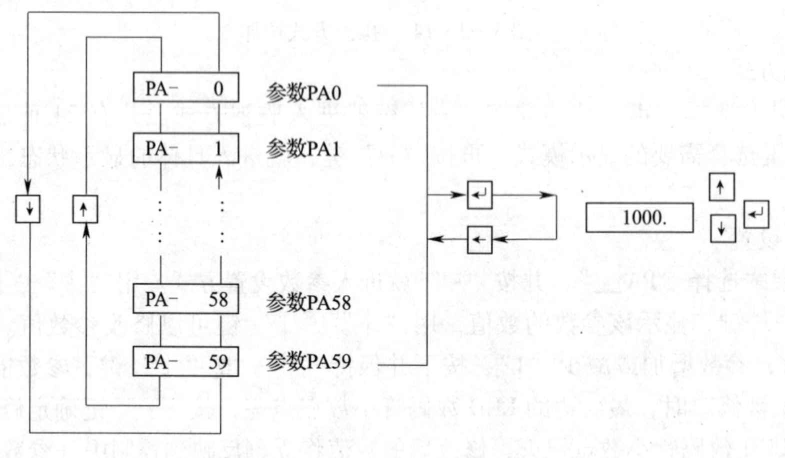

图 5—2—16　参数设置操作

6. 参数管理

参数管理主要处理内存和 EEPROM 之间操作，在第 1 层中选择“EE ＿”，并按“↵”键就进入参数管理方式。首先需要选择操作模式，共有 5 种模式，分别为 EE－Set（参数写入）、EE－rd（参数读取）、EE－bA（参数备份）、EE－rS（恢复备份）、EE－dEF（恢复缺省值），用“↑”“↓”键来选择，如图 5—2—17 所示。

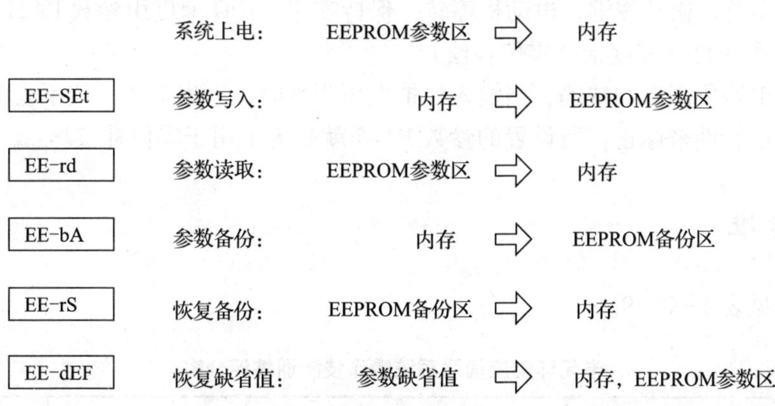

图 5—2—17　选择操作模式

以“参数写入”为例，选择“EE—Set”，然后按下“↵”键并保持 3 s 以上，显示器显示“StArt”，表示参数正在写入 EEPROM，等待 1 ~ 2 s 后，如果写操作成功，显示器显示“FInISH”，如果失败，则显示“Error”。再可按“←”键退回到操作模式选择状态，如图 5—2—18 所示。

修改后的参数如未执行参数写入操作，掉电后参数不保存，修改无效。

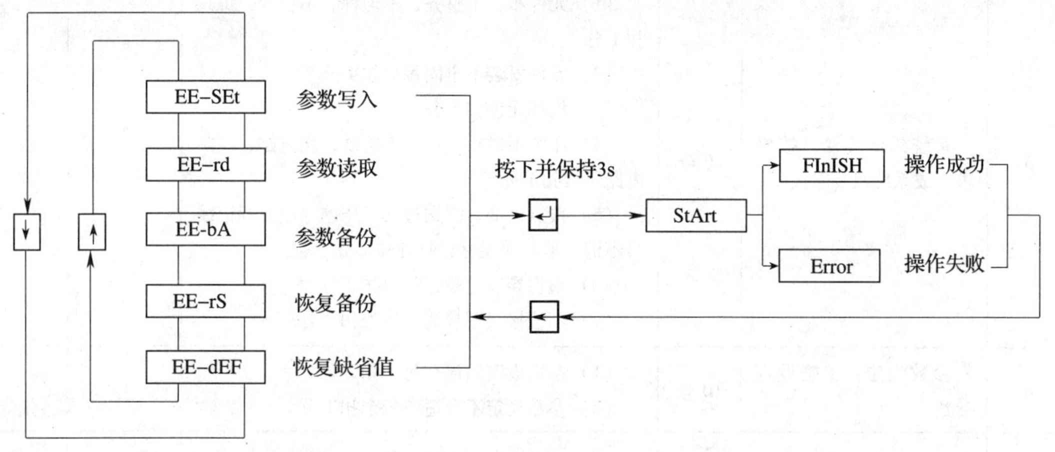

图 5—2—18　参数管理操作

7. 试运行（参数 PA4 = 2）

在第 1 层中选择“Sr －”，并按“↵”键就进入试运行方式。速度试运行提示符为“S”，数值单位是 r/min，系统处于速度控制方式，速度指令由按键提供，用“↑”“↓”键可以改变速度指令，若参数 PA20 = “2” 或外部输入信号 SON 有效，则电动机按给定的速度运行。

8. JOG 运行（参数 PA4 = 3）

在第 1 层中选择“Jr –”并按“↵”键就进入 JOG 运行方式，即点动方式。JOG 运行提示符为“J”，数值单位是 r/min，系统处于速度控制方式，速度指令由按键提供。进入 JOG 操作后，按下“↑”键并保持，若参数 PA20 = “2”或外部输入信号 SON 有效，则电动机按 JOG 速度运行，松开按键，电动机停转，保持零速；按下“↓”键并保持，电动机按 JOG 速度反向运行，松开按键，电动机停转，保持零速。JOG 速度由参数 PA21 设置。

9. AU 操作（自动速度指令零偏补偿）

由于模拟电路所固有的缺陷，当输入模拟电压为零时，输出电压一般不会为零，会有零偏，故需要通过软件来修正，所设置的参数 PA45 就是为了用于零偏补偿。

评分标准

评分标准见表 5—2—9。

表 5—2—9　　　　半闭环交流伺服系统操作技能训练评分表

序号	项目与技术要求	配分	评分标准	检测结果	得分
1	电气控制图：正确说明各电器件的作用原理与相关电路的控制原理	20 分	（1）电器件识别错误，每处扣 2 分 （2）电器件的作用原理不明，每处扣 2 分 （3）电路的控制原理不明，每处扣 2 分		
2	接口识别：正确说明 KT270 的驱动模块接口与信号	10 分	（1）不能识别接口，扣 2 分 （2）不能识别接口信号，每处扣 1 分		
3	系统组装连接：按要求完成系统组装连接	20 分	（1）元件布置不整齐、不匀称、不合理，每只扣 1 分 （2）元件安装不牢固每只扣 1 分 （3）损坏元件扣 5 分 （4）布线不进行线槽，不美观，主电路、控制电路每根扣 1 分 （5）接点松动、露铜过长、压绝缘层，标记线号不清、遗漏或误标，每处扣 1 分 （6）损伤导线绝缘，每根扣 2 分 （7）不按接线图接线，每处扣 2 分		
4	参数设定：正确设定参数	10 分	（1）参数设定错误，每个扣 2 分 （2）参数设定不合适，每个扣 1 分		
5	运行调试：操作运行，观察运行结果是否符合要求	20 分	（1）调试步骤不正确，每处扣 3 分 （2）操作方法不当，每处扣 3 分 （3）运行结果不符合要求，每处扣 5 分		
6	排除故障：正确判断排除操作过程中出现的故障	10 分	（1）断电不验电每次扣 2 分 （2）工具及仪表使用不当每次扣 2 分 （3）检查故障的方法不正确扣 2 分 （4）不能排除故障点每个扣 2 分		

续表

序号	项目与技术要求	配分	评分标准	检测结果	得分
7	安全文明生产：劳动保护用品穿戴整齐，电工工具佩带齐全，遵守操作规程	10 分	违反安全文明生产考核要求的每 1 项扣 1 分，扣完为止		

练习题

1. 简述半闭环系统伺服驱动系统的组成结构。
2. 简述全闭环系统伺服驱动系统的组成结构。
3. 简述永磁交流伺服电动机的工作原理。
4. 简述 KT270 交流伺服驱动器的连接信号。
5. 简述 KT270 交流伺服驱动器参数设置的方法。
6. 简述 KT270 交流伺服驱动器电源接通的次序。

知识链接

全闭环系统：

图 5—2—19 所示为全闭环数控系统进给控制结构。全闭环方式直接从机床的移动部件上获取位置的实际移动值，因此其检测精度不受机械传动精度的影响。但不能认为全闭环方式可以降低对传动机构的要求。因闭环环路包括了机械传动机构，它的闭环动态特性不仅与传动部件的刚性、惯性有关，而且还取决于阻尼、油的黏度、滑动面摩擦系数等因素。这些因素对动态特性的影响在不同条件下还会发生变化，这给位置闭环控制的调整和稳定带来了困难，导致调整闭环环路时必须要降低位置增益，从而对跟随精度与轮廓加工精度产生了不利影响。所以采用全闭环方式时必须增大机床的刚性，改善滑动面的摩擦特性，减小传动间隙，这样才有可能提高位置增益。全闭环方式广泛应用在精度要求较高的数控机床上。

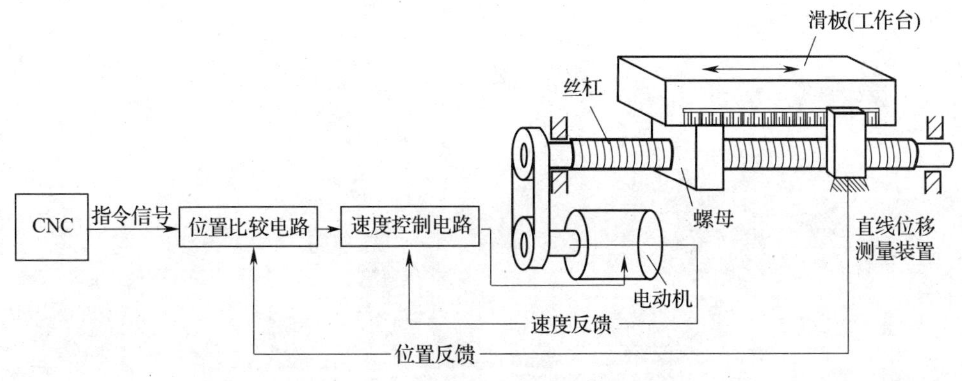

图 5—2—19　全闭环进给控制系统结构图

全闭环控制系统对机械结构以及传动系统的要求比半闭环更高，传动系统的刚度、间隙、导轨的爬行等各种非线性因素将直接影响系统的稳定性，严重时甚至产生振荡。

解决以上问题的最佳途径是采用直线电动机作为驱动系统的执行器件。采用直线电动机驱动，可以完全取消传动系统中将旋转运动变为直线运动的环节，大大简化机械传动系统的结构，实现了所谓的“零传动”。它从根本上消除了传动环节对精度、刚度、快速性、稳定性的影响，故可以获得比传统全闭环控制进给驱动系统更高的定位精度、更快的进给速度和加速度。